Java Web程序设计项目化教程

谢珊　张力◎主编
蒋欢　吴迪茜◎副主编

清華大学出版社
北京

内 容 简 介

本书采用“项目式驱动”的编写模式，由浅入深、循序渐进、系统地介绍了 Java Web 开发的相关知识，通过实际应用的案例，帮助读者巩固所学知识，以便更好地进行开发实践。全书共 5 章，内容涵盖了 Java Web 基础知识、Java Web 开发环境搭建、Servlet 基础知识、Servlet API、转发与重定向、会话跟踪技术、文件的上传与下载、JDBC 的使用、JSP 基础知识、EL 表达式、JSTL 标签、MyBatis 持久化技术、Spring 框架技术、Spring MVC 框架技术，以及超市管理系统等知识。

本书适合作为高等职业院校软件技术相关专业的教材，也可作为计算机领域从业者的参考用书，同时适合供感兴趣的读者自学使用。

图书在版编目（CIP）数据

Java Web 程序设计项目化教程 / 谢珊，张力主编. -- 北京：清华大学出版社，2025. 8. -- ISBN 978-7-302-69922-4

Ⅰ. TP312.8

中国国家版本馆 CIP 数据核字第 20250FW861 号

责任编辑：贾　斌　薛　阳
封面设计：何凤霞
责任校对：韩天竹
责任印制：刘　菲

出版发行：清华大学出版社
网　　址：https://www.tup.com.cn，https://www.wqxuetang.com
地　　址：北京清华大学学研大厦 A 座　　**邮　　编**：100084
社 总 机：010-83470000　　**邮　　购**：010-62786544
投稿与读者服务：010-62776969，c-service@tup.tsinghua.edu.cn
质量反馈：010-62772015，zhiliang@tup.tsinghua.edu.cn
课件下载：https://www.tup.com.cn，010-83470236
印 装 者：三河市君旺印务有限公司
经　　销：全国新华书店
开　　本：185mm×260mm　　**印　　张**：22.5　　**字　　数**：565 千字
版　　次：2025 年 8 月第 1 版　　**印　　次**：2025 年 8 月第1 次印刷
印　　数：1～1500
定　　价：69.80 元

产品编号：106225-01

前言

我们生活在一个数字化世界中，计算机技术无疑已经成为这个时代的标志。随着计算机技术的不断发展，掌握一种或多种编程语言已经成为一项必要的技能。而在所有的编程语言中，Java 无疑是最受欢迎和广泛使用的语言之一。

Java 的强大之处在于其平台的独立性。无论你使用的是 Windows、macOS、Linux，还是其他任何操作系统，Java 都能运行无阻。其丰富的 API 库和强大的社区使得 Java 在 Web 开发领域有着无可比拟的优势。

本书的写作目标是帮助读者掌握使用 Java 进行 Web 开发的核心技能。本书将深入探讨 Java Web 开发的基础知识，包括 Servlet、JSP、JavaBeans、EJB，以及 Spring 框架等。本书不仅会解释这些技术的基本概念，还会通过大量的实例和项目帮助读者理解和应用这些知识。

希望这本书不仅能作为读者学习 Java Web 开发的指南，还能成为读者随时查阅和参考的宝典。本书注重实践，将通过大量的代码示例和项目帮助读者理解和应用所学的知识。此外，书中还会分享一些最佳实践和经验，帮助读者在实际的 Web 开发项目中避免常见的错误，以提高效率。

最后，感谢所有参与本书编写和出版的人员，你们的辛勤工作和热情使这本书得以出版。希望这本书能对所有对 Java Web 开发感兴趣的读者有所帮助。

祝阅读愉快！

编　者

2025 年 5 月

目录

项目1

Java Web开发环境

Java Web 开发是一种现代化、快速、安全且易于维护的技术，Web 开发逐渐从以前的基于传统的 HTML/JavaScript/CSS 开发转变为使用 Java 技术开发。Java Web 开发是用 Java 技术来解决相关 Web 互联网领域的技术栈。它主要涉及 Web 服务端和 Web 客户端两大部分。Java Web 开发需要一定的 Java 编程基础和 Web 开发经验，如 Servlet、JSP 等，同时还需要熟悉 Web 服务器和其他相关工具和技术，有很多第三方框架等也支持 Java Web 开发。

项目主要内容：

- Java Web 基础。
- 搭建 Java Web 开发环境。
- 应用实例。

能力目标：

熟悉并掌握 Java Web 开发环境及搭建的过程。

任务 1：Java Web 基础

学习要点：

- 了解前端技术知识。
- 了解 Java Web 架构。
- 掌握 XML 知识及应用。
- 掌握服务器应用。

学习目的：

通过本任务的学习，掌握 Java Web 基础知识。

学习情境 1：前端技术

1. 初识 Web

Web 即全球广域网（World Wide Web），是一种基于超文本和 HTTP 的、全球性的、动态交互的、易于访问的图形信息系统，其中的文档及超级链接将 Internet 上的信息节点组织成一个互相关联的网状结构。

Web是一种由许多网页和链接组成的分布式系统，这些网页和链接通过超文本链接(Hyperlinks)相互连接。它最初是由Tim Berners-Lee在20世纪90年代创建的，作为欧洲核子研究组织(CERN)内部的一种信息共享工具。从那时起，Web已经发展成为全球性的信息交流平台，涵盖了各种类型的内容，包括文本、图像、视频、社交媒体和电子商务等。

2. Web标准

Web标准是一套建立网站的标准化的最佳实践方法、网页设计的原理，以及上述方法的衍生物，一般是指有关于全球资讯网各方面的定义和说明的正式标准以及技术规范。

Web标准包括三部分：表现、行为、结构。

(1) 表现：表现技术用于对结构化信息的显示进行控制，包括对布局、颜色、尺寸等形式的控制。表现的Web标准技术如CSS(Cascading Style Sheets，层叠样式表)。

(2) 行为：是整个文档的模型定义和交互描述，用于创建用户可以交互操作的文档。行为的Web标准技术主要是DOM(Document Object Model，文档对象模型)、ECMAScript(JavaScript的扩展脚本语言)。

(3) 结构：结构对网页中用到的信息进行整理和分类。HTML是Web的基本描述语言，由Tim Berners-Lee倡导。

3. HTML

1) 什么是HTML

HTML(HyperText Markup Language，超文本标记语言)，是一种标记语言，它包括一系列标签，通过这些标签可以将网络上的文档格式统一，使分散的Internet资源链接为一个逻辑整体。HTML文本是由HTML命令组成的描述性文本，HTML命令可以说明文字、图形、动画、声音、表格、链接等。

HTML由一系列的标签组成，用于定义网页中的不同元素。以下是一些常见的HTML标签。

<html>：HTML文档的根元素，用于包含整个网页的内容。

<head>：包含文档的元数据，如标题、字符集、样式表和脚本等。

<title>：定义网页的标题，显示在浏览器的标题栏或标签页上。

<body>：包含网页的主要内容，如文本、图像、链接等。

<h1>～<h6>：用于定义标题，<h1>为最大，<h6>为最小。

<p>：用于定义段落。

<a>：用于创建超链接，可以通过href属性指定链接的目标地址。

<img>：用于插入图像，可以通过src属性指定图像的源文件。

<div>：用于定义块级元素，常与CSS一起使用，用于布局和样式控制。

<span>：用于定义行内元素，常用于对文本进行样式控制。

2) HTML版本

自HTML诞生以来，经过不断的发展，市面上出现了许多HTML版本，有关HTML版本的简要介绍如下。

(1) HTML 1.0：HTML的第一个版本，发布于1991年。

(2) HTML 2.0：HTML的第二个版本，发布于1995年，该版本中增加了表单元素以及文件上传等功能。

(3) HTML 3.2：HTML 的第三个版本，由 W3C 于 1997 年年初发布，该版本增加了创建表格以及表单的功能。

(4) HTML 4.01：HTML 4.01 于 1999 年 12 月发布，该版本增加了对样式表(CSS)的支持。HTML 4.01 是一个非常稳定的版本。

(5) HTML 5：HTML 5 的初稿于 2008 年 1 月发布，是公认的下一代 Web 语言，极大地提升了 Web 在富媒体、富内容和富应用等方面的能力，被誉为终将改变移动互联网的重要推手。

HTML 4 和 HTML5(简称 H5)是两个最重要的版本，HTML 4 适应了 PC 互联网时代，HTML 5 适应了移动互联网时代。

3) HTML 标签

HTML 是一种标记语言，使用各种标签来格式化内容，标签的特点如下。

(1) HTML 标签由尖括号包围的关键词构成，如<html>。

(2) 除了少数标签外，大多数 HTML 标签都是成对出现的，如<b>和</b>。

(3) 在成对出现的标签中，第一个标签称为开始标签，第二个标签称为结束标签(闭合标签)。

HTML 中的不同标签具有不同的含义，学习 HTML 其实就是学习各个标签的含义，根据实际场景的需要，选择合适的标签，从而制作出精美的网页。

4) HTML 文档结构

HTML 页面的基本结构如例 1 所示，其中包含各种创建网页所需的标签(如 doctype、html、head、title 和 body 等)。

例 1：HTML 文档结构

```
<!DOCTYPE html>
<html lang = "en">
<head>
    <meta charset = "UTF - 8">
    <title>HTML 演示</title>
</head>
<body>
    <h1>这是一个标题</h1>
    <p>这是一个段落</p>
    <p>这是另一个段落</p>
    <a href = "#" target = "_blank">这是一个链接</a>
    <ul>
        <li>HTML</li>
        <li>CSS</li>
        <li>JavaScript</li>
    </ul>
    <input type = "text" placeholder = "请输入内容" />
</body>
</html>
```

例 1 中的 HTML 文档结构语法说明如下。

<! DOCTYPE html>：这是文档类型声明，用来将文档声明为 HTML 文档(从技术上来说它并不是标签)，doctype 声明不区分大小写。

<html></html>：该标签是HTML页面的根标签，其他所有的标签都需要在</html>和</html>标签之间定义。

<head></head>：该标签中用来定义HTML文档的一些信息，如标题、编码格式等。

<meta charset="UTF-8">：用来指明当前网页采用UTF-8编码，UTF-8是全球通用的编码格式，绝大多数网页都采用UTF-8编码。

<title></title>：该标签用来定义网页的标题，网页标题会显示在浏览器的标签栏中。

<body></body>：该标签用来定义网页中能通过浏览器看到的所有内容，如段落、标题、图片、链接等。

<h1></h1>：该标签用来定义标题。

<p></p>：该标签用来定义段落。

<a></a>：该标签用来定义链接。

<ul></ul>：该标签用来定义列表。

<li></li>：该标签用来定义列表项。

<input type="text" />：用来定义一个输入框。

5）HTML特点

HTML具有简易性、可扩展性、平台无关性和通用性等特点。

（1）简易性：HTML版本升级采用超集方式，从而更加灵活方便。

（2）可扩展性：HTML的广泛应用带来了加强功能、增加标识符等要求，HTML采取子类元素的方式，为系统扩展带来保证。

（3）平台无关性：HTML可以使用在广泛的平台上，这也是万维网（WWW）盛行的另一个原因。

（4）通用性：HTML是网络的通用语言，是一种简单、通用的全置标记语言。它允许网页制作人建立文本与图片相结合的复杂页面，这些页面可以被网上任何其他人浏览到，无论使用的是什么类型的计算机或浏览器。

4. CSS

1）什么是CSS

CSS(Cascading Style Sheets，层叠样式表)是一种用于描述HTML或XML（包括各种XML，如SVG、XHTML等）文档样式的计算机语言。

CSS用于定义网页的布局、颜色、字体等外观部分。它可以帮助开发者更加方便地对网页进行样式设计，并可以在多个网页中重用同一段样式代码，提高工作效率。

2）CSS发展史

20世纪90年代初HTML诞生，这时的HTML只包含很少的属性来控制网页的显示效果。伴随着HTML的成长，各式各样的样式语言也随之出现，不同的浏览器结合它们各自的样式语言来控制页面的显示效果。

经过不断的发展，HTML中添加了越来越多的属性来满足页面设计者的需求，随着这些属性的增加，HTML变得越来越杂乱，HTML页面也越来越臃肿，于是CSS便诞生了。

1994年，哈坤·利提出了CSS的最初建议，并决定与正在设计Argo浏览器的伯特·波斯(Bert Bos)合作，共同开发CSS。

1994 年年底，哈坤·利在芝加哥的一次会议上第一次正式提出了 CSS 的建议，之后又在 1995 年的 WWW 网络会议上再次提出了 CSS。在会议上，伯特·波斯展示了支持 CSS 的 Argo 浏览器，哈坤·利也展示了支持 CSS 的 Arena 浏览器。同年，W3C(World Wide Web Consortium)成立，该组织对 CSS 的发展很感兴趣，为此还专门组织了一次讨论会。最终，CSS 的全部开发成员都加入了 W3C 组织，并负责 CSS 标准的制定，至此，CSS 的发展走上正轨。

发展至今，CSS 总共经历了以下 4 个版本的迭代。

(1) CSS 1.0。

1996 年 12 月，W3C 发布了 CSS 的第一个版本——CSS 1.0。

(2) CSS 2.0。

1998 年 5 月，CSS 2.0 版本正式发布。

(3) CSS 2.1。

2004 年 2 月，CSS 2.1 正式发布。该版本在 CSS 2.0 的基础上略微做了改动，删除了许多不被浏览器支持的属性。

(4) CSS 3。

早在 2001 年，W3C 就着手开始准备开发 CSS 的第 3 个版本，到目前为止该版本还没有最终定稿。虽然完整的 CSS 3 标准还没有最终发布，但各主流浏览器已经开始支持其中的绝大部分特性。

3) CSS 的特点

CSS 是 Web 领域的一个突破，它为 HTML 提供了一种描述元素样式的方式，使用 CSS 和 HTML 可以制作出外形优美的网页。CSS 具有以下特点。

(1) 丰富的样式定义

CSS 提供了丰富的外观属性，可以在网页中实现各式各样的效果，例如：

① 为任何元素设置不同的边框，以及边框与元素之间的内外间距。

② 改变文字的大小、颜色、字体，为文字添加修饰(例如下画线、删除线)。

③ 为网页设置背景颜色或者背景图片等。

(2) 易于使用和修改。

CSS 的样式信息不仅可以定义在 HTML 元素的 style 属性中，也可以定义在 HTML 文档<head>标签内的<style>标签中，还可以定义在专门的.css 格式的文件中，之后再将其引用到 HTML 文档中。

(3) 多页面应用。

CSS 样式单独存放在一个.css 格式的文件中，这个文件不属于任何页面，可以在不同的页面引用这个.css 格式的文件，这样就可以统一不同页面的风格。

(4) 层叠。

层叠就是指可以对同一个 HTML 元素多次定义 CSS 样式，后面定义的样式会覆盖前面定义的样式。

(5) 页面压缩。

一个网页中通常包含大量的 HTML 元素，为了实现某些效果往往还需要为这些元素定义样式文件，如果将它们放到一起就会使得 HTML 文档过于臃肿。而将 CSS 样式定义在单独的样式文件中，把CSS样式与HTML文档分开的话就可以大大减小HTML文档的体积，这样浏览器加载HTML文档所用的时间也会减少。

4）CSS语法结构

CSS的基本语法结构主要由选择器、声明块、属性和值组成，如例2所示。

例2：CSS结构

```
h1 {
  color: red;
  font - size: 16px;
}
```

在例2中，"h1"是选择器，代表应用样式的HTML元素是所有<h1>标签。color和font-size是属性，red和16px是对应属性的值。这段CSS代码的意思是：将所有<h1>标签的文字颜色设置为红色，字体大小设置为16px。

5. JavaScript

1）什么是JavaScript

JavaScript（简称"JS"）是当前最流行、应用最广泛的客户端脚本语言，用来在网页中添加一些动态效果与交互功能，在Web开发领域有着举足轻重的地位。

JavaScript与HTML和CSS共同构成了人们所看到的网页，其中：

（1）HTML用来定义网页的内容，如标题、正文、图像等。

（2）CSS用来控制网页的外观，如颜色、字体、背景等。

（3）JavaScript用来实时更新网页中的内容，例如，从服务器获取数据并更新到网页中，修改某些标签的样式或其中的内容等，可以让网页更加生动。

2）JavaScript的历史

JavaScript最初被称为LiveScript，由Netscape（Netscape Communications Corporation，网景通信公司）公司的布兰登·艾奇（Brendan Eich）在1995年开发。在Netscape与Sun（一家互联网公司，全称为"Sun Microsystems"，现已被甲骨文公司收购）合作之后将其更名为JavaScript。

同一时期，微软和Nombas也分别开发了JScript和ScriptEase两种脚本语言，与JavaScript形成了三足鼎立之势。它们之间没有统一的标准，不能互用。为了解决这一问题，1997年，在ECMA（欧洲计算机制造商协会）的协调下，Netscape、Sun、微软、Borland组成了工作组，并以JavaScript为基础制定了ECMA-262标准（ECMAScript）。

3）JavaScript与ECMAScript的关系

ECMAScript（简称"ES"）是根据ECMA-262标准实现的通用脚本语言，ECMA-262标准主要规定了这门语言的语法、类型、语句、关键字、保留字、操作符、对象等部分，目前，ECMAScript的最新版本是ECMAScript6（简称"ES6"）。

有时人们会将JavaScript与ECMAScript看作是相同的，其实不然，JavaScript中所包含的内容远比ECMA-262中规定的多得多，完整的JavaScript是由以下三部分组成。

（1）核心（ECMAScript）：提供语言的语法和基本对象。

（2）文档对象模型（DOM）：提供处理网页内容的方法和接口。

（3）浏览器对象模型（BOM）：提供与浏览器进行交互的方法和接口。

4）如何运行 JavaScript

作为一种脚本语言，JavaScript 代码不能独立运行，通常情况下需要借助浏览器来运行 JavaScript 代码，所有 Web 浏览器都支持 JavaScript。

除了可以在浏览器中执行外，也可以在服务端或者搭载了 JavaScript 引擎的设备中执行 JavaScript 代码，浏览器之所以能够运行 JavaScript 代码，就是因为浏览器中都嵌入了 JavaScript 引擎，常见的 JavaScript 引擎有以下几种。

（1）V8：Chrome 和 Opera 中的 JavaScript 引擎。

（2）SpiderMonkey：Firefox 中的 JavaScript 引擎。

（3）Chakra：IE 中的 JavaScript 引擎。

（4）ChakraCore：Microsoft Edge 中的 JavaScript 引擎。

（5）SquirrelFish：Safari 中的 JavaScript 引擎。

5）JavaScript 的特点

（1）解释型脚本语言。

JavaScript 是一种解释型脚本语言，与 C、C++ 等语言需要先编译再运行不同，使用 JavaScript 编写的代码不需要编译，可以直接运行。

（2）面向对象。

JavaScript 是一种面向对象语言，使用 JavaScript 不仅可以创建对象，也能操作使用已有的对象。

（3）弱类型。

JavaScript 是一种弱类型的编程语言，对使用的数据类型没有严格的要求，例如，可以将一个变量初始化为任意类型，也可以随时改变这个变量的类型。

（4）动态性。

JavaScript 是一种采用事件驱动的脚本语言，它不需要借助 Web 服务器就可以对用户的输入做出响应。例如，在访问一个网页时，通过鼠标在网页中进行单击或滚动窗口时，通过 JavaScript 可以直接对这些事件做出响应。

（5）跨平台。

JavaScript 不依赖操作系统，在浏览器中就可以运行。因此一个 JavaScript 脚本在编写完成后可以在任意系统上运行，只需要系统上的浏览器支持 JavaScript 即可。

学习情境 2：B/S 结构

1. 什么是 B/S 结构

B/S 结构，即 Browser/Server（浏览器/服务器）结构，是随着 Internet 技术的兴起，对 C/S 结构的一种变化或者改进的结构。在这种结构下，用户界面完全通过 WWW 浏览器实现，一部分事务逻辑在前端实现，但是主要事务逻辑在服务器端实现，形成 3-tier 结构。B/S 结构主要是利用了不断成熟的 WWW 浏览器技术，结合浏览器的多种 Script 语言（如 VBScript、JavaScript 等）和 ActiveX 技术，用通用浏览器就实现了原来需要复杂专用软件才能实现的强大功能，并节约了开发成本，是一种全新的软件系统构造技术。随着 Windows 将浏览器技术植入操作系统内部，这种结构更成为当今应用软件的首选体系结构。

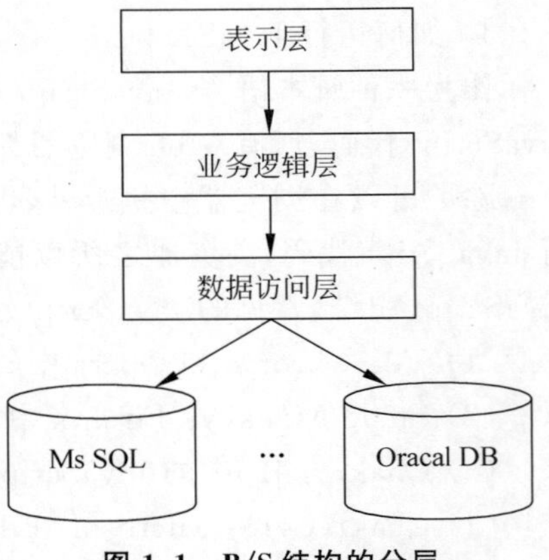

图 1.1　B/S 结构的分层

B/S 三层体系结构采用三层客户/服务器结构，在数据管理层(Server)和用户界面层(Client)增加了一层结构，称为中间件(Middleware)，使整个体系结构成为三层。三层结构是伴随着中间件技术的成熟而兴起的，核心概念是利用中间件将应用分为表示层、业务逻辑层和数据访问层三个不同的处理层次，如图 1.1 所示。三个层次是从逻辑上划分的，具体的物理分法可以有多种组合。中间件作为构造三层结构应用系统的基础平台，提供了以下主要功能：负责客户机与服务器、服务器与服务器间的连接和通信；实现应用与数据库的高效连接；提供一个三层结构应用的开发、运行、部署和管理的平台。这种三层结构在层与层之间相互独立，任何一层的改变不会影响其他层的功能。

表示层：离用户最近，用于显示数据和接收用户输入的数据，以及接收数据的返回，为用户提供了一种交互式操作的界面。

业务逻辑层：是针对具体问题的操作，也可以理解成对数据访问层的操作，对数据业务逻辑的处理。主要集中在业务规则的制定、业务流程的实现等与业务需求有关的系统设计。业务逻辑层在体系架构中的位置很关键，它处于数据访问层与表示层中间，起到了数据交换中承上启下的作用。由于层是一种弱耦合结构，层与层之间的依赖是向下的，底层对于上层而言是“无知”的，改变上层设计对于其调用底层没有任何影响。

数据访问层：有时也称为持久层或数据访问对象层，在软件架构中是一个非常重要的部分，它主要负责与底层数据存储(如关系数据库、非关系数据库、文件系统等)进行交互。

在 B/S 体系结构系统中，用户通过浏览器向分布在网络上的许多服务器发出请求，服务器对浏览器的请求进行处理，将用户所需信息返回到浏览器。而其余如数据请求、加工、结果返回以及动态网页生成、对数据库的访问和应用程序的执行等工作全部由 Web Server 完成。随着 Windows 将浏览器技术植入操作系统内部，这种结构已成为当今应用软件的首选体系结构。显然，B/S 结构应用程序相对于传统的 C/S 结构应用程序是一个非常大的进步。

2. B/S 工作原理

B/S 结构采取浏览器请求，服务器响应的工作模式。

用户可以通过浏览器去访问 Internet 上由 Web 服务器产生的文本、数据、图片、动画、视频点播和声音等信息；而每一个 Web 服务器又可以通过各种方式与数据库服务器连接，大量的数据实际存放在数据库服务器中；从 Web 服务器上下载程序到本地来执行，在下载过程中若遇到与数据库有关的指令，由 Web 服务器交给数据库服务器来解释执行，并返回给 Web 服务器，Web 服务器又返回给用户。在这种结构中，将许许多多的网连接到一起，形成一个巨大的网，即全球网。而各个企业可以在此结构的基础上建立自己的 Internet。B/S 工作原理如图 1.2 所示。

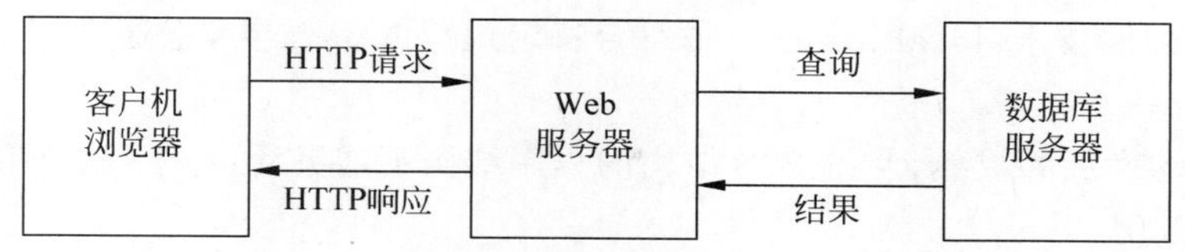

图 1.2 B/S 工作原理

3. B/S 结构与 C/S 结构

1）C/S 结构

C/S 结构，即 Client/Server（客户机/服务器）结构。此结构把数据库内容放在远程的服务器上，而在客户机上安装相应软件。它由两部分构成：前端是客户机，即用户界面(Client)，结合了表示与业务逻辑，接受用户的请求，并向数据库服务提出请求，通常是一个PC；后端是服务器，即数据管理(Server)，将数据提交给客户端，客户端将数据进行计算并将结果呈现给用户。还要提供完善的安全保护及对数据的完整性处理等操作，并允许多个客户同时访问同一个数据库。在这种结构中，服务器的硬件必须具有足够的处理能力，这样才能满足各客户的要求。C/S 工作原理如图 1.3 所示。

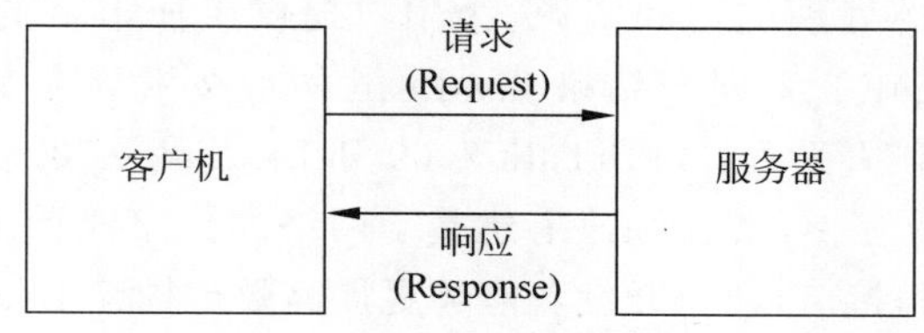

图 1.3 C/S 工作原理

2）B/S 结构与 C/S 结构的区别

(1) 硬件环境。

C/S 一般建立在专用的网络上，用于小范围里的网络环境，局域网之间再通过专门的服务器提供连接和数据交换服务。

B/S 建立在广域网之上，不必是专门的网络硬件环境，如电话上网、租用设备、信息管理。具有比 C/S 更强的适应范围，一般只要有操作系统和浏览器即可。

(2) 安全要求。

C/S 一般面向相对固定的用户群，对信息安全的控制能力很强，一般高度机密的信息系统采用 C/S 结构适宜，可以通过 B/S 发布部分可公开信息。

B/S 建立在广域网之上，对安全的控制能力相对弱，面向的是不可知的用户群。

(3) 程序结构。

C/S 程序可以更加注重流程，可以对权限多层次校验，对系统运行速度可以较少考虑。

B/S 对安全以及访问速度的多重考虑，建立在需要更加优化的基础之上，比 C/S 有更高的要求。B/S 结构的程序结构是发展的趋势，MS(Microsoft)的.NET 系列产品和JavaBean 构件技术等确实起到了重要的推动作用。具体来说，MS 的.NET 系列：如BizTalk 2000 和 Exchange 2000 等，这些产品为开发者提供了丰富的网络构件和工具，支持快速搭建基于网络的分布式系统。它们通过提供强大的网络功能和灵活的编程接口，使得开发者能够更加高效地构建 B/S 架构的应用程序。

JavaBean 构件技术:JavaBean 是一种符合特定规范的 Java 类,它通常用于封装可重用的代码和数据。

这些技术的发展和成熟,使得 B/S 结构的程序结构更加灵活、易于维护和扩展。

(4) 软件重用。

C/S 程序具有不可避免的整体性考虑,构件的重用性不如在 B/S 需求下构件的重用性好。

B/S 的多重结构确实要求构件具有相对独立的功能。

(5) 系统维护。

C/S 程序由于整体性,必须整体考察、处理出现的问题以及系统升级。升级难,可能需要再做一个全新的系统。

B/S 的构件组成通常包括客户端的浏览器、中间件以及服务器端的多个组件。这种架构的设计使得各个构件在功能上具有相对独立性,从而可以实现个别构件的更换,进而实现系统的无缝升级。

(6) 处理问题。

C/S 结构中,客户端软件是专门开发并安装在用户计算机上的。这使得客户端软件能够充分利用用户计算机的处理能力和资源,为用户提供更加丰富的功能和更好的用户体验。MS(Microsoft)的.NET 系列产品和 JavaBean 构件技术等确实起到了重要的推动作用。具体来说,MS 的.NET 系列:如 BiTalk 2000 和 Exchange 2000 等,这些产品为开发者提供了丰富的网络构件和工具,支持快速搭建基于网络的分布式系统。它们通过提供强大的网络功能和灵活的编程接口,使得开发者能够更加高效地构建 B/S 架构的应用程序。

JavaBean 构件技术: JavaBean 是一种符合特定规范的 Java 类,它通常用于封装可重用的代码和数据。

这些技术的发展和成熟,使得 B/S 架构的程序架构更加灵活、易于维护和扩展。

C/S 程序具有不可避免的整体性考虑,构件的重用性不如在 B/S 需求下构件的重用性好。

B/S 的多重结构确实要求构件具有相对独立的功能。

(7) 用户接口。

C/S 多是建立在 Windows 平台上,表现方法有限,对程序员普遍要求较高。

B/S 建立在浏览器上,有更加丰富和生动的表现方式与用户交流,并且大部分难度降低,减少了开发成本。

(8) 信息流。

C/S 程序一般是典型的中央集权的机械式处理,交互性相对较低。

B/S 信息流向可变化,B-B B-C B-G 等信息流向的变化,更像交易中心。

4. B/S 和 C/S 结构的优缺点

B/S 结构和 C/S 结构各有优缺点,具体选择要根据系统的需求和环境来决定。下面来比较一下它们的主要特点。

1) 开发成本

B/S 结构的开发成本相对较低,因为可以利用现有的 Web 技术和工具,而且不需要考虑客户端的兼容性问题。C/S 结构的开发成本相对较高,因为需要开发专门的客户端软件,并且要适应不同的操作系统和硬件环境。

2）维护成本

B/S 结构的维护成本相对较低，因为只需要升级服务器端的软件，而客户端无须安装或更新。C/S 结构的维护成本相对较高，因为需要在每个客户端进行安装或更新，并且要处理各种软硬件故障。

3）安全性

B/S 结构的安全性相对较低，因为数据在传输过程中容易被截取或篡改，而且客户端无法控制用户的访问权限。C/S 结构的安全性相对较高，因为数据在传输过程中可以采用加密或认证技术，而且客户端可以设置用户的访问权限。

4）交互性

B/S 结构的交互性相对较高，因为可以利用 Web 浏览器的多种脚本语言和 ActiveX 技术，实现动态和丰富的用户界面。C/S 结构的交互性相对较低，因为客户端软件的功能和界面受限于开发工具和平台。

5）扩展性

B/S 结构的扩展性相对较高，因为可以通过增加服务器或负载均衡技术，提高系统的并发能力和可靠性。C/S 结构的扩展性相对较低，因为需要考虑客户端软件的兼容性和升级问题。

B/S 结构是一种适用于 Internet 环境下的网络应用模式，它具有开发、维护简单、交互性强、扩展性好等优点。但是它也存在着安全性差、数据传输效率低等缺点。因此，在选择 B/S 结构时，需要根据系统特点做出选择。

5. B/S 结构的几种形式

1）客户端-服务器-数据库

这是平时比较常用的一种形式，如图 1.4 所示。

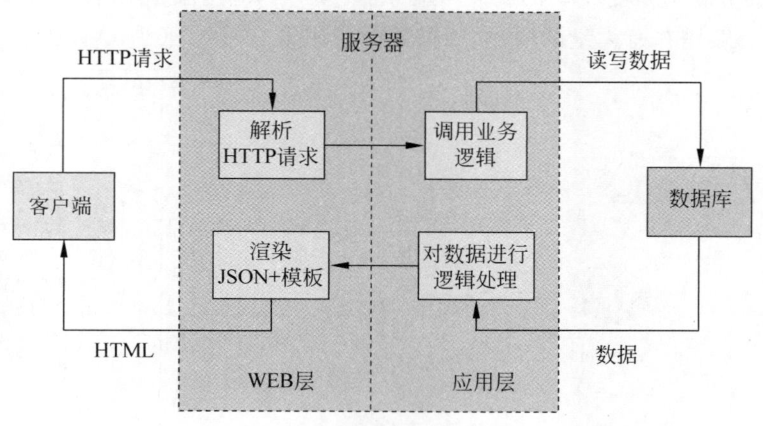

图 1.4 客户端-服务器-数据库

（1）客户端向服务器发送 HTTP 请求。

（2）Web 服务器收到 HTTP 请求后进行处理，之后会向数据库服务器发送访问数据库的请求。Web 服务器的处理分为两层：服务器中的 Web 层解析 HTTP 请求；服务器中的应用层调用业务逻辑上的方法。

（3）数据库服务器收到 Web 服务器请求后，会对 SQL 语句进行处理，并将返回的数据发送给 Web 服务器。Web 服务器中的应用层会对数据进行逻辑处理，传到 Web 层，Web

层将数据渲染成 HTML 返送回客户端。

2）客户端-Web 服务器-应用服务器-数据库

类似于第一种形式，只是将 Web 服务和应用服务解耦，如图 1.5 所示。

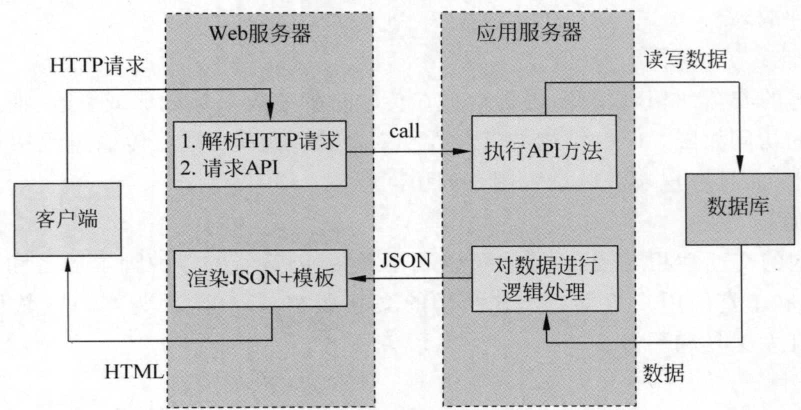

图 1.5　客户端-Web 服务器-应用服务器-数据库

（1）客户端向服务器发送 HTTP 请求。

（2）Web 服务器接收到请求后进行解析，并且调用应用服务器提供的 API。

（3）调用应用服务器的 API，执行相应的 API 方法，向数据库服务器发送请求。

（4）数据库服务器收到 Web 服务器请求后，会对 SQL 语句进行处理，并将返回的数据发送给应用服务器，Web 服务器中的应用层会对数据进行逻辑处理，之后将 JSON 数据传给 Web 服务器，Web 服务器将数据渲染成 HTML 返送回客户端。

3）客户端-负载均衡器（Nginx）-中间服务器（Node）-应用服务器-数据库

这种形式一般用在有大量的用户、高并发的应用中，如图 1.6 所示。

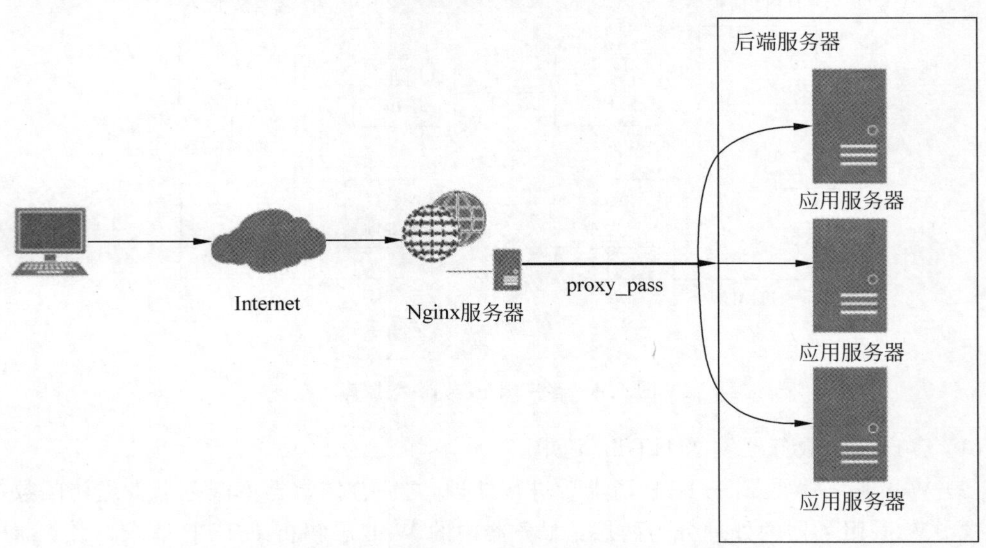

图 1.6　客户端-负载均衡器（Nginx）-中间服务器（Node）-应用服务器-数据库

（1）真正暴露在外的不是真正的 Web 服务器的地址，而是负载均衡器的地址。

（2）客户向负载均衡器发起 HTTP 请求。

（3）负载均衡器能够将客户端的 HTTP 请求均匀地转发给 Node 服务器集群。

（4）Node 服务器接收到 HTTP 请求之后，能够对其进行解析，并且能够调用应用服务器暴露在外的 RESTFUL 接口。

（5）应用服务器的 RESTFUL 接口被调用，会执行对应的暴露方法。如果有必要和数据库进行数据交互，应用服务器会和数据库进行交互后，将 JSON 数据返回给 Node。

（6）Node 层将模板＋数据组合渲染成 HTML 返回反向代理服务器。

（7）反向代理服务器将对应 HTML 返回给客户端。

用户访问 index. html，经过 Nginx-Node-应用服务器-数据库链路之后，Nginx 会把 index. html 返回给用户，并且会把 index. html 缓存在 Nginx 上，下一个用户再想请求 index. html 的时候，请求 Nginx 服务器，Nginx 发现有 index. html 的缓存，于是就不用去请求 Node 层了，会直接将缓存的页面（如果没过期的话）返回给用户。

学习情境 3：XML

在现实世界中，人们有很多方式去描述事物以及事物之间的关系。例如，大家想知道学习 Java Web 课程最佳的路线，可以通过画图的形式来表现，对于人类理解来说，这是一种较为理想的描述方式，但如果让计算机理解这些信息，就有些困难了，XML 就可以使此类问题变得简单。

1. 认识 XML

1）什么是 XML

XML（eXtensible Markup Language，可扩展标记语言），是一种基于文本的标记语言。XML 是 W3C（World Wide Web Consortium）的推荐标准，实际上已经成为 Web 上数据交换的标准，像 HTML 一样，可以使用标记来标识数据。与 HTML 不同的是，XML 标记用来标识数据，而不是规定数据的显示格式。例如，HTML 标签中采用< b >…</b >的方式来表示用粗体显示数据，而 XML 中可以采用<消息>…</消息>的方式来标记消息内容。由于标识数据可以看出其中的意义，XML 也被描述为一种能够指明数据语义（意义）的机制。

2）XML 的发展历程

XML 的发展历程大致经历了 GML、SGML、HTML、XML 这 4 个阶段，如图 1.7 所示。

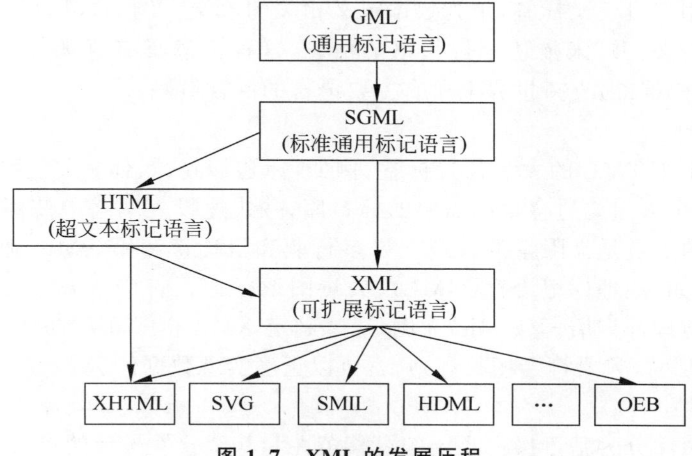

图 1.7 XML 的发展历程

第一阶段：GML(Generalized Markup Language,通用标记语言)

GML 是 IBM 的研究人员为了建立一种通用的文档格式，以提高系统的可移植性，于1969 年创建的一种通用标记语言。GML 是一种 IBM 格式化文档语言，用于就数据的组织结构、各部件及其之间的关系进行文档描述。GML 将这些描述标记为章节、重要小节和次重要小节(通过标题的级来区分)、段落、列表、表等。GML 并没有得到广泛的应用，原因是当时计算机发展还处于起步阶段(打孔式)，应用场景有限。但是 IBM 的研究人员提供了一种数据交互的思想。

第二阶段：SGML(Standard Generalized Markup Language,标准通用标记语言)

1985 年，IBM 研究人员在 GML 的基础上，进一步完善并规范了 GML，形成了 SGML。1986 年，国际标准化组织(ISO)采纳 SGML 作为工业标准。SGML 曾经被广泛地运用在各种大型的文件计划中，但是 SGML 是一种非常严谨的文件描述法，其过于庞大复杂(标准手册有 500 多页)，故难以理解和学习，进而影响其推广与应用。即使 SGML 的主要供应厂商 ArborText 研发的产品，也没有百分之百地支持 SGML 标准。

第三阶段：HTML(HyperText Markup Language,超文本标记语言)

1993 年 6 月，HTML 作为互联网工程工作小组的草案发布。又经过了多轮迭代，包括 HTML 2.0/3.2/4.0/4.01，直到 2014 年 10 月，W3C 将 HTML 5 作为推荐标准。HTML 是 Web 编程的基础，也就是说，万维网是建立在超文本基础之上的，网页的本质就是超级文本标记语言。再结合其他的 Web 技术，可以创建出功能强大的网页。正如前面介绍的，HTML 是一种展示型标记语言，是便于识读的，并不适用于数据交换。

第四阶段：XML(eXtensible Markup Language,可扩展标记语言)

1998 年 2 月，XML 正式成为 W3C 的推荐标准。得益于 XML 的可读性、可扩展性、可移植性、数显分离、便于存储、便于检索等诸多优点，后期在各行业衍生出了很多语言，包括 XHTML(可扩展超文本标记语言)、SVG(可缩放矢量图形语言)、SMIL(同步多媒体综合语言)、HDML(手持设备标记语言)、OEB(开放电子结构规范)等。

3) XML 的特点

XML 的优点在业界众说纷纭，但是经过长期实践，总结出 6 方面，包括可读性、可扩展性、可移植性、数显分离、便于存储、便于检索。

(1) 可读性。

XML 允许用户自定义标签，来为数据定义相关的语义。例如，可以定义“书架”标签来描述书架信息，定义“书”来描述书架上书的信息，这种信息具有直观性，易于理解。XML 依赖 Unicode 编码标准，支持世界上所有主要语言的混合编码。

(2) 可扩展性。

XML 有别于 HTML 的大量预置标签，例如，标题标签、粗体标签、换行标签等。XML 允许各个组织或个人建立适合自己需要的标签库，并快速投入网络中使用。只要符合基础的规范，理论上的扩展是无限量的。现在许多行业和机构都利用 XML 制定业内使用的标记语言标准。例如，地理标记语言(GML)、矢量图形标记语言(VML)、无线通信标记语言(WML)等。以地理标记语言(GML)为例，通过制定 XML 格式和数据结构规则，各应用系统解析生成 XML 时，只要符合相关规则，就可以正确实现数据传递。

(3) 可移植性。

XML 可移植性分为基于操作系统的可移植性和基于软件平台的可移植性两类。XML

文档是基于文本的(Unicode 编码),便于人阅读的,可以跨 Windows、Linux、macOS 等操作系统使用。从软件平台可移植性来讲,XML 可以通过专业的工具,实现在不同软件平台间的信息交换。尤其是基于 Java 这门语言天生的平台可移植的特点,XML 以通过 dom4j、SAX 等技术手段实现快速解析。当然,在不同软件系统中交互的 XML 需要遵循统一的 Schema 规约,这样系统彼此才能够理解 XML 想要表述的内容。

(4) 数显分离。

数显分离是 XML 诞生的一个主要特点,对标的语言就是 HTML。与 HTML 面向显示逻辑不同,XML 是面向数据逻辑的,也就是说,XML 只关注数据的组合逻辑,而不关注数据以何种介质、何种形式展示给用户。数据逻辑和显示逻辑解耦的优势在于,降低了混合逻辑的复杂度和技术难度,这样一来,如果要改动数据的表现形式,就不需要改动 XML 本身,只改动数据显示的样式表文件就可以了。例如,如果要比较好地显示出 XML 内容,可以依赖 CSS,甚至使用 JSP 来负责解析和显示。

(5) 便于存储。

现代社会的绝大部分资料都是以电子文档形式保存的,并且不同格式保存的文档需要有相应的不同软件来将其打开。若干年后,很可能某些电子文档还在,但能够打开这些文档的软件则已遭淘汰而无法找到。例如,遇到中美贸易摩擦,对方软件不让用了,授权到期了,很多格式的文件将无法打开。相比之下,以 XML 格式保存的文档就不会有上述问题。因为 XML 文档是基于文本的,并且文档中的每项数据都有清晰的语义,非常容易被打开和阅读。此外,XML 文档能够很容易地转换为其他格式的文档,所以非常适合用来作为信息的长期保存形式。

(6) 便于检索。

由于 XML 通过给数据内容贴上标记来描述其含义,并且把数据的显示格式分离出去,所以对 XML 文档数据的搜索就可以简单高效地进行。在此情况下,搜索引擎没有必要再去遍历整个文档,而只需查找指定标记的内容就可以了。这样一来,要做到在网上浏览时,每个页面所显示的正好是浏览者想要的东西,已不再困难。

4) XML 与 HTML 的区别

由于几乎所有的浏览器都支持 HTML,与 XML 相比,HTML 更广为人知。HTML 与 XML 都是标记语言,都可以基于文本编辑和修改,它们结构类似,都以标签实现信息描述。但是细究起来,XML 和 HTML 还是有着本质区别的。为了加深读者对标记语言的理解,下面对 XML 和 HTML 的区别进行分析。XML 与 HTML 的对比如表 1.1 所示。

表 1.1 XML 与 HTML 的对比

对比项	XML	HTML
作用	设计目的是传输和存储数据,其焦点是数据的内容	设计目的是显示数据,其焦点是数据的外观
语法	要求所有的标签必须成对出现,标签区分大小写;属性值必须放在引号中;不会自动过滤空格	不是所有的标签都要求成对出现,标签不区分大小写;属性值的引号可用可不用;自动过滤空格
扩展性	XML 标签没有预定义,开发者可根据需要自定义标签	HTML 标签是预定义的,开发者只能使用当前 HTML 标准所支持的标签

XML 不是 HTML 的替代品，它们是两种不同用途的语言。实际上，XML 可以视作对 HTML 的补充，它们在各自的领域分别发挥着不同的作用。

5）XML 的作用

XML 可以用于描述数据、存储数据、传输（交换）数据。XML 现在已经成为一种通用的数据交换格式，它的平台无关性、语言无关性、系统无关性，给数据集成与交互带来了极大的方便，用户可以定义自己需要的标记。

（1）存储、交换数据。

XML 只用元素和属性来描述数据，而不提供数据的显示方法，这使得 XML 能够运行于不同系统平台之间和转换成不同格式的目标文件。用 XML 在应用程序和公司之间做数据交换，几个应用程序可以共享和解析同一个 XML 文件，不必使用传统的字符串解析或拆解过程。

（2）配置。

许多应用都将配置数据存储在各种文件里，如 SSH、Android。使用 XML 配置文件的应用程序能够方便地处理所需数据，不用像其他应用那样要经过重新编译才能修改和维护应用系统。XML 比数据库占用的资源少，操作方便，用来存储简单的信息，现在主要用在程序的配置文件上（如 web. xml）。现在有越来越多的设备支持 XML 了。

6）XML 在 Java Web 中的应用

由于 XML 的功能强大，它在 Java Web 开发中得到广泛应用，是 Java 开发的有力助手。Java 是跨平台的编程语言，不可避免地要在各系统平台之间存储和传输数据，而 XML 刚好可以实现跨平台的数据传输，因此它们之间有着密不可分的关系。

（1）配置描述。

Web 应用的基础配置信息是不固定的，要根据场景的不同而改变，如果将配置信息直接写入代码，势必会降低应用的扩展性和移植性。因此，Java Web 开发通常会采用大量 XML 文档作为配置文件。不仅如此，各种开发框架（如 Spring、Struts 等）也通过 XML 文档管理基础配置。

（2）传输数据。

各种系统平台采用互不兼容的数据存储格式，而 Web 应用往往面向不同平台，这就会给数据传输带来一定困难。假如一个 Linux 平台上的应用要向 Windows 上的应用传输数据，将会面临传输障碍或者无法解析的问题。这时，可以采用 XML 方式实现跨平台的数据传输。

（3）Web Services。

Web Services 是一种跨编程语言和跨操作系统平台的远程调用技术。通过 Web Services，运行在不同系统上的、用不同语言编写的程序可以实现相互调用。Web Services 基于 XML 实现功能，它的通信协议要使用 XML 作为支撑。

（4）持久化数据。

XML 文档可以作为小型数据库，持久化一些特殊的数据。例如，程序中经常用到的一些系统数据，如果放在数据库中会增加维护数据库的工作量，此时可以考虑采用 XML 文档作小型数据库。

2. XML 语法规范

一个 XML 文档有其自身的固有结构，大体由文档声明、元素、属性、注释、CDATA 区、转义字符等组成。

1）XML 命名规则

XML 元素必须遵循以下命名规则。

（1）名称可以包含字母、数字以及其他的字符。

（2）名称不能以数字或者标点符号开始。

（3）名称不能以字母 xml(或者 XML、Xml 等)开始。

（4）名称不能包含空格。

（5）可使用任何名称，没有保留的字词。

最佳命名习惯如下。

（1）使名称具有描述性。使用带下画线的名称，如< first_name >、< last_name >。

（2）名称应简短和简单，如< book_title >，而不是< the_title_of_the_book >。

（3）避免使用"-"字符。如果按照这样的方式进行命名"first-name"，一些软件会认为你想要从"first"里边减去"name"。

（4）避免使用"." 字符。如果按照这样的方式进行命名"first. name"，一些软件会认为"name"是对象"first"的属性。

（5）避免使用":" 字符。冒号会被转换为命名空间来使用。

（6）XML 文档经常有一个对应的数据库，其中的字段会对应 XML 文档中的元素。有一个实用的经验，即使用数据库的命名规则来命名 XML 文档中的元素。

2）XML 声明

XML 声明文件的可选部分，如果存在需要放在文档的第一行，如下。

```
<!-- 声明 XML 文件，设置 XML 文件的编码，版本的信息 -->
<?xml version = "1.0" encoding = "UTF - 8"?>
```

3）XML 元素

XML 元素指的是从(且包括)开始标签直到(且包括)结束标签的部分。一个元素可以包含其他元素、文本、属性。

一个简单的 XML 文档如下所示。

```
<?xml version = "1.0" encoding = "UTF - 8"?>
<!-- 这是一个注释 -->
< book >
    < author > XXX </author >
    < title > JavaWeb 开发</title >
    < language >中文</language >
    < content >这是一本 JavaWeb 的书籍</content >
</book >
```

XML 文档第一行<? xml version＝"1. 0" encoding＝"UTF-8"?>是 XML 的声明，该声明定义了 XML 文档的版本(1. 0)以及编码(UTF-8)。

第二行<!-- 这是一个注释 -->是一个注释信息。

第三行< book >是文档的根元素开始标签，最后一行</book >是根元素的结束标签，每个 XML 都有且只有一个根元素。

第四行到第七行是根元素的子元素，< author >、< title >、< language >、< content >都是根元素< book >的子元素。

标签的书写注意事项如下。

(1) XML 中的所有标签必须闭合。

(2) XML 中的标签名称严格区分大小写。

(3) 在 XML 标签名中间不要书写空格,或者冒号、逗号等符号。

(4) 标签名不要以数字开始。

(5) 书写 XML 标签时,标签不能互相嵌套。

(6) 所有的 XML 文件只能有一个根标签。

(7) 可以通过浏览器来校验 XML 文件的格式是否正确。

4) XML 注释

XML 中的注释和 HTML 中的注释的写法是一样的。<!-- 内容-->本身就是多行注释了。书写注释的时候,内容中应尽可能地避免使用“--”字符。

```
<!--
    1.每一个 XML 有且只有一个根标签,所有 XML 标签必须写在根标签中
    2.标签必须要闭合
    3.可以通过浏览器打开 XML 来校验 XML 格式是否正确
    4.XML 是区分大小写的
    5.XML 书写标签名时,不要出现空格等特殊字符
    6.标签命名时不要以数字开头
    7.在书写标签时不要乱嵌套或相互嵌套
-->
```

5) XML 属性

XML 属性可用来提供有关元素的信息,通常元数据应当存储为属性,而数据本身应当存储为元素。

XML 属性有如下约束。

(1) 属性值必须加引号,单引号和双引号均支持,若属性值本身包含双引号,可使用单引号,例如:

```
< if test = 'pk != "abc"'>
```

(2) 属性不能包含多个值。

6) XML 实体引用

在 XML 元素中一些符号有特殊意义。如果元素中出现“<”符号,那么 XML 文档解析时会把这个符号当作下一个元素的开始,就会出现错误。针对这些有特殊意义的符号,可通过对应的实体进行替换。XML 中预定义了以下 5 个实体引用,如表 1.2 所示。

表 1.2 实体引用

转义字符	字 符	含 义
<	<	小于
>	>	大于
&	&	和号
'	'	单引号
"	""	双引号

XML 实体引用例子:

```
< books >
    < book >
```

```
        <name>西游记</name>
        <!--
          为 author 添加扩展信息,如 name , age 等
          1、多个属性之间用空格分隔
          2、属性要书写在开始标签内
          3、在 XML 中属性一定要用双引号或单引号括起来
          4、属性名要按命名规则
      -->
        <author sex = "男" address = "郑州">&lt;吴承恩 &gt;</author>
        <pirce> 50 </pirce>
        <version> 1.2 </version>
    </book>
</books>
```

7) XML 约束

XML 本身对 XML 文档没有任何预定义的元素、标签、属性。这些都是由使用者去约定的,使用者通常会定义应用程序能够识别、解析的一套 XML 约定,要想编写的 XML 文档能够正确地被该使用者所解析、处理,那么编写 XML 文档的人需按照定义的 XML 约定写出 XML 文档。XML 文档定义约束的方式有两种:DTD(Document Type Definition)和 XSD(XML Schemas Definition)。

(1) DTD 约束。

DTD 是通过<! DOCTYPE >标签来进行声明的,元素定义如表 1.3 所示。

表 1.3 元素定义

语 法	关键字	作 用	示 例
<! ELEMENT 节点名称(#PCDATA)> #PCDATA	#PCDATA	代表文本元素,里面的内容必须是文本	<!ELEMENT name (#PCDATA)>
<!ELEMENT 节点名称 EMPTY>	EMPTY	不能包含任何子元素和文本,仅可以使用属性	<!ELEMENT version EMPTY>
<!ELEMENT 节点名称(e1,e2)>	(e1,e2)	代表混合元素,表示这个标签里面还有其他的节点	<! ELEMENT person (name, age, contact,br *)>

例如下面示例中 books 根目录下 book 这个标签能够出现的次数。

```
<?xml version = "1.0" encoding = "UTF - 8" ?>
<!DOCTYPE books [
        <!-- 定义根标签 books -->
        <!ELEMENT books (book * )>
        <!-- 定义 book 标签中的子类标签 -->
        <!ELEMENT book (name,author,price,version)>
        <!-- 子类标签 name,其特性为#PCDATA,文本内容 -->
        <!ELEMENT name (#PCDATA)>
        <!-- 子类标签 author 作者 -->
        <!ELEMENT author (#PCDATA)>
        <!-- 子类标签 price 价格 -->
        <!ELEMENT price (#PCDATA)>
        <!-- 版本 这里特性为空值 -->
        <!ELEMENT version EMPTY>
```

```
        ]>
<books>
    <!-- 因为 book 是 *,所以可以出现 0 次,可以出现多次 -->
    <book>
        <name></name>
        <author></author>
        <price></price>
        <version/>
    </book>
</books>
```

当在 XML 文件中加入<!,DOCTYPE>约束后,输入标签<books>时会自动导入其子类标签。

(2) Schema 约束。

① XML Schema 是基于 XML 的 DTD 替代者。

② XML Schema 符合 XML 语法结构,并且是可扩展的,后缀名为.xsd。

③ XML Schema 更容易地描述允许的文档内容,以及约束定义,并支持名称空间。

3. XML 解析

XML 的常用解析方式大致分为 4 种:DOM 解析、SAX 解析、JDOM 解析、dom4j 解析。前两种属于基础方法,是官方提供的解析方式;后两种是在基础的方法上扩展出来的。

1) DOM 方式

DOM(Document Object Model)是用与平台和语言无关的方式表示 XML 文档的官方 W3C 标准,将标记语言文档一次性加载进内存,在内存中形成一棵 DOM 树。

优点:

操作方便,可以对文档进行 CRUD 的所有操作。

缺点:

通常需要加载整个 XML 文档来构造层次结构,消耗资源大。

2) SAX 方式

SAX 处理的优点非常类似于流媒体的优点。分析能够立即开始,而不是等待所有的数据被处理;逐行读取,基于事件驱动。

优点:

(1) 不需要等待所有数据都被处理,分析就能立即开始。

(2) 只在读取数据时检查数据,不需要保存在内存中。

(3) 可以在某个条件得到满足时停止解析,不必解析整个文档。

(4) 效率和性能较高,能解析大于系统内存的文档。

缺点:

只能读取,不能增删改,很难同时访问同一文档的不同部分数据,不支持 XPath。

3) JDOM 方式

JDOM(Java-based Document Object Model)的目的是成为 Java 特定文档模型,它简化了与 XML 的交互并且比使用 DOM 实现更快。

优点:

(1) 使用具体类而不是接口,简化了 DOM 的 API。

(2) 大量使用 Java 集合类,方便了 Java 开发人员。

缺点:

(1) 没有较好的灵活性。

(2) 性能较差。

4) dom4j

dom4j 是一个 Java 的 XML API,类似于 JDOM,用来读写 XML 文件,其性能优异,功能强大,简单易用,开放源代码。

优点:

(1) 大量使用了 Java 集合类,方便 Java 开发人员,同时提供一些提高性能的替代方法。

(2) 支持 XPath。

(3) 有很好的性能。

缺点:

大量使用了接口,API 较为复杂。

学习情境 4: 服务器

1. 服务器介绍

服务器是计算机的一种,它比普通计算机运行更快、负载更高、价格更贵。很多公司都会去阿里云、腾讯云、百度云等公司租赁负载更高、价格更贵的服务器。由于服务器不间断地一直运行,噪声大,需要散热,所以通常情况都不会自己购买服务器。

2. 服务器程序的分类

Web 服务器,又称为网站服务器,就是给用户提供网站服务的,开发者可以把自己搭建的网站发布到 Web 服务器上,让全世界的用户能访问到。

常见的 Web 服务器有 Tomcat、NGINX、IIS、WebLogic。

3. Tomcat 服务器

Tomcat 服务器是 Apache 公司的产品,是一个免费的开放源代码的 Web 应用服务器,属于轻量级应用服务器,中小型公司使用比较普遍,是开发和调试 JSP 程序的首选。

1) 安装 JDK

Tomcat 需要依赖于 JDK,安装 Tomcat 服务器之前需要下载和安装 JDK。

(1) JDK 下载。

打开 JDK 官网,如图 1.8 所示。

本书使用 JDK 1.8 版本来测试和开发,所以需要从历史版本中下载相应的版本,打开历史下载版本,如图 1.9 所示。

选择 Jave SE 8(8u211 and later),打开链接,下载相应的安装文件,如图 1.10 所示。

如 Windows,选择 jdk-8u371-windows-x64.exe,下载.exe 文件,如图 1.11 所示。

(2) 安装 JDK。

在下载的.exe 文件上单击鼠标右键,安装 JDK,然后一直单击“下一步”按钮直到完成安装,如图 1.12 所示。

(3) 配置 JDK。

在计算机桌面右击“计算机”或“我的计算机”或“此计算机”图标,在弹出的快捷菜单中

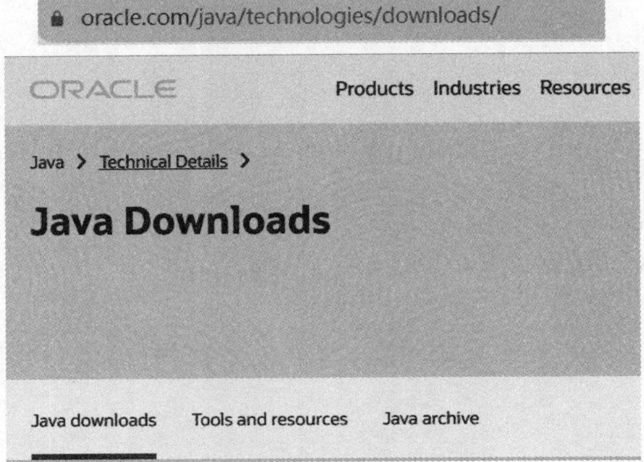

图 1.8 JDK 官网

图 1.9 JDK 下载 1

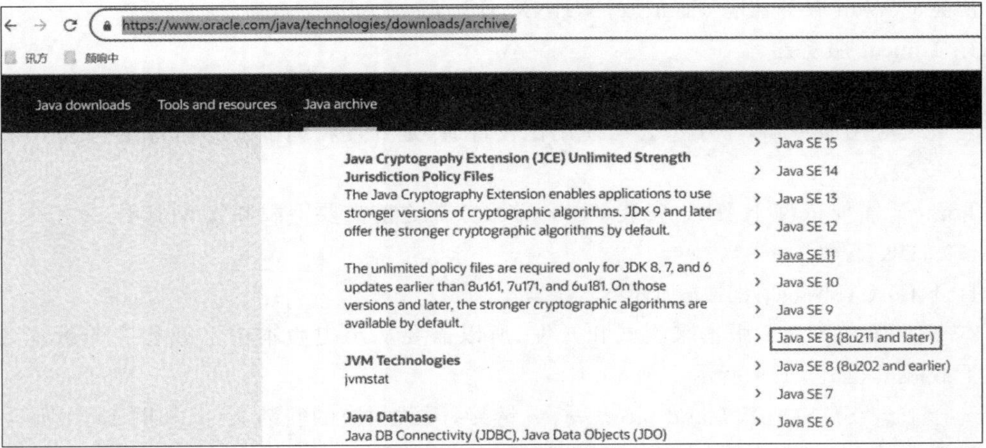

图 1.10 JDK 下载 2

Windows x64 Installer	145.50 MB	jdk-8u371-windows-x64.exe

图 1.11 JDK 下载 3

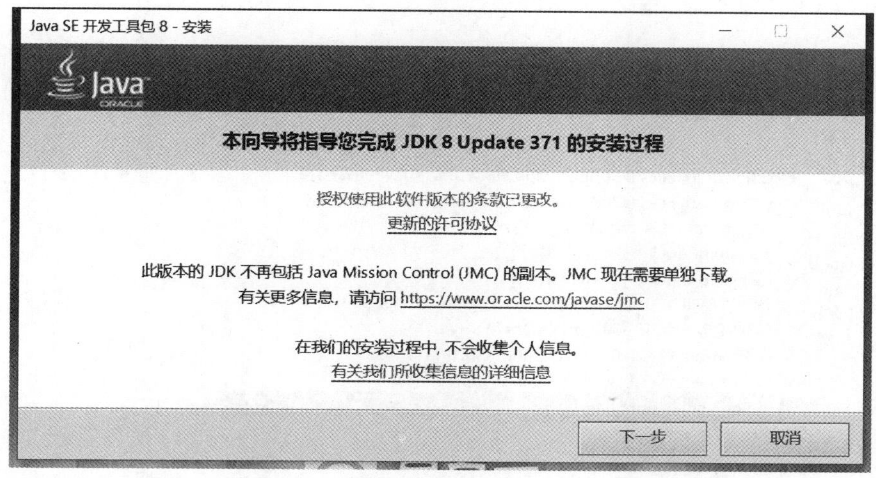

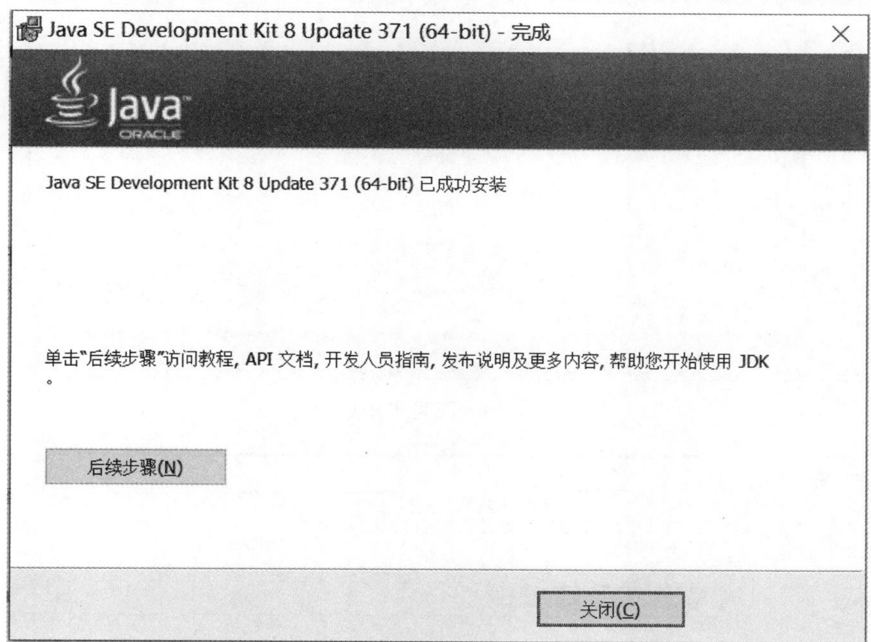

图 1.12 安装 JDK

依次选择“属性”→“高级系统设置”→“环境变量”选项，打开“系统变量”对话框，修改环境变量 PATH，新建一个 JDK 的 bin 目录，如 C:\Program Files\Java\jdk-1.8\bin，然后保存，如图 1.13 所示。

新增环境变量 JAVA_HOME，变量值设置为 JDK 安装目录，如图 1.14 所示。

新增环境变量 CLASSPATH，变量值为 .;%JAVA_HOME%\lib\dt.jar;%JAVA_HOME%\lib\tools.jar，如图 1.15 所示。

(4) 验证 JDK 是否安装成功。

按 Win+R 组合键打开“运行”对话框，输入“cmd”后按 Enter 键，在 DOS 窗口中输入“java-version”查看自己的 JDK 版本，如图 1.16 所示。

环境变量
EDY 的用户变量(U)
变量
CATAL
CATAL
JAVA_
JRE_H
OneD
Path
PyCha
TEMP
系统变量
变量
OS
Path
PATH
PROC
PROC
PROC
PROC
PSMo
编辑环境变量
C:\Program Files (x86)\Common Files\Oracle\Java\javapath
C:\Program Files (x86)\VMware\VMware Workstation\bin\
%SystemRoot%\system32
%SystemRoot%
%SystemRoot%\System32\Wbem
%SYSTEMROOT%\System32\WindowsPowerShell\v1.0\
%SYSTEMROOT%\System32\OpenSSH\
C:\Program Files (x86)\NetSarang\Xshell 7\
C:\Program Files (x86)\NetSarang\Xftp 7\
C:\Program Files\Java\jdk-1.8\bin
新建(N)
编辑(E)
浏览(B)...
删除(D)
上移(U)
下移(O)
编辑文本(T)...
确定
取消

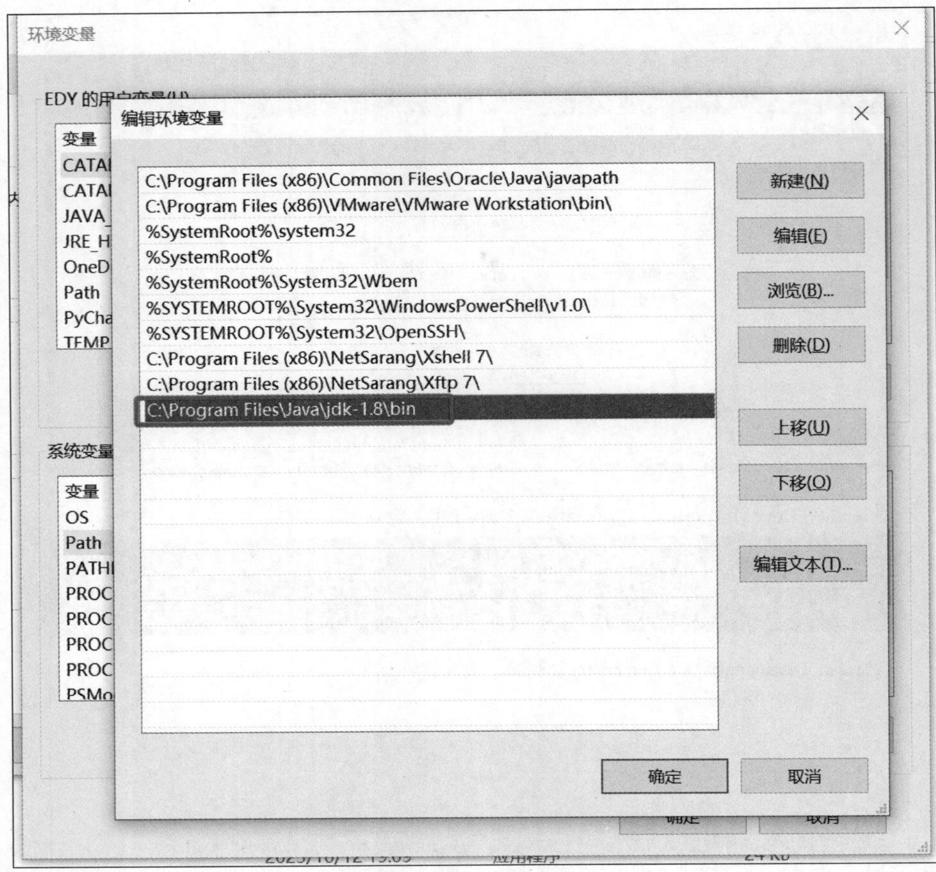

图 1.13 配置 JDK(1)

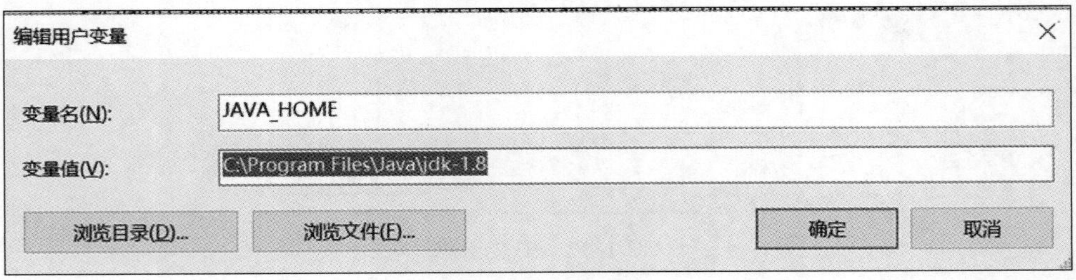

编辑用户变量
变量名(N):
JAVA_HOME
变量值(V):
C:\Program Files\Java\jdk-1.8
浏览目录(D)...
浏览文件(F)...
确定
取消

图 1.14 配置 JDK(2)

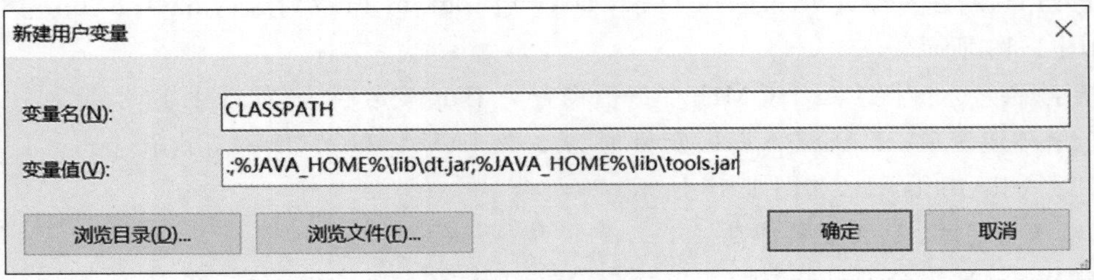

新建用户变量
变量名(N):
CLASSPATH
变量值(V):
.;%JAVA_HOME%\lib\dt.jar;%JAVA_HOME%\lib\tools.jar
浏览目录(D)...
浏览文件(F)...
确定
取消

图 1.15 配置 JDK(3)

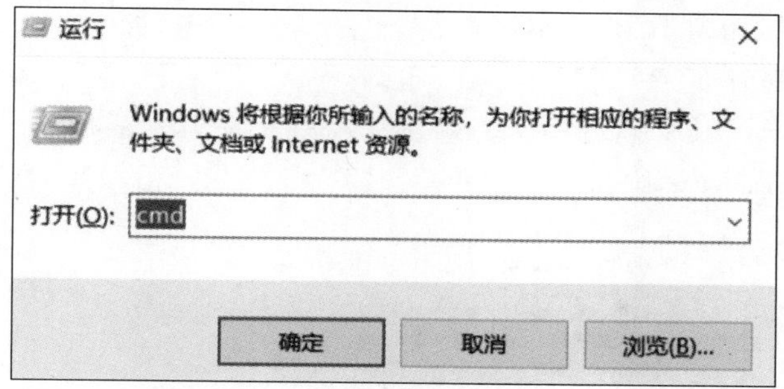

图 1.16　验证 JDK(1)

如果出现 JDK 的版本，说明 JDK 已经安装成功，如图 1.17 所示。

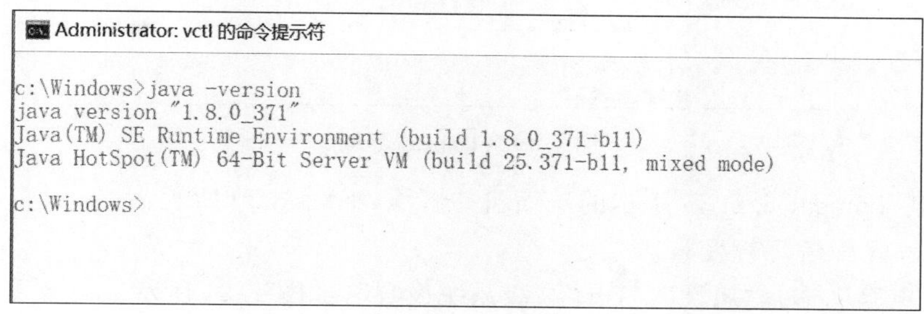

图 1.17　验证 JDK(2)

2）Tomcat 服务器下载、安装

到 Tomcat 官网进行下载，如图 1.18 所示。

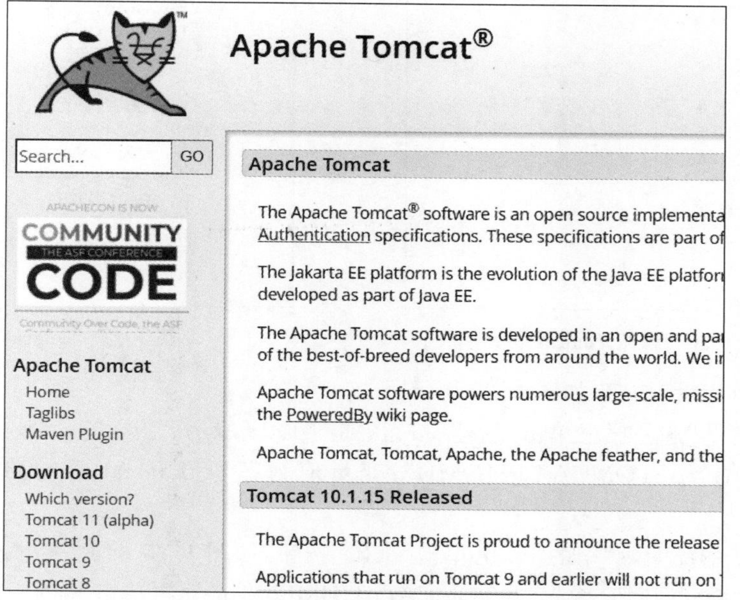

图 1.18　Tomcat 官网

选择版本后在下面红框中选择进行下载，zip 是压缩包，tar. gz 是在 Linux 系统中存放的版本，32-bit Windows. zip 和 64-bit Windows zip 是 Windows 系统下载的版本，根据自身计算机性能选择下载,如图 1.19 所示。

8.5.95

Please see the README file for packaging information. It explains what every distribution

Binary Distributions

- Core:
  - zip (pgp, sha512)
  - tar.gz (pgp, sha512)
  - 32-bit Windows zip (pgp, sha512)
  - 64-bit Windows zip (pgp, sha512)
  - 32-bit/64-bit Windows Service Installer (pgp, sha512)
- Full documentation:
  - tar.gz (pgp, sha512)
- Deployer:
  - zip (pgp, sha512)
  - tar.gz (pgp, sha512)
- Extras:
  - Web services jar (pgp, sha512)
- Embedded:
  - tar.gz (pgp, sha512)
  - zip (pgp, sha512)

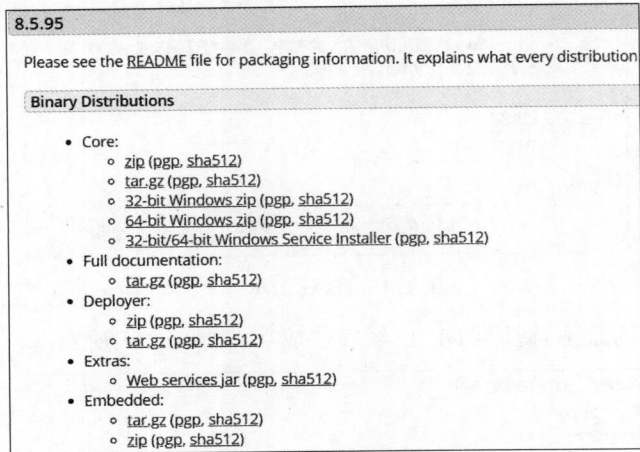

图 1.19 Tomcat 下载

这里下载 Tomcat-8.5.35 版本的压缩包并解压,如图 1.20 所示。

(1) Tomcat 配置环境变量。

右击"此电脑",选择"属性",打开"高级系统设置",如图 1.21 所示。

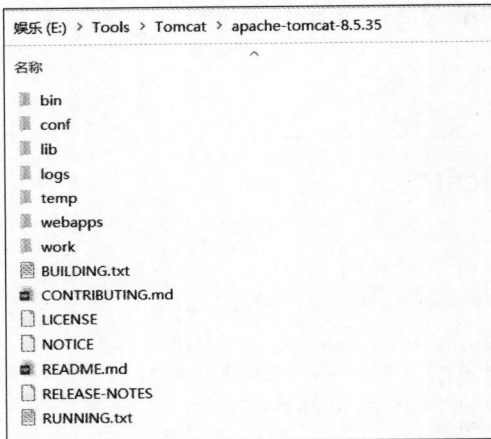

娱乐 (E:) > Tools > Tomcat > apache-tomcat-8.5.35

名称

bin
conf
lib
logs
temp
webapps
work
BUILDING.txt
CONTRIBUTING.md
LICENSE
NOTICE
README.md
RELEASE-NOTES
RUNNING.txt

图 1.20 解压 Tomcat

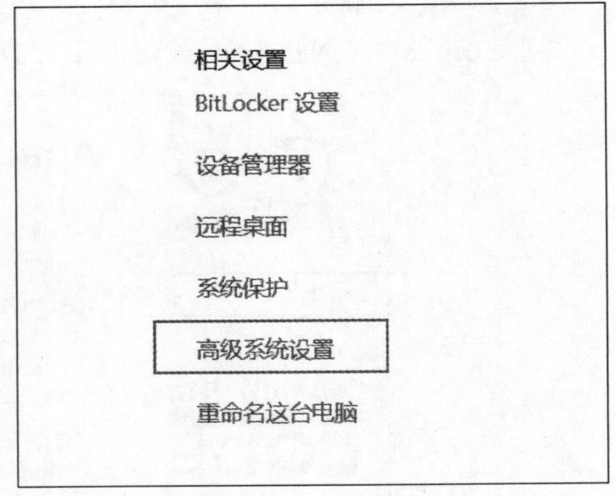

图 1.21 Tomcat 配置

单击"环境变量"按钮,如图 1.22 所示。

在"系统变量"这一栏里单击"新建"按钮,如图 1.23 所示。

变量名设置为"TOMCAT_HOME",变量值为解压 Tomcat 后的路径,如图 1.24 所示。

之后找到"系统变量"中的 Path,单击"编辑"按钮,如图 1.25 所示。

之后单击"新建"按钮,输入"%TOMCAT_HOME%\bin",再单击"确定"按钮,如图 1.26 所示。

(2) Tomcat 目录结构。

Tomcat 目录结构如图 1.27 所示。

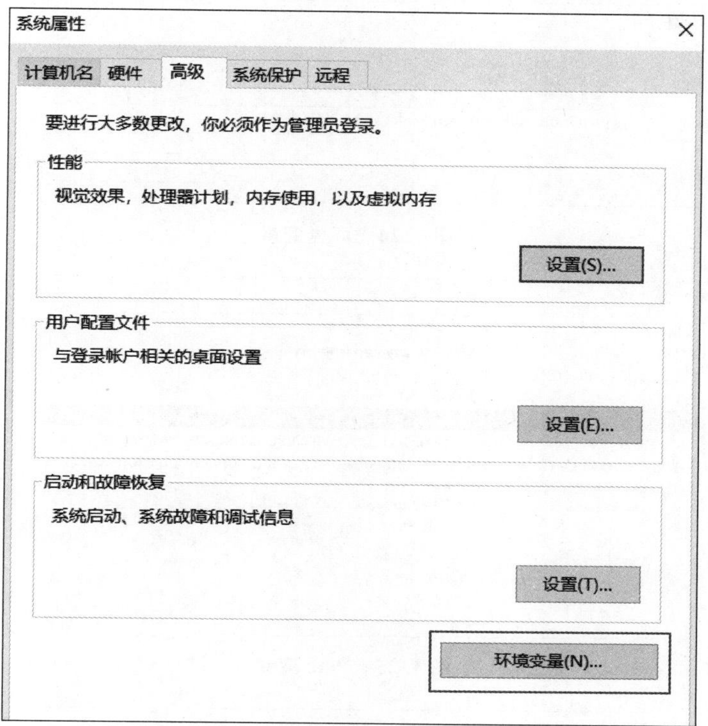

图 1.22 环境变量

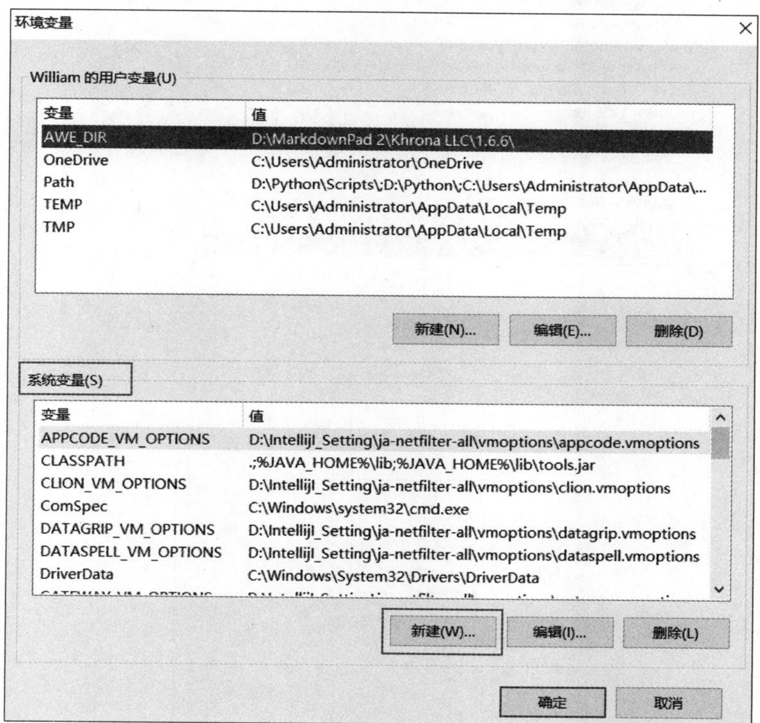

图 1.23 新建系统变量

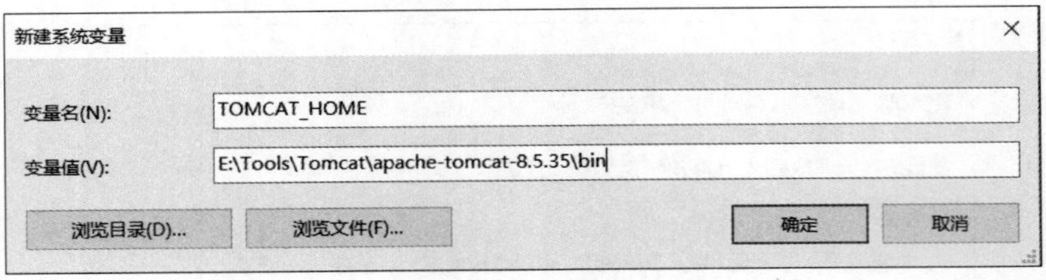

新建系统变量

变量名(N): TOMCAT_HOME

变量值(V): E:\Tools\Tomcat\apache-tomcat-8.5.35\bin

浏览目录(D)... 浏览文件(F)... 确定 取消

图 1.24 环境变量

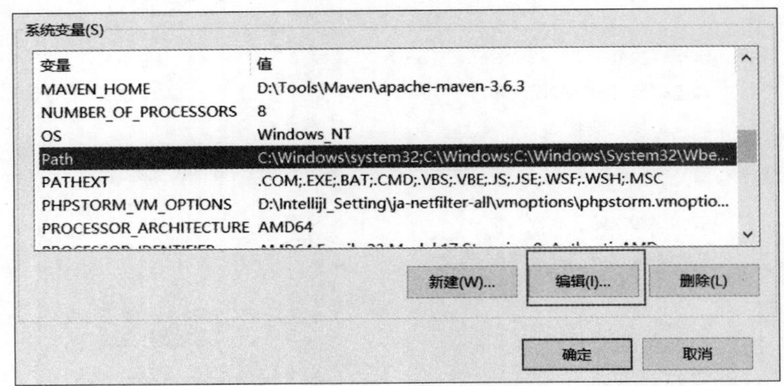

图 1.25 Path 变量

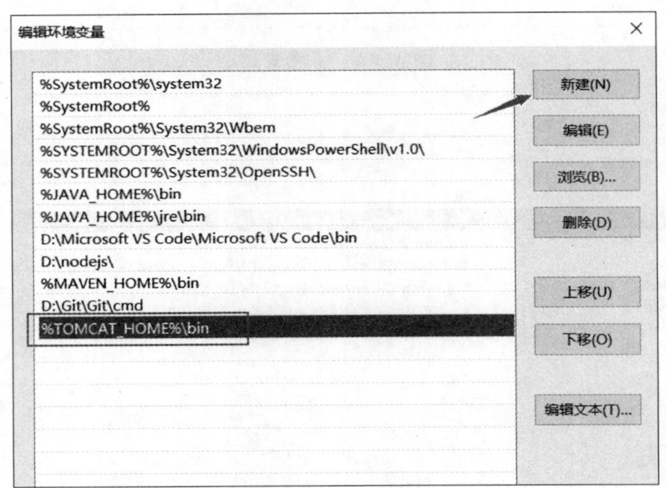

图 1.26 环境变量

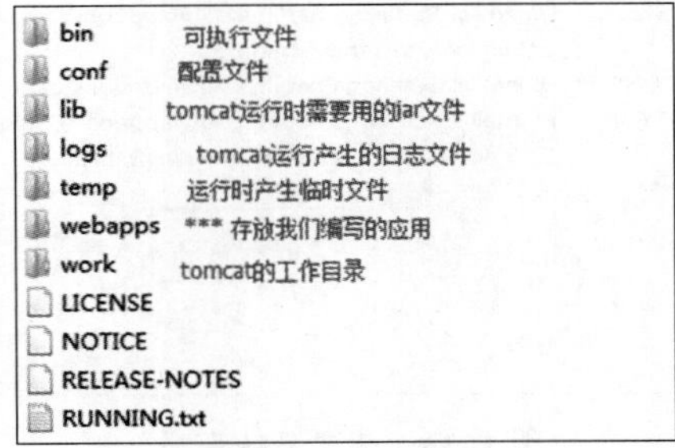

图 1.27 Tomcat 目录结构

(3) Tomcat 的启动和关闭。

进入 Tomcat 服务器的 bin 目录下，找到 startup. bat 并双击，启动 Tomcat 服务器(shutdown 表示关闭)，如图 1.28 所示。

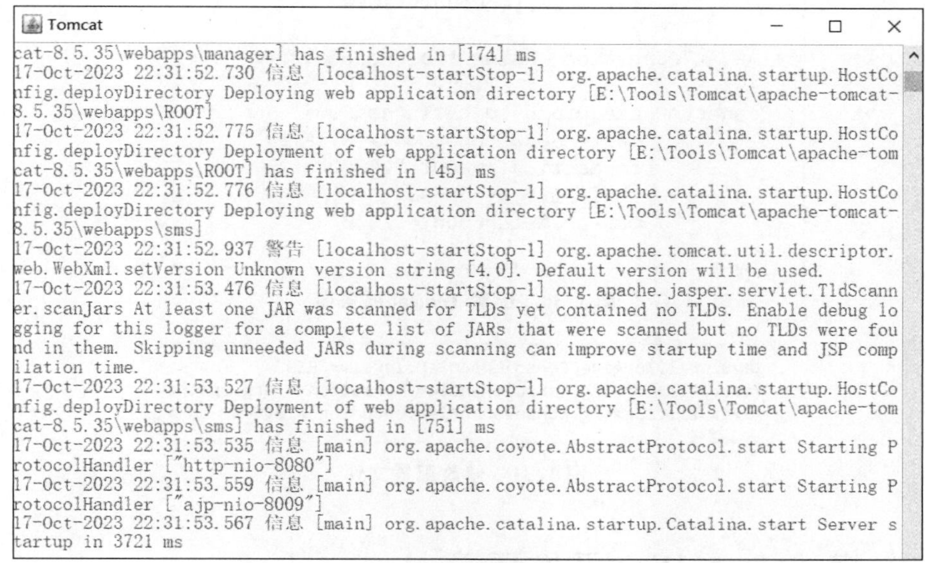

图 1.28　Tomcat 的启动和关闭

打开浏览器在地址栏中输入“http://localhost:8080”进行访问，如果出现以下画面，证明 Tomcat 启动成功，如图 1.29 所示。

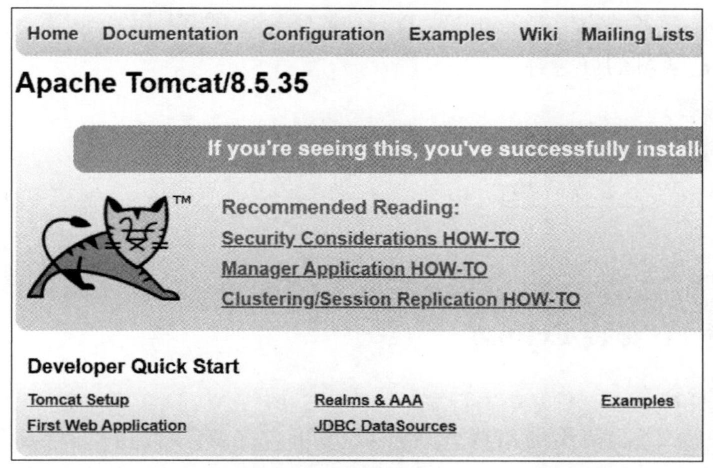

图 1.29　验证 Tomcat

(4) Tomcat 服务器配置。

Tomcat 服务器默认的端口是 8080，如果该端口被占用，可以在配置文件中重新配置一下，Tomcat 服务器的配置文件在 conf 目录下的 server. xml，如图 1.30 所示。

如果在启动 Tomcat 服务时日志信息中出现中文乱码问题，那么需要修改配置文件 logging. properties，如图 1.31 所示。

```
-->
<Connector port="8080" protocol="HTTP/1.1"
           connectionTimeout="20000"
           redirectPort="8443"
           maxParameterCount="1000"
           />
<!-- A "Connector" using the shared thread pool-->
<!--
<Connector executor="tomcatThreadPool"
           port="8080" protocol="HTTP/1.1"
           connectionTimeout="20000"
           redirectPort="8443"
           maxParameterCount="1000"
           />
```

图 1.30 配置 Tomcat 服务器

```
java.util.logging.ConsoleHandler.level = FINE
java.util.logging.ConsoleHandler.formatter = org.apache
java.util.logging.ConsoleHandler.encoding = UTF-8
```

图 1.31 修改配置文件

任务 2：搭建 Java Web 开发环境

Java Web 项目的运行需要服务器端和客户端都具备相应的环境。服务器端必须安装 Java 虚拟机和与 Servlet 兼容的 Web 服务器，而客户端只要有 Web 浏览器就可以。现在主流的 Web 服务器有多种，如 Apache 的 Tomcat、Oracle 的 WebLogic 等。其中，Tomcat 是一种开源项目，是学习的好选择。

章节主要内容：

- 掌握 Eclipse 的安装。
- 掌握 Java Web 开发环境。

能力目标：

掌握 Eclipse 的安装与应用、Java Web 开发环境。

学习情境 1：安装 Eclipse

1. Eclipse 简介

Eclipse 是一个广泛使用的集成开发环境（IDE），主要用于 Java 开发，但也支持其他编程语言，如 C/C++、Python 等。它是一个免费、开源的工具，提供了丰富的功能和工具，帮助开发者进行代码编写、调试、测试和部署。

Eclipse 最初是作为 Java 开发工具而闻名的，它提供了强大的 Java 开发环境，包括语法高亮、代码补全、自动调试等功能，使得 Java 开发人员能够更快速、高效地编写和调试 Java 应用程序。此外，Eclipse 还集成了调试器、单元测试框架、版本控制系统等工具，方便开发者进行程序调试和测试，管理代码版本。

Eclipse 具有高度可扩展性，通过插件机制，开发者可以根据自己的需求安装和集成各种插件，从而扩展 Eclipse 的功能。例如，可以安装用于 Web 开发的插件，支持 HTML、CSS、JavaScript 等相关技术；也可以安装用于移动应用开发的插件，支持 Android 或 iOS 平台的开发。

Eclipse 是一款功能强大、可扩展的集成开发环境，广泛应用于软件开发和编程领域。它提供了丰富的工具和功能，帮助开发者提高开发效率，管理代码，并促进团队协作。

2. 安装 Eclipse

进入 Eclipse 官网，如图 1.32 所示。

图 1.32 Eclipse 官网

单击网页右上角的 Download 按钮，进入下载页面，如图 1.33 所示。

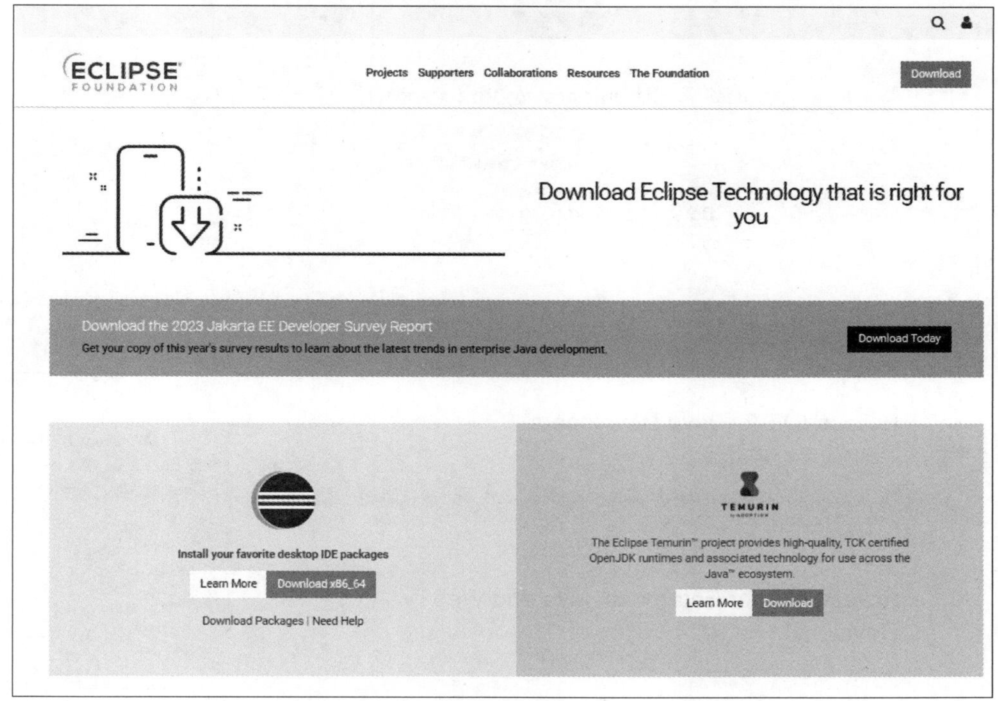

图 1.33 下载 Eclipse(1)

根据操作系统的版本选择相应的版本下载，目前的操作系统版本基本都是 64 位，所以在这里单击页面左下角的 Download Packages 进入 Eclipse 下载界面，等待网站获取 Eclipse 最新版本信息以及自动分配下载节点，如图 1.34 所示。

找到 Eclipse IDE for Java Developers，根据自己的系统选择 Windows 32-bit 或是 64-bit，单击相应链接下载(因为编者的系统是 64 位的，所以这里选择 64-bit)，如图 1.35 所示。

接下来就进入 Eclipse 正式下载界面。单击 Download 按钮进行 Eclipse 安装包下载，如图 1.36 所示。

单击 Download 按钮后，可能会跳转到一个需要付费的页面，这并不是 Eclipse 需要付费，这只是一个捐钱的项目，无须理会，如图 1.37 所示。

Participate in the State of Open Source Survey
Take a few moments to share how your organisation uses open source in the annual State of Open S
to win a $100 gift card.
Install your favorite desktop IDE packages
Learn More
Download x86_64
Download Packages | Need Help

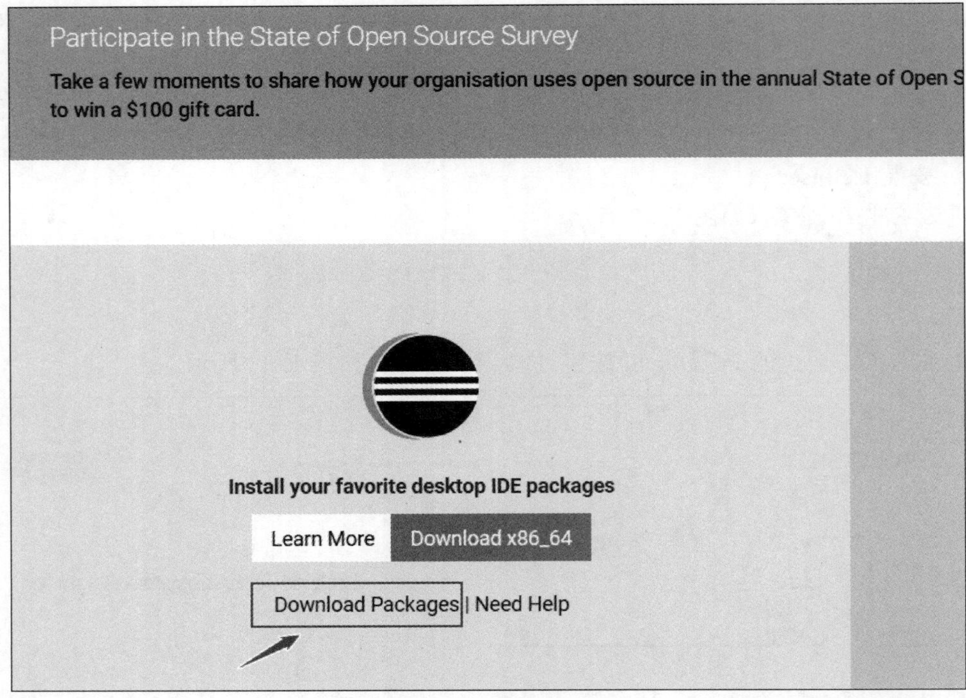

图 1.34 下载 Eclipse(2)

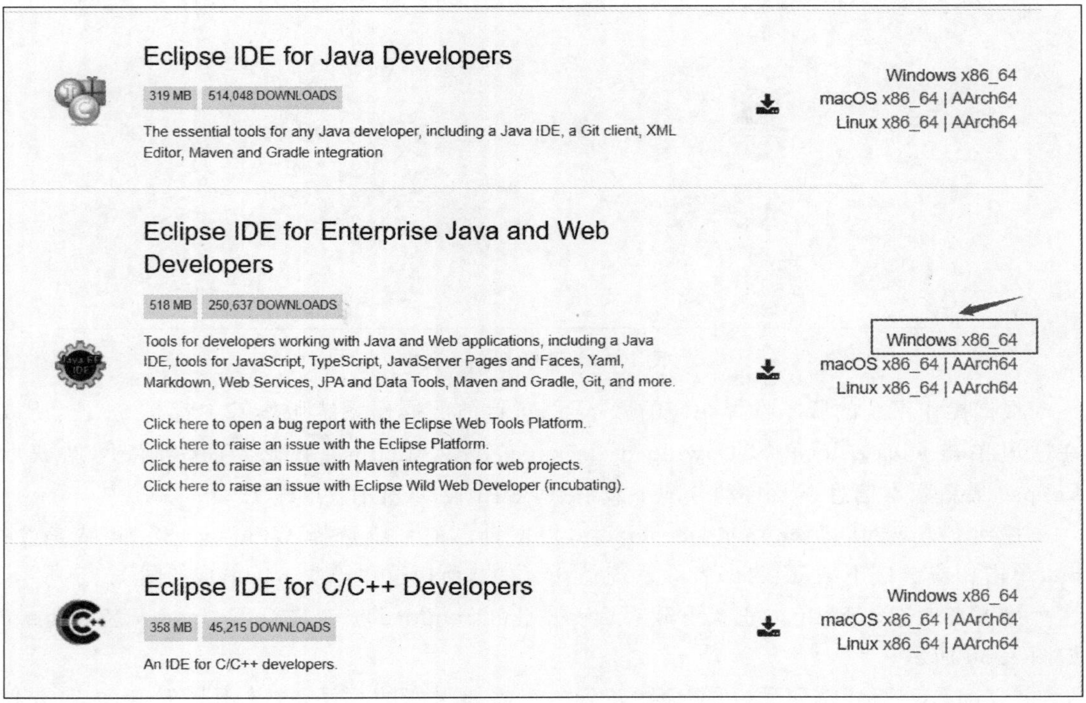

Eclipse IDE for Java Developers
319 MB 514,048 DOWNLOADS
The essential tools for any Java developer, including a Java IDE, a Git client, XML Editor, Maven and Gradle integration
Windows x86_64
macOS x86_64 | AArch64
Linux x86_64 | AArch64
Eclipse IDE for Enterprise Java and Web Developers
518 MB 250,637 DOWNLOADS
Tools for developers working with Java and Web applications, including a Java IDE, tools for JavaScript, TypeScript, JavaServer Pages and Faces, Yaml, Markdown, Web Services, JPA and Data Tools, Maven and Gradle, Git, and more.
Click here to open a bug report with the Eclipse Web Tools Platform.
Click here to raise an issue with the Eclipse Platform.
Click here to raise an issue with Maven integration for web projects.
Click here to raise an issue with Eclipse Wild Web Developer (incubating).
Windows x86_64
macOS x86_64 | AArch64
Linux x86_64 | AArch64
Eclipse IDE for C/C++ Developers
358 MB 45,215 DOWNLOADS
An IDE for C/C++ developers.
Windows x86_64
macOS x86_64 | AArch64
Linux x86_64 | AArch64

图 1.35 下载 Eclipse(3)

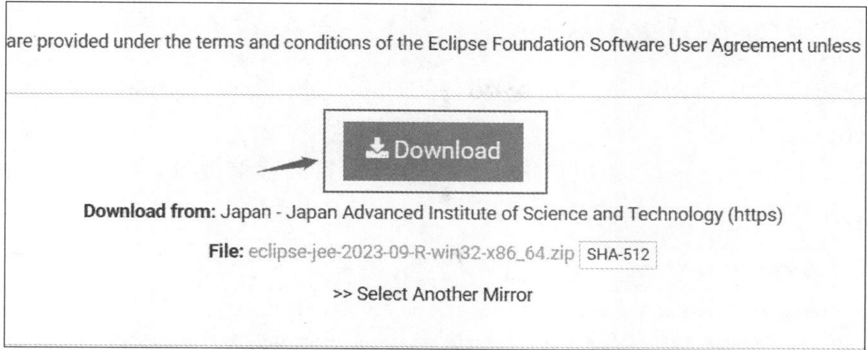

图 1.36 下载 Eclipse(4)

图 1.37 捐款页面

下载完成之后，解压安装包，解压路径随意，打开解压好的 eclipse 文件夹，选中 eclipse.exe 文件，在桌面创建快捷方式，Eclipse 的安装就可以告一段落了，如图 1.38 所示。

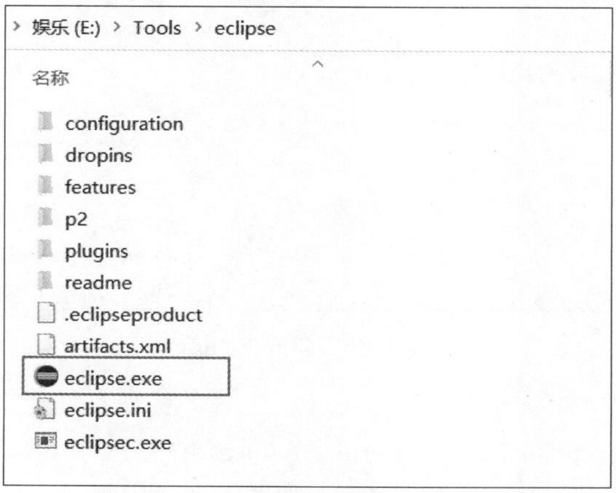

图 1.38 打开 Eclipse

学习情境 2：配置 Eclipse

前面已经下载好了 Eclipse，现在需要打开 Eclipse 进行配置。

1. Eclipse 工作空间

打开后会弹出一个界面，让用户选择程序新建项目的存储地址，单击 Launch 按钮，如图 1.39 所示。

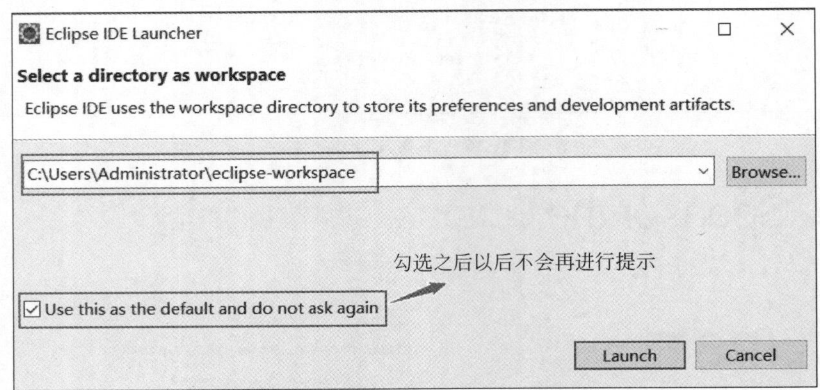

图 1.39　Eclipse 工作空间

等待加载完成之后，会有一个欢迎界面，在右下角可以看到一个 Always show Welcome at start up 复选框，告诉用户每次启动都显示欢迎界面，也可以取消勾选，如图 1.40 所示。

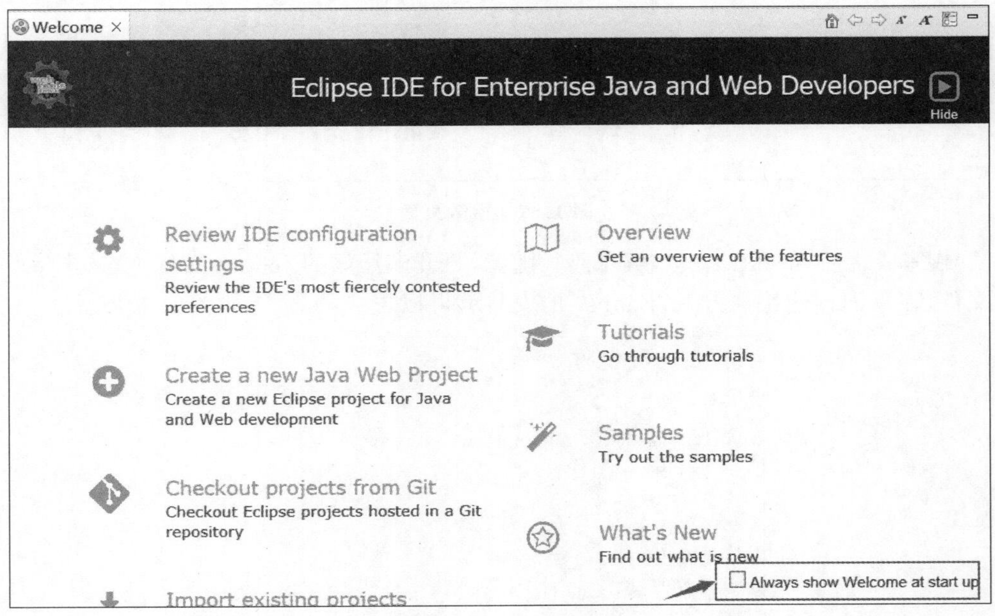

图 1.40　打开 Eclipse

2. 设置字体大小

单击导航栏中的 Preferences→General→Appearance→Colors And Fonts→Basic，双击 Text Font，就可以进行字体和字号的设置了，如图 1.41 所示。

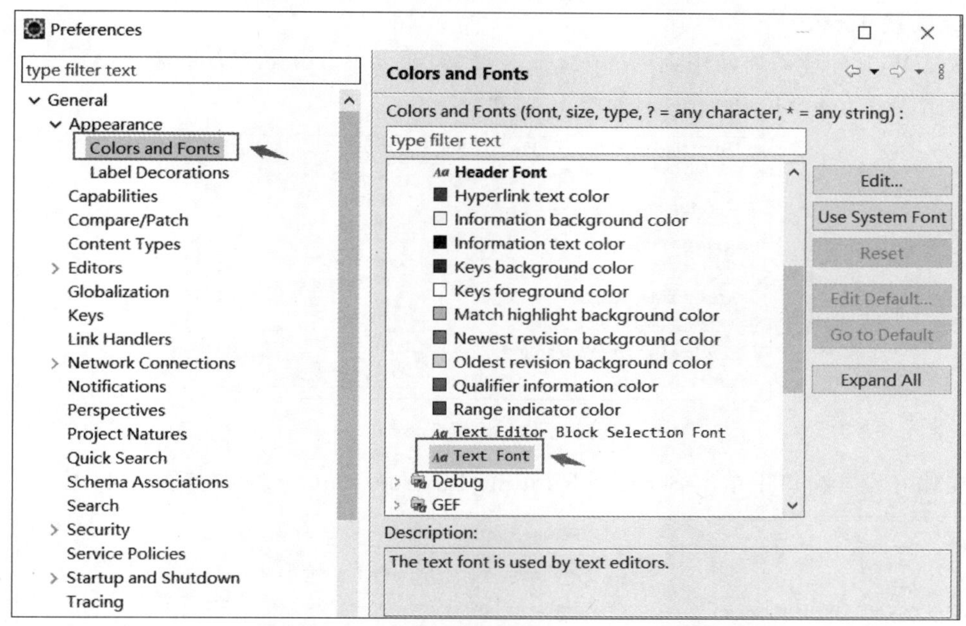

图 1.41　设置字体

3. 设置编码

安装好编辑器之后，先设置自己编辑器的编码格式。大多数情况下，都是采用 UTF-8 格式，这是国际通用的编码格式。如果编码格式与别人的不一样，在代码中存在中文时，就可能会出现乱码，如图 1.42 所示。

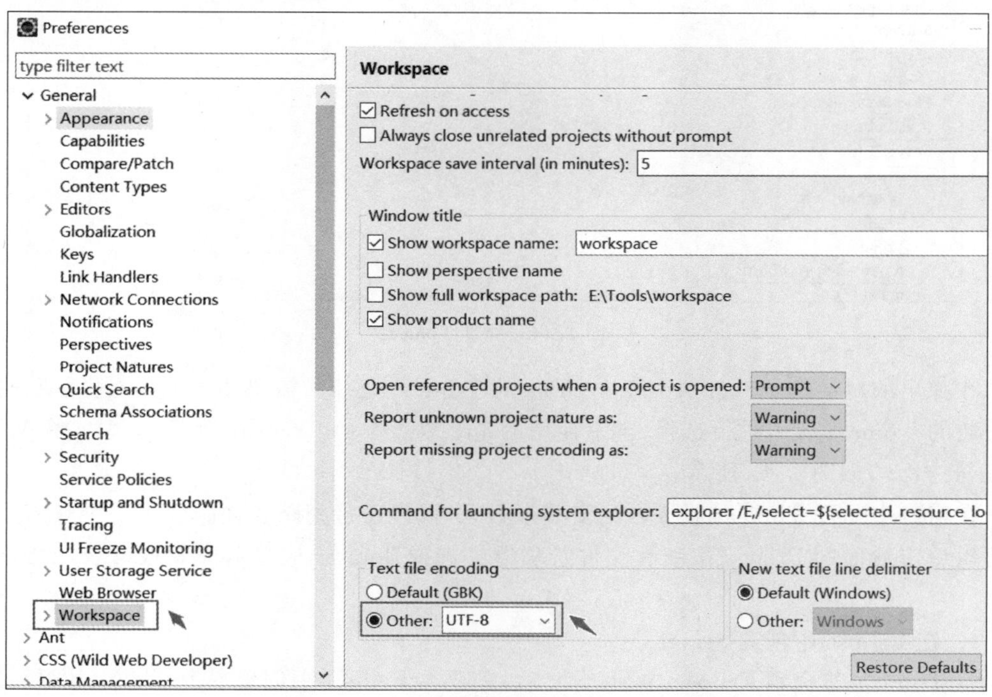

图 1.42　设置编码

4. 设置 Tomcat

Java Web 环境需要使用到 Tomcat 服务器，需要设置 Tomcat 服务器。

单击 Window→Preferences，如图 1.43 所示。

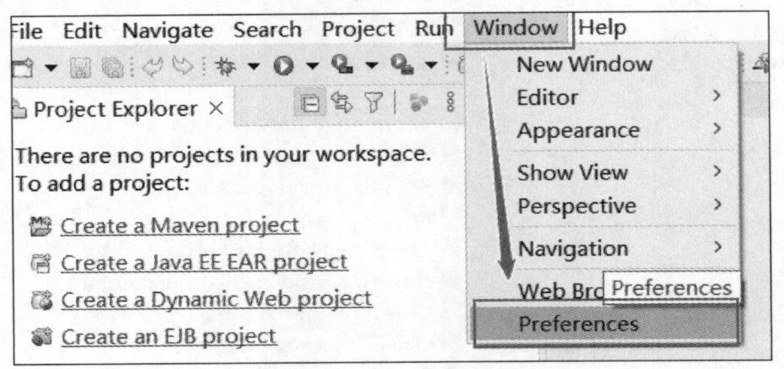

图 1.43 设置 Tomcat

在偏好设置窗口中单击 Server→Runtime Environments→Add，如图 1.44 所示。

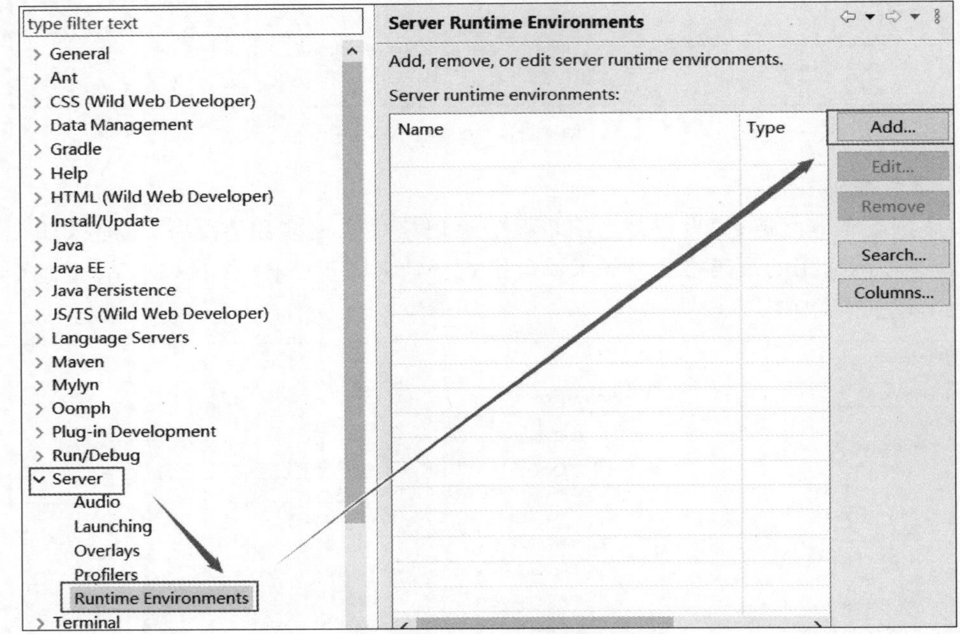

图 1.44 添加 Tomcat

在弹出的对话框中选择 Apache→Apache Tomcat v8.5。需要注意的是，这里要根据自己安装的 Tomcat 版本进行选择，本书使用的是 8.5 版本的 Tomcat，所以这里选择 Apache Tomcat v8.5，如图 1.45 所示。

在窗口中配置 Tomcat 服务器的安装根目录，可以直接把路径复制到第二个输入框中，也可以单击后面的 Browse 按钮在文件管理器中选择 Tomcat 服务器安装根目录，如图 1.46 所示。

5. 在 Eclipse 中创建 Server

将 Tomcat 整合到 Eclipse 中，整合之后，需要在 Eclipse 中创建一个 Server 才可以进行启动 Tomcat、关闭 Tomcat 等操作。

Select the type of runtime environment:
type filter text
Apache
Apache Tomcat v7.0
Apache Tomcat v8.0
Apache Tomcat v8.5
Apache Tomcat v9.0
Apache Tomcat v10.0
Apache Tomcat v10.1
Geronimo Core Feature
Geronimo v1.0 Server Adapter
Geronimo v1.1.x Server Adapter
Geronimo v2.0 Server Adapter
Geronimo v2.1 Server Adapter
Geronimo v2.2 Server Adapter
Apache Tomcat v8.5 supports J2EE 1.2, 1.3, 1.4, and Java EE 5, 6, and 7 Web modules.
Create a new local server
< Back
Next >
Finish
Cancel

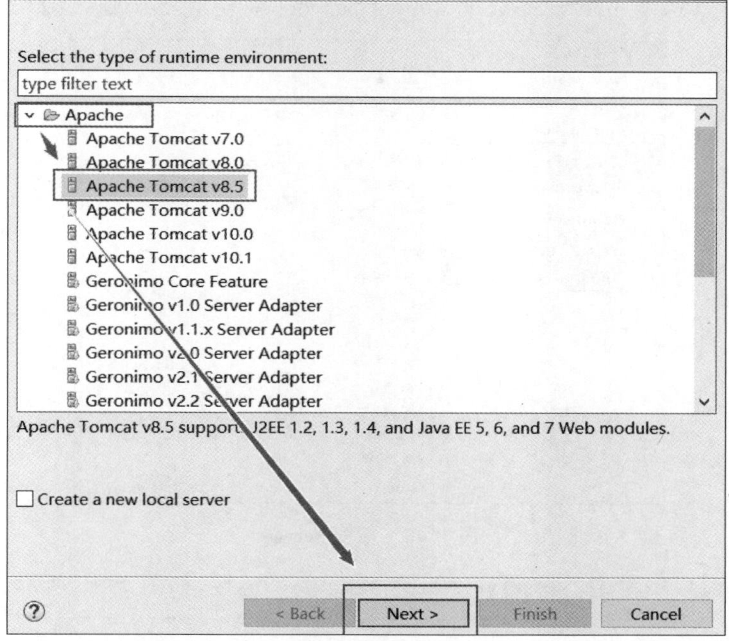

图 1.45 添加 Tomcat

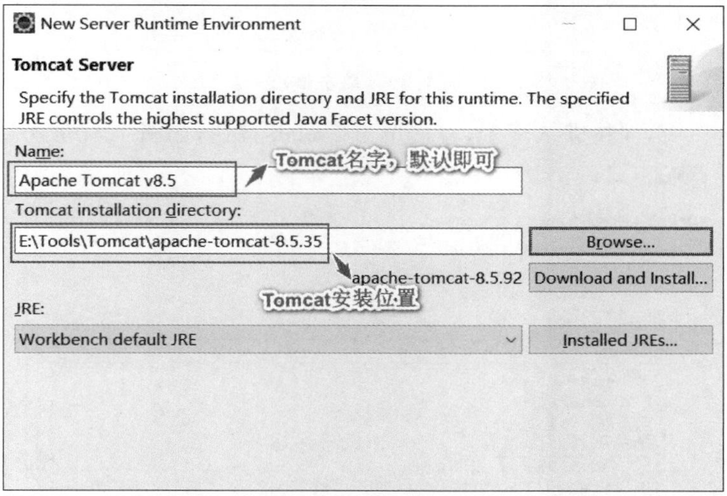

New Server Runtime Environment
Tomcat Server
Specify the Tomcat installation directory and JRE for this runtime. The specified JRE controls the highest supported Java Facet version.
Name:
Apache Tomcat v8.5
Tomcat名字，默认即可
Tomcat installation directory:
E:\Tools\Tomcat\apache-tomcat-8.5.35
Browse...
apache-tomcat-8.5.92
Download and Install...
Tomcat安装位置
JRE:
Workbench default JRE
Installed JREs...

图 1.46 配置根目录

在 Eclipse 中找到 Servers 窗口，如图 1.47 所示。

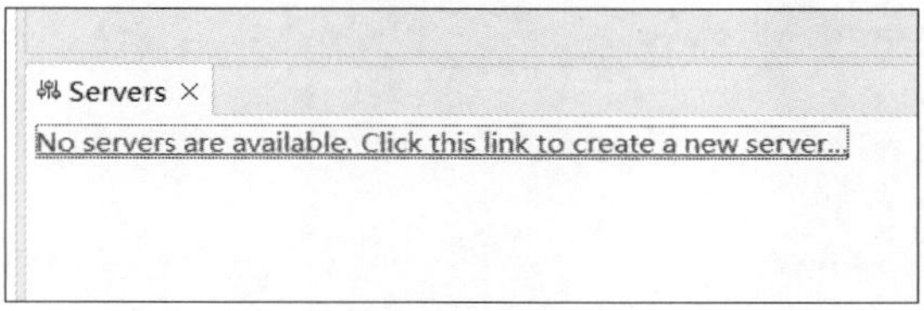

Servers
No servers are available. Click this link to create a new server...

图 1.47 创建 Servers

如果没有可以到 Window→Show View→Servers 中搜索"Servers",如图 1.48 所示。

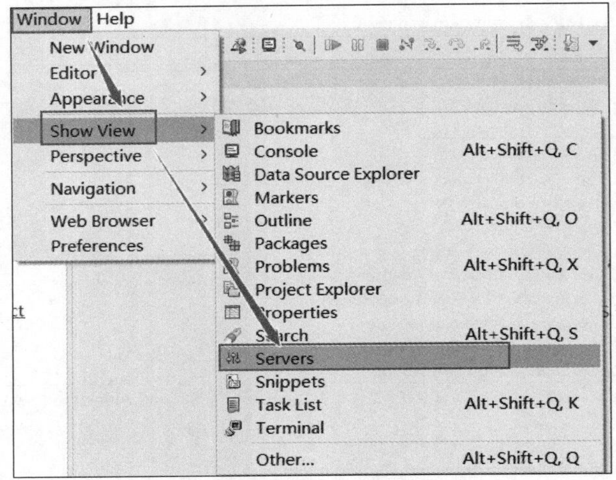

图 1.48 搜索 Servers

在 Servers 窗口中单击 No servers are available…链接,如图 1.49 所示。

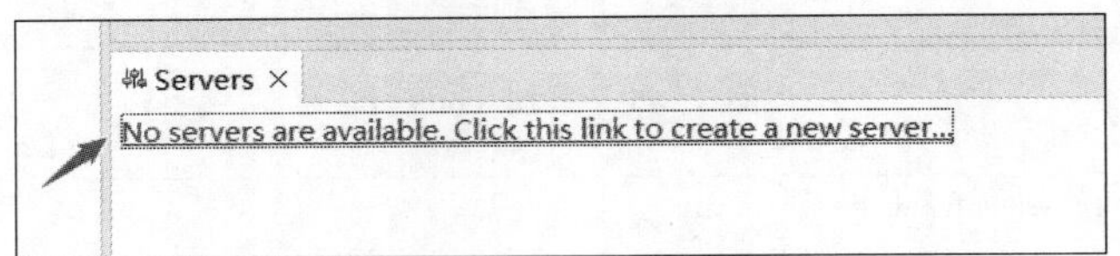

图 1.49 单击链接

在弹出的窗口中,保持默认配置,直接单击 Finish 按钮,如图 1.50 所示。

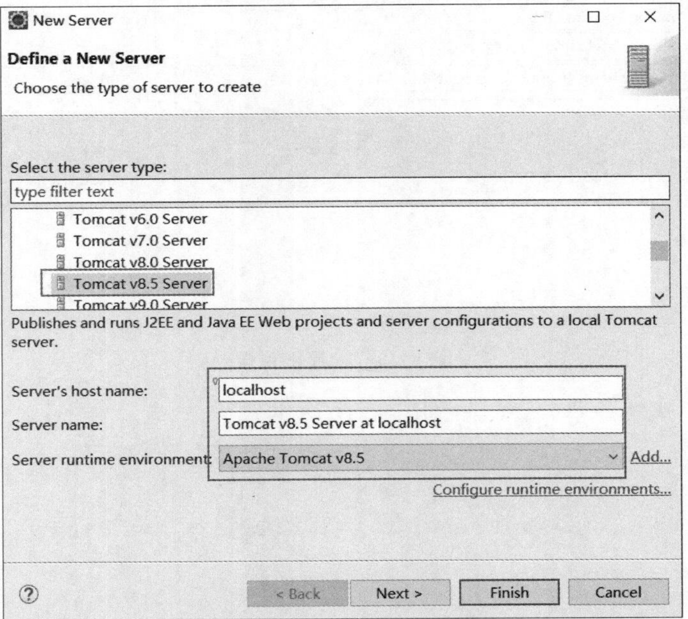

图 1.50 完成创建 Server

Eclipse 左侧会多出一个 Servers 项目，Servers 窗口中会出现创建的 Server，也就是 Tomcat 服务器。

注意：①处的 Servers 项目不能关闭，更不能删除，如图 1.51 所示。

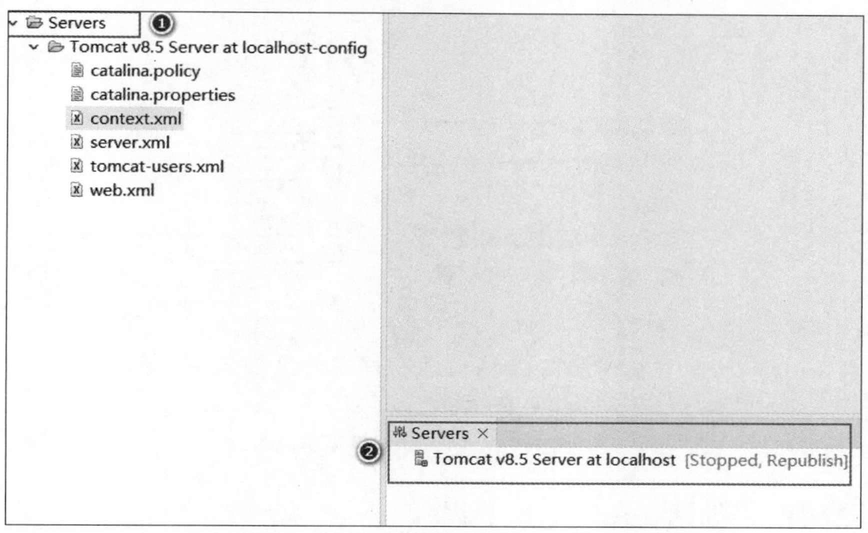

图 1.51　创建完成的 Server

在创建完 Server 后，双击 Tomcat，可以修改 Tomcat 服务器配置，将 Server Locations 中的选项切换为第二个选项，按 Ctrl+S 组合键保存配置即可，如图 1.52 所示。

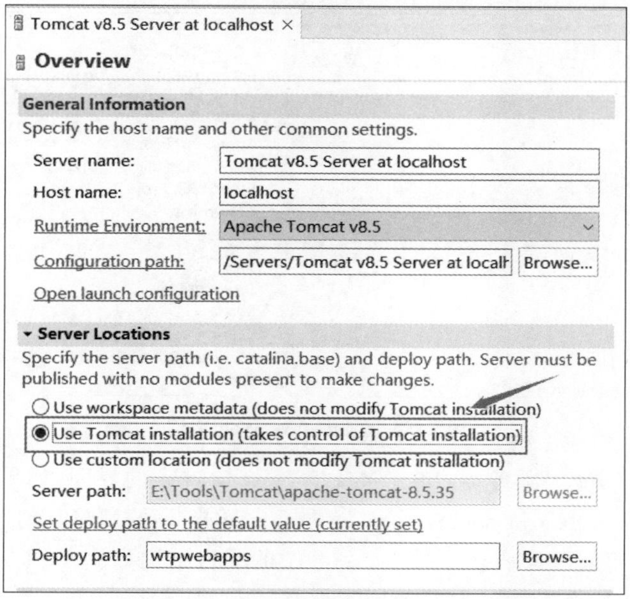

Tomcat v8.5 Server at localhost ×
Overview
General Information
Specify the host name and other common settings.
Server name: Tomcat v8.5 Server at localhost
Host name: localhost
Runtime Environment: Apache Tomcat v8.5
Configuration path: /Servers/Tomcat v8.5 Server at localh Browse...
Open launch configuration
Server Locations
Specify the server path (i.e. catalina.base) and deploy path. Server must be published with no modules present to make changes.
○ Use workspace metadata (does not modify Tomcat installation)
◉ Use Tomcat installation (takes control of Tomcat installation)
○ Use custom location (does not modify Tomcat installation)
Server path: E:\Tools\Tomcat\apache-tomcat-8.5.35 Browse...
Set deploy path to the default value (currently set)
Deploy path: wtpwebapps Browse...

图 1.52　修改 Tomcat 服务器配置

6. Tomcat 右键菜单介绍

运行 Tomcat 目录，如图 1.53 所示。

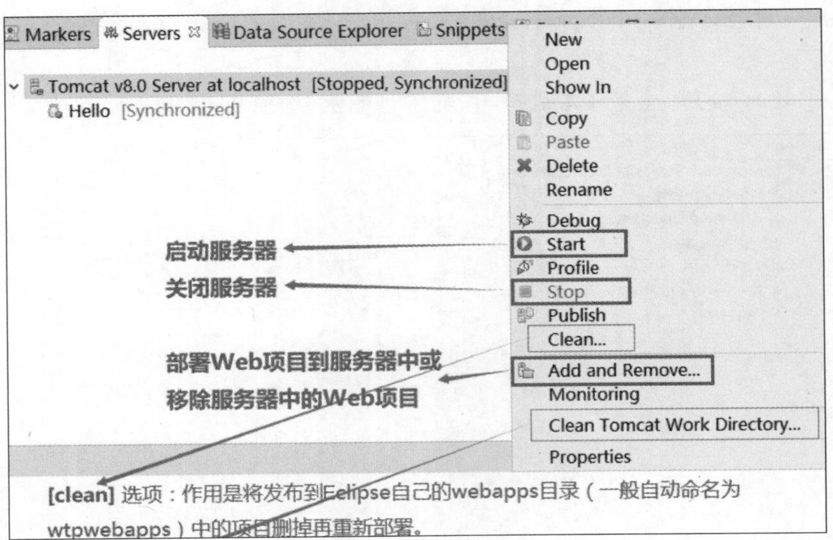

图 1.53 Tomcat 右键菜单

学习情境 3：创建 Java Web 工程

创建 Java Web 工程需要先配置 Tomcat，在前面的情境中已经配置了 Tomcat，现在只需要创建 Java Web 工程。

选择菜单栏中的 File→New→Dynamic Web Project，如图 1.54 所示。

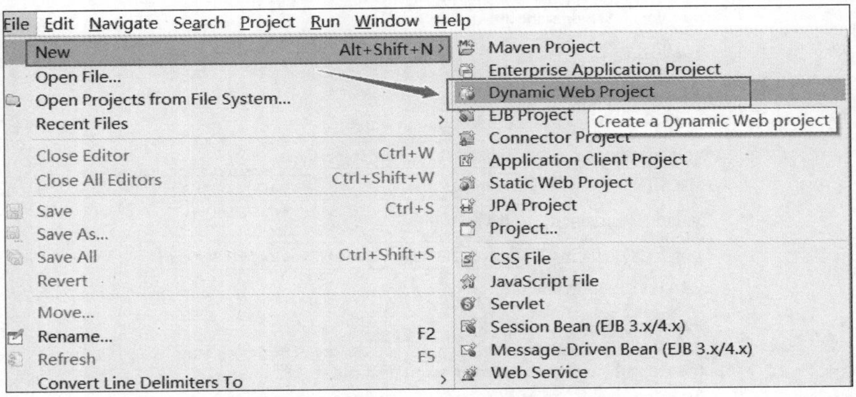

File Edit Navigate Search Project Run Window Help
New Alt+Shift+N
Open File...
Open Projects from File System...
Recent Files
Close Editor Ctrl+W
Close All Editors Ctrl+Shift+W
Save Ctrl+S
Save As...
Save All Ctrl+Shift+S
Revert
Move...
Rename... F2
Refresh F5
Convert Line Delimiters To
Maven Project
Enterprise Application Project
Dynamic Web Project
EJB Project
Create a Dynamic Web project
Connector Project
Application Client Project
Static Web Project
JPA Project
Project...
CSS File
JavaScript File
Servlet
Session Bean (EJB 3.x/4.x)
Message-Driven Bean (EJB 3.x/4.x)
Web Service

图 1.54 创建 Java Web 工程

添加项目名和 Tomcat 服务器，单击 Next→Next 后进入的界面，如果想要生成 web.xml 文件就勾选 Generate web.xml deployment descriptor 复选框，这里将其勾选，如图 1.55 所示。

单击 Finish 按钮就已经成功了一半，Web01 的项目结构如图 1.56 所示。

右击项目 Web01，选择 New→JSP File，如图 1.57 所示。

在弹出的窗口中单击 Finish 按钮，如果想设置 JSP 模板就单击 Next 按钮，这里使用默认的模板，如图 1.58 所示。

添加 JSP 文件完成后，在 NewFile.jsp 文件中添加“< h1 > Java Web你好</h1 >”，如图 1.59 所示。

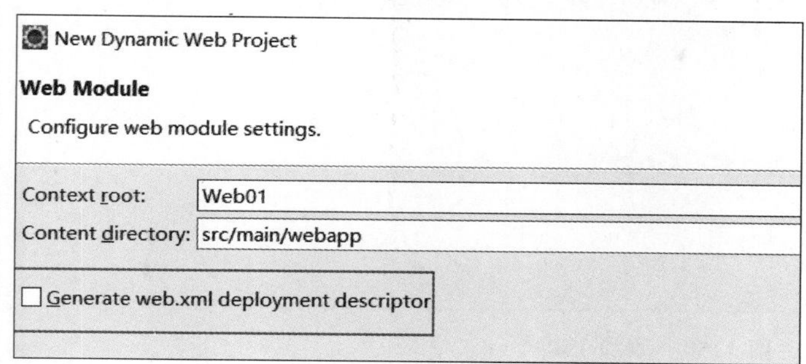

图 1.55　生成 web.xml 文件

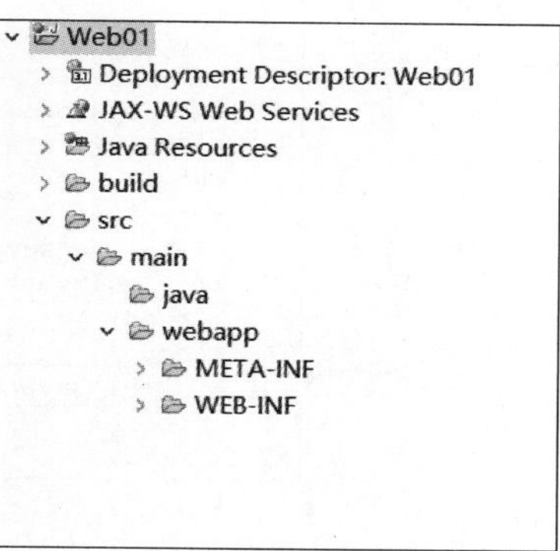

图 1.56　Web01 的项目结构

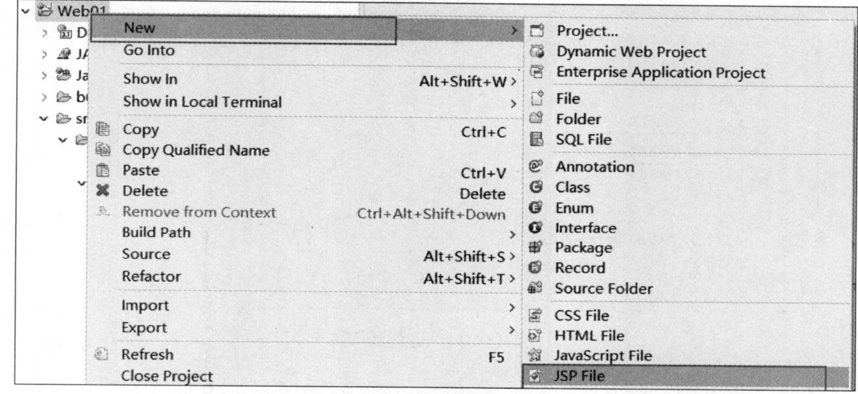

图 1.57　Java Web 工程

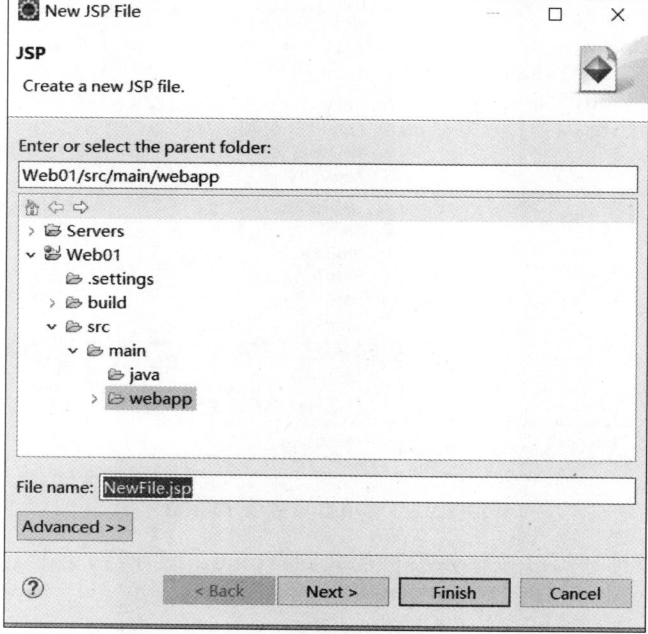

图 1.58　使用默认模板

```
NewFile.jsp ×
<%@ page language="java" contentType="text/html; charset=UTF-8"
    pageEncoding="UTF-8"%>
<!DOCTYPE html>
<html>
<head>
<meta charset="UTF-8">
<title>Insert title here</title>
</head>
<body>
    <h1>Java Web你好</h1>
</body>
</html>
```

图 1.59　添加 JSP

注意这里把编码格式调成 UTF-8,否则显示的中文将会是乱码,如图 1.60 所示。

```
NewFile.jsp ×
<%@ page language="java" contentType="text/html; charset=UTF-8"
    pageEncoding="UTF-8"%>
<!DOCTYPE html>
<html>
<head>
<meta charset="UTF-8">
<title>Insert title here</title>
</head>
<body>
    <h1>Java Web你好</h1>
</body>
</html>
```

图 1.60　设置编码

保存该文件,然后单击 Tomcat,选择 Add and Remove 将项目加载到 Tomcat,如图 1.61 所示。

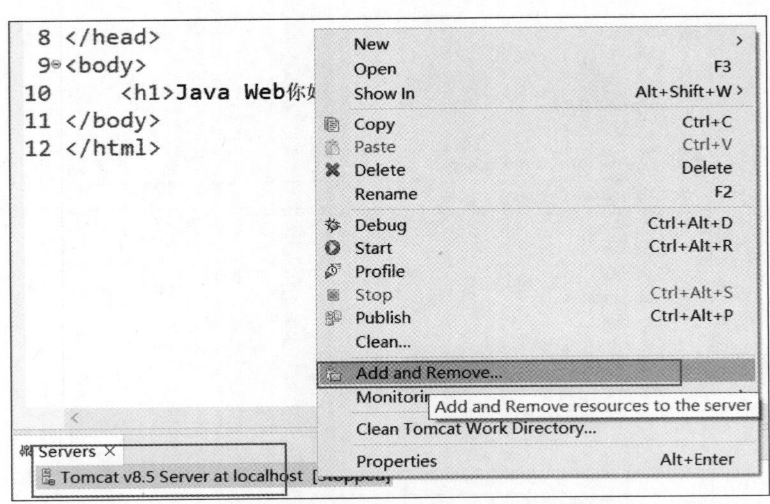

图 1.61　将项目加载到 Tomcat

单击 Web01 项目→Add 按钮将项目加载到 Tomcat 服务器,单击 Finish 按钮完成,如图 1.62 所示。

然后单击 Tomcat,右击选择 Start 启动 Tomcat,如图 1.63 所示。

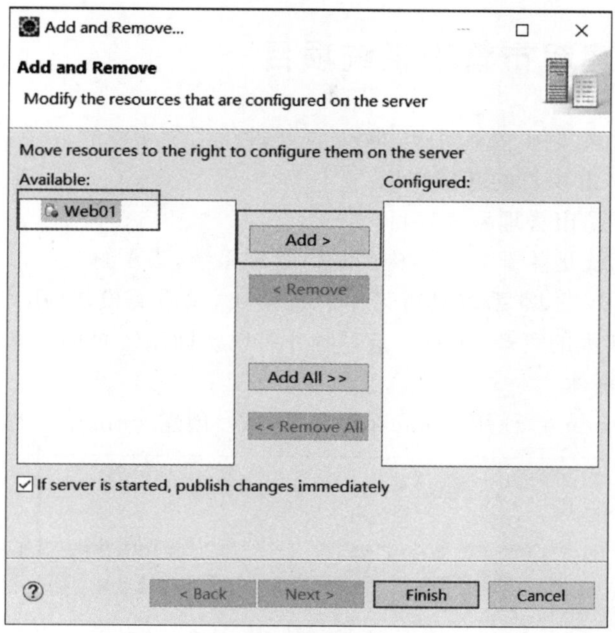

图 1.62　项目加载完成

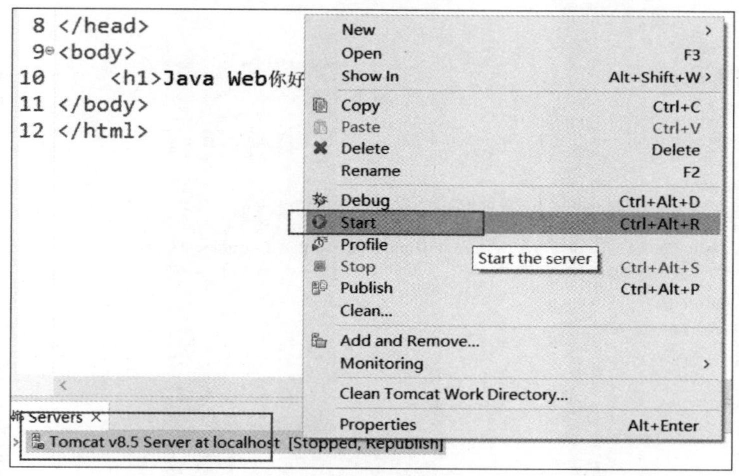

图 1.63　运行工程

Tomcat 启动完成之后，打开浏览器，输入地址，可以访问到编写的内容，Java Web 项目成功创建，如图 1.64 所示。

图 1.64　运行效果图

应用实例 搭建超市管理系统项目

实例目的：通过该实例，掌握 Java Web 框架进行系统实现的方法；完成超市管理系统的搭建，掌握 Java Web 项目的基础知识。

实例内容：搭建超市管理系统项目。

实例步骤：本系统是基于 B/S 结构的超市管理系统，为了解决超市对雇员、对商品的管理，提高工作效率而开发，本系统具有订单管理模块、供应商模块、用户管理模块等，此外，还有过滤器对访问权限的管理，只有登录系统才可以访问系统页面。

1. smbms 项目搭建

本项目取名为 smbms，使用 Tomcat 8.5 服务器，创建 smbms 项目，如图 1.65 所示。

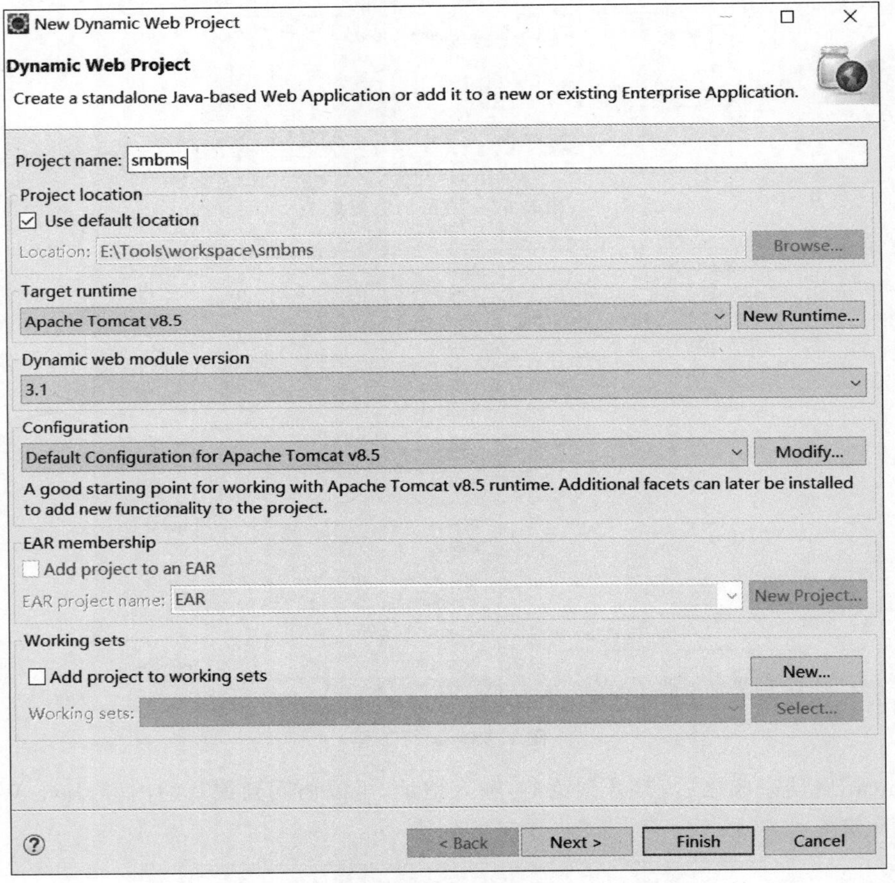

图 1.65 创建 Web 项目

勾选 Generate web. xml...复选框，自动生成 web. xml 文件，如图 1.66 所示。

项目创建完成，如图 1.67 所示。

2. 导入 jar 包

导入项目所需要的 jar 包，如图 1.68 所示。

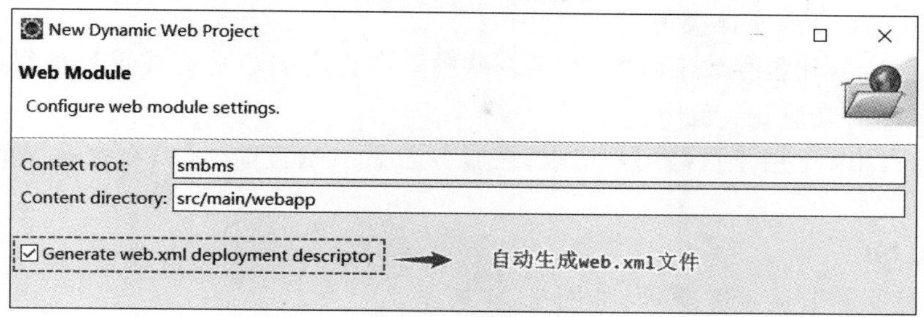

图 1.66 web.xml 文件

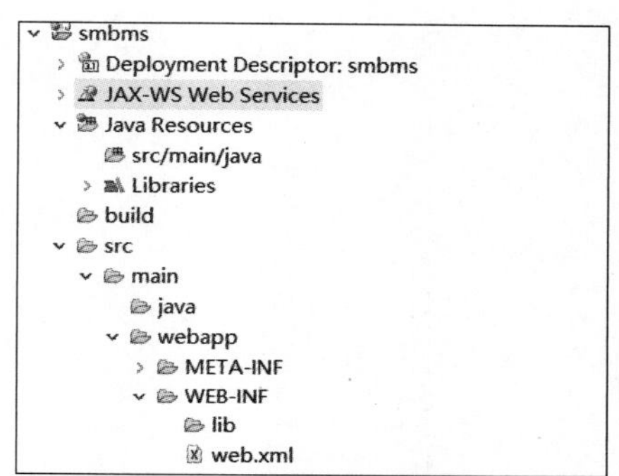

图 1.67 项目创建完成

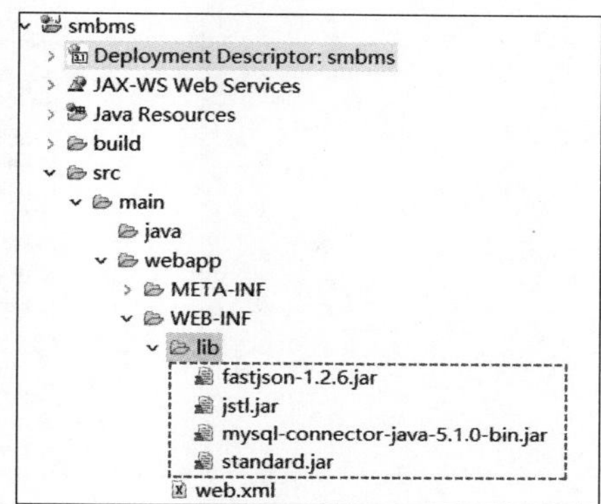

图 1.68 jar 包

3. 导入静态资源

导入项目所需要的 CSS、JS、jQuery、图片的静态资源，如图 1.69 所示。

4. 创建项目包

创建的项目包如图 1.70 所示。

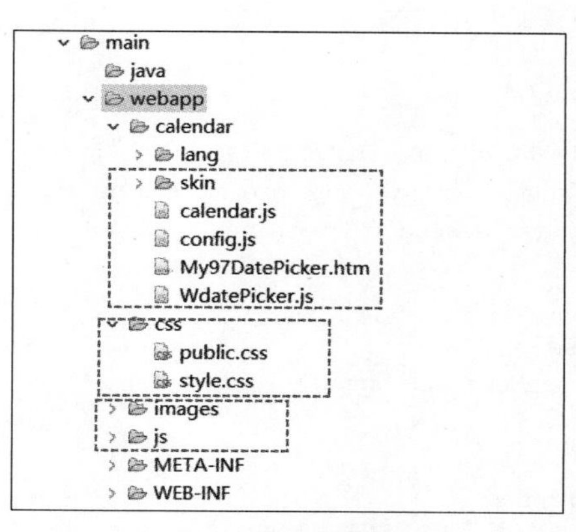

图 1-69 静态资源

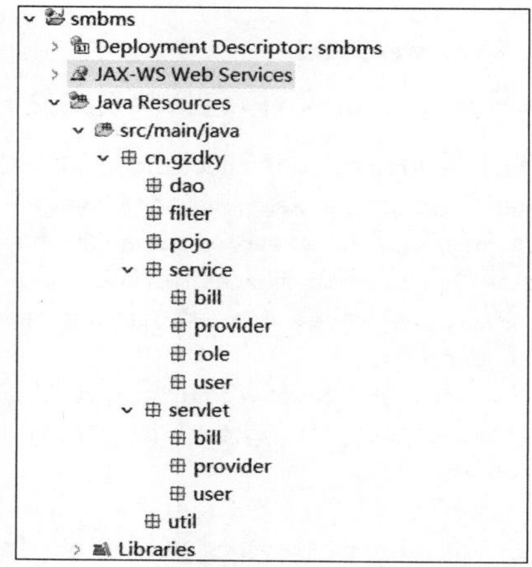

图 1.70 项目包

（1）dao 包：dao 包中存放的 Java 接口程序用于实现数据库的持久化操作。

（2）service 包：service 包里面存放了对表操作的方法。

（3）servlet 包：系统的控制器类都在该包中。

（4）pojo 包：存放实体类的包。

（5）util 包：util 包存放工具类，对于一些独立性很高的小功能或重复性很高的代码片段，可以提取出来放到 util 包中。

（6）filter：filter 用于拦截用户请求，在服务器做出响应前，可以在拦截后修改 request 和 response。

5. 导入 JSP

导入项目所需要的 JSP 页面，如图 1.71 所示。

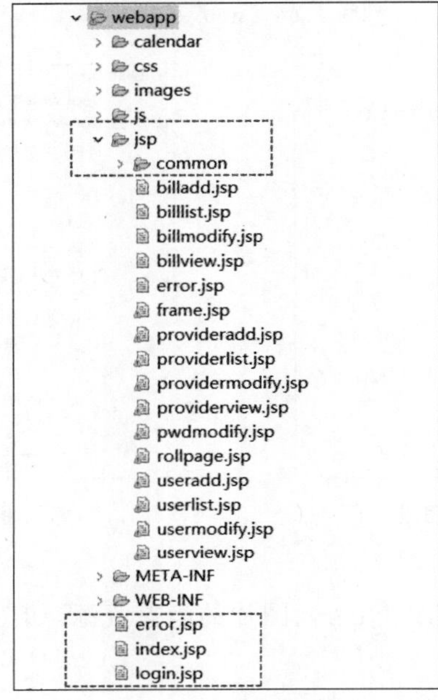

图 1.71 导入 JSP

6. 编写 web.xml

编写 web.xml 文件，包括映射的路径。

```
<?xml version="1.0" encoding="UTF-8"?>
<web-app xmlns:xsi="http://www.w3.org/2001/XMLSchema-instance" xmlns="http://xmlns.jcp.org/xml/ns/javaee" xsi:schemaLocation="http://xmlns.jcp.org/xml/ns/javaee http://xmlns.jcp.org/xml/ns/javaee/web-app_3_1.xsd" id="WebApp_ID" version="3.1">
  <display-name>smbms</display-name>
  <servlet>
    <servlet-name>LoginServlet</servlet-name>
    <servlet-class>cn.gzdky.servlet.user.LoginServlet</servlet-class>
  </servlet>
  <servlet>
    <servlet-name>LogoutServlet</servlet-name>
    <servlet-class>cn.gzdky.servlet.user.LogoutServlet</servlet-class>
  </servlet>
  <servlet>
    <servlet-name>UserServlet</servlet-name>
    <servlet-class>cn.gzdky.servlet.user.UserServlet</servlet-class>
  </servlet>
```

```
  <servlet>
    <servlet-name>ProviderServlet</servlet-name>
    <servlet-class>cn.gzdky.servlet.provider.ProviderServlet</servlet-class>
  </servlet>
  <servlet>
    <servlet-name>BillServlet</servlet-name>
    <servlet-class>cn.gzdky.servlet.bill.BillServlet</servlet-class>
  </servlet>

    <servlet-mapping>
    <servlet-name>LoginServlet</servlet-name>
    <url-pattern>/login.do</url-pattern>
  </servlet-mapping>
  <servlet-mapping>
    <servlet-name>LogoutServlet</servlet-name>
    <url-pattern>/jsp/logout.do</url-pattern>
  </servlet-mapping>
  <servlet-mapping>
    <servlet-name>UserServlet</servlet-name>
    <url-pattern>/jsp/user.do</url-pattern>
  </servlet-mapping>
  <servlet-mapping>
    <servlet-name>ProviderServlet</servlet-name>
    <url-pattern>/jsp/provider.do</url-pattern>
  </servlet-mapping>
  <servlet-mapping>
    <servlet-name>BillServlet</servlet-name>
    <url-pattern>/jsp/bill.do</url-pattern>
  </servlet-mapping>

  <filter>
    <filter-name>CharacterEncoding</filter-name>
    <filter-class>cn.smbms.filter.CharacterEncoding</filter-class>
  </filter>
  <filter-mapping>
    <filter-name>CharacterEncoding</filter-name>
    <url-pattern>/*</url-pattern>
  </filter-mapping>

  <filter>
    <filter-name>SysFilter</filter-name>
    <filter-class>cn.smbms.filter.SysFilter</filter-class>
  </filter>
  <filter-mapping>
    <filter-name>SysFilter</filter-name>
    <url-pattern>/jsp/*</url-pattern>
  </filter-mapping>

  <welcome-file-list>
    <welcome-file>login.jsp</welcome-file>
  </welcome-file-list>


</web-app>
```

7. 编写实体类

(1) 编写 Bill 类。

```
package cn.gzdky.pojo;

import java.math.BigDecimal;
import java.util.Date;

public class Bill {
    private Integer id;                    //id
    private String billCode;               //账单编码
    private String productName;            //商品名称
    private String productDesc;            //商品描述
    private String productUnit;            //商品单位
    private BigDecimal productCount;       //商品数量
    private BigDecimal totalPrice;         //总金额
    private Integer isPayment;             //是否支付
    private Integer providerId;            //供应商 ID
    private Integer createdBy;             //创建者
    private Date creationDate;             //创建时间
    private Integer modifyBy;              //更新者
    private Date modifyDate;               //更新时间

    private String providerName;           //供应商名称


    public String getProviderName() {
        return providerName;
    }
    public void setProviderName(String providerName) {
        this.providerName = providerName;
    }
    public Integer getId() {
        return id;
    }
    public void setId(Integer id) {
        this.id = id;
    }
    public String getBillCode() {
        return billCode;
    }
    public void setBillCode(String billCode) {
        this.billCode = billCode;
    }
    public String getProductName() {
        return productName;
    }
    public void setProductName(String productName) {
        this.productName = productName;
    }
    public String getProductDesc() {
        return productDesc;
    }
```

```
    public void setProductDesc(String productDesc) {
        this.productDesc = productDesc;
    }
    public String getProductUnit() {
        return productUnit;
    }
    public void setProductUnit(String productUnit) {
        this.productUnit = productUnit;
    }
    public BigDecimal getProductCount() {
        return productCount;
    }
    public void setProductCount(BigDecimal productCount) {
        this.productCount = productCount;
    }
    public BigDecimal getTotalPrice() {
        return totalPrice;
    }
    public void setTotalPrice(BigDecimal totalPrice) {
        this.totalPrice = totalPrice;
    }
    public Integer getIsPayment() {
        return isPayment;
    }
    public void setIsPayment(Integer isPayment) {
        this.isPayment = isPayment;
    }

    public Integer getProviderId() {
        return providerId;
    }
    public void setProviderId(Integer providerId) {
        this.providerId = providerId;
    }
    public Integer getCreatedBy() {
        return createdBy;
    }
    public void setCreatedBy(Integer createdBy) {
        this.createdBy = createdBy;
    }
    public Date getCreationDate() {
        return creationDate;
    }
    public void setCreationDate(Date creationDate) {
        this.creationDate = creationDate;
    }
    public Integer getModifyBy() {
        return modifyBy;
    }
    public void setModifyBy(Integer modifyBy) {
        this.modifyBy = modifyBy;
    }
    public Date getModifyDate() {
```

```
        return modifyDate;
    }
    public void setModifyDate(Date modifyDate) {
        this.modifyDate = modifyDate;
    }


}
```

（2）编写 Provider。

```
package cn.gzdky.pojo;

import java.util.Date;

public class Provider {

    private Integer id;             //id
    private String proCode;         //供应商编码
    private String proName;         //供应商名称
    private String proDesc;         //供应商描述
    private String proContact;      //供应商联系人
    private String proPhone;        //供应商电话
    private String proAddress;      //供应商地址
    private String proFax;          //供应商传真
    private Integer createdBy;      //创建者
    private Date creationDate;      //创建时间
    private Integer modifyBy;       //更新者
    private Date modifyDate;        //更新时间
    public Integer getId() {
        return id;
    }
    public void setId(Integer id) {
        this.id = id;
    }
    public String getProCode() {
        return proCode;
    }
    public void setProCode(String proCode) {
        this.proCode = proCode;
    }
    public String getProName() {
        return proName;
    }
    public void setProName(String proName) {
        this.proName = proName;
    }
    public String getProDesc() {
        return proDesc;
    }
    public void setProDesc(String proDesc) {
        this.proDesc = proDesc;
    }
    public String getProContact() {
```

```
        return proContact;
    }
    public void setProContact(String proContact) {
        this.proContact = proContact;
    }
    public String getProPhone() {
        return proPhone;
    }
    public void setProPhone(String proPhone) {
        this.proPhone = proPhone;
    }
    public String getProAddress() {
        return proAddress;
    }
    public void setProAddress(String proAddress) {
        this.proAddress = proAddress;
    }
    public String getProFax() {
        return proFax;
    }
    public void setProFax(String proFax) {
        this.proFax = proFax;
    }
    public Integer getCreatedBy() {
        return createdBy;
    }
    public void setCreatedBy(Integer createdBy) {
        this.createdBy = createdBy;
    }
    public Date getCreationDate() {
        return creationDate;
    }
    public void setCreationDate(Date creationDate) {
        this.creationDate = creationDate;
    }
    public Integer getModifyBy() {
        return modifyBy;
    }
    public void setModifyBy(Integer modifyBy) {
        this.modifyBy = modifyBy;
    }
    public Date getModifyDate() {
        return modifyDate;
    }
    public void setModifyDate(Date modifyDate) {
        this.modifyDate = modifyDate;
    }


}
```

(3) 编写 Role 类。

```
package cn.gzdky.pojo;

import java.util.Date;

public class Role {

    private Integer id;              //id
    private String roleCode;         //角色编码
    private String roleName;         //角色名称
    private Integer createdBy;       //创建者
    private Date creationDate;       //创建时间
    private Integer modifyBy;        //更新者
    private Date modifyDate;         //更新时间

    public Integer getId() {
        return id;
    }
    public void setId(Integer id) {
        this.id = id;
    }
    public String getRoleCode() {
        return roleCode;
    }
    public void setRoleCode(String roleCode) {
        this.roleCode = roleCode;
    }
    public String getRoleName() {
        return roleName;
    }
    public void setRoleName(String roleName) {
        this.roleName = roleName;
    }
    public Integer getCreatedBy() {
        return createdBy;
    }
    public void setCreatedBy(Integer createdBy) {
        this.createdBy = createdBy;
    }
    public Date getCreationDate() {
        return creationDate;
    }
    public void setCreationDate(Date creationDate) {
        this.creationDate = creationDate;
    }
    public Integer getModifyBy() {
        return modifyBy;
    }
    public void setModifyBy(Integer modifyBy) {
        this.modifyBy = modifyBy;
    }
    public Date getModifyDate() {
        return modifyDate;
    }
```

```
    public void setModifyDate(Date modifyDate) {
        this.modifyDate = modifyDate;
    }

}
```

（4）编写 User。

```
package cn.gzdky.pojo;

import java.util.Date;

public class User {
    private Integer id;              //id
    private String userCode;         //用户编码
    private String userName;         //用户名称
    private String userPassword;     //用户密码
    private Integer gender;          //性别
    private Date birthday;           //出生日期
    private String phone;            //电话
    private String address;          //地址
    private Integer userRole;        //用户角色
    private Integer createdBy;       //创建者
    private Date creationDate;       //创建时间
    private Integer modifyBy;        //更新者
    private Date modifyDate;         //更新时间

    private Integer age;             //年龄

    private String userRoleName;     //用户角色名称


    public String getUserRoleName() {
        return userRoleName;
    }
    public void setUserRoleName(String userRoleName) {
        this.userRoleName = userRoleName;
    }
    public Integer getAge() {
        /* long time = System.currentTimeMillis() - birthday.getTime();
        Integer age = Long.valueOf(time/365/24/60/60/1000).IntegerValue(); */
        Date date = new Date();
        Integer age = date.getYear() - birthday.getYear();
        return age;
    }
    public Integer getId() {
        return id;
    }
    public void setId(Integer id) {
        this.id = id;
    }
    public String getUserCode() {
        return userCode;
    }
```

```
public void setUserCode(String userCode) {
    this.userCode = userCode;
}
public String getUserName() {
    return userName;
}
public void setUserName(String userName) {
    this.userName = userName;
}
public String getUserPassword() {
    return userPassword;
}
public void setUserPassword(String userPassword) {
    this.userPassword = userPassword;
}
public Integer getGender() {
    return gender;
}
public void setGender(Integer gender) {
    this.gender = gender;
}
public Date getBirthday() {
    return birthday;
}
public void setBirthday(Date birthday) {
    this.birthday = birthday;
}
public String getPhone() {
    return phone;
}
public void setPhone(String phone) {
    this.phone = phone;
}
public String getAddress() {
    return address;
}
public void setAddress(String address) {
    this.address = address;
}
public Integer getUserRole() {
    return userRole;
}
public void setUserRole(Integer userRole) {
    this.userRole = userRole;
}
public Integer getCreatedBy() {
    return createdBy;
}
public void setCreatedBy(Integer createdBy) {
    this.createdBy = createdBy;
}
public Date getCreationDate() {
    return creationDate;
```

```
    }
    public void setCreationDate(Date creationDate) {
        this.creationDate = creationDate;
    }
    public Integer getModifyBy() {
        return modifyBy;
    }
    public void setModifyBy(Integer modifyBy) {
        this.modifyBy = modifyBy;
    }
    public Date getModifyDate() {
        return modifyDate;
    }
    public void setModifyDate(Date modifyDate) {
        this.modifyDate = modifyDate;
    }
}
```

8．编写工具类

（1）编写项目的工具类。

```
BigDecimalUtil 类
package cn.gzdky.util;

import java.math.BigDecimal;

/**
 * Created by user on 2015/7/6.
 */
public class BigDecimalUtil {

    /**
     * BigDecimalOprations + - * /
     */
    enum BigDecimalOprations{
        add,subtract,multiply,divide
    }

    /**
     * OperationASMD + - * / add substract multiiply divide
     * @param numOne [String Integer Long Double Bigdecimal]
     * @param numTwo [String Integer Long Double Bigdecimal]
     * @param bigDecimalOpration
     * @param scale
     * @param roundingMode
     * @return
     * @throws Exception
     */
    public static BigDecimal OperationASMD(Object numOne,Object numTwo,BigDecimalOprations
bigDecimalOpration,int scale,int roundingMode) throws Exception{
        BigDecimal num1 = new BigDecimal(String.valueOf(numOne)).setScale(scale,
roundingMode);
        BigDecimal num2 = new BigDecimal(String.valueOf(numTwo)).setScale(scale,
roundingMode);
```

```
        switch (bigDecimalOpration){
            case add: return num1.add(num2).setScale(scale,roundingMode);
            case subtract: return num1.subtract(num2).setScale(scale,roundingMode);
            case multiply: return num1.multiply(num2).setScale(scale,roundingMode);
            case divide: return num1.divide(num2, scale, roundingMode);
        }
        return null;
    }


    /* Code Demo Exp */
    public static void main(String[] args){
        try {
                System.out.println(BigDecimalUtil.OperationASMD(36.23, 23.369,
BigDecimalOprations.add,2,BigDecimal.ROUND_DOWN));
                System.out.println(BigDecimalUtil.OperationASMD("36.23","23.369",
BigDecimalOprations.add,2,BigDecimal.ROUND_DOWN));
                System.out.println(BigDecimalUtil.OperationASMD(36,23,BigDecimalOprations.add,
2,BigDecimal.ROUND_DOWN));
                System.out.println(BigDecimalUtil.OperationASMD(36l,69l,BigDecimalOprations.
add,2,BigDecimal.ROUND_DOWN));
                System.out.println(BigDecimalUtil.OperationASMD(new BigDecimal(0.2635),new
BigDecimal(2.3568),BigDecimalOprations.add,2,BigDecimal.ROUND_DOWN));


                System.out.println(BigDecimalUtil.OperationASMD(36.23, 23.369,
BigDecimalOprations.subtract,2,BigDecimal.ROUND_DOWN));
                System.out.println(BigDecimalUtil.OperationASMD("36.23","23.369",
BigDecimalOprations.subtract,2,BigDecimal.ROUND_DOWN));
                System.out.println(BigDecimalUtil.OperationASMD(36, 23, BigDecimalOprations.
subtract,2,BigDecimal.ROUND_DOWN));
                System.out.println(BigDecimalUtil.OperationASMD(36l,69l,BigDecimalOprations.
subtract,2,BigDecimal.ROUND_DOWN));
                System.out.println(BigDecimalUtil.OperationASMD(new BigDecimal(0.2635),new
BigDecimal(2.3568),BigDecimalOprations.subtract,2,BigDecimal.ROUND_DOWN));


                System.out.println(BigDecimalUtil.OperationASMD(36.23, 23.369,
BigDecimalOprations.multiply,2,BigDecimal.ROUND_DOWN));
                System.out.println(BigDecimalUtil.OperationASMD("36.23","23.369",
BigDecimalOprations.multiply,2,BigDecimal.ROUND_DOWN));
                System.out.println(BigDecimalUtil.OperationASMD(36, 23, BigDecimalOprations.
multiply,2,BigDecimal.ROUND_DOWN));
                System.out.println(BigDecimalUtil.OperationASMD(36l,69l,BigDecimalOprations.
multiply,2,BigDecimal.ROUND_DOWN));
                System.out.println(BigDecimalUtil.OperationASMD(new BigDecimal(0.2635),new
BigDecimal(2.3568),BigDecimalOprations.multiply,2,BigDecimal.ROUND_DOWN));


                System.out.println(BigDecimalUtil.OperationASMD(36.23, 23.369,
BigDecimalOprations.divide,2,BigDecimal.ROUND_DOWN));
                System.out.println(BigDecimalUtil.OperationASMD("36.23","23.369",
BigDecimalOprations.divide,2,BigDecimal.ROUND_DOWN));
```

```
            System.out.println(BigDecimalUtil.OperationASMD(36, 23, BigDecimalOprations.
divide,2,BigDecimal.ROUND_DOWN));
            System.out.println(BigDecimalUtil.OperationASMD(361,691,BigDecimalOprations.
divide,2,BigDecimal.ROUND_DOWN));
            System.out.println(BigDecimalUtil.OperationASMD(new BigDecimal(0.235),new
BigDecimal(0.5689),BigDecimalOprations.divide,2,BigDecimal.ROUND_DOWN));
        } catch (Exception e) {
            e.printStackTrace();
        }

    }
}
```

（2）Constants 类。

```
package cn.gzdky.util;

public class Constants {
    public final static String USER_SESSION = "userSession";
    public final static String SYS_MESSAGE = "message";
    public final static int pageSize = 5;
}
```

（3）PageSupport 类。

```
package cn.gzdky.util;

public class PageSupport {
    //当前页码 - 来自用户输入
    private int currentPageNo = 1;

    //总数量(表)
    private int totalCount = 0;

    //页面容量
    private int pageSize = 0;

    //总页数 - totalCount/pageSize( + 1)
    private int totalPageCount = 1;

    public int getCurrentPageNo() {
        return currentPageNo;
    }

    public void setCurrentPageNo(int currentPageNo) {
        if(currentPageNo > 0){
            this.currentPageNo = currentPageNo;
        }
    }

    public int getTotalCount() {
        return totalCount;
    }

    public void setTotalCount(int totalCount) {
```

```
        if(totalCount > 0){
            this.totalCount = totalCount;
            //设置总页数
            this.setTotalPageCountByRs();
        }
    }
    public int getPageSize() {
        return pageSize;
    }

    public void setPageSize(int pageSize) {
        if(pageSize > 0){
            this.pageSize = pageSize;
        }
    }

    public int getTotalPageCount() {
        return totalPageCount;
    }

    public void setTotalPageCount(int totalPageCount) {
        this.totalPageCount = totalPageCount;
    }

    public void setTotalPageCountByRs(){
        if(this.totalCount % this.pageSize == 0){
            this.totalPageCount = this.totalCount / this.pageSize;
        }else if(this.totalCount % this.pageSize > 0){
            this.totalPageCount = this.totalCount / this.pageSize + 1;
        }else{
            this.totalPageCount = 0;
        }
    }

}
```

9. 编写拦截器

编写项目拦截器,如图 1.72 所示。

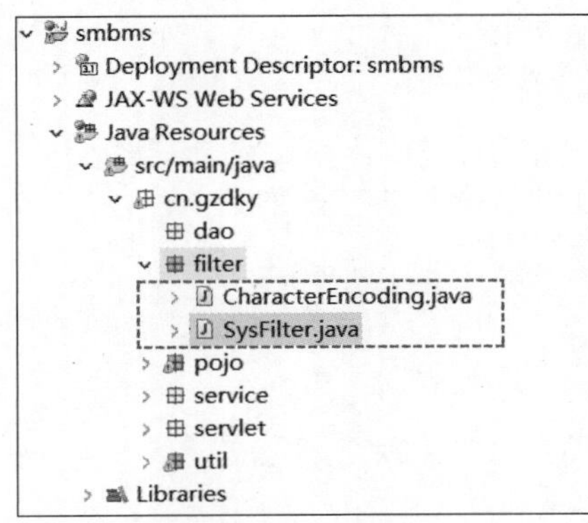

图 1.72 项目拦截器

10. 编写 DAO

编写实体类所对应的 DAO,如图 1.73 所示。

11. 编写 Service

编写实体类所对应的 Service,如图 1.74 所示。

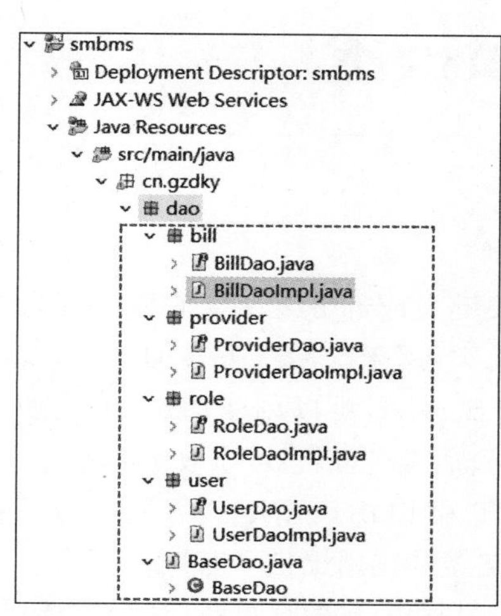

图 1.73 DAO 接口

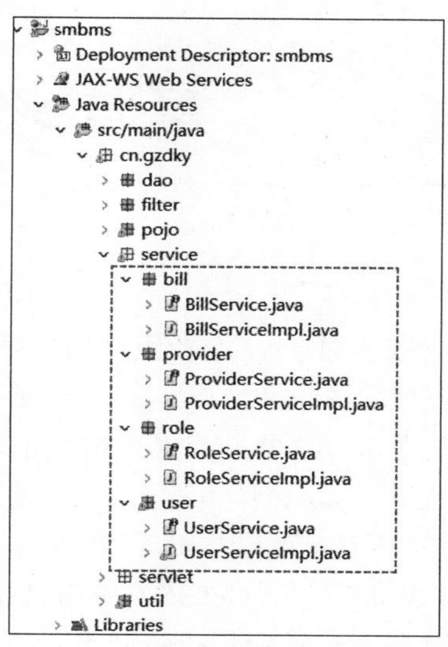

图 1.74 Service 接口

习题

1. 下列选项中,Tomcat 默认的端口号是(　　)。

   A. 8088　　B. 50070　　C. 80　　D. 8080

2. 下列关于 XML 的描述中,正确的是(　　)。

   A. 所有 XML 元素都必须是小写的　　B. 所有 XML 元素都必须正确地关闭

   C. 所有 XML 文档都必须有 DTD　　D. 以上说法都正确

3. 下面哪种是 B/S 结构?(　　)。

   A. 数据库/服务器　　B. 浏览器/服务器

   C. 控制台/服务器　　D. 客户端/服务器

4. 包含 CSS 样式的方式,不包含下列哪种?(　　)

   A. 内嵌式　　B. 链接式　　C. 注入式　　D. 行内样式

5. Java 源代码文件的扩展名是(　　)。

   A. .com　　B. .java　　C. .class　　D. 以上都不对

6. HTML 是英文(　　)的缩写。

7. XML 称为可扩展的标记性语言,格式良好的 XML 有且只能有(　　)个根元素。

8. Tomcat 服务器的默认端口号是(　　)。

9. 在 XML 文档中,元素一般是由开始标记、属性、(　　)和结束标记构成的。

10. 在 HTTP 的 8 种请求方式中,最常用的是(　　)和(　　)。

项目2

掌握Servlet技术

Servlet 技术是 Java 企业级应用程序开发的关键组成部分之一。它允许开发者在服务器端处理客户端请求和响应。Servlet 是一个 Java 类，用于扩展服务器的功能，实现了与平台无关和独立于协议的方式处理网络请求。通过 Servlet，可以创建动态、可扩展且安全的 Web 应用程序。其主要用途包括处理表单数据、管理会话、执行数据库操作等。通过 Servlet API，开发者可以与 HTTP 通信，处理 GET 和 POST 请求，以及管理应用程序的生命周期。总体而言，Servlet 技术为构建强大的服务器端应用提供了基础。

Servlet 技术广泛应用于各种 Web 应用程序，包括电子商务网站、社交媒体平台、在线银行和许多其他领域。它用于处理用户登录、会话管理、表单提交、数据库操作及生成动态内容。Servlet 技术是 Java 企业级开发的核心组成部分，它允许开发者构建强大的、可扩展的 Web 应用程序，并提供了平台无关性、安全性和高性能。通过了解 Servlet 的工作原理、生命周期和特点，开发者可以更好地利用它来满足各种 Web 应用程序所需。

项目主要内容：

- 认识 Servlet。
- Servlet 的 API。
- 转发与重定向。
- 会话跟踪技术。
- Servlet 过滤器与拦截器。
- 文件的上传与下载。

能力目标：

熟悉 Servlet 核心技术和原理，并学会使用 Servlet 进行 Web 应用程序开发。

任务 1：认识 Servlet

学习要点：

- Servlet 体系。
- Servlet 生命周期。
- Servlet 数据库访问。

学习目的：

通过本任务的学习，对 Servlet 技术有整体认识。

学习情境 1：Servlet 概述

Servlet 是 Java 企业级应用程序开发的关键组件之一，它扮演着处理服务器端请求和响应的重要角色。作为 Java EE(Enterprise Edition)平台的一部分，Servlet 提供了强大的工具，用于构建动态、可扩展且安全的 Web 应用程序。

1. 背景与起源

Servlet 技术最早由 Sun Microsystems 在 1997 年引入，作为 Java 平台的一部分。当时，Web 应用发展迅速，但 Java 还没有一个合适的机制来处理服务器端的动态内容生成。Servlet 填补了这一空白，为开发者提供了一种强大的工具来满足动态 Web 应用的需求。

2. 工作原理

Servlet 是 Java 类，通常以.java 文件的形式编写，然后通过编译器转换为.class 文件。这些 Servlet 类被部署到 Web 服务器，如常用的 Tomcat。当客户端发起 HTTP 请求时，Web 服务器根据请求的 URL 选择合适的 Servlet 来处理。Servlet 会根据请求参数、表单提交等内容，生成相应的动态内容，并将其作为 HTTP 响应发送回客户端，如图 2.1 所示。

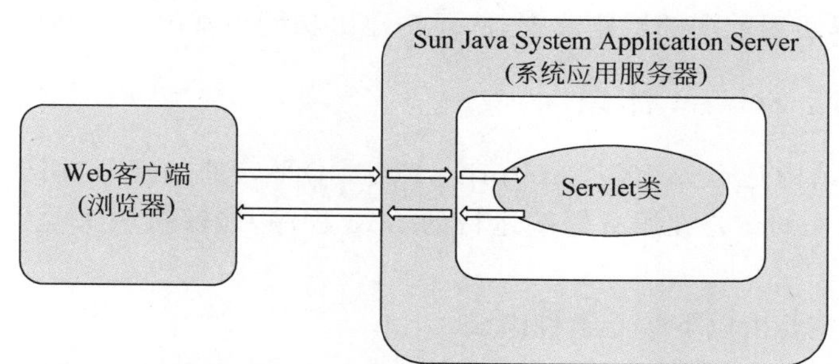

图 2.1　应用服务器和 Web 容器之间处理客户机请求的交互

3. JSP 与 Servlet 关系

JSP 是一种建立在 Servlet 规范提供的功能之上的动态网页技术，JSP 文件在用户第一次请求时，会被编译成 Servlet，然后由这个 Servlet 处理用户的请求，所以 JSP 可以看作运行时的 Servlet。

JSP 是以另外一种方式实现的 Servlet，Servlet 是 JSP 的早期版本，在 JSP 中，更加注重页面的表现，而在 Servlet 中则更注重业务逻辑的实现。当编写的页面显示效果比较复杂时，首选是 JSP。或者在开发过程中，HTML 代码经常发生变化，而 Java 代码则相对比较固定时，可以选择 JSP。而在处理业务逻辑时，首先选择 Servlet。同时，Servlet 加强了 Web 服务器的功能，JSP 只能处理浏览器的请求，而 Servlet 则可以处理一个客户端的应用程序请求。

4. Servlet 生命周期

Servlet 拥有丰富的生命周期，包括初始化、服务、销毁等阶段。在初始化阶段，Servlet 会执行一些初始化的任务，如读取配置文件、建立数据库连接等。服务阶段是 Servlet 处理每个请求的地方,它会调用适当的方法来生成响应。最后,在销毁阶段,Servlet 会执行一些清理任务,如关闭数据库连接、释放资源等。

5. 特点与优势

Servlet 具有许多独特的特点,使其成为 Web 应用开发的首选工具之一。

(1) 平台无关性:由于 Servlet 是用 Java 编写的,具有平台无关性,可以在不同操作系统上运行,这为开发者提供了很大的灵活性。

(2) 安全性:Servlet 容器提供了安全性功能,可以控制访问权限,实现用户认证和授权,确保只有授权的用户可以访问特定的 Servlet。

(3) 可扩展性:开发者可以通过扩展 javax. servlet. http. HttpServlet 类来实现自己的 Servlet,从而实现功能的扩展和定制,使其适应不同的应用场景。

(4) 高性能:与传统的 CGI(通用网关接口)方式相比,Servlet 通常具有更高的性能。它们保持在内存中,避免了多次启动进程的开销,提高了响应速度。

(5) 会话管理:Servlet 允许开发者在用户会话中保持状态信息,从而实现更复杂的交互和业务逻辑。

6. 应用场景

Servlet 技术被广泛应用于各种 Web 应用程序中,包括电子商务网站、社交媒体平台、在线银行等。它通常用于处理用户登录、注册、表单提交、数据检索等任务。通过与数据库交互,Servlet 可以实现数据的增删改查,从而构建出功能丰富的 Web 应用。

学习情境 2:Servlet 体系

Servlet 体系结构是 Java EE(Enterprise Edition)平台的一部分,用于构建基于 Java 的 Web 应用程序。Servlet 是在服务器端运行的 Java 程序,能够接收来自客户端的请求并生成动态的响应。

Servlet 体系主要由以下核心组件组成。

1. Servlet 接口

(1) 是 Servlet 类层次结构的根接口。

(2) 所有 Servlet 类都必须实现此接口。

(3) 定义了 Servlet 应该提供的一些基本方法,如 init、service 和 destroy。

2. GenericServlet 类

(1) 实现了 Servlet 接口。

(2) 提供了一些通用的 Servlet 功能。

(3) 包括初始化、销毁和日志记录等方法,可以被 Servlet 开发者继承和扩展。

3. HttpServlet 类

(1) 是 GenericServlet 的子类,专门用于处理 HTTP 请求和响应。

(2) 提供了处理不同 HTTP 方法(如 GET、POST)的方法。

(3) 可以被 Servlet 开发者继承,以处理特定的 HTTP 请求。

4. Servlet 容器

(1) 是 Web 服务器或应用服务器的一部分。

(2) 负责管理 Servlet 的生命周期。

(3) 负责接收客户端请求,并将其路由到适当的 Servlet。

(4) 常见的 Servlet 容器包括 Apache Tomcat、Jetty 等。

Servlet 接口是 Servlet 类层次结构的根接口。所有 Servlet 都需要直接或间接地实现 Servlet 接口,Servlet API 的 GenericServlet 类实现 Servlet 接口。除 Servlet 接口外,GenericServlet 类还实现 Servlet API 的 ServletConfig 接口和标准 java.io 包的 Serializable 接口。Web 容器用 ServletConfig 接口的对象在配置信息初始化时将配置信息传送给 Servlet。

要开发使用 HTTP 通信的 Servlet,需要在 Servlet 中扩展 HttpServlet 类。HttpServlet 类扩展了 GenericServlet 类,并提供内置 HTTP 功能。例如,HttpServlet 类提供了使 Servlet 能够处理通过特定 HTTP 方法收到的客户机请求的方法。

如图 2.2 显示了 javax.Servlet 和 javax.Servlet.http 包中接口和类层次结构的高层设计。

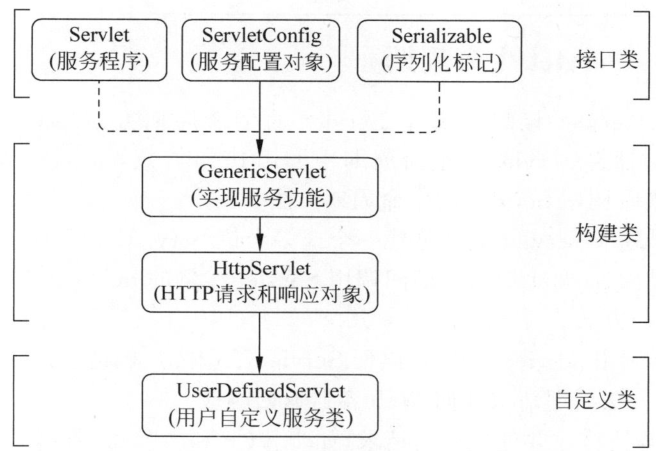

图 2.2 Servlet 类层次结构的高层设计

(1) javax.Servlet.Servlet 接口。

javax.Servlet 包的 Servlet 接口定义了 Web 容器管理 Servlet 生命周期需要调用的方法。表 2.1 列出了 javax.Servlet.Servlet 接口的各种方法,如表 2.1 所示。

表 2.1 接口方法

方　法	描　述
public void destroy()	Web 容器在将 Servlet 实例从服务中删除之前调用 destroy()方法
Public ServletConfig getServletConfig()	此方法返回包含初始化参数等配置信息的 ServletConfig 对象,以便初始化 Servlet
public String getServletInfo()	此方法返回包含作者、版本、版权等 Servlet 相关信息的字符串
public void init(ServletConfig config) throws ServletException	Web 容器创建 Servlet 实例后调用此方法

(2) javax.Servlet.ServletConfig 接口。

Servlet 初始化期间,通过 Web 容器实现 javax.Servlet.ServletConfig 接口,以便将配置信息传送给 Servlet。Web 容器通过将 ServletConfig 类的对象传送至 Servlet 的 init()方法来初始化该 Servlet。ServletConfig 对象包含初始化信息并提供对 ServletConfig 对象的

访问。

初始化参数都是名称-值对，用于向 Servlet 传送信息。例如，可以指定一个 JDBC URL 作为 Servlet 的初始化参数。Servlet 初始化时，可利用该 URL 值获取数据库连接。ServletContext 接口的对象使 Servlet 能够与托管该 Servlet 的 Web 容器通信。表 2.2 列出了 javax. Servlet. ServletConfig 接口的一些方法。

表 2.2 接口方法

方　　法	描　　述
public String getInitParameter(String param)	返回包含初始化参数值的 String 对象，或者如果参数不存在，则返回 null
public Enumeration getInitParameterNames()	以 String 对象枚举的形式返回所有初始化参数的名称。如果未定义任何初始化参数，则返回空枚举
public ServletContext getServletContext()	返回 Servlet 的 ServletContext 对象，以便与 Web 容器交互

学习情境 3：Servlet 生命周期

javax. Servlet. Servlet 接口定义了 Servlet 的生命周期方法，如 init()、service()及 destroy()。Web 容器在 Servlet 的生命周期中调用其 init()、service()及 destroy()方法。Web 容器按以下顺序调用 Servlet 的生命周期方法。

(1) Web 容器载入 Servlet 类并创建一个或多个该 Servlet 类的实例。

(2) Web 容器在 Servlet 初始化期间调用 Servlet 实例的 init()方法。Servlet 生命周期中只调用一次 init()方法。

(3) Web 容器调用 service()方法，以便 Servlet 处理客户机请求。

(4) service()方法处理请求并向 Web 容器返回响应。

随后 Servlet 等待接收并处理后续请求，如步骤(3)和步骤(4)所述。

Web 容器在将 Servlet 实例从服务中删除前调用 destroy()方法。Servlet 生命周期中只调用一次 destroy()方法。

1. init()方法

init()方法是在 Servlet 生命周期的初始化阶段调用的。Web 容器首先将请求的统一资源定位器 URL 映射到 Web 容器中可用的相应 Servlet，然后实例化 Servlet。然后，Web 容器创建 ServletConfig 接口的对象，其中包含启动配置信息，例如，Servlet 的初始化参数。然后，Web 容器调用 Servlet 的 init()方法并将 ServletConfig 对象传递给它。

如果 Web 容器无法初始化 Servlet 资源，init()方法将抛出 ServletException。Servlet 初始化在接受任何客户端请求之前完成。以下代码片段显示了 init()方法。

```
public void init (ServletConfig config) throws ServletException
```

以下代码段显示了用于初始化 Servlet 的 Java Servlet init()方法的签名。

```
public class ServletLifeCycle extends HttpServlet
{
    static int count;
    public void init (ServletConfig config) throws ServletException
{
```

```
    count = 0;
  }
}
```

2. service()方法

service()方法处理客户机请求。Web 容器每次收到客户机请求时都调用 service()方法。只有 Servlet 初始化完成后才能调用 service()方法。Web 容器在调用 service()方法时传送 ServletRequest 接口的对象和 ServletResponse 接口的对象。ServletRequest 对象包含客户机创建的业务请求的相关信息。ServletResponse 对象包含 Servlet 返回给客户机的信息。以下代码段显示了 service()方法。

```
public void service(ServletRequest req,ServletResponse res) throws
ServletException,IOException
```

在发生干扰 Servlet 正常运行的异常时，service()方法引发 ServletException 异常。发生输入或输出异常时，service()方法引发 IOException 异常。

service()方法将客户机请求分发给 HttpServlet 接口的其中一个请求处理程序方法，如 doGet()、doPost()、doHead()或 doPut()。所述请求处理程序方法接收 service()方法作为参数发送的 HttpServletRequest 和 HttpServletResponse 接口的对象。

注释：

Web 容器自动调用 service()方法时不会在 HttpServlet 中重写 service()方法。HttpServlet 的 Servlet 功能在 doGet()或 doPost()方法中编写。

3. doGet()方法

doGet()方法处理客户机通过 HTTP GET 方法发送的客户机请求。GET 是一种通常用于检索静态资源的 HTTP 请求方法。当用户在浏览器的地址栏中输入 URL 查看静态网页时，浏览器就使用 GET 方法发送请求。同样，在网页上单击超链接访问某资源时，请求也是用 GET 方法发送的。还可以用 GET 方法发送数据。例如，可以用 GET 方法发送用户在 HTML 表单中输入的数据。用 GET 方法发送的数据作为查询字符串附加到 URL 上。可以用 form 标记的 METHOD 属性指定 HTML 表单中 HTTP 方法的类型。

要处理通过 GET 方法接收到的客户机请求，需要在 Servlet 类中重写 doGet()方法。在 doGet()方法中可以检索 HttpServletRequest 对象的客户机信息。可以用 HttpServletResponse 对象将响应发送回客户机。以下代码段显示了 doGet()方法。

```
protected void doGet (HttpServletRequest req, HttpServletResponse res) throws ServletException,
IOException
```

4. doPost()方法

doPost()方法处理 Servlet 中客户机通过 HTTP POST 方法发送的请求。例如，如果客户机在 HTML 表单中输入了注册数据，则可用 POST 方法发送上述数据。与 GET 方法不同，POST 请求将数据作为 HTTP 请求主体的一部分发送出去。因此，所发送的数据不会作为 URL 的一部分出现。

要处理 Servlet 中通过 POST 方法发送的请求，需要重写 doPost()方法。在 doPost()方法中，可以处理请求并将响应发送回客户机。以下代码段显示了 doPost()方法。

```
protected void doPost(HttpServletRequest req, HttpServletResponse res) throws ServletException,
IOException
```

5. doHead()方法

doHead()方法处理通过 HTTP HEAD 方法发送的请求。与 GET 方法类似，HEAD 方法也将请求发送给服务器。GET 和 HEAD 方法之间唯一的区别在于 HEAD 方法返回的是包含 Content-Type、Content-Length 及 Last-Modified 等条目的响应标头。HEAD 方法用于查找所请求的资源是否存在，也可用于获取关于该资源的信息，如资源类型等。所述信息要求在请求资源内容之前获取。此外，还可以用 HEAD 方法查找资源最后一次修改的时间，从而有助于确定是使用缓存中的资源还是需要更新缓存。

要处理通过 HEAD 方法发送的请求，需要在 Servlet 中重写 doHead()方法。以下代码段显示了 doHead()方法的代码。

```
protected void doHead(HttpServletRequest req, HttpServletResponse res) throws ServletException,
IOException.
```

6. doPut()方法

doPut()方法处理通过 HTTP PUT 方法发送的请求。PUT 方法允许客户机在服务器上存储信息。例如，可以利用 PUT 方法将图像文件发送到服务器上。以下代码段显示了 doPut()方法的代码。

```
protected void doPut(HttpServletRequest req, HttpServletResponse res) throws ServletException,
IOException
```

7. destroy()方法

destroy()方法标志 Servlet 生命周期的结束。Web 容器在将 Servlet 实例从服务中删除前调用 destroy()方法。Web 容器调用 destroy()方法的时机如下。

(1) 为 Servlet 指定的时限终结。Servlet 的时限指 Web 容器使 Servlet 保持活动状态以便服务客户机请求的期限。

(2) Web 容器需要释放 Servlet 实例以节约内存。

(3) Web 容器将要关闭。

可以在 destroy()方法中编写代码，以便释放 Servlet 占用的资源。例如，如果 Servlet 打开了一个数据库连接，可以在 Servlet 的 destroy()方法中关闭该数据库连接。destroy()还用于在将 Servlet 实例从服务中删除之前保存任何持久信息。以下代码段显示了 destroy()方法的代码。

```
public void destroy(){
// Servlet 生命周期结束时的代码
}
```

8. 生命周期简介

Web 容器维护 Servlet 实例的生命周期。Servlet 的生命周期如下。

(1) Servlet 类加载。

(2) 创建 Servlet 实例。

(3) init()方法被调用。

（4）service()方法被调用。

（5）destroy()方法被调用。

如图 2.3 所示，Servlet 有三种状态：new、ready 和 end。如果创建了 Servlet 实例，则 Servlet 处于新建状态。在调用 init()方法之后，Servlet 处于就绪状态。在就绪状态下，Servlet 执行所有任务。当 Web 容器调用 destroy()方法时，它将转换到结束状态。

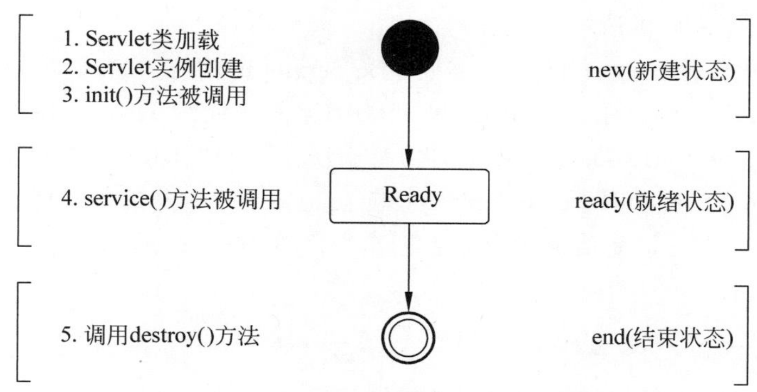

图 2.3　Servlet 生命周期

1）Servlet 类加载

类加载器负责加载 Servlet 类。当 Web 容器接收到 Servlet 的第一个请求时，Servlet 类被加载。

2）Servlet 实例已创建

Web 容器在加载 Servlet 类之后创建 Servlet 的实例。Servlet 实例在 Servlet 生命周期中只创建一次。

3）init()方法被调用

在创建 Servlet 实例之后，Web 容器只调用 init()方法一次。init()方法用于初始化 Servlet。它是 javax. servlet. servlet 接口。

init()方法的语法如下。

```
public void init(ServletConfig config) throws ServletException
```

4）service()方法被调用

每次收到 Servlet 请求时，Web 容器都会调用服务方法。如果 Servlet 没有初始化，它将按照上面描述的前三个步骤执行，然后调用服务方法。如果 Servlet 被初始化，它将调用服务方法。请注意，Servlet 只初始化一次。Servlet 接口服务方法的语法如下。

```
public void service(ServletRequest request, ServletResponse response)
throws ServletException, IOException
```

5）destroy()方法被调用

Web 容器在从服务中删除 Servlet 实例之前调用 destroy()方法。它使 Servlet 有机会清理任何资源，如内存、线程等。Servlet 接口的 destroy()方法的语法如下。

```
public void destroy()
```

学习情境 4：创建 Servlet

要创建 Servlet，需要执行以下操作。

1. 编写 Servlet

要编写 Servlet，需要扩展 HttpServlet 接口的类。编写 Servlet 时，需要合并读取客户机请求和返回响应的功能。

1）读取和处理客户机请求

声明并初始化各种 Servlet 变量后，需要定义 Servlet 的功能。为此，需要重写 HttpServlet 类的 doGet()和 doPost()方法。doGet()和 doPost() 方法使用 HttpServletRequest 接口读取 HTTP 请求。HttpServletRequest 对象包含客户机通过 HTTP 请求发送的请求信息。可以通过调用 HttpServletRequest 接口的 getParameter()方法检索请求参数的值。HttpServletRequest 接口的 getParameter()方法接受请求参数的名称作为字符串值，并返回包含相应参数值的字符串。以下代码显示了 getParameter()方法。

```
String getParameter(String arg);
```

以下代码段显示了如何检索用户发送的用户名。

```
String user = req.getParameter("UserName");
```

2）向客户机发送响应

HTTP Servlet 利用 HttpServletResponse 接口的对象向客户机发送响应。要向客户机发送字符数据，需要获取 java.io.PrintWriter 对象。可以使用 HttpServletResponse 接口的 getWriter()方法来获取 PrintWriter 对象。以下代码段显示了使用 getWriter()方法获取 PrintWriter 对象的代码。

```
PrintWriter out = response.getWriter();
/* Where response is an object of httpServletResponse. */
```

可以使用 HttpServletResponse 接口的 setContentType()方法指定响应的内容类型。可以使用以下代码段设置 Servlet 响应的内容类型。

```
res.setContentType("text/html");
```

可以使用 PrintWriter 类的 println()方法向客户机发送数据。以下代码段显示了如何向客户机发送消息字符串。

```
out.println("Welcome " + user + ".");
```

2. 编译并封装 Servlet

需要编译编码的 Servlet 以生成 Servlet 类文件。在编译 Servlet 之后，需要打包 Servlet。要打包 Servlet，首先需要创建一个部署描述文件。部署描述文件是一个可扩展标记语言(XML)文件，称为 web.xml 文件. 它包含有关它所在的 Web 应用程序的配置信息。部署描述文件 web.xml，可以控制 Servlet 的注册、URL 映射、欢迎页面，邮件扩展(MIME)类型、页面级安全约束和分布式环境等行为。部署描述文件是独立于服务器的，它简化了部署过程。

可以使用 XML 编辑器创建部署描述文件。以下代码显示了部署描述文件的元素示例。

```
<?xml version = "1.0" encoding = "UTF - 8" ?>
< web - app version = "2.4" xmlns = http://java.sun.com/xml/ns/j2ee
xmlns:xsi = "http://www.w3.org/2001/XMLSchema - instance"
xsi:schemaLocation = "http://java.sun.com/xml/ns/j2ee
http://java.sun.com/xml/ns/j2ee/web - app 2 4.xsd">
< display - name > SampleApp </display - name >
< Servlet >
    < display - name > SampleServlet </display - name >
    < Servlet - name > SampleServlet </Servlet - name >
    < Servlet - class > SampleServlet </Servlet - class >
</Servlet >
</web - app >
```

在前面的代码中,部署描述文件的第一行是 prolog。prolog 指定 XML 的版本和用于编码数据的字符集。这里使用的字符集是 UTF-8。

web. xml 文件中的各种属性如下。

(1) version: 此属性指定架构的版本。XML 模式用于验证 XML 文档。

(2) xmlns: 此属性指定部署描述符架构的命名空间。所有部署描述文件架构共享命名空间,http://java. sun. com/xml/ns/j2ee。命名空间允许唯一标识一个或一组模式。

(3) xsi:schemaLocation: 此属性指定架构的位置。指定模式信息后,需要指定要部署的 Servlet 的信息。

< webapp >标记中的< display-name >标记指定需要部署的 Web 模块的名称。< Servlet >标记包含服务器的信息。它包含以下标记。

(1) < display-name >: 显示 Servlet 的名称。

(2) < Servlet-name >: 将通过其访问的 Servlet 的名称。

(3) < Servlet-class >: Servlet 类的名称。

创建部署描述符之后,可以封装 Servlet。

需要编译编码的 Servlet 以生成 Servlet 类文件。在编译 Servlet 之后,需要打包 Servlet。

Java EE 定义了将 Servlet 封装成 Java EE 应用程序的标准封装结构,以便可以跨不同的应用服务器移植该 Servlet。这样便于应用服务器通过标准目录结构查找并载入应用程序文件。要创建 Web 应用程序的封装结构,需要创建以下目录。

(1) 根目录: 根目录包含 HTML 文件、JSP 文件及图像文件等静态资源。例如,可以将一个 HTML 文件 LoginPage. html 放在根目录中。

(2) 放在根目录中的 WEB-INF 目录: WEB-INF 目录包含应用程序部署描述文件 web. xml,该文件保存了 Web 应用程序的各种配置。

(3) classes 目录: classes 目录位于 WEB-INF 目录内,包含应用程序的类文件。例如,可以将 SampleServlet Servlet 的 SampleServlet. class 文件放在 classes 目录中。

(4) lib 目录: lib 目录位于 WEB-INF 目录内,包含应用程序组件所要求的库的 Java Archive (JAR)文件。

如图 2.4 所示显示了 Java Web 应用程序的标准封装结构。

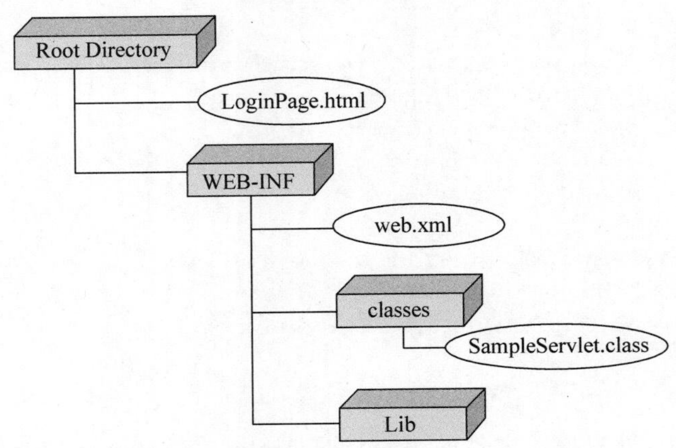

图 2.4 Java Web 应用程序的标准封装结构

标准封装结构保存在 Web 应用程序部署过程中创建的 Enterprise Archive(EAR)文件中。将特定于应用程序的文件放入标准目录结构中后，需要将应用程序封装成 Web Archive(WAR)文件。

WAR 文件是 Java EE Web 应用程序的归档形式。要创建 WAR 文件，可在命令行提示符后输入以下命令：

```
jar cvf  <war filename>
```

该命令用于创建可以在应用服务器上部署的.war 文件。

大多数应用服务器都提供了自动生成部署描述符并执行封装的实用程序。例如，Java EE 应用服务器提供了 deploytool 实用程序，以便生成部署描述文件并执行封装。

3. 部署描述文件的元素

部署描述文件是一个名为 web.xml 文件包含 Web 应用程序的配置信息的。每个 Web 应用程序都有一个 web.xml 文件。web.xml 文件允许指定 Servlet 的初始化参数、不同文件的 MIME 类型、指定监听器类以及将 URL 模式映射到 Servlet。一些常用的部署描述文件的符元素及其用法包括：

(1) <context-param>：指定 Web 应用程序的 Servlet 上下文初始化参数，如以下代码段所示。

```
<context - param>
<param - name> rmihost </param - name>
<param - value> 192.162.100.4 </param - value>
</context - param>
```

(2) <init-param>：指定 Servlet 的初始化参数。与 Web 应用程序的所有 Servlet 都可用的 context initialization 参数不同，这个参数只对声明它的 Servlet 可用。以下代码片段显示了 init param 元素的用法。

```
<init - param>
<param - name> title <param - name>
```

```
<param-value>This is the First Servlet</param-value>
</init-param>
```

(3) <mime-mapping>：指定文件扩展名和 MIME 类型之间的映射，如以下代码段所示。

```
<mime-mapping>
    <extension>html</extension>
    <mime-type>text/html</mime-type>
</mime-mapping>
```

(4) <servlet-mapping>：指定 Servlet 和 URL 模式之间的映射，如以下代码片段所示。

```
<servlet-mapping>
    <servlet-name>MyServlet</servlet-name>
<url-pattern>/test</url-pattern>
</servlet-mapping>
```

在 Servlet 的部署描述符中指定了给定的映射之后，Web 容器将把以下 URL 映射到 MyServlet Servlet。

```
http://localhost:8080/servletctx/test
```

(5) <session-config>：指定 Servlet 的会话信息，如会话超时，如以下代码段所示。

```
<session-config>
    <session-timeout>30</session-timeout>
</session-config>
```

指定 Servlet 会话将在 30min 后过期。

(6) <listener>：指定响应 Servlet 生命周期事件的监听器类的名称，如以下代码片段所示。

```
<listener>
    <listener-class>ContextListenerHandler</listener-class>
</listener>
```

4. 将 Servlet 部署为 Java EE 应用程序

访问应用程序前，需要将其部署到 Web 应用服务器(Apache Tomcat 或者 Glassfish 等)中。部署应用程序之前，需要运行 Web 应用服务器(Apache Tomcat 或者 Glassfish 等)。

5. Servlet 注解

到目前为止，我们已经了解了 Servlet 如何使用部署描述符(web.xml 文件)，用于将应用程序部署到 Web 服务器中。Servlet API 3.0 引入了一个新的规范，在 javax.servlet.annotation 包下提供了注解(annotation)。如果使用注解，则部署描述文件(web.xml 文件)不是必需的。然而，必须使用 Tomcat 7 或更高版本的 Tomcat。

注解可以替换 Web 部署描述符文件中的等效 XML 配置(web.xml 文件)，如 Servlet 声明和 Servlet 映射。Servlet 容器将在部署时处理带注解的类。

Servlet 3.0 中引入的注解类型如表 2.3 所示。

表 2.3 注解类型

序号	注　释	描　述
1	@WebServlet	声明一个 Servlet
2	@WebInitParam	指定初始化参数
3	@WebFilter	声明一个 Servlet 过滤器
4	@WebListener	声明 Web 监听器
5	@HandlesTypes	声明 ServletContainerInitializer 可以处理的类型
6	@HttpConstraint	此注释在 ServletSecurity 注释中用于表示要应用于所有 HTTP 方法的安全约束，对于这些方法，对应的 HttpMethodConstraint 元素在 ServletSecurity 注释中没有出现
7	@HttpMethodConstraint	此注释在 ServletSecurity 注释中用于表示特定 HTTP 消息的安全约束
8	@MultipartConfig	在指定的 Servlet 类型中，可能需要符合 Servlet 类型的多部分实例
9	@ServletSecurity	此注释用于 Servlet 实现类，以指定由 Servlet 容器对 HTTP 消息强制实施的安全约束

6. 通过浏览器访问 Servlet

最后，需要测试已部署完成的 Java EE 应用程序。可以通过从 Web 浏览器访问应用程序来进行测试。可以使用部署后的 URL 语法访问 Servlet。

任务 2：Servlet API 和 Servlet 线程

Servlet API 是用于开发基于 Java 的 Web 应用程序的关键组件之一。它提供了一种方式来处理 HTTP 请求和生成 HTTP 响应，允许开发人员构建动态的、交互式的 Web 应用程序。它是 Java EE(现在称为 Jakarta EE)的一部分，但也可以在独立的 Java Web 应用程序中使用。

学习要点：

- 掌握 javax. servlet 包。
- 掌握 javax. servlet. http 包。
- 掌握 Servlet 线程。

学习目的：

通过本任务的学习，掌握 Servlet 的 API 和 Servlet 线程。

学习情境 1：javax. servlet 包

javax. servlet 包的类和接口用于 Servlet 和客户机之间的通信。创建 Servlet 时，需要直接或通过扩展实现 Servlet 接口的类来实现 Servlet 接口。Servlet 接口定义了各种 Servlet 生命周期方法。javax. servlet 包中其他经常使用的接口有：ServletRequest 接口，ServletResponse 接口，ServletContext 接口。

图 2.5 显示了表示 javax. servlet 包的类层次结构的高层对象模型。

1. ServletRequest 接口

ServletRequest 接口包含处理访问 Servlet 的客户机请求的各种方法。调用 Servlet

getAttribute()方法从 ServletContext 中检索该属性。例如，假设在一个 Web 应用程序中，一个 Servlet 存储了一个 JDBC URL 作为访问数据库的 ServletContext 对象的属性。该应用程序的其他 Servlet 可以从 ServletContext 对象中检索该 URL 以便访问数据库。

上述举例解释了 ServletContext 接口中 setAttribute()和 getAttribute()方法的用法。以下示例中，SettingCntx Servlet 设置一个 JDBC URL 作为上下文属性。可以使用以下代码创建 Servlet SettingCntx。

```
import javax.servlet.*;
import java.io.*;
public class SettingCntx extends GenericServlet
{
      ServletContext ctx;
      public void init(ServletConfig cfig)
{
      /*获取 ServletContext 对象*/
      ctx = cfig.getServletContext();
  }
      public void service(ServletRequest request, ServletResponse
            response) throws ServletException, IOException
    {
            /*设置上下文属性*/
            ctx.setAttribute("URL","jdbc:odbc:EmployeesDB");
            /*Obtain the PrintWriter object*/
            PrintWriter pw = response.getWriter();
            /*发送设置属性的响应*/
            response.setContentType("text/html");
            pw.println("<B>The JDBC URL has been set as a context
            attribute</B>");
    }
}
```

上述代码中，SettingCntx Servlet 获取 init()方法中的 ServletContext 对象。在 service()方法中，Servlet 使用 setAttribute()方法将 URL 属性的值设置为 jdbc:odbc:EmployeesDB。最后，该 Servlet 使用 PrintWriter 对象显示设置了该属性的消息。

RetrievingCntx Servlet 检索 URL 属性并显示该属性的值。可以使用以下代码创建 ServletRetrievingCntx，以便检索并显示 URL 属性。

```
import javax.servlet.*;
import java.io.*;

public class RetrievingCntx extends GenericServlet {
    ServletContext ctx;
    String url;

    public void init(ServletConfig cfig) {
        /* 获取 ServletContext 对象 */
        ctx = cfig.getServletContext();
    }

      public void service (ServletRequest request, ServletResponse response) throws
ServletException, IOException {
```

```
            /* 检索 URL 属性 */
            url = (String) ctx.getAttribute("URL");
            /* 获取 PrintWriter 对象 */
            PrintWriter pw = response.getWriter();
            /* 发送响应 */
            response.setContentType("text/html");
            pw.println("<B> The URL value is </B>: " + url + "<BR>");
        }
    }
```

上述代码中，RetrievingCntx Servlet 获取 init()方法中的 ServletContext 对象。在 service()方法中，Servlet 使用 getAttribute()方法获取 URL 属性的值。最后，该 Servlet 使用 PrintWriter 对象显示该属性的值。

访问 SettingCntx Servlet 时，该 Servlet 将 URL 设置为 ServletContext 对象的一个属性。Servlet 发送响应，表示已设置该属性，如图 2.6 所示。

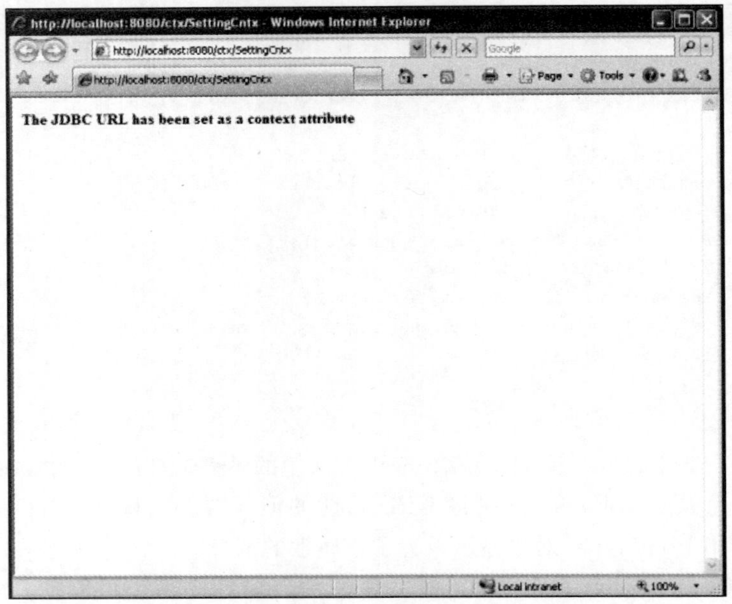

图 2.6 SettingCntx Servlet 的输出

访问 RetrievingCntx Servlet 时，其检索 SettingCntx Servlet 设置的 URL。

Servlet 发送响应以便显示该 URL 的值，如图 2.7 所示。

4. 上下文初始化参数

上下文初始化参数是可在部署 Web 应用程序时指定的名称/值对。可以使用上下文初始化信息提供 Web 应用程序的所有 Servlet 可以访问的信息。例如，可以指定电子邮件 ID 作为上下文初始化参数。然后，可以在 Web 应用程序需要显示电子邮件 ID 的其他 Servlet 中检索该值。

```
@WebServlet(name = "MyInitParamExample", urlPatterns = {"/MyInitParamExample"},
initParams = {@WebInitParam(name = "myemail", value = "feedback@smartsoftware.com")})
```

显示 Web 应用程序时，Web 容器从部署描述符中读取初始化参数，并用它来初始化

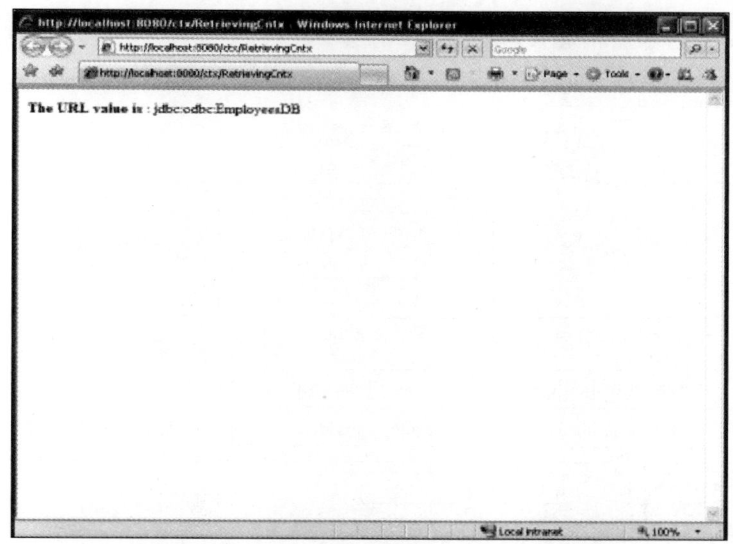

图 2.7 RetrievingCntx Servlet 的输出

ServletContext 对象。可以使用 ServletContext 对象的 getInitParameter()和 getInitParameterNames()方法来检索 Servlet 中的参数值。

注释：

应用服务器能够支持使用位于不同计算机上的不同 Java 虚拟机。在 Java 和 JVM(Java Virtual Machine)的上下文中，当我们提到"分布式容器"和"可分布的 Web 应用程序"时，我们通常指的是能够跨多个物理或虚拟机器(节点)部署和运行的 Web 应用程序。可以使用 Web 应用程序部署描述符中的 distributable 元素指定应用程序为可分布的。

学习情境 2：javax.servlet.http 包

javax.servlet.http 包是对 javax.servlet 包的扩展。该包的类和接口处理使用 HTTP 进行通信的 Servlet。这些 Servlet 也称为 HTTP Servlet。需要扩展 HttpServlet 类来开发 HTTP Servlet。javax.servlet.http 包经常使用的接口包括 HttpServletRequest 接口，HttpServletResponse 接口，HttpSession 接口。

如图 2.8 显示了表示 javax.servlet.http 包的类层次结构的高层对象模型。

1. HttpServletRequest 接口

HttpServletRequest 接口扩展了 ServletRequest 接口，表示由 HTTP 客户机发送的请求信息。该接口支持检索请求参数和访问 HTTP 请求标头信息。

HTTP 请求有许多关联的标头。这些标头提供了关于客户机的额外信息，如名称、发送请求的浏览器的版本等。一些重要的 HTTP 请求标头如下。

(1) Accept：指定客户机优先接受的 MIME 类型。

(2) Accept-Language：指定客户机优先接受请求的语言。

(3) User-Agent：指定发送请求的浏览器的名称和版本。

表 2.7 介绍了 HttpServletRequest 接口的各种方法。

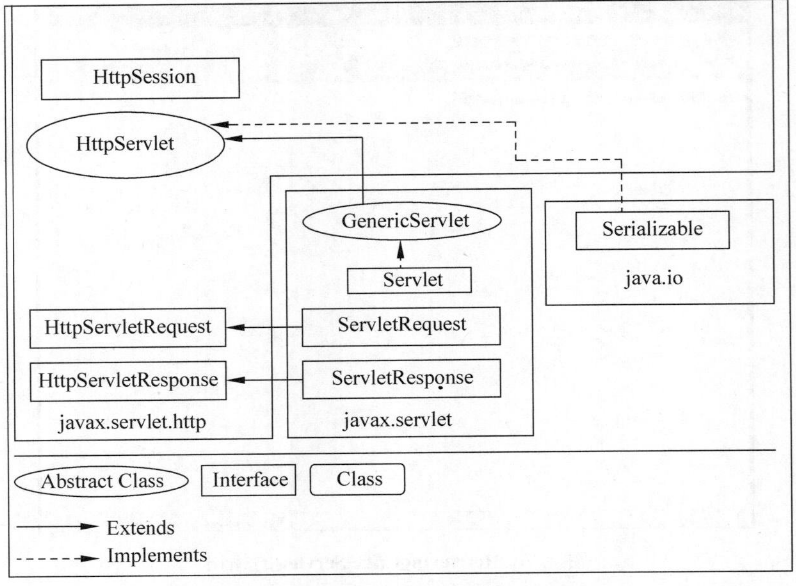

图 2.8 javax.servlet.http 包的高层对象模型

表 2.7 HttpServletRequest 接口的各种方法

方 法	描 述
public String getHeader(String fieldname)	返回参数中指定的请求标头字段的值，如 Cache-Control 和 Accept-Language
public Enumeration getHeaders(String sname)	以 String 对象枚举的形式返回与特定请求标头有关的所有值
public Enumeration getHeaderNames()	以 String 对象枚举的形式返回 Servlet 可以访问的所有请求标头的名称

Servlet 使用 getHeader()、getHeaderNames()和 getHeaders()等各种方法检索 HTTP 请求标头的值。可以使用以下代码检索请求的标头信息。

```
/* Import the required packages. */
import javax.servlet.*;
import javax.servlet.http.*;
import java.io.*;
import java.util.*;
public class HttpRequestHeaderDemo extends HttpServlet
{
public void doGet(HttpServletRequest req, HttpServletResponse res) throws ServletException,
IOException
{
res.setContentType("text/html");
PrintWriter out = res.getWriter();
/* 获取头信息枚举 */
Enumeration hnames = req.getHeaderNames();
out.println("<H3>The request headers are:</H3>");
/* 遍历头信息 */
while(hnames.hasMoreElements())
{
```

```
/*获取头名称*/
String hname = (String) hnames.nextElement();
/*
以枚举形式获取所有标题值对应于作为方法参数传递的标头名称*/
Enumeration hvalues = req.getHeaders(hname);
out.println("<BR>");
if(hvalues!= null)
{
/*遍历元素枚举*/
while(hvalues.hasMoreElements())
{
/*获取头信息的值*/
String hvalue = (String) hvalues.nextElement(); /*发送响应*/
out.println(hname + ": " + hvalue);
} }
} }
} }
```

上述代码中，getHeaderNames()方法检索通过该请求发送的所有标头名称，并将其存储在 Enumeration 对象中。然后 Servlet 用 getHeaders()方法检索标头的值。最后，Servlet 将标头名称和值作为响应发送给客户机。

如图 2.9 显示了 Servlet 检索到的各种请求标头。

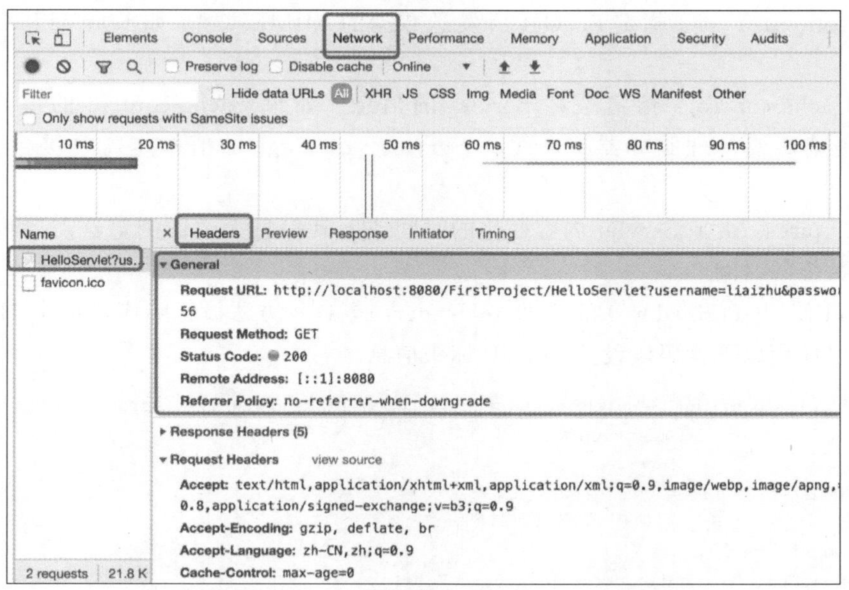

图 2.9　HttpRequestHeaderDemo Servlet 的输出

2. HttpServletResponse 接口

HttpServletResponse 接口扩展了 ServletResponse 接口，为使用 HTTP 通信的 Servlet 提供了处理响应、状态代码和响应标头的方法。

表 2.8 描述了 HttpServletResponse 接口的各种方法。

表 2.8 HttpServletResponse 接口的各种方法

方 法	描 述
void setHeader(String hname,String hvalue)	将标头 hname 的值设置为 hvalue。如果标头已经设置好,新值将重写现有值
void setIntHeader(String hname,int hvalue)	将标头 hname 的值设置为 int 值 hvalue。如果标头已经设置好,新值将重写现有值
void setDateHeader(String hname,long datev)	将标头 hname 的值设置为长整数值 datev。 datev 变量表示自格林尼治时间 1970 年 1 月 1 日午夜起的毫秒数
void addHeader(String hname,String hvalue)	为标头 hname 添加值 hvalue。如果标头已经存在,本方法将添加一个新标头
void addIntHeader(String hname,int hvalue)	为标头 hname 添加 int 值 hvalue
void addDateHeader(String hname,long datev)	为名为 hname 的标头添加等于日期 datev 的值。datev 的值必须是自格林尼治时间 1970 年 1 月 1 日午夜起的毫秒数
boolean containsHeader(String hname)	如果标头 hname 已经设置了特定值,则返回 true; 否则返回 false
void sendRedirect(String url)	将请求重定向到指定 URL

3. 设置响应标头

可以通过添加新 HTTP 标头在发送给客户机的响应中添加其他信息。Servlet 可以设置的其他 HTTP 响应标头如下。

(1) Content-Type: 指定 Servlet 所发送数据的 MIME 类型,如 text/HTML 和 text/plain。

(2) Cache-control: 指定缓存 Servlet 的信息。如果 Cache-control 的值设置为 no-store,则浏览器或代理服务器不会缓存 Servlet。max-age 的值指定需要缓存 Servlet 的秒数。

(3) Expires: 指定 Servlet 内容变化的时间或因其信息无效而浏览器需要重新加载以显示最新数据的时间。

Servlet 使用 setHeader()和 setDateHeader()等各种方法设置响应对象中 HTTP 标头的值。可以使用以下代码段设置 HTTP 标头信息。

```
public void doGet(HttpServletRequest req, HttpServletResponse res) throws
ServletException, IOException
{
    PrintWriter out = res.getWriter();
    /* 指定一个长整型值以表示到期时间 */
    long mseconds;
    java.util.Date date = new java.util.Date();
    mseconds = date.getTime() + 10000;
    /* 设置 Content - Type  */
    res.setHeader("Content - Type", "text/html");
    /* 设置 Expires */
    res.setDateHeader("Expires", mseconds);
    /* 发送响应 */
    out.println("<HTML><BODY>");
```

```
        out.println(new java.util.Date());
        out.println("</BODY></HTML>");
    }
```

上述代码段中，第一次调用 setHeader()方法时将标头字段 Content-Type 的值设置为 text/html。然后将标头字段 Expires 的值设置为 mseconds。变量 mseconds 是在 getTime()方法返回的毫秒数的基础上加上 10 000ms 得到的长整型值。java.util.Date 的 getTime()方法返回自 1970 年 1 月 1 日午夜起过去的毫秒数。Expires 标头的值确保 Servlet 生成的向最终用户显示日期的 HTML 内容在 10s 后到期。这意味着如果最终用户 10s 后请求页面，浏览器将重新向服务器发送请求，并显示更新后的内容。

4. 重定向客户机

可以用 HttpServletResponse 接口的 sendRedirect()方法将请求重定向到其他 URL。假设你正在访问一个提供工程和医学课程在线注册的教育机构的网站。网站的主页上提供了 engineering 和 medical 两个按钮。如果单击 engineering 按钮并单击 Submit 按钮，将打开工程课程的在线注册表单；如果单击 medical 按钮并单击 Submit 按钮，将显示医学课程的在线注册表单。以下代码段显示了 sendRedirect()方法的用法。

```
public void doGet(HttpServletRequest req, HttpServletResponse res) throws
ServletException, IOException
{
    /*获取参数*/
    String yourchoice = req.getParameter("chooseoption");
    /*判断 */
    if(yourchoice.equals("medical")) res.sendRedirect("http://localhost:8080/ctx/servlet/
medical.html ");
        /*二次判断*/
        if(yourchoice.equals("engineering")) res.sendRedirect("http://localhost:8080/ctx/
servlet/engineering.html");
    }
```

5. HttpSession 接口

HttpSession 接口包含在 Web 应用程序中维护最终用户状态的方法。HttpSession 接口的对象为跟踪和管理最终用户的会话提供支持，如表 2.9 所示。

表 2.9　HttpSession 接口

方　法	描　述
public void setAttribute (String name, Object value)	构建有名称的对象，并存储名称/值对作为 HttpSession 对象的属性。如果该属性已存在，该方法将替换现有属性
public Enumeration getHeaders (String sname)	从会话对象中检索参数中指定的 String 对象。如果未发现特定属性的对象，getAttribute()将返回空值
public Enumeration getAttributeNames()	返回包含作为会话对象的属性绑定的所有对象名称的 Enumeration 对象

学习情境 3：Servlet 线程

Servlet 规范定义了两种线程模型来阐明 Web 容器应该如何在多线程环境中处理 Servlet。第一种模型称为多线程模型，默认在此模型内执行所有 Servlet。在此模型中，每次客户机向 Servlet 发送请求时 Web 容器都启动一个新线程。这意味着可能有多个线程同时访问 Servlet。如图 2.10 所示显示了多线程模型中不同线程如何访问一个在 Web 容器中运行的 Servlet。

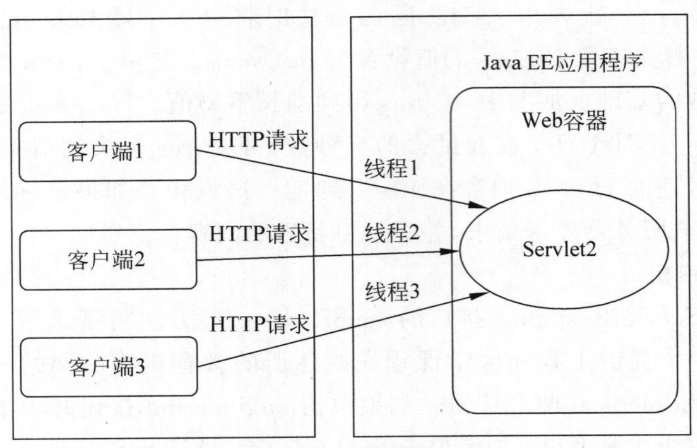

图 2.10 多线程模型

第二种模型称为单线程模型，Web 容器创建一个 Servlet 实例池并为每个请求分配一个实例。如果请求的数量超过池中实例的数量，则将请求加入队列。可以通过在 Servlet 中实现 SingleThreadModel 接口来指定在单线程模型中执行 Servlet。实现 javax. servlet 包的 SingleThreadModel 接口能确保在 Servlet 的 service()方法内只运行一个线程。

如图 2.11 所示显示了 Web 容器如何为实现 SingleThreadModel 接口的 Servlet 管理线程。

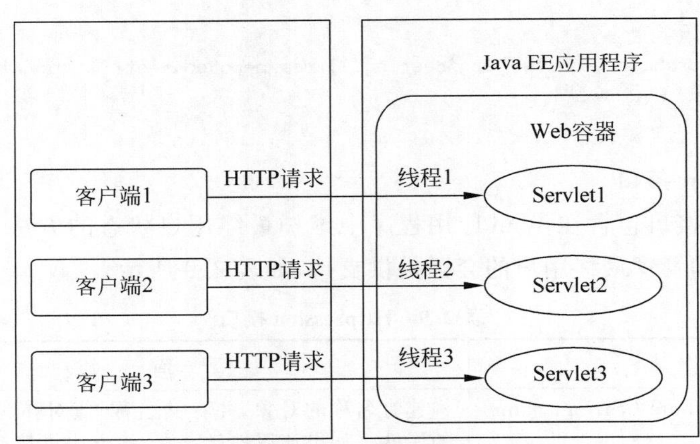

图 2.11 单线程模型

在 Servlet 中实现 SingleThreadModel 接口会导致服务器性能下降。这是因为服务器需要为每个客户机请求单独创建实例。此外，实现 SingleThreadModel 不保证对 Servlet 中的类变量等共享资源的访问能够同步。

在多线程模型中开发 Servlet 时，需要处理线程问题以保护对共享资源的访问。要开发线程安全的 Servlet，首先需要识别本质上线程安全的属性类型和需要予以保护才能确保线程安全的属性类型。Servlet 中属性、方法及字段的各种线程安全能力如下。

(1) init()和 destroy()方法：Servlet 实例的有效时限内只调用一次这两种生命周期方法。Servlet 的这两种方法保证是线程安全的。

(2) 局部变量：局部变量是线程安全的。这是因为每次调用包含该变量的方法时，局部变量都有一个单独的实例。

(3) 请求属性：请求属性本质上是线程安全的。Web 容器将每个客户机请求作为唯一的请求来处理和操作。其他客户机的请求对象无法访问在一个客户机的请求对象中作为属性存储的数据。

(4) 上下文属性：各种线程都可以并行访问上下文属性，因此，需要为这些上下文属性提供同步访问。

(5) 会话属性中存储的数据：各种线程都可以并行访问会话属性，因此也需要同步对这些会话属性的访问。

要开发线程安全的 Servlet，可以考虑以下方法。

(1) 同步访问一个共享资源的代码块。以下代码段显示了如何同步在 Servlet 中增加计数器的代码块。

```
public class CounterServlet extends HttpServlet
{
    int count = 0;
    public void doGet(HttpServletRequest req, HttpServletResponse res) throws
    IOException, ServletException
    {
        ...synchronized(this)
        {
            count = count++;
        }
    }
```

(2) 同步访问一个共享资源的方法。以下代码段显示了如何同步增加计数变量中的计数器的 setCount()方法。

```
public class CounterServlet extends HttpServlet
{
    int count = 0;
    public void doGet(HttpServletRequest req, HttpServletResponse res)
    throws IOException, ServletException
    {
        setCount();
        public synchronized void setCount()
        {
            count++;
        }
```

注释：

可以同步 Servlet 的 service()和 doXXX()方法，以便一次只能访问一个线程。不过，Servlet 规范强烈建议这样做，即使这样会降低其性能。

任务 3：转发与重定向

在 Servlet 中，请求转发（Request Forwarding）和重定向（Redirection）是两种不同的页面跳转方式，它们分别用于将请求从一个 Servlet 转发到另一个 Servlet 或者将请求重定向到另一个资源（可以是 Servlet、JSP 页面或者其他网页）。

学习要点：

- 掌握 Servlet 转发。
- 掌握 Servlet 重定向。

学习目的：

通过本章任务的学习，掌握 Servlet 中的转发与重定向。

学习情境 1：Servlet 转发

请求转发是指在服务器内部将请求从一个 Servlet 发送到另一个 Servlet，不会改变浏览器的地址栏 URL。请求转发是通过 RequestDispatcher 接口实现的。

1. RequestDispatcher 接口

在 jakarta.servlet 包中定义了一个 RequestDispatcher 接口。RequestDispatcher 对象由 Servlet 容器创建，用于封装由路径所标识的 Web 资源。利用 RequestDispatcher 对象可以把请求转发给其他的 Web 资源。

（1）Servlet 可以通过以下两种方式获得 RequestDispatcher 对象。

① 调用 ServletContext 的 getRequestDispatcher(String path)方法，参数 path 指定目标资源的路径，必须为绝对路径。

② 调用 ServletRequest 的 getRequestDispatcher(String path)方法，参数 path 指定目标资源的路径，可以为绝对路径，也可以为相对路径。

③ 绝对路径是指以正斜杠"/"开头的路径，"/"表示当前 Web 应用的根目录。

④ 相对路径是指相对当前 Web 资源的路径，不以正斜杠"/"开头。

语法示例：

```
request.getRequestDispatcher("目标 Servlet").forward(request, response);
```

（2）RequestDispatcher 接口中提供了以下方法，如图 2.12 所示。

返回值类型	方法	描述
void	forward(ServletRequest request, ServletResponse response)	用于将请求转发给另一个 Web 资源。该方法必须在响应给客户端之前被调用，否则将抛出 IllegalStateException 异常
void	include(ServletRequest request, ServletResponse response)	用于将其他的资源作为当前响应内容包含进来

图 2.12 RequestDispatcher 接口

2. 请求转发的工作原理

在 Servlet 中，通常使用 forward() 方法将当前请求转发给其他的 Web 资源进行处理。请求转发的工作原理如图 2.13 所示。

请求转发具有以下特点。

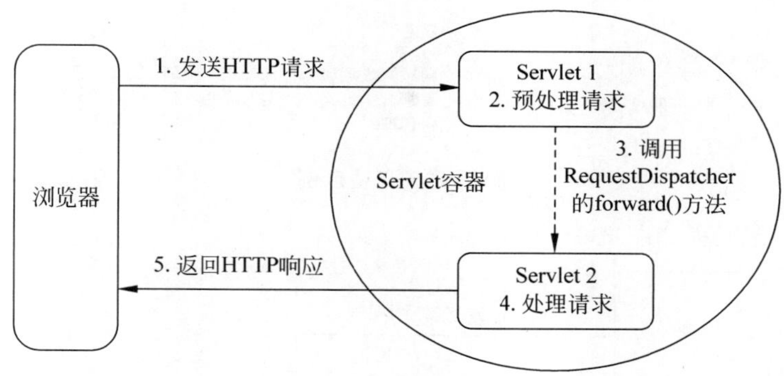

图 2.13 工作原理

(1) 请求转发不支持跨域访问，只能跳转到当前应用中的资源。

(2) 请求转发之后，浏览器地址栏中的 URL 不会发生变化。因此，浏览器不知道在服务器内部发生了转发行为，更无法得知转发的次数。

(3) 参与请求转发的 Web 资源之间共享同一 request 对象和 response 对象。

(4) 由于 forward()方法会先清空 response 缓冲区，因此只有转发到最后一个 Web 资源时，生成的响应才会被发送到客户端。

3. request 域对象

request 是 Servlet 的三大域对象之一，它需要与请求转发配合使用，才可以实现动态资源间的数据传递。在 ServletRequest 接口中定义了一系列操作属性的方法，如图 2.14 所示。

返回值类型	方法	描述
void	setAttribute(String name, Object o)	将 Java 对象与属性名绑定，并将它作为一个属性存放到 request 对象中。参数 name 为属性名，参数 object 为属性值
Object	getAttribute(String name)	根据属性名 name，返回 request 中对应的属性值
void	removeAttribute(String name)	用于移除 request 对象中指定的属性
Enumeration<String>	getAttributeNames()	用于返回 request 对象中的所有属性名的枚举集合

图 2.14 request 域对象

学习情境 2：Servlet 重定向

重定向是指当客户端浏览器请求一个资源时，服务器返回一个特殊的响应，告诉浏览器应该重定向到另一个 URL 地址。重定向会导致浏览器地址栏中显示新的 URL。重定向是通过发送 HTTP 响应码 303(See Other)或者 302(Found)来实现的。

1. 重定向的特点

(1) 重定向是在客户端浏览器中进行的，浏览器会发起新的请求。

(2) 服务器返回一个特殊的响应码，告诉浏览器应该跳转到新的 URL 地址。

(3) 在重定向时，浏览器地址栏的 URL 会改变为新的 URL。

用法：使用 HttpServletResponse 接口中的 sendRedirect()方法用于实现重定向。

语法示例：response. sendRedirect("目标 URL")，如图 2.15 所示。

返回值类型	方法	描述
void	sendRedirect(String location)	向浏览器返回状态码为 302 的响应结果，让浏览器访问新的 URL。若指定的 URL 是相对路径，Servlet 容器会将相对路径转换为绝对路径。参数 location 表示重定向的URL

图 2.15 语法示例

重定向的工作流程如图 2.16 所示。

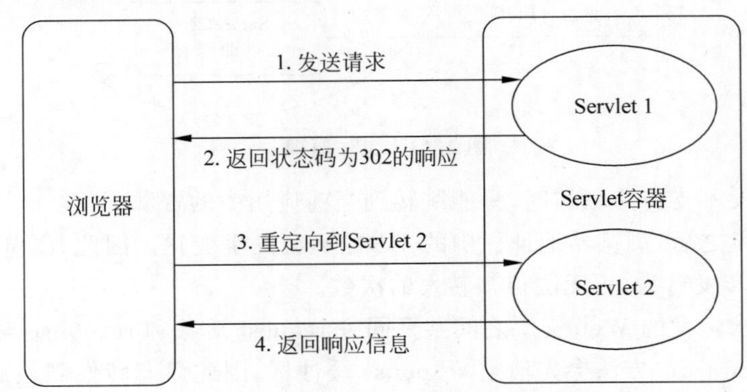

图 2.16 重定向的工作流程

用户在浏览器中输入 URL 请求访问服务器端的 Web 资源。

Web 资源返回一个状态码为 302 的响应。该响应的含义为：通知浏览器再次发送请求，访问另一个 Web 资源(在响应信息中提供了另一个资源的 URL)；当浏览器接收到响应后，立即自动访问另一个指定的 Web 资源；该 Web 资源将请求处理完成后，由容器把响应信息返回给浏览器进行展示。

2. 转发和重定向的区别

转发和重定向的区别如图 2.17 所示。

区别	转发	重定向
浏览器地址栏 URL 是否发生改变	否	是
是否支持跨域跳转	否	是
请求与响应的次数	一次请求和一次响应	两次请求和两次响应
是否共享 request 对象和 response 对象	是	否
是否能通过 request 域对象传递数据	是	否
速度	相对要快	相对要慢
行为类型	服务器行为	客户端行为

图 2.17 转发和重定向的区别

任务 4：会话跟踪技术

会话只是指一段指定的时间间隔。会话跟踪是维护用户状态(数据)的一种方式。它也被称为 Servlet 中的会话管理。HTTP 协议是无状态的，所以需要使用会话跟踪技术来维护用户状态。每次用户请求服务器时，服务器将请求视为新请求，所以需要保持一个用户的状态来识别特定的用户。

学习要点：

- 掌握 Cookie。
- 掌握 Session。

学习目的：

通过本任务的学习，掌握会话跟踪技术。

学习情境 1：Cookie

HTTP 是无状态的，这意味着每个请求被认为是新的请求，如图 2.18 所示。

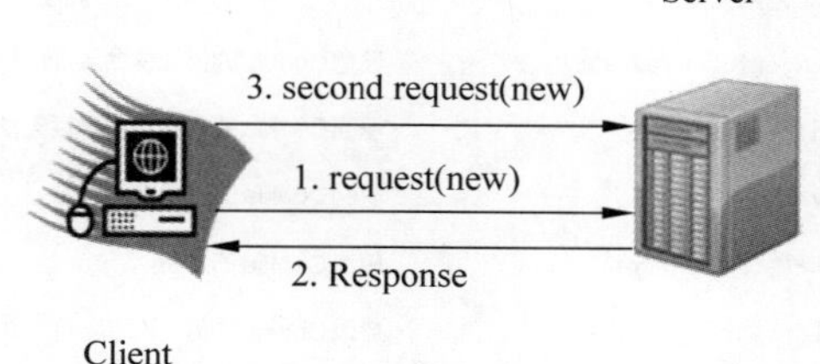

图 2.18　HTTP 是无状态的

Cookie 是在多个客户端请求之间持久存储的一小段信息。

Cookie 具有名称、单个值和可选属性，例如，注释、路径、域限定符、生存周期和版本号，如图 2.19 所示。

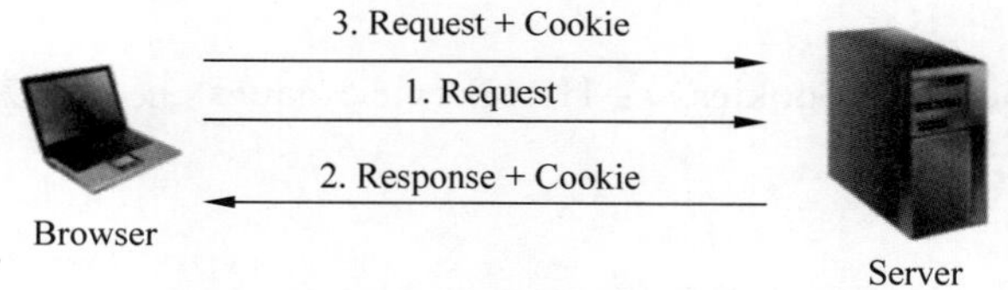

图 2.19　Cookie 工作原理

1. Cookie 类型

Servlet 中有以下两种类型的 Cookie。

(1) 非持久性 Cookie。

它仅适用于单个会话，当用户关闭浏览器时都会删除它。

(2) 持久性 Cookie。

它对多个会话有效，当用户关闭浏览器时也不会删除它。只有在用户注销或退出时才被删除。

Cookie 具有以下优点。

(1) Cookie 是维持状态最简单的技术。

(2) Cookie 在客户端维护。

Cookie 具有以下缺点。

(1) 如果从浏览器中禁用 Cookie，则无法正常工作。

(2) 只能在 Cookie 对象中设置文本信息。

1) Cookie 类

javax. servlet. http. Cookie 类提供了使用 Cookie 的功能,它为 Cookie 提供了很多有用的方法。Cookie 类的构造方法如图 2.20 所示。

构造方法	描述
Cookie()	构建一个Cookie
Cookie(String name, String value)	构造具有指定名称和值的Cookie

图 2.20 Cookie 类的构造方法

2) Cookie 类的方法

下面给出了一些常用的 Cookie 类的方法,如图 2.21 所示。

方法	描述
public void setMaxAge(int expiry)	设置Cookie的最大生命周期(以 s 为单位)
public String getName()	返回Cookie的名称。创建后无法更改名称
public String getValue()	返回Cookie的值
public void setName(String name)	更改Cookie的名称
public void setValue(String value)	更改Cookie的值

图 2.21 Cookie 类的方法

3) 使用 Cookie 所需的其他方法

要添加 Cookie 或从 Cookie 获取值,需要其他接口提供的一些方法。

(1) public void addCookie(Cookie ck):HttpServletResponse 接口的方法用于在响应对象中添加 Cookie。

(2) public Cookie[] getCookies():HttpServletRequest 接口的方法用于从浏览器返回所有的 Cookie。

2. 创建 Cookie

下面来看看创建 Cookie 的简单代码。

```
Cookie ck = new Cookie("user","maxsu jaiswal");          //创建 Cookie 对象
response.addCookie(ck);                                  //添加 Cookie 响应
```

3. 删除 Cookie

下面来看看删除 Cookie 的简单代码,它主要用于注销或退出用户。

```
Cookie ck = new Cookie("user","");          //deleting value of cookie
ck.setMaxAge(0);                            //changing the maximum age to 0 seconds
response.addCookie(ck);                     //adding cookie in the response
```

4. 获取 Cookie

下面来看看用来获取所有的 Cookies 的代码。

```
Cookie ck[] = request.getCookies();
for(int i = 0;i < ck.length;i++){
out.print("< br >" + ck[i].getName() + " " + ck[i].getValue());   //printing name and value
of cookie
 }
```

5. Servlet Cookie 的应用示例

在这个例子中，将用户名称（username）存储在 Cookie 对象中，并在另一个 Servlet 中访问它，会话对应于特定用户。因此，如果从多个浏览器访问指定 Cookie 名称，将得到不同的值，如图 2.22 所示。

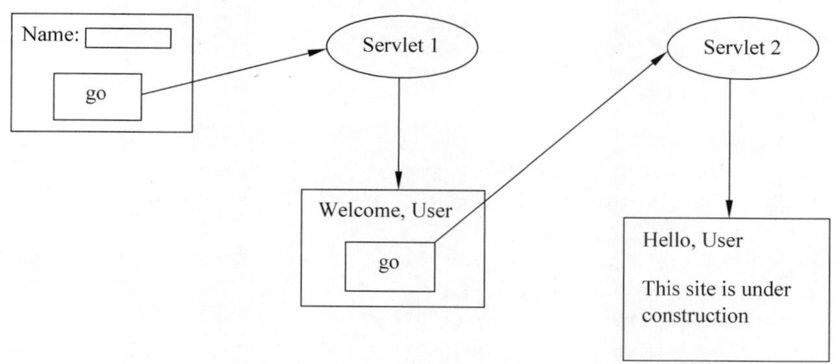

图 2.22 Servlet Cookie 的应用示例

打开 Eclipse，创建一个动态 Web 项目 CookieServlet，其完整的项目结构如图 2.23 所示。

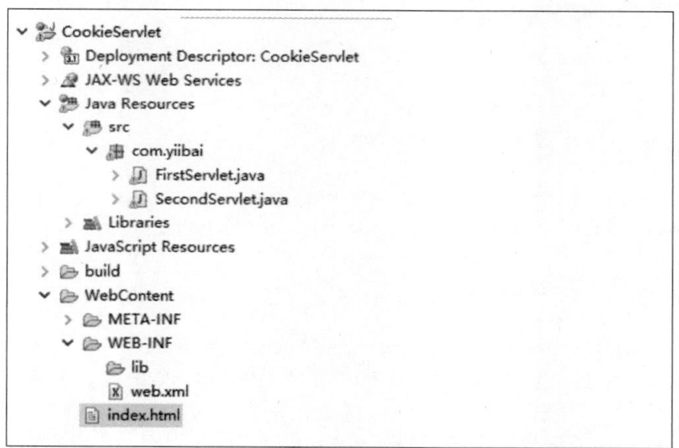

图 2.23 项目结构

以下是几个主要代码文件。

文件 index.html：

```
<!DOCTYPE html>
<html>

<head>
    <meta charset="UTF-8">
    <title>Cookies In Servlet</title>
</head>

<body>
    <div style="text-align:center;">
```

```
        < form action = " servlet1" method = " post"> 用户名:< input type = " text" name =
"username" value = "Maxsu" />< input type = "submit" value = "提交" />
        </form >
    </div >
</body >

</html >
```

文件 FirstServlet. java：

```
package com. yiibai;
import java. io. * ;import javax. servlet. * ;import javax. servlet. http. * ;
public class FirstServlet extends HttpServlet {

    public void doPost(HttpServletRequest request, HttpServletResponse response) {
        try {
          response. setCharacterEncoding("UTF - 8");
          response. setContentType("text/html");
          PrintWriter out = response. getWriter();

          String name = request. getParameter("username");
          String username = new String(name. getBytes("ISO - 8859 - 1"),"utf - 8");

          out. print("<! DOCTYPE html >\r\n" +
                "< html >\r\n" +
                "< head >\r\n" +
                "< meta charset = \"UTF - 8\">< body >");
          out. print("欢迎您, " + username);

          Cookie ck = new Cookie("uname", username);  // creating cookie object
          response. addCookie(ck);  // adding cookie in the response

          // creating submit button

          out. print("< form action = 'servlet2' method = 'post'>");
          out. print("< p > Cookies 已在浏览器中设置,现在跳转到第二个 Servlet 中读取
Cookies 的值.</p >");
          out. print("< input type = 'submit' value = '提交到第二个 Servlet'>");
          out. print("</form >");

          out. close();

        } catch (Exception e) {
          System. out. println(e);
        }
    }}
```

文件 SecondServlet. java：

```
package com. yiibai;
import java. io. IOException; import java. io. PrintWriter;
import javax. servlet. ServletException; import javax. servlet. annotation. WebServlet; import
javax. servlet. http. Cookie; import javax. servlet. http. HttpServlet; import javax. servlet. http.
HttpServletRequest; import javax. servlet. http. HttpServletResponse;
```

```
/**
 * Servlet implementation class SecondServlet
 */public class SecondServlet extends HttpServlet {
    private static final long serialVersionUID = 1L;

    /**
     * @see HttpServlet#doPost(HttpServletRequest request, HttpServletResponse
     *      response)
     */
    public void doPost(HttpServletRequest request, HttpServletResponse response) {
        try {
            response.setCharacterEncoding("UTF-8");
            response.setContentType("text/html");
            PrintWriter out = response.getWriter();
            Cookie ck[] = request.getCookies();
            out.print("Hello " + ck[0].getValue());
            out.close();
        } catch (Exception e) {
            System.out.println(e);
        }
    }
}
```

文件 web.xml：

```
<?xml version="1.0" encoding="UTF-8"?><web-app xmlns:xsi="http://www.w3.org/2001/
XMLSchema-instance" xmlns="http://xmlns.jcp.org/xml/ns/javaee" xsi:schemaLocation=
"http://xmlns.jcp.org/xml/ns/javaee http://xmlns.jcp.org/xml/ns/javaee/web-app_3_1.xsd"
id="WebApp_ID" version="3.1">
  <display-name>CookieServlet</display-name>
  <welcome-file-list>
    <welcome-file>index.html</welcome-file>
  </welcome-file-list>
  <servlet>
    <servlet-name>FServlet</servlet-name>
    <servlet-class>com.yiibai.FirstServlet</servlet-class>
  </servlet>
  <servlet-mapping>
    <servlet-name>FServlet</servlet-name>
    <url-pattern>/servlet1</url-pattern>
  </servlet-mapping>
  <servlet>
    <servlet-name>SServlet</servlet-name>
    <servlet-class>com.yiibai.SecondServlet</servlet-class>
  </servlet>
  <servlet-mapping>
    <servlet-name>SServlet</servlet-name>
    <url-pattern>/servlet2</url-pattern>
  </servlet-mapping></web-app>
```

在完成上面的代码编写后，部署这个 Web 应用程序，打开浏览器访问部署路径，输入用户名后提交，浏览器会再次将提交的用户名保存在 Cookie 中，当再次提交到第二个 Servlet 时，第二个 Servlet 中获取的用户名即从 Cookie 中取出。

学习情境2：Session

本节中将介绍Servlet中的HttpSession对象的使用，在应用容器中，它为每个用户创建会话ID。容器使用此标识来识别特定的用户，如图2.24所示。HttpSession的一个对象可用于执行以下两个任务。

（1）绑定对象。

（2）查看和操作有关的会话信息，如会话标识符、创建时间和上次访问时间。

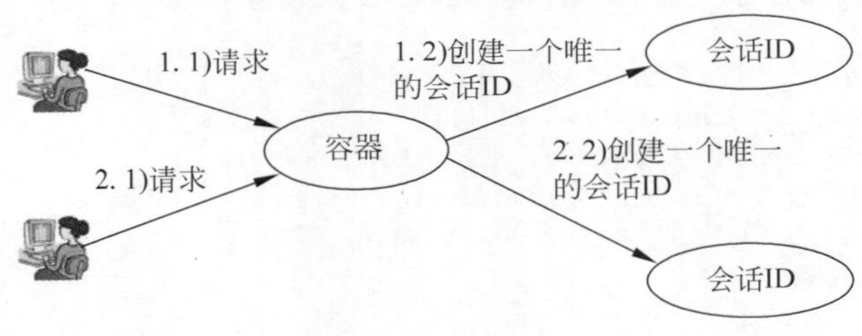

图2.24 Session

1. 获取HttpSession对象

HttpServletRequest接口提供了以下两种获取HttpSession对象的方法。

（1）public HttpSession getSession()：返回与此请求相关联的当前会话，或者如果请求没有会话，则创建一个会话。

（2）public HttpSession getSession(boolean create)：返回与此请求相关联的当前HttpSession，如果没有当前会话，并且create的值为true，则返回一个新会话。

2. HttpSession接口的常用方法

（1）public String getId()：返回一个包含唯一标识符值的字符串。

（2）public long getCreationTime()：返回客户端最后一次发出与这个session有关的请求的时间。如果这个session是新建立的，返回－1。这个时间表示为自1970-1-1日(GMT)以来的毫秒数。

（3）public long getLastAccessedTime()：返回客户端发送与此会话相关联的请求的最后时间，为1970年1月1日GMT以来的毫秒数。

（4）public void invalidate()：使此会话无效，然后取消绑定到该对象的任何对象。

3. HttpSession应用示例

在本示例中，将在会话范围中的属性设置在一个Servlet中，并从另一个Servlet中的会话范围获取该值。要在会话范围内设置属性，可使用HttpSession接口的setAttribute()方法，并使用getAttribute()方法获取属性。

以下是这个项目中的几个主要的代码文件。

文件index.html：

```
<!DOCTYPE html>
<html><head><meta charset="UTF-8"><title>HttpSession会话跟踪示例</title></head>
<body>
    <div style="text-algin: center; padding-top: 12px;">
        <form action="servlet1" method="get">
```

```
        名字:< input type = "text" name = "username" value = "maxsu"/>< input type = "submit"
            value = "提交" />
        </form>
    </div></body></html>
```

文件 FirstServlet.java：

```
package com.yiibai;
import java.io.IOException;import java.io.PrintWriter;
import javax.servlet.ServletException; import javax.servlet.annotation.WebServlet; import
javax.servlet.http.HttpServlet;import javax.servlet.http.HttpServletRequest;import
javax.servlet.http.HttpServletResponse;import javax.servlet.http.HttpSession;
/**
 * Servlet implementation class FirstServlet
 */public class FirstServlet extends HttpServlet {
    private static final long serialVersionUID = 1L;

    /**
     * @see HttpServlet#doGet(HttpServletRequest request, HttpServletResponse
     *      response)
     */
    protected void doGet(HttpServletRequest request, HttpServletResponse response)
            throws ServletException, IOException {
        // TODO Auto-generated method stub
        response.setCharacterEncoding("UTF-8");
        response.setContentType("text/html;charset=UTF-8");
        try {
            PrintWriter out = response.getWriter();
            String username = request.getParameter("username");
            out.print("你好, " + username);

            HttpSession session = request.getSession();
            session.setAttribute("username", username);
            session.setAttribute("age", "22");
            out.print("<hr/><a href='servlet2'>在第二个 Servlet 访问 Session 属性值
</a>");

            out.close();

        } catch (Exception e) {
            System.out.println(e);
        }
    }
}
```

文件 SecondServlet.java：

```
package com.yiibai;
import java.io.*;import javax.servlet.*;import javax.servlet.http.*;
public class SecondServlet extends HttpServlet {

    public void doGet(HttpServletRequest request, HttpServletResponse response) {
        response.setCharacterEncoding("UTF-8");
        response.setContentType("text/html;charset=UTF-8");
        try {
```

```
            PrintWriter out = response.getWriter();
            HttpSession session = request.getSession(false);
            String n = (String) session.getAttribute("username");
            String age = (String) session.getAttribute("age");
            out.print("您好, " + n + " !<br/> ");
            out.print("你的年龄是: " + age + " 岁 ");
            out.close();

        } catch (Exception e) {
            System.out.println(e);
        }
    }}
```

文件 web. xml：

```
<?xml version = "1.0" encoding = "UTF - 8"?> < web - app xmlns:xsi = "http://www.w3.org/2001/
XMLSchema - instance"
    xmlns = "http://xmlns.jcp.org/xml/ns/javaee"
    xsi:schemaLocation = "http://xmlns.jcp.org/xml/ns/javaee http://xmlns.jcp.org/xml/ns/
javaee/web - app_3_1.xsd"
    id = "WebApp_ID" version = "3.1">
    < display - name > HttpSession </display - name >
    < welcome - file - list >
        < welcome - file > index.html </welcome - file >
        < welcome - file > index.jsp </welcome - file >
    </welcome - file - list >

    < servlet >
        < servlet - name > serv1 </servlet - name >
        < servlet - class > com.yiibai.FirstServlet </servlet - class >
    </servlet >
    < servlet - mapping >
        < servlet - name > serv1 </servlet - name >
        < url - pattern >/servlet1 </url - pattern >
    </servlet - mapping >

    < servlet >
        < servlet - name > s2 </servlet - name >
        < servlet - class > com.yiibai.SecondServlet </servlet - class >
    </servlet >

    < servlet - mapping >
        < servlet - name > s2 </servlet - name >
        < url - pattern >/servlet2 </url - pattern >
</servlet - mapping >
</web - app >
```

在编写上面的代码后，部署此 Web 应用程序（在项目名称上右击选择 Run On Server），打开浏览器访问项目部署 URL，体验 Session 会话。

任务 5：Servlet 过滤器与监听器

Servlet 过滤器和监听器都是在 Java Web 应用中用于对 HTTP 请求和响应进行预处

理和后处理的中间件组件，它们用于实现一些通用功能、安全性检查、日志记录等操作。

学习要点：

- 熟悉 Servlet Filter。
- 熟悉 Servlet Listener。

学习目的：

通过本任务的学习，学会运用 Servlet 过滤器与监听器。

学习情境 1：Servlet Filter

Servlet 过滤器是 Java EE 规范中的一部分，它是一种独立于 Servlet 的组件，用于拦截请求和响应。过滤器可以用于以下目的。

（1）请求预处理：过滤器可以在请求到达 Servlet 之前对请求进行处理，例如，字符编码、请求参数处理等。

（2）响应后处理：过滤器可以在 Servlet 生成响应后对响应进行处理，例如，添加响应头、压缩响应内容等。

（3）请求链的控制：过滤器可以决定是否继续传递请求到下一个过滤器或 Servlet，或者直接中断请求。

（4）过滤器是在 web. xml 配置文件中定义的，可以按照特定的顺序应用于请求和响应，多个过滤器可以形成过滤器链。

过滤器，顾名思义就是在源和目标之间起到过滤作用的中间组件。例如，污水净化设备就可以看作现实中的一个过滤器，它负责将污水中的杂质过滤，从而使进入的污水变成净水。而 Servlet 实现的过滤器功能则是 Web 中的一个小型组件，它能拦截来自客户端的请求和响应信息，进行查看提取或者对客户端和服务器之间交换的数据信息进行一些特定的操作。过滤器在 Web 应用程序中的位置如图 2.25 所示。

源并不需要知道过滤器的存在，也就是说，在 Web 应用程序中部署过滤器，对客户端和目标资源来说是透明的。

在一个 Web 应用程序中可以部署多个过滤器，这些过滤器组成了一个过滤器链。过滤器链中的每个过滤器负责特定的操作和任务，客户端浏览器发来的请求在这些过滤器之间传递，直到目标资源，如图 2.26 所示。

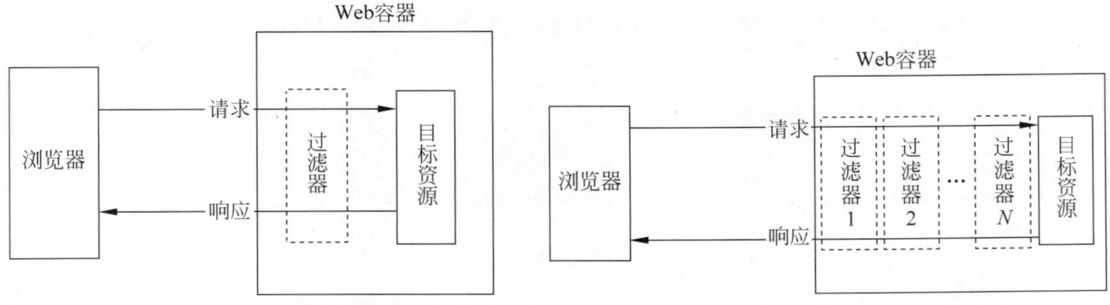

图 2.25 过滤器在 Web 应用程序中的位置　　**图 2.26 多个过滤器的过滤器链**

在请求资源时，过滤器链中的过滤器将依次对请求进行处理，并将请求交给下一个过滤器，直到通过所有过滤器到达目标资源；在给客户端浏览器发送响应时，则过滤器按照相反的顺序对响应进行处理,直到客户端浏览。

过滤器并不是必须要将请求传送到下一个过滤器(或者目标资源),它可以自行对请求进行处理,然后发送响应给客户端,或者将请求转发给另一个目标资源。

Servlet 过滤器的创建步骤如下。

(1) 实现 javax.servlet.Filter 接口的 Servlet 类。

(2) 实现 init()方法,读取过滤器的初始化函数。

(3) 实现 doFilter()方法,完成对请求或过滤的响应。

(4) 调用 FilterChain 接口对象的 doFilter()方法,向后续的过滤器传递请求或响应。

(5) 使用注解方式或在 web.xml 中配置 Filter。

1. 一个字符过滤器的实现

先创建一个 TestFilter 的 Web 工程,再新建两个 JSP 页面,第一个页面为登录页面 index.jsp,第二个页面 check.jsp 用来接收 index.jsp 页面提交来的数据。

【示例代码】登录页面。

源文件名称：index.jsp。

```
<%@ page contentType="text/html" pageEncoding="UTF-8" %><html>

<head>
    <title>登录首页</title>
</head>

<body>
    <form action="check.jsp" method="post">
        <br>用户:<input type="text" name="usemame" />
        <br>密码:<input type="password" name="password">
        <br>
        <input type="submit" value="提交">
    </form>
</body>

</html>
```

【示例代码】接收 index.jsp 页面提交来的数据。

源文件名称：check.jsp。

```
<%@ page contentType="text/html" pageEncoding="UTF-8" %><html>

<head>
    <title>获取登录名和密码</title>
</head>

<body>你刚才输入的用户名是${param.usemame},密码是${param.password}<br>
</body>

</html>
```

在 check.jsp 页面中可以看到,页面中并没有指定请求编码方式,从客户端的请求中得到的数据是“ISO-8859-1”码,理论上应该在此页面上写上相关转码的语句,以应对中文字符集。试想一下,如果有许多页面都要处理请求中的中文字符集,那无形之间就给许多页面增加了雷同代码，同时也增加了开发人员的工作量。下面使用过滤器，在过滤器中设置数据编码，以实现请求中编码的自动转换，这样在接收请求的页面就不必再写上任何转码的语句。新建一个 Filter，取名为 CharacterEncodingFilter. java，源代码如下。

【示例代码】编码转换过滤器。

源文件名称：CharacterEncodingFilter. java。

```
package org.lxy.filter;
import java.io.IOException;
import javax.servlet.DispatcherType;
import javax.servlet.Filter;
import javax.servlet.FilterChain;
import javax.servlet.FilterConfig;
import javax.servlet.ServletException;
import javax.servlet.ServletRequest;
import javax.servlet.ServletResponse;
import javax.servlet.annotation.WebFilter;
/**
 * Servlet Filter implementation class EncodingFilter
 */
@WebFilter(filterName = "/CharacterEncodingFilter", urlPatterns = "/*", dispatcherTypes =
{DispatcherType.REQUEST})
public class CharactorEncodingFilter implements Filter {
    /**
     * Default constructor.
     */
    public CharacterEncodingFilter() {
        // TODO Auto-generated constructor stub
    }
    /**
     * @see Filter#destroy()
     */
    public void destroy() {
        // TODO Auto-generated method stub
    }
    /**
     * @see Filter#doFilter(ServletRequest, ServletResponse, FilterChain)
     */
    public void doFilter(ServletRequest request, ServletResponse response, FilterChain chain)
throws IOException, ServletException {
        // TODO Auto-generated method stub
        // place your code here
        System.out.println("字符过滤器被使用了");
        request.setCharacterEncoding("utf-8");
        response.setCharacterEncoding("utf-8");
        // pass the request along the filter chain
        chain.doFilter(request, response);
    }
    /**
     * @see Filter#init(FilterConfig)
     */
    public void init(FilterConfig fConfig) throws ServletException {
        // TODO Auto-generated method stub
```

```
    }
}
package org.lxy.servlet;
import java.io.IOException;
import javax.servlet.Filter;
import javax.servlet.FilterChain;
import javax.servlet.FilterConfig;
import javax.servlet.ServletException;
import javax.servlet.ServletRequest;
import javax.servlet.ServletResponse;
import javax.servlet.http.HttpServletRequest;
public class EncodingFilter implements Filter{
private static final long serialVersionUID = 1L;
//初始化方法
public void init(FilterConfig arg0)throws ServletException{
}
//过滤操作
public void doFilter(ServletRequest request,ServletResponse response,
FilterChain chain)throws IOException,ServletException{
//测试过滤器是否启用
System.out.println("字符过滤器被使用了");
HttpServletRequest req = (HttpServletRequest)request;
//将请求转换为 GB2312 码
req.setCharacterEncoding("GB2312");
//将请求和响应资源交给下一个过滤器
chain.doFilter(request,response);
}
//结束时方法
public void destroy(){
}
}
```

上面的 CharacterEncodingFilter.java 文件也使用的是注解方式配置：@WebFilter(filterName="/CharactorEncodingFilter",urlPatterns="/*",dispatcherTypes={DispatcherType.REQUEST})

如果不使用注解方式，Filter 也可以像 Servlet 一样在 web.xml 文件中进行配置，在<web-app>和</web-app>之间加入如下内容。

```
<filter>
    <filter-name>EncodingFilter</filter-name>
    <filter-class>org.lxy.servlet.EncodingFilter</filter-class>
</filter>
<filter-mapping>
    <filter-name>EncodingFilter</filter-name>
    <url-pattern>/*</url-pattern>
    <dispatcher>REQUEST</dispatcher>
</filter-mapping>
```

可以看到这个部署与 Servlet 类似，其中，<filter-name>用于为过滤器指定一个名字；<filter-class>元素设置对应过滤器实现的类，需要完整的路径，即要在类名前加上包名。

<filter-mapping>元素用于设置与过滤器相关的 URL 样式或 Servlet，其中，<filter-name>元素中的值是已声明过的过滤器名称，<url-pattern>元素设置与过滤器关联的 URL 样式，其中可以使用通配符"*"，要对当前应用中的所有页面过滤可采用"/*"，也可

以对特定目录下的所有页过滤，例如，对 admin 目录可采用“/admin/ * ”。

< dispatcher >元素设定过滤器对应的请求方式，请求方式有 REQUEST、INCLUDE、FORWARD、ERROR 4 种，默认为 REQUEST，可以同时设置多个请求方式。REQUEST 目标资源是通过请求访问的，RequestDispatcher 的 include()和 forward()方法不会触发过滤器。INCLUDE 只有 RequestDispatcher 的 include()会触发过滤器。FORWARD 只有使用了 RequestDispatcher 的 forward()会触发过滤器。ERROR 目标资源如果是通过声明式异常处理机制调用，则会触发过滤器。

运行项目测试一下，在首页中输入中文用户名，密码随意填写，如图 2.27 所示。

http://localhost:8080/TestFilter/index.jsp

用户： 清华大学出版社

密码： ••••••

提交

图 2.27 输入中文用户名

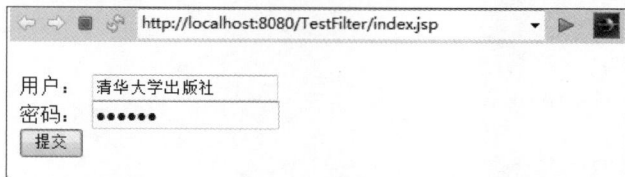

单击“提交”按钮后，可以看到如图 2.28 所示的页面，虽然 check. jsp 中没有任何转码语句，但没有出现乱码。

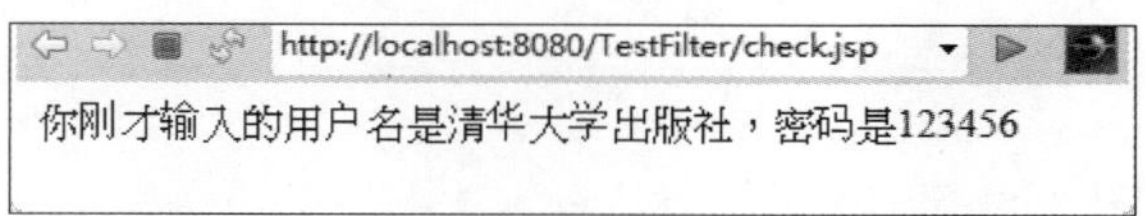

图 2.28 过滤器处理后页面

在控制台中看到在提交请求的时候，过滤器被触发了两次，请求 index. jsp 页面和 check. jsp 页面的时候都触发了，是它起到了转码作用，如图 2.29 所示。

```
信息: Server startup in 73090 ms
字符过滤器被使用了
字符过滤器被使用了
```

图 2.29 字符过滤器

在网站中经常有一些网页是需要用户登录才有操作权限的，如购物网站中的添加购物车、查看订单等页面，再比如后台管理页面就需要管理员登录才有权限访问，这些就可以用权限控制过滤器来实现。新建一个 Filter，按提示命名为 SessionFilter. java，源代码如下。

【示例代码】权限控制过滤器。

源文件名：SessionFilter. javapackage org. lxy. filter。

```
import java.io.IOException;
import javax.security.auth.login.AccountException;
import javax.servlet.Filter;
import javax.servlet.FilterChain;
import javax.servlet.FilterConfig;
import javax.servlet.ServletException;
import javax.servlet.ServletRequest;
import javax.servlet.ServletResponse;
import javax.servlet.annotation.WebFilter;
```

```
import javax.servlet.http.HttpServletRequest;
/**
 * Servlet Filter implementation class SessionFilter
 */
@WebFilter("/SessionFilter")
public class SessionFilter implements Filter {
    /**
     * Default constructor.
     */
    public SessionFilter() {
    // TODO Auto-generated constructor stub
    }

    /**
     * @see Filter#destroy()
     */
    public void destroy() {
        // TODO Auto-generated method stub
    }

    /**
     * @see Filter#doFilter(ServletRequest, ServletResponse, FilterChain)
     */
    public void doFilter(ServletRequest request, ServletResponse response, FilterChain chain)
throws IOException, ServletException {
        // TODO Auto-generated method stub
        // place your code here
        HttpServletRequest req = (HttpServletRequest) request;
        ServletResponse res = response;
        if (req.getSession().getAttribute("userName") == null) {
            throw new RuntimeException(new AccountException("无权限"));
        } else {
        // pass the request along the filter chain
        chain.doFilter(request, response);
        }
    }
    /**
     * @see Filter#init(FilterConfig)
     */
    public void init(FilterConfig fConfig) throws ServletException {
        // TODO Auto-generated method stub
    }
}
```

请求页面时，如没有权限，则报错如图 2.30 所示。

2. 过滤器链的实现

前面提到过滤器链是由多个过滤器组成的，如果使用注解方式配置，过滤器链就形成了。注解方式中的过滤器链中每个过滤器执行的先后顺序和类名字符排序有关。如 Filter1.java 和 Filter2.java，Filter1 就先于 Filter2 执行；又如 CharactrEncodingFilter.java 和 SessionFilter.java 这两个文件里面分别是“字符编码过滤器”和“用户登录过滤器”，因为这两个文件的首字母 C 排在 S 之前，导致每次执行的时候都是先执行“字符编码过滤器”再执

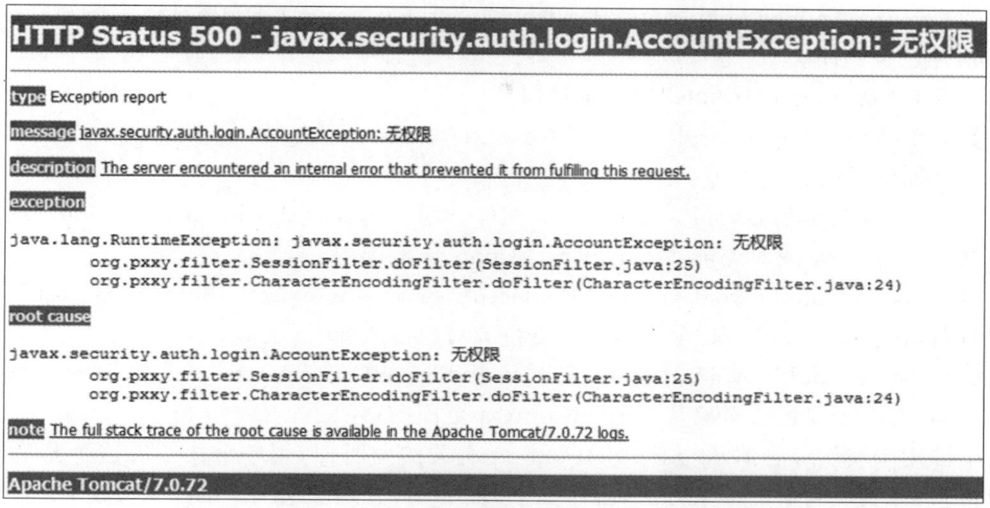

HTTP Status 500 - javax.security.auth.login.AccountException: 无权限

type Exception report

message javax.security.auth.login.AccountException: 无权限

description The server encountered an internal error that prevented it from fulfilling this request.

exception

```
java.lang.RuntimeException: javax.security.auth.login.AccountException: 无权限
        org.pxxy.filter.SessionFilter.doFilter(SessionFilter.java:25)
        org.pxxy.filter.CharacterEncodingFilter.doFilter(CharacterEncodingFilter.java:24)
```

root cause

```
javax.security.auth.login.AccountException: 无权限
        org.pxxy.filter.SessionFilter.doFilter(SessionFilter.java:25)
        org.pxxy.filter.CharacterEncodingFilter.doFilter(CharacterEncodingFilter.java:24)
```

note The full stack trace of the root cause is available in the Apache Tomcat/7.0.72 logs.

Apache Tomcat/7.0.72

图 2.30　权限控制过滤器

行“用户登录过滤器”。如果是在 web.xml 中部署多个过滤器，过滤器链中的每个过滤器执行的先后顺序，主要和 web.xml 中每个过滤器的< filter-mapping >位置有关，配置顺序在前的先执行。因此，要使用过滤器链，要特别注意< filter-mapping >元素的顺序。

学习情境 2：Servlet Listener

Servlet Listener 是一种事件监听器，用于监听 Web 应用程序中的事件，它们响应特定事件并执行相应的操作。监听器通常用于以下方面。

(1) 生命周期事件：监听器可以监听 Servlet 上下文、Servlet 会话或 Servlet 请求的生命周期事件，如初始化、销毁等。

(2) 属性变化：监听器可以捕捉会话属性的变化，可用于跟踪用户的会话状态。

(3) 错误处理：监听器可以捕获应用程序中的错误，记录日志或采取其他处理措施。

(4) 会话管理：监听器可用于会话管理，实现会话过期、创建和销毁等操作。

在 web.xml 文件中配置监听器，配置如下代码。

```
<listener>
<listener-class>监听器实现类</listener-class>
</listener>
```

需要注意的是，如果在 web.xml 文件中配置监听器，< listener >元素必须在所有< servlet >元素之前，以及所有< filter-mapping >元素之后。

ServletContext 监听器可以监听 ServletContext 对象的创建、删除以及属性的加入、删除和修改的操作。

1. ServletContextListener 接口

类的全路径是 javax.servlet.ServletContextListener，要实现这个接口必须实现以下两个抽象方法。

(1) abstract public void contextInitialized(ServletContextEvent event)：通知监听器，Web 应用被加载和初始化。

(2) abstract public void contextDestroyed(ServletContextEvent event)：通知监听器，Web 应用已被关闭。

2. ServletContextAttributeListener 接口

类的全路径为 javax. servlet. ServletContextAttributeListener，要实现这个类必须实现以下三个抽象方法。

(1) abstract public void attributeAdded(ServletContextAttributeEvent event)：通知监听器，有一个变量或对象被加入了 ServletContext 范围内。

(2) abstract public void attributeReplaced(ServletContextAttributeEvent event)：通知监听器，在 ServletContext 范围内一个变量或对象被改变了。

(3) abstract public void attributeRemoved(ServletContextAttributeEvent event)：通知监听器，有一个变量或对象从 ServletContext 范围内移除了。

下面用个实例综合演示与 ServletContext 有关的监听器，用一个类扩展这个监听器的两个接口，并实现它们的抽象方法，新建一个 Listener，分别实现继承的抽象方法。

【示例代码】ServletContext 监听器。

源文件名称：ContextListener. java。

```
package org.lxy.listener;
import javax.servlet.ServletContext;
import javax.servlet.ServletContextAttributeEvent;
import javax.servlet.ServletContextAttributeListener;
import javax.servlet.ServletContextEvent;
import javax.servlet.ServletContextListener;
import javax.servlet.annotation.WebListener;
/**
 * Application Lifecycle Listener implementation class ContextListener
 *
 */
@WebListener
public class ContextListener implements ServletContextListener, ServletContextAttributeListener {
    private ServletContext application = null;
    /**
      * Default constructor.
      */
    public ContextListener() {
      // TODO Auto-generated constructor stub
    }
    /**
      * @see ServletContextAttributeListener#attributeAdded(ServletContextAttributeEvent)
      */
    public void attributeAdded(ServletContextAttributeEvent event)  {
          // TODO Auto-generated method stub
      System.out.println("上下文中加入一个属性:" + event.getName() + "它的值是" + event.
getValue());
    }
    /**
      * @see ServletContextAttributeListener#attributeRemoved(ServletContextAttributeEvent)
      */
    public void attributeRemoved(ServletContextAttributeEvent event)  {
          // TODO Auto-generated method stub
```

```
        System.out.println("上下文中移除一个属性:" + event.getName() + "它的值是" + event.
getValue());
    }
    /**
     * @see ServletContextListener#contextDestroyed(ServletContextEvent)
     */
    public void contextDestroyed(ServletContextEvent event)  {
         // TODO Auto-generated method stub
        System.out.println("上下文被销毁");
    }
    /**
     * @see ServletContextAttributeListener#attributeReplaced(ServletContextAttributeEvent)
     */
    public void attributeReplaced(ServletContextAttributeEvent event)  {
         // TODO Auto-generated method stub
        System.out.println("上下文中修改一个属性:" + event.getName( ) + "它修改前的值是" +
event.getValue());
    }
    /**
     * @see ServletContextListener#contextInitialized(ServletContextEvent)
     */
    public void contextInitialized(ServletContextEvent event)  {
         // TODO Auto-generated method stub
         this.application = event.getServletContext();
         System.out.println("加载初始化");
    }
}
```

如果使用 web.xml 文件进行配置，则在 web.xml 中配置如下代码。

```
<listener>
<listener-class>org.lxy.listener.ContextListener</listener-class>
</listener>
```

下面编写一个测试页面。

【示例代码】ServletContex 监听器测试页面。

源文件名称：TestContextListener.jsp。

```
<%@ page contentType="text/html" pageEncoding="UTF-8"%>
<html>
<head>
<title>contextlistener</title>
</head>
<body>
<%
//向上下文中加入一个属性
getServletContext().setAttribute("name","lixiyong");
//修改一个属性
getServletContext().setAttribute("name","huchuncai");
//删除上下文中的一个属性
getServletContext().removeAttribute("name");
%>
</body>
</html>
```

运行后查看控制台输出信息，信息如图 2.31 所示。

```
信息: Server startup in 92614 ms
上下文中加入一个属性：org.apache.jasper.runtime.JspApplicationContextImpl它的值是org.apache.jasper.runtime.
上下文中加入一个属性：org.apache.jasper.compiler.ELInterpreter它的值是org.apache.jasper.compiler.ELInterpre
上下文中加入一个属性：name它的值是lixiyong
上下文中修改一个属性：name它修改前的值是lixiyong
上下文中移除一个属性：name它的值是huchuncai
```

图 2.31　ServletContext 监听器

任务 6：文件的上传与下载

学习要点：

- 掌握 Servlet 文件上传。
- 掌握 Servlet 文件下载。

学习目的：

通过本任务的学习，掌握 Servlet 文件上传和下载的知识并运用于实际开发中。

学习情境 1：Servlet 文件上传

Servlet 3.0 之前的版本不能直接支持对文件上传，需要使用第三方框架来实现，而且使用起来也不够简单。Servlet 3.0 已经提供了这个功能，而且使用也非常简单。

让 Servlet 支持文件上传，需要做以下两件事情。

(1) 给 Servlet 添加@MultipartConfig 注解。

(2) 从 HttpServletRequest 对象中获取 Part 文件对象。

1. @MultipartConfig

@MultipartConfig 是 Java Servlet 3.0 规范引入的注解，用于配置 Servlet 以处理 multipart/form-data 编码类型的 HTTP 请求，通常用于文件上传。通过在 Servlet 上使用@MultipartConfig 注解，可以指定文件上传的参数，如最大文件大小、内存缓冲区大小和文件存储路径。这提供了方便的方式来自定义文件上传的行为，确保 Servlet 能够正确地处理文件上传请求。这个注解可以帮助开发人员更轻松地实现文件上传功能。它还提供了若干属性用于简化对上传文件的处理，如图 2.32 所示。

属性名	类　型	是否可选	描　述
location	String	是	指定上传文件存放的目录。当指定了location后，在调用Part的write(String fileName)方法把文件写入到磁盘的时候，文件名称可以不用带路径，但是如果fileName带了绝对路径，那将以fileName所带路径为准把文件写入磁盘
maxFileSize	long	是	指定上传文件的最大值，单位是字节。默认值为-1，表示没有限制
maxRequestSize	long	是	指定上传文件的个数，应用在多文件上传时。默认值为-1，表示没有限制

图 2.32　属性图

2. Part 文件对象

Part 是 Java Servlet 3.0 规范引入的接口，用于处理 HTTP 请求中的 multipart/form-data 类型数据，通常用于文件上传。Part 接口代表了一个 HTTP 请求中的一部分，通常是一个上传的文件。通过 Part 对象，开发人员可以轻松地访问和处理上传的文件。

每一个文件用一个 javax.servlet.http.Part 对象来表示。单个文件上传时，在 Servlet 中可以通过 HttpServletRequest 对象 request 调用方法 getPart(String name)获得 Part 文件对象。其中，参数 name 为文件域的名称。例如：

```
Part photo = request.getPart("resPath");
```

多文件上传时，在 Servlet 中可以通过 HttpServletRequest 对象 request 调用方法 getParts()获得 Part 文件对象集合。例如：

```
Collection<Part> photos = request.getParts();
```

Part 接口的常用方法如图 2.33 所示。

序号	方法	功能说明
1	void delete()	删除任何相关的临时磁盘文件
2	String getContentType()	获得客户端浏览器设置的文件数据项的MIME类型
3	String getHeader(String name)	获得指定的part头的一个字符串。例如：getHeader("content-disposition")返回form-data; name="xxx"; filename="xxx"
4	InputStream getInputStream( )	获得一个输入流，通过这个输入流来读取文件的内容
5	String getName( )	获得表单文件域的名称
6	long getSize( )	获得文件的大小
7	void write(String fileName)	将文件上传到fileName指定的目录里

图 2.33 Part 接口

3. Servlet 文件上传的实现

1) 文件上传的前端实现

创建 HTML 表单：首先创建一个 HTML 表单，允许用户选择要上传的文件。使用 <form>元素，设置 enctype 属性为 multipart/form-data，以支持文件上传，代码如下。

```
<!DOCTYPE html>
<html lang="en">
<head>
    <meta charset="UTF-8">
    <title>文件上传</title>
</head>
<body>
<!--
文件上传：
1.准备表单
2.设置表单的提交类型 method=post
3.设置表单类型为文件上传表单 enctype="multipart/form-data"
4.设置文件提交的地址
5.准备表单元素
  (1)普通表单项 type=text
  (2)文件项 type=file
6.设置表单元素的 name 属性值(表单提交一定要设置表单元素的 name 属性值，否则后台无法接收数据)
```

```
-->
<form method="post" enctype="multipart/form-data" action="uploadServlet">
    文件:<input type="file" name="myfile"><br>
  <!-- button 默认的类型是提交类型 type=submit -->
    <button>提交</button>
</form>
</body>
</html>
```

2）文件上传的后台实现

使用注解@MultipartConfig 将一个 Servlet 标识为支持文件上传。Servlet 将 multipart/form-data 的 POST 请求封装成 Part，代码如下。

3）单文件上传示例代码

```
package com.xxxx.servlet;
import jakarta.servlet.ServletException;
import jakarta.servlet.annotation.MultipartConfig;
import jakarta.servlet.annotation.WebServlet;
import jakarta.servlet.http.HttpServlet;
import jakarta.servlet.http.HttpServletRequest;
import jakarta.servlet.http.HttpServletResponse;
import jakarta.servlet.http.Part;

import java.io.IOException;

/**
 * 使用注解@MultipartConfig 将一个 Servlet 标识为支持文件上传
 */
@WebServlet("/file01")
@MultipartConfig//如果是文件上传必须要设置该注解!
public class UploadServlet extends HttpServlet {
    @Override
    protected void service(HttpServletRequest request, HttpServletResponse response) throws
ServletException, IOException {
        System.out.println("文件上传");
        //设置请求的编码格式
        request.setCharacterEncoding("UTF-8");
        //获取普通表单项(获取参数)
        String uname = request.getParameter("uname");  //表单元素的 name 属性值
        System.out.println("uname" + uname);
        //获取 Part 对象
        Part part = request.getPart("myfile");  //表单中 file 文件域的 name 属性值
        //通过 Part 对象得到上传的文件名
        String filename = part.getSubmittedFileName();
        System.out.println("上传文件名" + filename);
        //得到文件存放的路径
        String filePath = request.getServletContext().getRealPath("/");
        System.out.println("文件存放的路径" + filePath);
        //上传文件到指定目录
        part.write(filePath + "/" + filename);
    }
}
```

4）多文件上传

前面实现文件上传只能上传一个文件，要在Servlet中实现多文件上传，可以扩展之前提到的单文件上传的方法。以下是实现多文件上传的步骤。

（1）创建HTML表单。

创建一个HTML表单，允许用户选择多个文件进行上传。使用<input type="file">元素，并将name属性设置为相同的名称，以创建多个文件上传字段。

```
<form action = "MultiFileUploadServlet" method = "post" enctype = "multipart/form - data">
    Select Files: < input type = "file" name = "files" multiple = "multiple" />
    < input type = "submit" value = "Upload" />
</form>
```

（2）创建Servlet。

创建一个Servlet来处理多文件上传。在Servlet中，需要解析multipart/form-data编码的请求，获取上传的多个文件。

在Servlet中，使用request.getParts()来获取所有上传的文件部分。然后，遍历每个Part对象，获取文件名，并将每个文件保存到指定路径。设置文件上传路径，确保文件将保存在适当的文件夹中，并具有适当的权限。

```
import javax.servlet.annotation.WebServlet;
import javax.servlet.http.*;
@WebServlet("/MultiFileUploadServlet")
public class MultiFileUploadServlet extends HttpServlet {
    protected void doPost(HttpServletRequest request, HttpServletResponse response) {
        try {
            Collection<Part> parts = request.getParts(); //获取所有上传的文件部分
            for (Part part : parts) {
              String fileName = part.getSubmittedFileName(); //获取文件名
              //指定文件上传路径
              String savePath = "upload_directory/" + fileName;
              //将文件保存到指定路径
              part.write(savePath);
            }
            response.getWriter().println("Files uploaded successfully.");
        } catch (Exception e) {
            response.getWriter().println("File upload failed: " + e.getMessage());
        }
    }
}
```

学习情境2：Servlet文件下载

这里是一个从服务器下载文件的简单例子。假设想要下载项目根目录中的home.jsp文件。如果有任何.jar或.zip文件，可以直接提供该文件的链接，不必编写程序来下载这样的文件。但是如果有任何Java文件或者JSP文件等，则需要编写一个程序来下载这类文件。

在Servlet中从服务器下载文件的示例如下。

打开 Eclipse，创建一个动态 Web 项目 ServletDownloadFile，其完整的目录结构如图 2.34 所示。

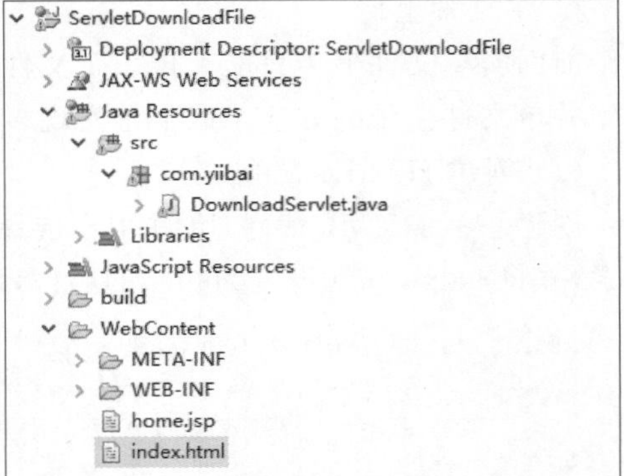

图 2.34 目录结构

在这个例子中，创建了以下三个文件。

(1) index. html：首页入口。

(2) DownloadServlet. java：处理要下载的文件并向客户端输出文件下载。

(3) web. xml：此配置文件向服务器提供有关 Servlet 的信息。

1. index. html 文件

该文件提供了一个下载文件的链接，参考以下代码。

```
<! DOCTYPE html >
< html >
< head >
< meta charset = "UTF - 8">< title > Servlet 下载文件示例</title >
</head >
< body >
< div style = "margin:auto;text - align:center;">
< a href = "DownloadJSP">下载 JSP 文件</a ></div >
</body >
</html >
```

2. DownloadServlet. java 文件

这是一个实现 Servlet 的文件，读取文件的内容并将其写入流中作为响应发送给客户端。因此需要通知服务器将内容类型设置为 APPLICATION/OCTET-STREAM。

```
package com. yiibai;
import java. io. * ; import javax. servlet. ServletException; import javax. servlet. http. * ;
public class DownloadServlet extends HttpServlet {

    public void doGet ( HttpServletRequest request, HttpServletResponse response ) throws
ServletException, IOException {

        response. setCharacterEncoding("UTF - 8");
        response. setContentType("text/html;charset = UTF - 8");
        request. setCharacterEncoding("UTF - 8");
        PrintWriter out = response. getWriter();
        String filepath = request. getSession(). getServletContext(). getRealPath("");
        String filename = "home. jsp";
        response. setContentType("APPLICATION/OCTET - STREAM");
        response. setHeader("Content - Disposition", "attachment; filename = \"" + filename +
"\"");

        FileInputStream fileInputStream = new FileInputStream(filepath + filename);

        int i = 0;
        while ((i = fileInputStream. read()) != - 1) {
            out. write(i);
```

```
            }
            fileInputStream.close();
            out.close();
        }
}
```

3. web.xml 文件

此配置文件向服务器提供有关 Servlet 的信息。

```
<?xml version = "1.0" encoding = "UTF - 8"?> < web - app xmlns:xsi = "http://www.w3.org/2001/
XMLSchema - instance"
    xmlns = "http://xmlns.jcp.org/xml/ns/javaee"
    xsi:schemaLocation = "http://xmlns.jcp.org/xml/ns/javaee http://xmlns.jcp.org/xml/ns/
javaee/web - app_3_1.xsd"
    id = "WebApp_ID" version = "3.1">
    < display - name > ServletDownloadFile </display - name >
    < welcome - file - list >
        < welcome - file > index.html </welcome - file >
        < welcome - file > index.jsp </welcome - file >
    </welcome - file - list >

    < servlet >
        < servlet - name > DownloadServlet </servlet - name >
        < servlet - class > com.yiibai.DownloadServlet </servlet - class >
    </servlet >

    < servlet - mapping >
        < servlet - name > DownloadServlet </servlet - name >
        < url - pattern >/DownloadJSP </url - pattern >
    </servlet - mapping >
</web - app >
```

在编写完以上代码后，部署此 Web 应用程序（在项目名称上右击选择 Run On Server），打开浏览器访问 URL：http://localhost:8080/ServletDownloadFile/，会看到以下结果，如图 2.35 所示。

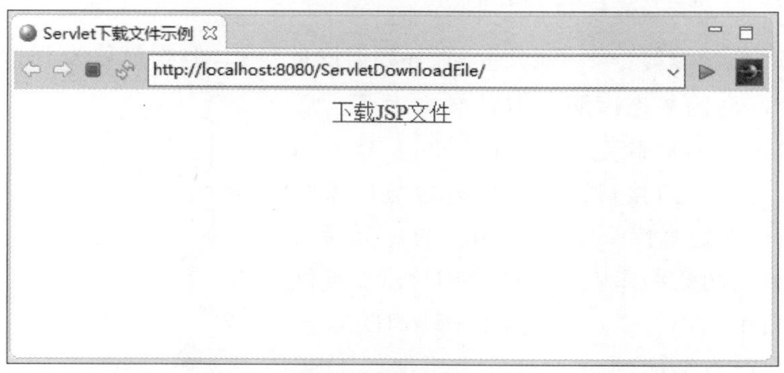

图 2.35 结果

单击页面中的“下载 JSP 文件”链接，可以看到以下结果，如图 2.36 所示。

图 2.36 文件下载

任务 7：JDBC

JDBC(Java DataBase Connectivity，Java 数据库连接)是一种用于执行 SQL 语句的 Java API。JDBC 是 Java 访问数据库的标准规范，可以为不同的关系型数据库提供统一访问，它由一组用 Java 语言编写的接口和类组成。

学习要点：

- 掌握 JDBC 执行原理和使用。
- 学会使用 JDBC 对数据库进行增删改查。

学习目的：

通过本任务的学习，掌握使用 JDBC 访问数据库。

学习情景 1：JDBC 的执行原理

最初 Sun 公司想编写一套可以连接所有数据库的 API，但是最终发现这是不可完成的任务，因为各个厂商的数据库服务器差异太大了。后来，Sun 与数据库厂商们商定，由 Sun 提供一套访问数据库的规范(就是一组接口)，并提供连接数据库的协议标准，然后各个数据库厂商遵循 Sun 的规范提供一套访问自己公司的数据库服务器的 API。Sun 提供的规范命名为 JDBC，而各个厂商提供的遵循 JDBC 规范并可以访问自己数据库的 API 被称为驱动。JDBC 操作不同的数据库仅仅是连接方式上的差异而已，使用 JDBC 的应用程序一旦和数据库建立连接，就可以使用 JDBC 提供的 API 操作数据库，如图 2.37 所示。

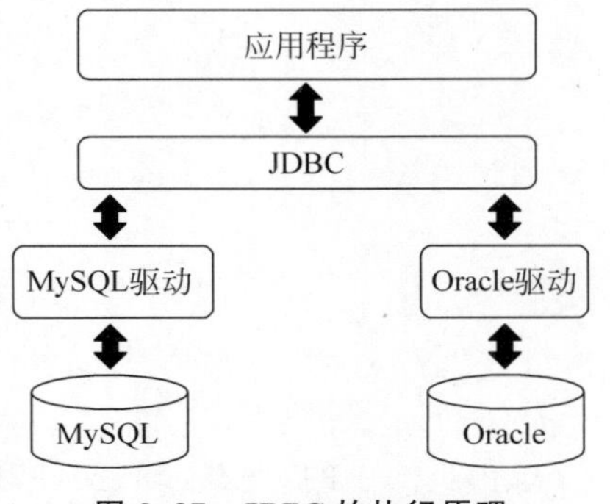

图 2.37 JDBC 的执行原理

JDBC 是接口，而 JDBC 驱动才是接口的实现，没有驱动无法完成数据库连接，每个数据库厂商都有自己的驱动，用来连接自己公司的数据库。

JDBC 的核心类有 4 个：DriverManager、Connection、Statement 和 ResultSet。

（1）DriverManager 是驱动管理器类，它的作用一是注册驱动，这可以让 JDBC 知道要使用哪个驱动；二是获取 Connection，如果可以获取到 Connection，那么说明已经与数据库连接上了。

（2）Connection 表示与数据库创建的连接，与数据库的通信都是通过这个对象展开的，其中，Connection 最为重要的一个方法就是用来获取 Statement 对象。

（3）Statement 是操作数据库 SQL 语句的对象，这样数据库就会执行发送过来的 SQL 语句，完成增删改查等操作。

（4）ResultSet 表示查询结果集，只有在执行查询操作后才会有结果集的产生，数据库在执行查询操作后的结果存储于 ResultSet 对象中。

学习情景 2：JDBC 入门案例

1. 准备数据

MySQL 是世界上最流行的开源数据库管理系统，很多网站都提供了免费下载。首先下载好 MySQL，然后进行安装，安装好后启动 MySQL 数据库服务，就可以准备数据。下面就是创建数据库 fy，创建类别表 category，并输入数据的 SQL 指令。下面将使用 JDBC 对类别表进行增删改查操作。

```
#创建数据库
CREATE DATABASE fy;
#使用数据库
USE fy;
###创建分类表
CREATE TABLE category (
  category_id INT(11) NOT NULL ,
  category_name VARCHAR(40) DEFAULT NULL,
  PRIMARY KEY (category_id)
)
INSERT INTO category VALUES (1, '简介');
INSERT INTO category VALUES (2, '规划');
INSERT INTO category VALUES (3, '机构');
INSERT INTO category VALUES (4, '研创');
INSERT INTO category VALUES (5, '成果');
INSERT INTO category VALUES (6, '合作');
INSERT INTO category VALUES (7, '交流');
```

2. 导入驱动 jar 包

创建名称为 testJDBC 的 Dynamic Web Project，复制数据库驱动程序包到 WebContext\WEB-INF\lib 目录中，选择 jar 包，右击执行 build path→Add to Build Path，创建后，项目目录如图 2.38 所示。

3. 开发步骤

导入连接 MySQL 数据库所需要的 jar 包。创建工程，在当前工程下导入 MySQL 数据库对应的驱动程序 jar 包。如本案例导入如图 2.38 所示的 mysql-connector-java-5.1.46.jar。

```
testJDBC
  Deployment Descriptor: testJDBC
  JAX-WS Web Services
  Java Resources
    src
    Libraries
      Apache Tomcat v8.5 [Apache Tomcat v8.5]
      JRE System Library [jre1.8.0_161]
      Referenced Libraries
      Web App Libraries
        mysql-connector-java-5.1.46.jar - D:\works
  JavaScript Resources
  Referenced Libraries
  build
  WebContent
    META-INF
    WEB-INF
      lib
        mysql-connector-java-5.1.46.jar
```

图 2.38 项目目录

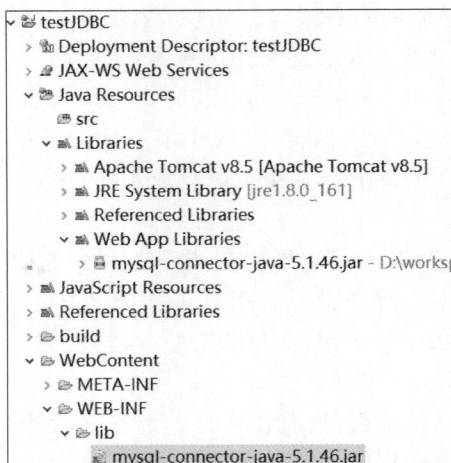

注册驱动。使用 Class.forName()方法加载数据驱动。

```
try {
        Class.forName("com.mysql.jdbc.Driver");
} catch (Exception e) {
        e.printStackTrace();
}
```

(1) 获取连接。通过 DriverManager.getConnection()获取数据库连接,返回一个实现了 Connection 接口的对象。

(2) 利用 Connection 对象创建 Statement,获得执行 SQL 语句的对象,发送 SQL 语句访问数据库。

(3) 执行 SQL 语句,并返回结果。执行查询使用的是 executeQuery()方法,该方法返回的是 ResultSet 对象,ResultSet 封装了查询结果,我们称之为结果集。

(4) 处理结果。ResultSet 是一个结果集对象,可以调用它的 next()方法获取每一条记录。

(5) 关闭连接。

4. 案例实现

下面的例子是创建一个测试类,查询并在控制台中显示类别表中的所有信息。

【示例代码】查询类别表中的所有信息。

源文件名称:TestJDBC.java。

```
package com.pxxy.test;
import java.sql.*;
import org.junit.Test;
public class TestJDBC{
    @Test
    public void testJDBC1() throws Exception{
        //1 注册驱动
        Class.forName("com.mysql.jdbc.Driver");
        //2 获得连接
        String url = "jdbc:mysql://localhost:3306/fy";
```

```
        Connection conn = DriverManager.getConnection(url, "root", "root");
        //3 获得 Statement 对象
        Statement st = conn.createStatement();
        //4 执行 SQL 语句,获得 ResultSet 对象
        ResultSet  rs = st.executeQuery("select * from category");
        //5 遍历结果集
        while(rs.next()){
            System.out.println(rs.getString("category_id") +
            rs.getString("category_name"));
        }
        //6 释放资源
        conn.close();
    }
```

5. 预处理语句对象

JDBC 中还提供了更高效率的预处理语句对象 PreparedStatement,它能针对连接的数据库事先将 SQL 语句解释为数据库底层命令,然后让数据库去执行这个命令。在对 SQL 进行预处理时可以使用通配符"?"来代替字段的值,只要在预处理语句执行前再设置通配符所表示的具体值即可。

预处理语句对象设置通配符"?"的常用方法有:

```
void setDate(int parameterIndex,Date x)
void setDouble(int parameterIndex,Double x)
void setFloat(int parameterIndex,Float x)
void setInt(int parameterIndex,int x)
void setLong(int parameterIndex,long x)
void setString(int parameterIndex,String x)
```

下面的例子使用预处理对象添加类别到类别表中。

【示例代码】添加信息到类别表。

源文件名称:TestJDBC.java。

```
@Test
    public void testJdbc2() throws Exception{
        //1 注册驱动
        Class.forName("com.mysql.jdbc.Driver");
        //2 获得连接
        String url = "jdbc:mysql://localhost:3306/fy";
        Connection conn = DriverManager.getConnection(url, "root", "root");
        //3 获得 PreparedStatement 对象
    String sql = "insert into category values(?,?)";
        PreparedStatement psmt = conn.prepareStatement(sql);
    //4 设置具体参数
        psmt.setString(1,"201");
    psmt.setString(2,"非遗资讯");
    //5 执行 SQL
    int r = psmt.executeUpdate();
        System.out.println(r);
    //6 释放资源
        conn.close();
    }
```

学习情景 3：添加信息类别

下面通过添加信息类别的例子来掌握 JDBC 的具体应用。运行项目 addCategory，显示如图 2.39 所示界面，可以输入类别 id 和类别名称后单击“确认类别”按钮，或者单击“显示类别列表”按钮显示类别信息，结果如图 2.40 所示。

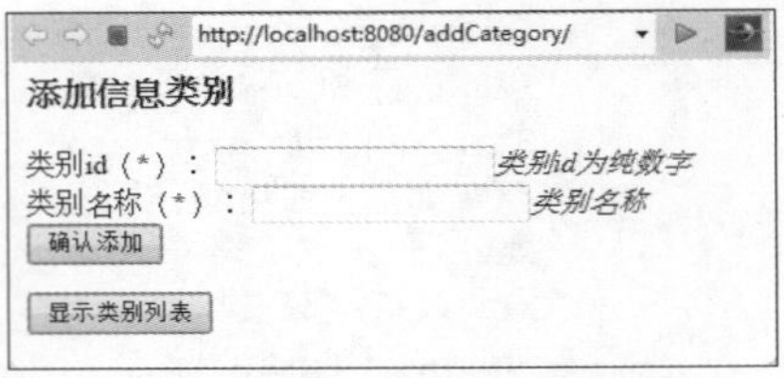

图 2.39　添加信息类别页面

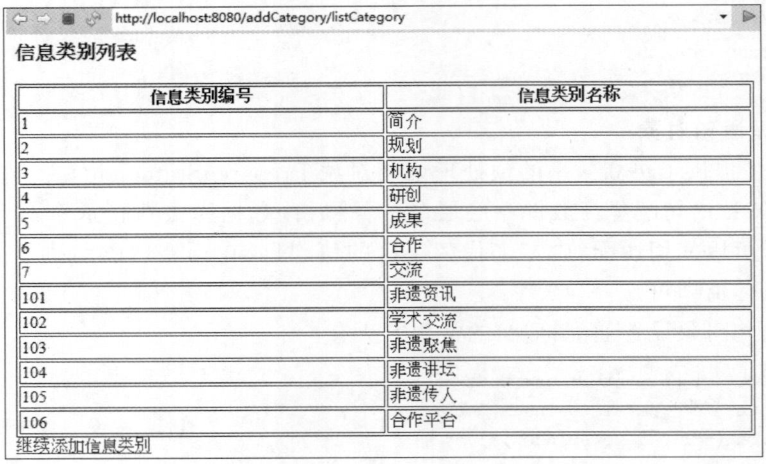
http://localhost:8080/addCategory/listCategory

信息类别列表

信息类别编号	信息类别名称
1	简介
2	规划
3	机构
4	研创
5	成果
6	合作
7	交流
101	非遗资讯
102	学术交流
103	非遗聚焦
104	非遗讲坛
105	非遗传人
106	合作平台

继续添加信息类别

图 2.40　显示信息类别页面

在 addCategory 项目中，根据数据库 fy 中的 category 表在 org.pxxy.domain 包中创建了实体类 Category.java，在 org.pxxy.utils 包中创建了数据库连接工具类 ConnectionMySQL.java，在 org.pxxy.dao 包中创建了数据操作类 CategoryDao.java，在 org.pxxy.serlvet 包中创建了添加类别的 AddCategoryServlet 和显示类别的 ListCategoryServlet，在 org.pxxy.filter 包中创建了字符编码过滤器 CharacterEncodingFilter.java，还有两个 JSP 文件 add.jsp 和 list.jsp。程序源代码如下。

【示例代码】category 实体类。

源文件名称：Category.java。

```
package org.pxxy.domain;
public class Category {
    private Integer category_id;
    private String category_name;
    public Integer getCategory_id() {
        return category_id;
    }
    public void setCategory_id(Integer category_id) {
        this.category_id = category_id;
    }
    public String getCategory_name() {
        return category_name;
    }
    public void setCategory_name(String category_name) {
```

```
        this.category_name = category_name;
    }
}
```

实体类中的属性对应表中的字段。

【示例代码】数据库连接工具类。

源文件名称：ConnectionMySQL.java。

```
package org.pxxy.utils;
import java.sql.Connection;
import java.sql.DriverManager;
import java.sql.SQLException;
//连接数据库的工具类
public class ConnectionMySQL {
    //驱动程序
    static final String DRIVERNAME = "com.mysql.jdbc.Driver";
    //数据库路径
    static final String DBURL = "jdbc:mysql://localhost:3306/fy";
    static final String USERNAME = "root";
    static final String USERPASSWORD = "root";
    //数据库连接对象
    static Connection DBCONN = null;
    //加载数据库驱动
    static {
        try {
            Class.forName(DRIVERNAME);
            System.out.println("加载数据库驱动成功");
        } catch (Exception e) {
            e.printStackTrace();
            System.out.print("加载数据库驱动失败");
        }
    }
    //得到数据库连接对象
    public static Connection getConn() throws SQLException {
        if (DBCONN == null) {
            DBCONN = DriverManager.getConnection(DBURL,USERNAME,USERPASSWORD);
            return DBCONN;
        }
        return DBCONN;
    }
}
```

在这个项目中使用的是本地机器上的 MySQL 数据库 fy，用户名是 root，密码也是 root，程序使用静态代码块加载驱动，并定义了取得数据库连接的类方法。

【示例代码】数据操作类。

源文件名称：CategoryDao.java。

```
package org.pxxy.dao;
import java.sql.Connection;
import java.sql.PreparedStatement;
import java.sql.ResultSet;
import java.sql.SQLException;
```

```
import java.sql.Statement;
import java.util.ArrayList;
import java.util.List;
import org.pxxy.domain.Category;
import org.pxxy.utils.ConnectionMySQL;
public class CategoryDao {
    static Connection con = null;
    static PreparedStatement pstmt = null;
    static Statement stmt = null;
    static ResultSet rs = null;
    //查找表中所有数据
    public List<Category> findAllCategory() {
        List<Category> categoryList = new ArrayList<Category>();
        Category category = null;
        try {
            con = ConnectionMySQL.getConn();
            String sql = "select * from category";
            pstmt = con.prepareStatement(sql);
            rs = pstmt.executeQuery();
            while (rs.next()) {
                category = new Category();
                category.setCategory_id(rs.getInt("category_id"));
                category.setCategory_name(rs.getString("category_name"));
                categoryList.add(category);
            }
            con.close();
            return categoryList;
        } catch (SQLException e) {
            e.printStackTrace();
            return categoryList;
        }
    }
    //添加数据
    public boolean addCategory(Category category) {
        try {
            con = ConnectionMySQL.getConn();
            String sql = "insert into category values('" + category.getCategory_id() + "','"
                    + category.getCategory_name() + "')";
            pstmt = con.prepareStatement(sql);
            pstmt.execute();
            con.close();
            return true;
        } catch (SQLException e) {
            e.printStackTrace();
            return false;
        }
    }
}
```

这个文件中定义了两个方法：findAllCategory()方法查找表中的所有记录读入数组中，addCategory()方法添加记录。

【示例代码】显示信息类别的 Servlet。

源文件名称：ListCategory.java。

```
package org.pxxy.servlet;
import java.io.IOException;
import java.util.List;
import javax.servlet.ServletException;
import javax.servlet.annotation.WebServlet;
import javax.servlet.http.HttpServlet;
import javax.servlet.http.HttpServletRequest;
import javax.servlet.http.HttpServletResponse;
import org.pxxy.dao.CategoryDao;
import org.pxxy.domain.Category;
@WebServlet("/listCategory")
public class ListCategory extends HttpServlet {
    private static final long serialVersionUID = 1L;
     protected void doGet(HttpServletRequest request, HttpServletResponse response) throws
ServletException, IOException {
        CategoryDao  categoryDao = new CategoryDao();
         List<Category> categoryList = categoryDao.findAllCategory();
         request.setAttribute("CgList",categoryList);
         request.getRequestDispatcher("/list.jsp").forward(request, response);
    }
    protected void doPost(HttpServletRequest request, HttpServletResponse response) throws
ServletException, IOException {
         doGet(request, response);
    }
}
```

【示例代码】添加信息类别的 Servlet。

源文件名称：AddCategory.java。

```
package org.pxxy.servlet;
import java.io.IOException;
import javax.servlet.ServletException;
import javax.servlet.annotation.WebServlet;
import javax.servlet.http.HttpServlet;
import javax.servlet.http.HttpServletRequest;
import javax.servlet.http.HttpServletResponse;
import org.pxxy.dao.CategoryDao;
import org.pxxy.domain.Category;
@WebServlet("/addCategory")
public class AddCategory extends HttpServlet {
    private static final long serialVersionUID = 1L;
    protected void doGet(HttpServletRequest request, HttpServletResponse response) throws
ServletException, IOException {
            CategoryDao  categoryDao = new CategoryDao();
            Category category = new Category();
    category.setCategory_id(Integer.parseInt(request.getParameter("category_id")));
            category.setCategory_name(request.getParameter("category_name"));
            categoryDao.addCategory(category);
            request.getRequestDispatcher("/listCategory").forward(request, response);
            }
    protected void doPost(HttpServletRequest request, HttpServletResponse response) throws
ServletException, IOException {
```

```
            doGet(request, response);
    }
}
```

添加信息类别成功后跳转到显示信息类别的 Servlet，然后将信息类别列表封装到 request 对象中，跳转到 list.jsp 页面。

【示例代码】字符编码过滤器。

源文件名称：CharacterEncodingFilter.java。

```
package org.pxxy.filter;
import java.io.IOException;
import javax.servlet.Filter;
import javax.servlet.FilterChain;
import javax.servlet.FilterConfig;
import javax.servlet.ServletException;
import javax.servlet.ServletRequest;
import javax.servlet.ServletResponse;
import javax.servlet.annotation.WebFilter;
@WebFilter(filterName = "/CharacterEncodingFilter",urlPatterns = "/*")
public class CharacterEncodingFilter implements Filter {
     public void destroy() {   }
    public void doFilter(ServletRequest request, ServletResponse response, FilterChain chain)
throws IOException, ServletException {
        request.setCharacterEncoding("UTF-8");
        response.setCharacterEncoding("UTF-8");
        chain.doFilter(request, response);
    }
    public void init(FilterConfig fConfig) throws ServletException {}
}
```

【示例代码】添加信息类别页面。

源文件名称：add.jsp。

```
<%@ page language = "java" contentType = "text/html" pageEncoding = "UTF-8" %>
<head>
<title>添加信息类别</title>
</head>
<body>
    <h3>添加信息类别</h3>
    <form action = "addCategory"  method = "post">
    <label style = "width: 120px;">类别 id(*):</label>
    <input id = "category_id" name = "category_id" type = "text" /><i>类别 id 为纯数字</i>
<br>
    <label style = "width: 120px;">类别名称(*):</label>
    <input id = "category_name" name = "category_name" type = "text" /><i>类别名称</i><br>
     <input name = "" type = "submit" value = "确认添加" />   
    </form>
    <form action = "listCategory" method = "post">
    <input name = "" type = "submit" value = "显示类别列表" /><br>
    </form>
</body>
</html>
```

【示例代码】显示信息类别页面。

源文件名称：list.jsp。

```
<%@ page language="java" contentType="text/html" pageEncoding="UTF-8"%>
<%@ page import="java.util.*,org.pxxy.domain.Category" %>
<html>
<head>
    <title>显示信息类别</title>
</head>
<body>
        <%
            List<Category> list = (List<Category>)request.getAttribute("CgList");
        %>
        <h3>信息类别列表</h3>
        <table style="width: 700px;" border=1>
                <tr>
                    <th style="width: 160px;">信息类别编号</th>
                    <th style="width: 160px;">信息类别名称</th>
                </tr>
                <%for(Category category:list){ %>
                <tr>
                    <td style="width: 160px;"><%=category.getCategory_id() %></td>
                    <td style="width: 160px;"><%=category.getCategory_name() %></td>
                </tr>
                <% } %>
        </table>
    <a href="add.jsp">继续添加信息类别</a>
    </body>
</html>
```

在这个页面中，用循环遍历由 request 传递过来的数组，以表格的形式显示出来。

学习情景 4：JDBC 实现增删改查

下面通过新闻管理案例来进一步学习使用 JDBC 操作 MySQL 数据库完成增删改查的操作，fy_jdbc 项目中使用的数据库名为 fy，表名为 info，info 表的结构如表 2.10 所示。

表 2.10 新闻表 info 的结构

字　段	字　段　名	类型(长度)	主　键　否
新闻 ID	info_id	int	是
新闻标题	info_title	varchar(255)	否
用于新闻详细页面	info_contentTitle	varchar(255)	否
内容摘要	info_contentAbstract	varchar(255)	否
新闻内容	info_content	text	否
作者(来源)	info_author	varchar(40)	否
发布时间	info_publishTime	char(40)	否
是否发布	info_publishStatus	int	否
排序	info_sort	int	否
所属分类	category_id	int	否

1. 创建新闻实体类

首先根据 info 表的结构创建实体类，实体类的属性对应表中的各个字段。

【示例代码】新闻实体类。

源文件名称：Info. java。

```
public class Info {
    private Integer info_id;                    //信息编号
    private String info_title;                  //标题(用于列表页面)
    private String info_contentTitle;           //用于信息详细页面
    private String info_contentAbstract;        //内容摘要
    private String info_content;                //信息内容
    private String info_author;                 //作者(来源)
    private Date info_publishTime;              //发布时间
    private String info_publishStatus;
    private Integer info_sort;
    private Integer category_id;
    //此处忽略所有 setter/getter 方法}
```

2. 创建 JDBC 工具类

为了方便 JDBC 操作,创建一个 JDBC 工具类,在这个类中定义一个创建连接类方法。

【示例代码】JDBC 工具类。

源文件名称：ConnectMySQL. java。

```
public class ConnectMySQL {
    public static Connection getConn() {
        try {
            Class.forName("com.mysql.jdbc.Driver");
            try {
Connection conn = (Connection) DriverManager.getConnection("jdbc:mysql://localhost:3306/
fy", "root","root");
                return conn;
            } catch (SQLException e) {

                e.printStackTrace();
                return null;
            }
        } catch (ClassNotFoundException e) {

            e.printStackTrace();
            return null;
        }
    }
}
```

3. 创建数据库操作类

创建一个能对新闻表中的新闻进行操作的类,其中有增加、删除、查询所有记录、根据 id 查询记录和修改记录方法。

【示例代码】数据库操作类。

源文件名称：InfoDao. java。

```
public class InfoDao {
//添加新闻
    public boolean add(Info info) {
        Connection conn = ConnectMySQL.getConn();
```

```
String sql = " insert into info ( info _ author, info _ content, info _ contentAbstract, info _
contentTitle, info _ publishStatus, info _ publishTime, info _ sort, info _ title, category _ id)
values(?,?,?,?,?,?,?,?;?)";
        try {
PreparedStatement ps = conn.prepareStatement(sql);
            ps.setString(1, info.getInfo_author());
            ps.setString(2, info.getInfo_content());
            ps.setString(3, info.getInfo_contentAbstract());
            ps.setString(4, info.getInfo_contentTitle());
            ps.setString(5, info.getInfo_publishStatus());
ps.setDate(6, new java.sql.Date(info.getInfo_publishTime().getTime()));
            ps.setInt(7, info.getInfo_sort());
            ps.setString(8, info.getInfo_title());
            ps.setInt(9, info.getCategory_id());
            int flag = ps.executeUpdate();
            ps.close();
            conn.close();
            if (flag >= 1) {
                return true;
            } else {
                return false;
            }
        } catch (SQLException e) {
            e.printStackTrace();
            return false;
        }
    }
//删除新闻
public boolean del(String id) throws SQLException {
        String sql = "delete from info where info_id = '" + id + "'";
        Connection conn = ConnectMySQL.getConn();
PreparedStatement ps = conn.prepareStatement(sql);
        int flag = ps.executeUpdate();
        conn.close();
        ps.close();
        if (flag >= 1)
            return true;
        else
            return false;
    }
//查询所有新闻
public List<Info> queryList() {
        String sql = "select * from info";
        List<Info> list = new ArrayList<Info>();
        Connection conn = ConnectMySQL.getConn();
        try {
PreparedStatement ps = conn.prepareStatement(sql);
            ResultSet rs = ps.executeQuery();
            while (rs.next()) {
                Info info = new Info();
                info.setInfo_id(rs.getInt(1));
                info.setInfo_author(rs.getString(2));
                info.setInfo_content(rs.getString(3));
```

```
                info.setInfo_contentAbstract(rs.getString(4));
                info.setInfo_contentTitle(rs.getString(5));
                info.setInfo_publishStatus(rs.getString(7));
                info.setInfo_publishTime(rs.getDate(8));
                info.setInfo_sort(rs.getInt(9));
                info.setInfo_title(rs.getString(10));
                info.setCategory_id(rs.getInt(11));
                list.add(info);
            }
            rs.close();
            ps.close();
            conn.close();
        } catch (SQLException e) {

            e.printStackTrace();
        }
        return list;
    }
    //根据 id 查询新闻
    public Info queryById(int id) throws SQLException {
        // TODO Auto - generated method stub
        String sql = "select * from info where info_id = '" + id + "'";
        Connection conn = ConnectMySQL.getConn();
PreparedStatement ps = (PreparedStatement) conn.prepareStatement(sql);
        ResultSet rs = ps.executeQuery();
        Info info = new Info();
        while (rs.next()) {
            info.setInfo_id(rs.getInt(1));
            info.setInfo_author(rs.getString(2));
            info.setInfo_content(rs.getString(3));
            info.setInfo_contentAbstract(rs.getString(4));
            info.setInfo_contentTitle(rs.getString(5));
            info.setInfo_publishStatus(rs.getString(7));
            info.setInfo_publishTime(rs.getDate(8));
            info.setInfo_sort(rs.getInt(9));
            info.setInfo_title(rs.getString(10));
            info.setCategory_id(rs.getInt(11));
        }
        rs.close();
        ps.close();
        conn.close();
        return info;
    }
//修改新闻
    public boolean update(Info info) throws SQLException {
        // TODO Auto - generated method stub
String sql = "update info set info_title = '" + info.getInfo_title() + "'" + " , info_
content = '" + info.getInfo_content() + "', info_contentAbstract = '" + info.getInfo_
contentAbstract() + "', info_contentTitle = '" + info.getInfo_contentTitle() + "', info_
publishStatus = '" + info.getInfo_publishStatus() + "', info_sort = '" + info.getInfo_
sort() + "', info_author = '" + info.getInfo_author() + "', category_id = '" + info.
getCategory_id() + "' where info_id = '"
```

```
            + info.getInfo_id() + "'";
            Connection conn = ConnectMySQL.getConn();
PreparedStatement ps = (PreparedStatement) conn.prepareStatement(sql);
            try {
                int flag = ps.executeUpdate();
                ps.close();
                conn.close();
                if (flag >= 1)
                    return true;
                else
                    return false;
            } catch (SQLException e) {

                e.printStackTrace();
                return false;
            }
        }
}
```

4. 创建新闻管理 Servlet

为了实现对新闻的增删改查，需创建 Servlet。

【示例代码】新闻管理 Servlet。

源文件名称：InfoServlet.java。

```
public class InfoServlet extends HttpServlet {
protected void doGet (HttpServletRequest request, HttpServletResponse response) throws
UnsupportedEncodingException {
            doPost(request, response);
        }
protected void doPost (HttpServletRequest request, HttpServletResponse response) throws
UnsupportedEncodingException {
            String flag = request.getParameter("flag");
            switch (flag) {
            case "add":
                this.add(request, response);
                break;
            case "del":
                this.del(request, response);
                break;
            case "update":
                try {
                    this.update(request, response);
                } catch (SQLException e) {

                    e.printStackTrace();
                }
                break;
            case "queryList":
                this.queryList(request, response);
                break;
            case "queryForUpdate":
                this.queryForUpdate(request, response);
                break;
```

```
            case "skip":
                this.skip(request, response);
                break;
            }
        }
        public void skip(HttpServletRequest request, HttpServletResponse response) {
            InfoDao infoDao = new InfoDao();
            List<Info> list = infoDao.queryList();
            request.setAttribute("infoList", list);
    request.setAttribute("flag", request.getParameter("flagMessage"));
            try {
    request.getRequestDispatcher("infoList.jsp").forward(request, response);
            } catch (ServletException e) {

                e.printStackTrace();
            } catch (IOException e) {

                e.printStackTrace();
            }
        }
    public void add(HttpServletRequest request, HttpServletResponse response) throws
    UnsupportedEncodingException {
            Info info = new Info();
            info.setInfo_author(request.getParameter("info_author"));
            info.setInfo_content(request.getParameter("info_content"));
    info.setInfo_contentAbstract(request.getParameter("info_contentAbstract"));
    info.setInfo_contentTitle(request.getParameter("info_contentTitle"));
    info.setInfo_publishStatus(request.getParameter("info_publishStatus"));
        info.setInfo_publishTime(new Date());
    info.setInfo_sort(Integer.parseInt(request.getParameter("info_sort")));
        info.setInfo_title(request.getParameter("info_title"));
    info.setCategory_id(Integer.parseInt(request.getParameter("category_id")));
        InfoDao infoDao = new InfoDao();
        boolean flag = infoDao.add(info);
        if (flag) {
    try {
    response.sendRedirect("/fy_jdbc/info?flagMessage=success&  flag=skip");
                } catch (IOException e) {

                    e.printStackTrace();
                }
            } else {
        try {
        response.sendRedirect("/fy_jdbc/info?flagMessage=error&flag=skip");
                } catch (IOException e) {

                    e.printStackTrace();
                }
            }
        }
    public void del(HttpServletRequest request, HttpServletResponse response) {
            InfoDao infoDao = new InfoDao();
            try {
                boolean flag = infoDao.del(request.getParameter("id"));
```

```
            if (flag) {
try {
response.sendRedirect("/fy_jdbc/info?flagMessage = success&flag = skip");
                } catch (IOException e) {

                    e.printStackTrace();
                }
            } else {
try {
response.sendRedirect("/fy_jdbc/info?flagMessage = error&flag = skip");
                } catch (IOException e) {

                    e.printStackTrace();
                }
            }
        } catch (SQLException e) {

            e.printStackTrace();
        }
    }
     public void update (HttpServletRequest request, HttpServletResponse response) throws
SQLException {
        Info info = new Info();
        info.setInfo_author(request.getParameter("info_author"));
info.setInfo_content(request.getParameter("info_content")); info.setInfo_contentAbstract
(request.getParameter("info_contentAbstract"));
              info.setInfo_contentTitle(request.getParameter("info_contentTitle"));
info.setInfo_publishStatus(request.getParameter("info_publishStatus"));
        info.setInfo_publishTime(new Date());
info.setInfo_sort(Integer.parseInt(request.getParameter("info_sort")));
         info.setInfo_title(request.getParameter("info_title"));    info.setInfo_id
(Integer.parseInt(request.getParameter("info_id")));
    info.setCategory_id(Integer.parseInt(request.getParameter("category_id")));
        InfoDao infoDao = new InfoDao();
        boolean flag = infoDao.update(info);
        if (flag) {
    try {
    response.sendRedirect("/fy_jdbc/info?flagMessage = success&flag = skip");
            } catch (IOException e) {
                e.printStackTrace();
            }
        } else {
    try {
      response.sendRedirect("/fy_jdbc/info?flagMessage = error&flag = skip");
            } catch (IOException e) {
                e.printStackTrace();
            }
        }
    }
public void queryForUpdate(HttpServletRequest request, HttpServletResponse response) {
        InfoDao infoDao = new InfoDao();
        int id = Integer.parseInt(request.getParameter("id"));
        try {
            Info info = infoDao.queryById(id);
```

```
            try {
request.setAttribute("info", info);
request.getRequestDispatcher("updateInfo.jsp").forward(request, response);
            } catch (ServletException e) {
                    e.printStackTrace();
            } catch (IOException e) {
                e.printStackTrace();
            }
        } catch (SQLException e) {
            e.printStackTrace();
        }
    }
public void queryList(HttpServletRequest request, HttpServletResponse response) {
        InfoDao infoDao = new InfoDao();
        List<Info> list = infoDao.queryList();
        request.setAttribute("infoList", list);
        try {
request.getRequestDispatcher("infoList.jsp").forward(request, response);
        } catch (ServletException e) {
            e.printStackTrace();
        } catch (IOException e) {
            e.printStackTrace();
        }
    }
}
```

为了在页面中能处理中文字符，还要创建字符过滤器，过滤器示例代码参照示例代码。

5. 配置 web.xml

如果没有使用注解，要正确启动 Servlet 和 Filter 就必须在 web.xml 文件中正确配置。

【示例代码】配置文件 web.xml。

源文件名称：web.xml。

```
<?xml version="1.0" encoding="UTF-8"?>
<web-app xmlns=http://xmlns.jcp.org/xml/ns/javaee xmlns:xsi="http://www.w3.org/2001/
XMLSchema-instance"
    xsi:schemaLocation="http://xmlns.jcp.org/xml/ns/javaee
      http://xmlns.jcp.org/xml/ns/javaee/web-app_4_0.xsd"
    version="4.0" metadata-complete="true">
    <filter>
        <filter-name>CharacterEncodingFilter</filter-name>
<filter-class>com.fy.servlet.CharacterEncodingFilter</filter-class>
    </filter>
    <filter-mapping>
        <filter-name>CharacterEncodingFilter</filter-name>
        <url-pattern>/*</url-pattern>
    </filter-mapping>
    <servlet>
        <servlet-name>info</servlet-name>
        <servlet-class>com.fy.servlet.InfoServlet</servlet-class>
    </servlet>
    <servlet-mapping>
        <servlet-name>info</servlet-name>
```

```
        <url-pattern>/info</url-pattern>
    </servlet-mapping>
</web-app>
```

6. 显示页面

下面是这个系统需要的几个 JSP 页面，其中包括新闻列表页、添加新闻页和修改新闻页。

【示例代码】新闻列表页。

源文件名称：infoList.jsp。

```
<%@ page language="java" contentType="text/html; charset=UTF-8"
    pageEncoding="UTF-8"%>
<%@ taglib uri="http://java.sun.com/jsp/jstl/core" prefix="c"%>
<%@ taglib prefix="fmt" uri="http://java.sun.com/jsp/jstl/fmt"%>
<!DOCTYPE html PUBLIC "-//W3C//DTD HTML 4.01 Transitional//EN" "http://www.w3.org/TR/html4/
loose.dtd">
<html>
<head>
<meta http-equiv="Content-Type" content="text/html; charset=UTF-8">
<title>新闻列表页</title>
<style type="text/css">
td {
    border: solid 1px black;
}
</style>
</head>
<body>
    <button onclick="intoAdd()">添加新闻</button>
    <span style="color: red;"><c:choose>
            <c:when test="${flag == 'success'}">
                成功!
            </c:when>
            <c:when test="${flag == 'error'}">
                失败!
            </c:when>
        </c:choose>
    </span>
    <table style="text-align: center;">
        <thead>
            <tr>
                <td>新闻作者</td>
                <td>新闻标题</td>
                <td>内容摘要</td>
                <td>内容标题</td>
                <td>是否发布</td>
                <td>所属类别</td>
                <td>排序</td>
                <td>操作</td>
            </tr>
        </thead>
        <tbody>
            <c:forEach items="${infoList}" var="info" varStatus="s">
```

```
                    <tr>
                        <td>${info.info_author}</td>
                        <td>${info.info_title}</td>
                        <td>${info.info_contentAbstract}</td>
                        <td>${info.info_contentTitle}</td>
                        <td><c:if test="${info.info_publishStatus == 0}">
                            发布
                        </c:if><c:if test="${info.info_publishStatus == 1}">
                            未发布
                        </c:if></td>
                        <td><c:if test="${info.category_id == 0}">
                            体育
                        </c:if><c:if test="${info.category_id == 1}">
                            军事
                        </c:if></td>
                        <td>${info.info_sort}</td>
<td><a href="/fy_jdbc/info?flag=del&id=${info.info_id}">删除</a>|
<a href="/fy_jdbc/info?flag=queryForUpdate&id=${info.info_id}">修改</a></td>
                    </tr>
                </c:forEach>
            </tbody>
        </table>
        <script type="text/javascript">
            function intoAdd() {
                window.location.href = "/fy_jdbc/addInfo.jsp";
            }
        </script>
</body>
</html>
```

页面显示效果如图 2.41 所示。

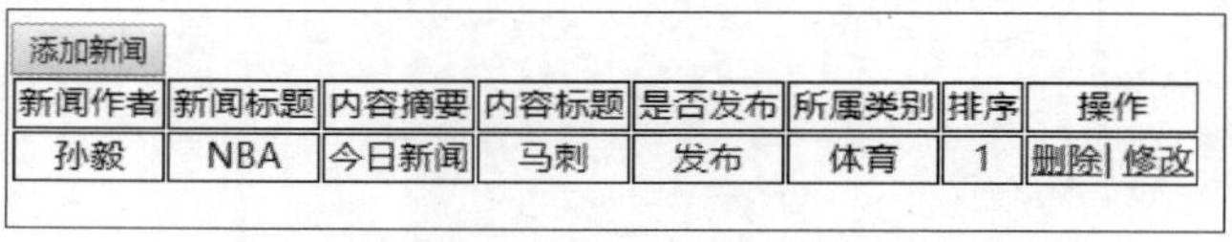

添加新闻

新闻作者	新闻标题	内容摘要	内容标题	是否发布	所属类别	排序	操作
孙毅	NBA	今日新闻	马刺	发布	体育	1	删除| 修改

图 2.41 页面显示效果

【示例代码】添加新闻页。

源文件名称：addInfo.jsp。

```
<%@ page language="java" contentType="text/html; charset=utf-8"
    pageEncoding="utf-8"%>
<%@ taglib uri="http://java.sun.com/jsp/jstl/core" prefix="c"%>
<%@ taglib prefix="fmt" uri="http://java.sun.com/jsp/jstl/fmt"%>
<%
    request.setCharacterEncoding("UTF-8");
%>
<!DOCTYPE html PUBLIC "-//W3C//DTD HTML 4.01 Transitional//EN"
"http://www.w3.org/TR/html4/loose.dtd">
<html>
<head>
<meta http-equiv="Content-Type" content="text/html; charset=utf-8">
<title>添加新闻</title>
</head>
<body>
```

```
    <form action = "info" method = "post" accept - charset = "UTF - 8">
<label>新闻作者:</label><input name = "info_author" type = "text" /><br>
<label>新闻标题:</label><input name = "info_title" type = "text" /><br>
<label>新闻内容:</label><input name = "info_content" type = "text" /> <br>
<label>内容摘要:</label><input name = "info_contentAbstract" type = "text" />  <br>
<label>新闻排序:</label><input name = "info_sort" type = "text" /><br>
<label>内容标题:</label><input name = "info_contentTitle"
            type = "text" /><br><label>是否发布:</label><select
            name = "info_publishStatus">
            <option value = "0">发布</option>
            <option value = "1">不发布</option>
</select><br><label>新闻分类:</label><select name = "category_id">
            <option value = "0">体育</option>
            <option value = "1">军事</option>
</select><br><input type = "submit" value = "保存"><br><input
            name = "flag" value = "add" type = "text" style = "display: none;" />
    </form>
</body>
</html>
```

该页面显示效果如图 2.42 所示。

新闻作者：	
新闻标题：	
新闻内容：	
内容摘要：	
新闻排序：	
内容标题：	
是否发布：	发布 ▼
新闻分类：	体育 ▼
保存	

图 2.42 页面显示效果

【示例代码】修改新闻页。

源文件名称：updateInfo.jsp。

```
<%@ page language = "java" contentType = "text/html; charset = utf - 8"
    pageEncoding = "utf - 8" %>
<%@ taglib uri = "http://java.sun.com/jsp/jstl/core" prefix = "c" %>
<%@ taglib prefix = "fmt" uri = "http://java.sun.com/jsp/jstl/fmt" %>
<%
    request.setCharacterEncoding("UTF - 8");
%>
<!DOCTYPE html PUBLIC " - //W3C//DTD HTML 4.01 Transitional//EN" "http://www.w3.org/TR/html4/
loose.dtd">
<html>
<head>
<meta http - equiv = "Content - Type" content = "text/html; charset = utf - 8">
<title>修改新闻</title>
</head>
<body>
    <form action = "info" method = "post" accept - charset = "UTF - 8">
        <label>新闻作者:</label><input name = "info_author" type = "text"
value = " ${info.info_author}" /><br><label>新闻标题:</label><input
name = "info_title" type = "text" value = " ${info.info_title}" /><br>
        <label>新闻内容:</label><input name = "info_content" type = "text"
```

```
value = " ${info.info_content}" />
        <br> <label>内容摘要:</label>< input
        name = "info_contentAbstract" type = "text"
value = " ${info.info_contentAbstract}" /> <br>
        < label >新闻排序:</label>< input
        name = "info_sort" value = " ${info.info_sort}"
        type = "text" />< br >
        < label >内容标题:</label>< input
        name = "info_contentTitle" value = " ${info.info_contentTitle}"
        type = "text" />< br >
        < label >是否发布:</label>< select
        name = "info_publishStatus" value = " ${info.info_publishStatus}">
            < option value = "0">发布</option >
            < option value = "1">不发布</option >
        </select > < br > < label >新闻分类:</label >< select name = "category_id"
        value = " ${info.category_id}">
            < option value = "0">体育</option >
            < option value = "1">军事</option >
        </select >< br > < input type = "submit" value = "修改">< br >
        < input
name = "flag" value = "update" type = "text" style = "display: none;" />
        < input
        name = "info_id" value = " ${info.info_id}" type = "text"
        style = "display: none;" />
    </form >
</body >
</html >
```

修改信息页面的显示效果如图 2.43 所示。

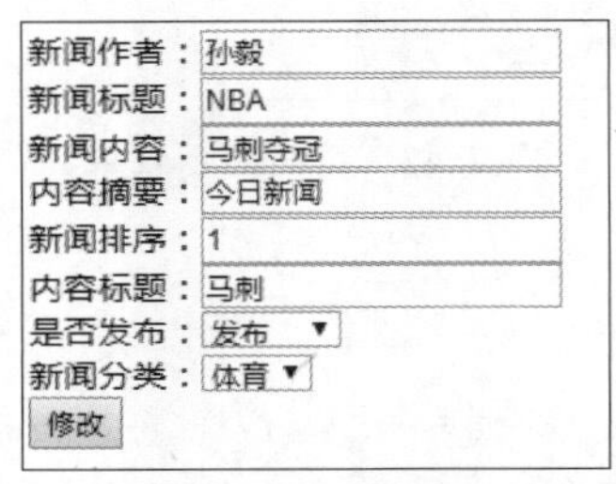

图 2.43　修改信息页面的显示效果

应用实例　开发超市管理系统项目业务

实例目的：通过开发超市管理系统，掌握 Servlet 的基础及应用。

实例内容：开发超市管理系统项目业务代码，包括用户管理、订单管理、供应商管理。

实例步骤：在前面章节已经完成了超市管理系统的工作准备，现需要完成订单管理模块、供应商模块、用户管理模块的业务逻辑处理。

1. 用户管理

(1) 登录超市管理系统的 Servlet。

```
package cn.gzdky.servlet.user;

import java.io.IOException;
```

```
import java.io.PrintWriter;

import javax.servlet.ServletException;
import javax.servlet.http.HttpServlet;
import javax.servlet.http.HttpServletRequest;
import javax.servlet.http.HttpServletResponse;

import cn.gzdky.pojo.User;
import cn.gzdky.service.user.UserService;
import cn.gzdky.service.user.UserServiceImpl;
import cn.gzdky.util.Constants;

public class LoginServlet extends HttpServlet {

    /**
     * Constructor of the object.
     */
    public LoginServlet() {
        super();
    }

    /**
     * Destruction of the servlet. <br>
     */
    public void destroy() {
        super.destroy(); // Just put the "destroy" string in the log
        // Put your code here
    }

    /**
     * The doGet method of the servlet. <br>
     *
     * This method is called when a form has its tag value method equals to get.
     *
     * @param request the request send by the client to the server
     * @param response the response send by the server to the client
     * @throws ServletException if an error occurs
     * @throws IOException if an error occurs
     */
    public void doGet(HttpServletRequest request, HttpServletResponse response)
            throws ServletException, IOException {

    }

    /**
     * The doPost method of the servlet. <br>
     *
     * This method is called when a form has its tag value method equals to post.
     *
     * @param request the request send by the client to the server
     * @param response the response send by the server to the client
     * @throws ServletException if an error occurs
     * @throws IOException if an error occurs
```

```
     */
    public void doPost(HttpServletRequest request, HttpServletResponse response)
            throws ServletException, IOException {
        System.out.println("login ============ " );
        //获取用户名和密码
        String userCode = request.getParameter("userCode");
        String userPassword = request.getParameter("userPassword");
        //调用 service 方法,进行用户匹配
        UserService userService = new UserServiceImpl();
        User user = userService.login(userCode,userPassword);
        if(null != user){//登录成功
            //放入 session
            request.getSession().setAttribute(Constants.USER_SESSION, user);
            //页面跳转(frame.jsp)
            response.sendRedirect("jsp/frame.jsp");
        }else{
            //页面跳转(login.jsp)带出提示信息——转发
            request.setAttribute("error", "用户名或密码不正确");
            request.getRequestDispatcher("login.jsp").forward(request, response);
        }
    }

    /**
     * Initialization of the servlet. <br>
     *
     * @throws ServletException if an error occurs
     */
    public void init() throws ServletException {
        // Put your code here
    }

}
```

退出登录的 Servlet。

```
package cn.gzdky.servlet.user;

import java.io.IOException;
import java.io.PrintWriter;

import javax.servlet.ServletException;
import javax.servlet.http.HttpServlet;
import javax.servlet.http.HttpServletRequest;
import javax.servlet.http.HttpServletResponse;

import cn.gzdky.util.Constants;

public class LogoutServlet extends HttpServlet {

    /**
     * Constructor of the object.
     */
    public LogoutServlet() {
        super();
```

```
    }

    /**
     * Destruction of the servlet. <br>
     */
    public void destroy() {
        super.destroy(); // Just put the "destroy" string in the log
        // Put your code here
    }

    /**
     * The doGet method of the servlet. <br>
     *
     * This method is called when a form has its tag value method equals to get.
     *
     * @param request the request send by the client to the server
     * @param response the response send by the server to the client
     * @throws ServletException if an error occurs
     * @throws IOException if an error occurs
     */
    public void doGet(HttpServletRequest request, HttpServletResponse response)
            throws ServletException, IOException {
        doPost(request, response);

    }

    /**
     * The doPost method of the servlet. <br>
     *
     * This method is called when a form has its tag value method equals to post.
     *
     * @param request the request send by the client to the server
     * @param response the response send by the server to the client
     * @throws ServletException if an error occurs
     * @throws IOException if an error occurs
     */
    public void doPost(HttpServletRequest request, HttpServletResponse response)
            throws ServletException, IOException {
        //清除 session
        request.getSession().removeAttribute(Constants.USER_SESSION);
        response.sendRedirect(request.getContextPath() + "/login.jsp");
    }

    /**
     * Initialization of the servlet. <br>
     *
     * @throws ServletException if an error occurs
     */
    public void init() throws ServletException {
        // Put your code here
    }

}
```

(2) 用户管理的 Servlet。

```
package cn.gzdky.servlet.user;

import java.io.IOException;
import java.io.PrintWriter;
import java.text.ParseException;
import java.text.SimpleDateFormat;
import java.util.Date;
import java.util.HashMap;
import java.util.List;
import java.util.Map;

import javax.servlet.ServletException;
import javax.servlet.http.HttpServlet;
import javax.servlet.http.HttpServletRequest;
import javax.servlet.http.HttpServletResponse;

import com.alibaba.fastjson.JSONArray;
import com.mysql.jdbc.StringUtils;

import cn.gzdky.pojo.Role;
import cn.gzdky.pojo.User;
import cn.gzdky.service.role.RoleService;
import cn.gzdky.service.role.RoleServiceImpl;
import cn.gzdky.service.user.UserService;
import cn.gzdky.service.user.UserServiceImpl;
import cn.gzdky.util.Constants;
import cn.gzdky.util.PageSupport;

public class UserServlet extends HttpServlet {

    /**
     * Constructor of the object.
     */
    public UserServlet() {
        super();
    }

    /**
     * Destruction of the servlet. <br>
     */
    public void destroy() {
        super.destroy(); // Just put the "destroy" string in the log
        // Put your code here
    }

    /**
     * The doGet method of the servlet. <br>
     *
     * This method is called when a form has its tag value method equals to get.
     *
     * @param request the request send by the client to the server
     * @param response the response send by the server to the client
```

```
 * @throws ServletException if an error occurs
 * @throws IOException if an error occurs
 */
public void doGet(HttpServletRequest request, HttpServletResponse response)
        throws ServletException, IOException {
    doPost(request, response);
}

/**
 * The doPost method of the servlet. <br>
 *
 * This method is called when a form has its tag value method equals to post.
 *
 * @param request the request send by the client to the server
 * @param response the response send by the server to the client
 * @throws ServletException if an error occurs
 * @throws IOException if an error occurs
 */
public void doPost(HttpServletRequest request, HttpServletResponse response)
        throws ServletException, IOException {

    String method = request.getParameter("method");

    System.out.println("method----> " + method);

    if(method != null && method.equals("add")){
        //增加操作
        this.add(request, response);
    }else if(method != null && method.equals("query")){
        this.query(request, response);
    }else if(method != null && method.equals("getrolelist")){
        this.getRoleList(request, response);
    }else if(method != null && method.equals("ucexist")){
        this.userCodeExist(request, response);
    }else if(method != null && method.equals("deluser")){
        this.delUser(request, response);
    }else if(method != null && method.equals("view")){
        this.getUserById(request, response,"userview.jsp");
    }else if(method != null && method.equals("modify")){
        this.getUserById(request, response,"usermodify.jsp");
    }else if(method != null && method.equals("modifyexe")){
        this.modify(request, response);
    }else if(method != null && method.equals("pwdmodify")){
        this.getPwdByUserId(request, response);
    }else if(method != null && method.equals("savepwd")){
        this.updatePwd(request, response);
    }

}


private void updatePwd(HttpServletRequest request, HttpServletResponse response)
        throws ServletException, IOException {
```

```
        Object o = request.getSession().getAttribute(Constants.USER_SESSION);
        String newpassword = request.getParameter("newpassword");
        boolean flag = false;
        if(o != null && !StringUtils.isNullOrEmpty(newpassword)){
            UserService userService = new UserServiceImpl();
            flag = userService.updatePwd(((User)o).getId(),newpassword);
            if(flag){
                request.setAttribute(Constants.SYS_MESSAGE, "修改密码成功,请退出并使用新
密码重新登录!");
                request.getSession().removeAttribute(Constants.USER_SESSION);  //session 注销
            }else{
                request.setAttribute(Constants.SYS_MESSAGE, "修改密码失败!");
            }
        }else{
            request.setAttribute(Constants.SYS_MESSAGE, "修改密码失败!");
        }
        request.getRequestDispatcher("pwdmodify.jsp").forward(request, response);
    }

    private void getPwdByUserId(HttpServletRequest request, HttpServletResponse response)
            throws ServletException, IOException {
        Object o = request.getSession().getAttribute(Constants.USER_SESSION);
        String oldpassword = request.getParameter("oldpassword");
        Map<String, String> resultMap = new HashMap<String, String>();

        if(null == o ){//session 过期
            resultMap.put("result", "sessionerror");
        }else if(StringUtils.isNullOrEmpty(oldpassword)){//旧密码输入为空
            resultMap.put("result", "error");
        }else{
            String sessionPwd = ((User)o).getUserPassword();
            if(oldpassword.equals(sessionPwd)){
                resultMap.put("result", "true");
            }else{//旧密码输入不正确
                resultMap.put("result", "false");
            }
        }

        response.setContentType("application/json");
        PrintWriter outPrintWriter = response.getWriter();
        outPrintWriter.write(JSONArray.toJSONString(resultMap));
        outPrintWriter.flush();
        outPrintWriter.close();
    }


    private void modify(HttpServletRequest request, HttpServletResponse response)
            throws ServletException, IOException {
        String id = request.getParameter("uid");
        String userName = request.getParameter("userName");
        String gender = request.getParameter("gender");
```

```
        String birthday = request.getParameter("birthday");
        String phone = request.getParameter("phone");
        String address = request.getParameter("address");
        String userRole = request.getParameter("userRole");

        User user = new User();
        user.setId(Integer.valueOf(id));
        user.setUserName(userName);
        user.setGender(Integer.valueOf(gender));
        try {
            user.setBirthday(new SimpleDateFormat("yyyy-MM-dd").parse(birthday));
        } catch (ParseException e) {
            // TODO Auto-generated catch block
            e.printStackTrace();
        }
        user.setPhone(phone);
        user.setAddress(address);
        user.setUserRole(Integer.valueOf(userRole));
          user.setModifyBy(((User)request.getSession().getAttribute(Constants.USER_
SESSION)).getId());
        user.setModifyDate(new Date());

        UserService userService = new UserServiceImpl();
        if(userService.modify(user)){
              response.sendRedirect(request.getContextPath() + "/jsp/user.do?method =
query");
        }else{
            request.getRequestDispatcher("usermodify.jsp").forward(request, response);
        }

    }

    private void getUserById(HttpServletRequest request, HttpServletResponse response,String
url)
            throws ServletException, IOException {
        String id = request.getParameter("uid");
        if(!StringUtils.isNullOrEmpty(id)){
            //调用后台方法得到 user 对象
            UserService userService = new UserServiceImpl();
            User user = userService.getUserById(id);
            request.setAttribute("user", user);
            request.getRequestDispatcher(url).forward(request, response);
        }

    }

    private void delUser(HttpServletRequest request, HttpServletResponse response)
            throws ServletException, IOException {
        String id = request.getParameter("uid");
        Integer delId = 0;
        try{
            delId = Integer.parseInt(id);
        }catch (Exception e) {
```

```
            // TODO: handle exception
            delId = 0;
        }
        HashMap<String, String> resultMap = new HashMap<String, String>();
        if(delId <= 0){
            resultMap.put("delResult", "notexist");
        }else{
            UserService userService = new UserServiceImpl();
            if(userService.deleteUserById(delId)){
                resultMap.put("delResult", "true");
            }else{
                resultMap.put("delResult", "false");
            }
        }

        //把 resultMap 转换成 JSON 对象输出
        response.setContentType("application/json");
        PrintWriter outPrintWriter = response.getWriter();
        outPrintWriter.write(JSONArray.toJSONString(resultMap));
        outPrintWriter.flush();
        outPrintWriter.close();
    }


    private void userCodeExist(HttpServletRequest request, HttpServletResponse response)
            throws ServletException, IOException {
        //判断用户账号是否可用
        String userCode = request.getParameter("userCode");

        HashMap<String, String> resultMap = new HashMap<String, String>();
        if(StringUtils.isNullOrEmpty(userCode)){
            //userCode == null || userCode.equals("")
            resultMap.put("userCode", "exist");
        }else{
            UserService userService = new UserServiceImpl();
            User user = userService.selectUserCodeExist(userCode);
            if(null != user){
                resultMap.put("userCode","exist");
            }else{
                resultMap.put("userCode", "notexist");
            }
        }

        //把 resultMap 转为 JSON 字符串以 JSON 的形式输出
        //配置上下文的输出类型
        response.setContentType("application/json");
        //从 response 对象中获取往外输出的 writer 对象
        PrintWriter outPrintWriter = response.getWriter();
        //把 resultMap 转为 JSON 字符串输出
        outPrintWriter.write(JSONArray.toJSONString(resultMap));
        outPrintWriter.flush();  //刷新
        outPrintWriter.close();  //关闭流
    }
```

```
private void getRoleList(HttpServletRequest request, HttpServletResponse response)
        throws ServletException, IOException {
    List<Role> roleList = null;
    RoleService roleService = new RoleServiceImpl();
    roleList = roleService.getRoleList();
    //把 roleList 转换成 JSON 对象输出
    response.setContentType("application/json");
    PrintWriter outPrintWriter = response.getWriter();
    outPrintWriter.write(JSONArray.toJSONString(roleList));
    outPrintWriter.flush();
    outPrintWriter.close();
}

private void query(HttpServletRequest request, HttpServletResponse response)
        throws ServletException, IOException {
    //查询用户列表
    String queryUserName = request.getParameter("queryname");
    String temp = request.getParameter("queryUserRole");
    String pageIndex = request.getParameter("pageIndex");
    int queryUserRole = 0;
    UserService userService = new UserServiceImpl();
    List<User> userList = null;
    //设置页面容量
    int pageSize = Constants.pageSize;
    //当前页码
    int currentPageNo = 1;
    /**
     * http://localhost:8090/SMBMS/userlist.do
     * ---- queryUserName -- NULL
     * http://localhost:8090/SMBMS/userlist.do?queryname=
     * -- queryUserName --- ""
     */
    System.out.println("queryUserName servlet--------" + queryUserName);
    System.out.println("queryUserRole servlet--------" + queryUserRole);
    System.out.println("query pageIndex--------- >" + pageIndex);
    if(queryUserName == null){
        queryUserName = "";
    }
    if(temp != null && !temp.equals("")){
        queryUserRole = Integer.parseInt(temp);
    }

  if(pageIndex != null){
    try{
      currentPageNo = Integer.valueOf(pageIndex);
    }catch(NumberFormatException e){
      response.sendRedirect("error.jsp");
    }
  }
  //总数量(表)
  int totalCount  = userService.getUserCount(queryUserName,queryUserRole);
  //总页数
  PageSupport pages = new PageSupport();
```

```
        pages.setCurrentPageNo(currentPageNo);
        pages.setPageSize(pageSize);
        pages.setTotalCount(totalCount);

        int totalPageCount = pages.getTotalPageCount();

        //控制首页和尾页
        if(currentPageNo < 1){
          currentPageNo = 1;
        }else if(currentPageNo > totalPageCount){
          currentPageNo = totalPageCount;
        }


          userList = userService.getUserList(queryUserName,queryUserRole,currentPageNo, pageSize);
          request.setAttribute("userList", userList);
          List<Role> roleList = null;
          RoleService roleService = new RoleServiceImpl();
          roleList = roleService.getRoleList();
          request.setAttribute("roleList", roleList);
          request.setAttribute("queryUserName", queryUserName);
          request.setAttribute("queryUserRole", queryUserRole);
          request.setAttribute("totalPageCount", totalPageCount);
          request.setAttribute("totalCount", totalCount);
          request.setAttribute("currentPageNo", currentPageNo);
          request.getRequestDispatcher("userlist.jsp").forward(request, response);
      }

      private void add(HttpServletRequest request, HttpServletResponse response)
              throws ServletException, IOException {
          System.out.println("add()================");
          String userCode = request.getParameter("userCode");
          String userName = request.getParameter("userName");
          String userPassword = request.getParameter("userPassword");
          String gender = request.getParameter("gender");
          String birthday = request.getParameter("birthday");
          String phone = request.getParameter("phone");
          String address = request.getParameter("address");
          String userRole = request.getParameter("userRole");

          User user = new User();
          user.setUserCode(userCode);
          user.setUserName(userName);
          user.setUserPassword(userPassword);
          user.setAddress(address);
          try {
              user.setBirthday(new SimpleDateFormat("yyyy-MM-dd").parse(birthday));
          } catch (ParseException e) {
              // TODO Auto-generated catch block
              e.printStackTrace();
          }
          user.setGender(Integer.valueOf(gender));
```

```
        user.setPhone(phone);
        user.setUserRole(Integer.valueOf(userRole));
        user.setCreationDate(new Date());
          user.setCreatedBy(((User)request.getSession().getAttribute(Constants.USER_
SESSION)).getId());

        UserService userService = new UserServiceImpl();
        if(userService.add(user)){
                response.sendRedirect(request.getContextPath() + "/jsp/user.do?method =
query");
        }else{
            request.getRequestDispatcher("useradd.jsp").forward(request, response);
        }
    }

    /**
     * Initialization of the servlet. <br>
     *
     * @throws ServletException if an error occurs
     */
    public void init() throws ServletException {
        // Put your code here
    }

}
```

2. 订单管理模块

订单管理的 Servlet。

```
package cn.gzdky.servlet.bill;

import java.io.IOException;
import java.io.PrintWriter;
import java.math.BigDecimal;
import java.util.ArrayList;
import java.util.Date;
import java.util.HashMap;
import java.util.List;

import javax.servlet.ServletException;
import javax.servlet.http.HttpServlet;
import javax.servlet.http.HttpServletRequest;
import javax.servlet.http.HttpServletResponse;

import com.alibaba.fastjson.JSONArray;
import com.mysql.jdbc.StringUtils;

import cn.gzdky.pojo.Bill;
import cn.gzdky.pojo.Provider;
import cn.gzdky.pojo.User;
import cn.gzdky.service.bill.BillService;
import cn.gzdky.service.bill.BillServiceImpl;
import cn.gzdky.service.provider.ProviderService;
import cn.gzdky.service.provider.ProviderServiceImpl;
```

```
import cn.gzdky.util.Constants;

public class BillServlet extends HttpServlet {

    /**
     * Destruction of the servlet. <br>
     */
    public void destroy() {
        super.destroy(); // Just put the "destroy" string in the log
        // Put your code here
    }

    /**
     * The doGet method of the servlet. <br>
     *
     * This method is called when a form has its tag value method equals to get.
     *
     * @param request the request send by the client to the server
     * @param response the response send by the server to the client
     * @throws ServletException if an error occurs
     * @throws IOException if an error occurs
     */
    public void doGet(HttpServletRequest request, HttpServletResponse response)
            throws ServletException, IOException {

        doPost(request, response);
    }

    /**
     * The doPost method of the servlet. <br>
     *
     * This method is called when a form has its tag value method equals to post.
     *
     * @param request the request send by the client to the server
     * @param response the response send by the server to the client
     * @throws ServletException if an error occurs
     * @throws IOException if an error occurs
     */
    public void doPost(HttpServletRequest request, HttpServletResponse response)
            throws ServletException, IOException {

        /*String totalPrice = request.getParameter("totalPrice");
        //23.234  45
        BigDecimal totalPriceBigDecimal =
                //设置规则,小数点保留两位,多出部分,ROUND_DOWN 舍弃
                //ROUND_HALF_UP 四舍五入(5 入),ROUND_UP 进位
                //ROUND_HALF_DOWN 四舍五入(5 不入)
                new BigDecimal(totalPrice).setScale(2,BigDecimal.ROUND_DOWN);*/

        String method = request.getParameter("method");
        if(method != null && method.equals("query")){
            this.query(request,response);
        }else if(method != null && method.equals("add")){
```

```
            this.add(request,response);
        }else if(method != null && method.equals("view")){
            this.getBillById(request,response,"billview.jsp");
        }else if(method != null && method.equals("modify")){
            this.getBillById(request,response,"billmodify.jsp");
        }else if(method != null && method.equals("modifysave")){
            this.modify(request,response);
        }else if(method != null && method.equals("delbill")){
            this.delBill(request,response);
        }else if(method != null && method.equals("getproviderlist")){
            this.getProviderlist(request,response);
        }

    }

    private void getProviderlist(HttpServletRequest request, HttpServletResponse response)
            throws ServletException, IOException {

        System.out.println("getproviderlist ========================= ");

        List<Provider> providerList = new ArrayList<Provider>();
        ProviderService providerService = new ProviderServiceImpl();
        providerList = providerService.getProviderList("","");
        //把 providerList 转换成 JSON 对象输出
        response.setContentType("application/json");
        PrintWriter outPrintWriter = response.getWriter();
        outPrintWriter.write(JSONArray.toJSONString(providerList));
        outPrintWriter.flush();
        outPrintWriter.close();
    }
    private void getBillById(HttpServletRequest request, HttpServletResponse response,String
url)
            throws ServletException, IOException {
        String id = request.getParameter("billid");
        if(!StringUtils.isNullOrEmpty(id)){
            BillService billService = new BillServiceImpl();
            Bill bill = null;
            bill = billService.getBillById(id);
            request.setAttribute("bill", bill);
            request.getRequestDispatcher(url).forward(request, response);
        }
    }

    private void modify(HttpServletRequest request, HttpServletResponse response)
            throws ServletException, IOException {
        System.out.println("modify=============== ");
        String id = request.getParameter("id");
        String productName = request.getParameter("productName");
        String productDesc = request.getParameter("productDesc");
        String productUnit = request.getParameter("productUnit");
        String productCount = request.getParameter("productCount");
        String totalPrice = request.getParameter("totalPrice");
        String providerId = request.getParameter("providerId");
```

```
        String isPayment = request.getParameter("isPayment");

        Bill bill = new Bill();
        bill.setId(Integer.valueOf(id));
        bill.setProductName(productName);
        bill.setProductDesc(productDesc);
        bill.setProductUnit(productUnit);
        bill.setProductCount(new BigDecimal(productCount).setScale(2,BigDecimal.ROUND_
DOWN));
        bill.setIsPayment(Integer.parseInt(isPayment));
        bill.setTotalPrice(new BigDecimal(totalPrice).setScale(2,BigDecimal.ROUND_DOWN));
        bill.setProviderId(Integer.parseInt(providerId));

bill.setModifyBy(((User)request.getSession().getAttribute(Constants.USER_SESSION)).getId());
        bill.setModifyDate(new Date());
        boolean flag = false;
        BillService billService = new BillServiceImpl();
        flag = billService.modify(bill);
        if(flag){
response.sendRedirect(request.getContextPath() + "/jsp/bill.do?method = query");
        }else{
            request.getRequestDispatcher("billmodify.jsp").forward(request, response);
        }
    }
    private void delBill(HttpServletRequest request, HttpServletResponse response)
            throws ServletException, IOException {
        String id = request.getParameter("billid");
        HashMap< String, String > resultMap = new HashMap< String, String >();
        if(!StringUtils.isNullOrEmpty(id)){
            BillService billService = new BillServiceImpl();
            boolean flag = billService.deleteBillById(id);
            if(flag){//删除成功
                resultMap.put("delResult", "true");
            }else{//删除失败
                resultMap.put("delResult", "false");
            }
        }else{
            resultMap.put("delResult", "notexit");
        }
        //把 resultMap 转换成 JSON 对象输出
        response.setContentType("application/json");
        PrintWriter outPrintWriter = response.getWriter();
        outPrintWriter.write(JSONArray.toJSONString(resultMap));
        outPrintWriter.flush();
        outPrintWriter.close();
    }
    private void add(HttpServletRequest request, HttpServletResponse response)
            throws ServletException, IOException {
        String billCode = request.getParameter("billCode");
        String productName = request.getParameter("productName");
        String productDesc = request.getParameter("productDesc");
```

```
        String productUnit = request.getParameter("productUnit");

        String productCount = request.getParameter("productCount");
        String totalPrice = request.getParameter("totalPrice");
        String providerId = request.getParameter("providerId");
        String isPayment = request.getParameter("isPayment");

        Bill bill = new Bill();
        bill.setBillCode(billCode);
        bill.setProductName(productName);
        bill.setProductDesc(productDesc);
        bill.setProductUnit(productUnit);
        bill.setProductCount(new BigDecimal(productCount).setScale(2,BigDecimal.ROUND_
DOWN));
        bill.setIsPayment(Integer.parseInt(isPayment));
        bill.setTotalPrice(new BigDecimal(totalPrice).setScale(2,BigDecimal.ROUND_DOWN));
        bill.setProviderId(Integer.parseInt(providerId));
bill.setCreatedBy(((User)request.getSession().getAttribute(Constants.USER_SESSION)).getId());
        bill.setCreationDate(new Date());
        boolean flag = false;
        BillService billService = new BillServiceImpl();
        flag = billService.add(bill);
        System.out.println("add flag -- > " + flag);
        if(flag){
response.sendRedirect(request.getContextPath() + "/jsp/bill.do?method = query");
        }else{
            request.getRequestDispatcher("billadd.jsp").forward(request, response);
        }

    }
    private void query(HttpServletRequest request, HttpServletResponse response)
            throws ServletException, IOException {

        List < Provider > providerList = new ArrayList < Provider >();
        ProviderService providerService = new ProviderServiceImpl();
        providerList = providerService.getProviderList("","");
        request.setAttribute("providerList", providerList);

        String queryProductName = request.getParameter("queryProductName");
        String queryProviderId = request.getParameter("queryProviderId");
        String queryIsPayment = request.getParameter("queryIsPayment");
        if(StringUtils.isNullOrEmpty(queryProductName)){
            queryProductName = "";
        }

        List < Bill > billList = new ArrayList < Bill >();
        BillService billService = new BillServiceImpl();
        Bill bill = new Bill();
        if(StringUtils.isNullOrEmpty(queryIsPayment)){
            bill.setIsPayment(0);
        }else{
```

```
                bill.setIsPayment(Integer.parseInt(queryIsPayment));
            }

            if(StringUtils.isNullOrEmpty(queryProviderId)){
                bill.setProviderId(0);
            }else{
                bill.setProviderId(Integer.parseInt(queryProviderId));
            }
            bill.setProductName(queryProductName);
            billList = billService.getBillList(bill);
            request.setAttribute("billList", billList);
            request.setAttribute("queryProductName", queryProductName);
            request.setAttribute("queryProviderId", queryProviderId);
            request.setAttribute("queryIsPayment", queryIsPayment);
            request.getRequestDispatcher("billlist.jsp").forward(request, response);

        }

        public static void main(String[] args) {
            System.out.println(new BigDecimal("23.235").setScale(2,BigDecimal.ROUND_HALF_DOWN));
        }

        /**
         * Initialization of the servlet. <br>
         *
         * @throws ServletException if an error occurs
         */
        public void init() throws ServletException {
            // Put your code here
        }

}
```

3. 供应商管理模块

供应商管理的 Servlet。

```
package cn.gzdky.servlet.provider;

import java.io.IOException;
import java.io.PrintWriter;
import java.util.ArrayList;
import java.util.Date;
import java.util.HashMap;
import java.util.List;

import javax.servlet.ServletException;
import javax.servlet.http.HttpServlet;
import javax.servlet.http.HttpServletRequest;
import javax.servlet.http.HttpServletResponse;

import cn.gzdky.pojo.Provider;
import cn.gzdky.pojo.User;
import cn.gzdky.service.provider.ProviderService;
import cn.gzdky.service.provider.ProviderServiceImpl;
import cn.gzdky.util.Constants;
```

```
import com.alibaba.fastjson.JSONArray;
import com.mysql.jdbc.StringUtils;

public class ProviderServlet extends HttpServlet {

    /**
     * Destruction of the servlet. <br>
     */
    public void destroy() {
        super.destroy(); // Just put the "destroy" string in the log
        // Put your code here
    }

    /**
     * The doGet method of the servlet. <br>
     *
     * This method is called when a form has its tag value method equals to get.
     *
     * @param request the request send by the client to the server
     * @param response the response send by the server to the client
     * @throws ServletException if an error occurs
     * @throws IOException if an error occurs
     */
    public void doGet(HttpServletRequest request, HttpServletResponse response)
            throws ServletException, IOException {
        doPost(request, response);
    }

    /**
     * The doPost method of the servlet. <br>
     *
     * This method is called when a form has its tag value method equals to post.
     *
     * @param request the request send by the client to the server
     * @param response the response send by the server to the client
     * @throws ServletException if an error occurs
     * @throws IOException if an error occurs
     */
    public void doPost(HttpServletRequest request, HttpServletResponse response)
            throws ServletException, IOException {
        String method = request.getParameter("method");
        if(method != null && method.equals("query")){
            this.query(request,response);
        }else if(method != null && method.equals("add")){
            this.add(request,response);
        }else if(method != null && method.equals("view")){
            this.getProviderById(request,response,"providerview.jsp");
        }else if(method != null && method.equals("modify")){
            this.getProviderById(request,response,"providermodify.jsp");
        }else if(method != null && method.equals("modifysave")){
            this.modify(request,response);
        }else if(method != null && method.equals("delprovider")){
            this.delProvider(request,response);
```

```
        }
    }

    private void delProvider(HttpServletRequest request, HttpServletResponse response)
            throws ServletException, IOException {
        String id = request.getParameter("proid");
        HashMap<String, String> resultMap = new HashMap<String, String>();
        if(!StringUtils.isNullOrEmpty(id)){
            ProviderService providerService = new ProviderServiceImpl();
            int flag = providerService.deleteProviderById(id);
            if(flag == 0){//删除成功
                resultMap.put("delResult", "true");
            }else if(flag == -1){//删除失败
                resultMap.put("delResult", "false");
            }else if(flag > 0){//该供应商下有订单,不能删除,返回订单数
                resultMap.put("delResult", String.valueOf(flag));
            }
        }else{
            resultMap.put("delResult", "notexit");
        }
        //把 resultMap 转换成 JSON 对象输出
        response.setContentType("application/json");
        PrintWriter outPrintWriter = response.getWriter();
        outPrintWriter.write(JSONArray.toJSONString(resultMap));
        outPrintWriter.flush();
        outPrintWriter.close();
    }

    private void modify(HttpServletRequest request, HttpServletResponse response)
            throws ServletException, IOException {
        String proContact = request.getParameter("proContact");
        String proPhone = request.getParameter("proPhone");
        String proAddress = request.getParameter("proAddress");
        String proFax = request.getParameter("proFax");
        String proDesc = request.getParameter("proDesc");
        String id = request.getParameter("id");
        Provider provider = new Provider();
        provider.setId(Integer.valueOf(id));
        provider.setProContact(proContact);
        provider.setProPhone(proPhone);
        provider.setProFax(proFax);
        provider.setProAddress(proAddress);
        provider.setProDesc(proDesc);

provider.setModifyBy(((User)request.getSession().getAttribute(Constants.USER_SESSION)).
getId());
        provider.setModifyDate(new Date());
        boolean flag = false;
        ProviderService providerService = new ProviderServiceImpl();
        flag = providerService.modify(provider);
        if(flag){

response.sendRedirect(request.getContextPath() + "/jsp/provider.do?method = query");
        }else{
```

```
                request. getRequestDispatcher ( " providermodify. jsp"). forward ( request,
response);
            }
        }

        private void getProviderById(HttpServletRequest request, HttpServletResponse response,
String url)
                throws ServletException, IOException {
            String id = request.getParameter("proid");
            if(!StringUtils.isNullOrEmpty(id)){
                ProviderService providerService = new ProviderServiceImpl();
                Provider provider = null;
                provider = providerService.getProviderById(id);
                request.setAttribute("provider", provider);
                request.getRequestDispatcher(url).forward(request, response);
            }
        }
        private void add(HttpServletRequest request, HttpServletResponse response)
                throws ServletException, IOException {
            String proCode = request.getParameter("proCode");
            String proName = request.getParameter("proName");
            String proContact = request.getParameter("proContact");
            String proPhone = request.getParameter("proPhone");
            String proAddress = request.getParameter("proAddress");
            String proFax = request.getParameter("proFax");
            String proDesc = request.getParameter("proDesc");

            Provider provider = new Provider();
            provider.setProCode(proCode);
            provider.setProName(proName);
            provider.setProContact(proContact);
            provider.setProPhone(proPhone);
            provider.setProFax(proFax);
            provider.setProAddress(proAddress);
            provider.setProDesc(proDesc);

provider.setCreatedBy(((User)request.getSession().getAttribute(Constants.USER_SESSION)).
getId());
            provider.setCreationDate(new Date());
            boolean flag = false;
            ProviderService providerService = new ProviderServiceImpl();
            flag = providerService.add(provider);
            if(flag){

response.sendRedirect(request.getContextPath() + "/jsp/provider.do?method = query");
            }else{
                request.getRequestDispatcher("provideradd.jsp").forward(request, response);
            }
        }

        private void query(HttpServletRequest request, HttpServletResponse response)
                throws ServletException, IOException {
            String queryProName = request.getParameter("queryProName");
            String queryProCode = request.getParameter("queryProCode");
```

```
        if(StringUtils.isNullOrEmpty(queryProName)){
            queryProName = "";
        }
        if(StringUtils.isNullOrEmpty(queryProCode)){
            queryProCode = "";
        }
        List<Provider> providerList = new ArrayList<Provider>();
        ProviderService providerService = new ProviderServiceImpl();
        providerList = providerService.getProviderList(queryProName,queryProCode);
        request.setAttribute("providerList", providerList);
        request.setAttribute("queryProName", queryProName);
        request.setAttribute("queryProCode", queryProCode);
        request.getRequestDispatcher("providerlist.jsp").forward(request, response);
    }


    /**
     * Initialization of the servlet. <br>
     *
     * @throws ServletException if an error occurs
     */
    public void init() throws ServletException {
        // Put your code here
    }

}
```

习题

1. 下面选项中，哪个方法用于返回映射到某个资源文件的 URL 对象？（　　）
   A. getRealPath(String path)　　B. getResource(String path)
   C. getResourcePaths(String path)　　D. getResourceAsStream(String path)
2. 下面选项中，用于根据虚拟路径得到文件的真实路径的方法是（　　）。
   A. String getRealPath(String path)
   B. URL getResource(String path)
   C. Set getResourcePaths(String path)
   D. InputStream getResourceAsStream(String path)
3. 使用 request 实现转发时，下列哪个路径的写法是正确的？（　　）
   A. 只能是相对路径　　B. 只能是绝对路径
   C. 相对路径和绝对路径都可以　　D. 相对路径可以，但绝对路径不可以
4. 通过配置 Tomcat 来解决 GET 请求参数的乱码问题，可以在 server.xml 文件中的 Connector 节点下添加的属性是（　　）。
   A. useBodyEncodingForURI="false"　　B. useBodyEncoding="true"
   C. useBodyEncodingForURI="true"　　D. useBodyEncoding="false"
5. 在 HttpServletRequest 接口中，用于返回请求消息的实体部分的字符集编码的方法是（　　）。

A. getCharacter()　　B. getCharacterEncoding()

C. getEncoding()　　D. getHeader(String name)

6. 在 Servlet 开发中,实现了多个 Servlet 之间数据共享的对象是(　　)。

7. 在 Servlet 容器启动每一个 Web 应用时,就会创建一个唯一的 ServletContext 对象,该对象和 Web 应用具有相同的(　　)。

8. ServletConfig 对象是由(　　)创建出来的。

9. 在 HttpServletResponse 接口中,实现请求重定向的方法是(　　)。

10. 用于监听 ServletRequest 对象生命周期的接口是(　　)。

项目3

掌握JSP技术

JSP(Java Server Pages)部署于网络服务器上,可以响应客户端发送的请求,并根据请求内容动态地生成 HTML、XML 或其他格式文档的 Web 网页,然后返回给请求者。首先,开发人员使用 JSP 来创建 HTML 或 XML 模板,这些模板中包含一些占位符或控制结构。然后,使用 EL 表达式来计算并插入动态内容。最后,使用 JSTL 标签来实现复杂的逻辑和动态内容生成。通过这种方式,开发人员可以创建出既动态又高效的 Web 应用程序。

项目主要内容:

- 掌握 JSP 开发。
- 掌握 EL 表达式应用。
- 掌握 JSTL 标签应用。

能力目标:

掌握 JSP 及相关技术开发知识,提升 Web 开发能力。

任务 1: 认识 JSP

学习要点:

- 理解 JSP 的概念和运行原理。
- 掌握 JSP 的基本使用。
- 掌握 JSP 的内置对象。
- 掌握 JSP 的四大作用域。

学习目的:

通过本任务的学习,熟悉 JSP 技术开发的基础知识。

学习情境 1: JSP 概述

1. 什么是 JSP

JSP 全称为 Java Server Pages,是一种动态网页开发技术。它使用 JSP 标签在 HTML 网页中插入 Java 代码。标签通常以<%开头,以%>结束。

JSP 是一种 Java Servlet,主要用于实现 Java Web 应用程序的用户界面部分。网页开发者通过结合 HTML 代码、XHTML 代码、XML 元素以及嵌入 JSP 操作和命令来编写 JSP。

JSP 通过网页表单获取用户输入数据、访问数据库及其他数据源，然后动态地创建网页。

JSP 标签有多种功能，如访问数据库、记录用户选择信息、访问 JavaBeans 组件等，还可以在不同的网页中传递控制信息和共享信息。

2. 为什么使用 JSP

(1) 性能更加优越，因为 JSP 可以直接在 HTML 网页中动态嵌入元素而不需要单独引用 CGI 文件。

(2) 服务器调用的是已经编译好的 JSP 文件，而不像 CGI/Perl 那样必须先载入解释器和目标脚本。

(3) JSP 基于 Java Servlets API，因此，JSP 拥有各种强大的企业级 Java API，包括 JDBC、JNDI、EJB、JAXP 等。

(4) JSP 页面可以与处理业务逻辑的 Servlets 一起使用，这种模式被 Java Servlet 模板引擎所支持。

(5) JSP 是 Java EE 不可或缺的一部分，是一个完整的企业级应用平台。这意味着 JSP 可以用最简单的方式来实现最复杂的应用。

3. JSP 的优势

(1) 与 ASP 相比。

JSP 有两大优势。首先，动态部分用 Java 编写，而不是 VB 或其他 MS 专用语言，所以更加强大与易用。其次就是 JSP 易于移植到非 MS 平台上。

(2) 与纯 Servlets 相比。

JSP 可以很方便地编写或者修改 HTML 网页而不用去面对大量的 println 语句。

(3) 与 SSI 相比。

SSI 无法使用表单数据，无法进行数据库连接。

(4) 与 JavaScript 相比。

虽然 JavaScript 可以在客户端动态生成 HTML，但是很难与服务器交互，因此不能提供复杂的服务，如访问数据库和图像处理等。

(5) 与静态 HTML 相比。

静态 HTML 不包含动态信息。

学习情境 2：JSP 运行原理

1. JSP 的技术特点

JSP 和 Servlet 是本质相同的技术。当一个 JSP 文件第一次被请求时，JSP 引擎会将该 JSP 编译成一个 Servlet，并执行这个 Servlet。如果 JSP 文件被修改了，那么 JSP 引擎会重新编译这个 JSP。

JSP 引擎对 JSP 编译时会生成两个文件，分别是. java 的源文件以及编译后的. class 文件，并放到 Tomcat 的 work 目录的 Catalina 对应的虚拟主机目录中的 org\apache\jsp 中。两个文件的名称会使用 JSP 的名称加“_jsp”表示，如 index_jsp. java、index_jsp. class。

2. JSP 与 Servlet 区别

(1) 创建方式不同。

Servlet 完全由 Java 程序代码构成,用于流程控制和事务处理,因此通过 Servlet 来生成动态网页很不直观;JSP 由 HTML 代码和 JSP 标签构成,可以方便地编写动态网页。

(2) 编译方式不同。

Servlet 修改后需要编译才能看到结果;JSP 修改后可以立即看到结果,不需要编译。

(3) 运行方式不同。

Servlet 是 Web 服务器端编程技术;JSP 是动态网页开发技术,是运行在服务器端的脚本语言。

(4) 侧重面不同。

Servlet 主要用于控制逻辑;JSP 侧重于视图。

学习情境 3:JSP 的基本使用

1. JSP 的三种原始标签

1) 声明标签:<%!　%>

声明标签用于在 JSP 中定义成员变量与方法。标签中的内容会出现在 JSP 被编译后的 Servlet 的 class 的{}中。

2) 脚本标签:<%　%>

脚本标签用于在 JSP 中编写业务逻辑。标签中的内容会出现在 JSP 被编译后的 Servlet 的_jspService 方法体中。

3) 赋值标签:<%=　%>

赋值标签用于在 JSP 中做内容输出。标签中的内容会出现在_jspService 方法的 out.print()方法的参数中。注意,在使用赋值标签时不需要在代码中添加“;”。

例 1:JSP 原始标签的使用

需求:以 20%概率显示中奖。

```
<html>
<head>
        <title>Title</title>
</head>
<body>
欢迎来到中奖游戏
        <%
            int flag = new Random().nextInt(100);
            if (flag <= 20){
        %>
            中奖了  <% =flag %>
        <% }else { %>
            再试一次吧 <% = flag %>
        <% } %>
</body>
</html>
```

2. JSP 的指令标签

(1) 指令标签语法:JSP 指令标签的作用是声明 JSP 页面的一些属性和动作。

```
<%@ directive attribute = "value" %>
```

注意：指令可以有多个属性，它们以键值对的形式存在，并用逗号隔开。

(2) 指令标签分类，如表 3.1 所示。

表 3.1　JSP 中的三种指令标签一览表

序号	指　　令	描　　述
1	<%@ page…%>	定义网页依赖属性，如脚本语言、error 页面、缓存需求等
2	<%@ include…%>	包含其他文件
3	<%@ taglib…%>	引入标签库的定义

(3) Page 指令：为容器提供当前页面的使用说明。一个 JSP 页面可以包含多个 page 指令。语法格式如下。

```
<%@ page attribute = "value" %>
```

等价的 XML 格式：

```
<jsp:directive.page attribute = "value" />
```

表 3.2 列出了 Page 指令相关的属性。

表 3.2　JSP 中的 Page 指令相关属性一览表

序号	属　　性	描　　述
1	buffer	指定 out 对象使用缓冲区的大小
2	autoFlush	控制 out 对象的缓存区
3	contentType	指定当前 JSP 页面的 MIME 类型和字符编码
4	errorPage	指定当 JSP 页面发生异常时需要转向的错误处理页面
5	isErrorPage	指定当前页面是否可以作为另一个 JSP 页面的错误处理页面
6	extends	指定 Servlet 从哪一个类继承
7	import	导入要使用的 Java 类
8	info	定义 JSP 页面的描述信息
9	isThreadSafe	指定对 JSP 页面的访问是否为线程安全
10	language	定义 JSP 页面所用的脚本语言，默认是 Java
11	session	指定 JSP 页面是否使用 Session
12	isELIgnored	指定是否执行 EL 表达式
13	isScriptingEnabled	确定脚本元素能否被使用

(4) Include 指令：静态包含，可以将其他页面内容包含进来，一起进行编译运行，生成一个 Java 文件，语法格式如下。

```
<%@ include file = "relative url" %>
```

Include 指令中的文件名实际上是一个相对的 URL。如果没有给文件关联一个路径，则 JSP 编译器默认在当前路径下寻找。

等价的 XML 语法：

```
<jsp:directive.include file = "relative url" />
```

(5) Taglib 指令：导入标签库，语法格式如下。

```
<%@ taglib uri = "uri" prefix = "prefixOfTag" %>
```

uri 属性确定标签库的位置，prefix 属性指定标签库的前缀。

等价的 XML 语法：

```
<jsp:directive.taglib uri="uri" prefix="prefixOfTag" />
```

学习情境 4：JSP 的隐式对象

JSP 隐式对象是 JSP 容器为每个页面提供的 Java 对象，开发者可以直接使用它们而不用显式声明。JSP 隐式对象也被称为预定义变量。

表 3.3 列出了 JSP 所支持的九大隐式对象。

表 3.3　JSP 所支持的九大隐式对象一览表

序号	对　　象	描　　述
1	request	HttpServletRequest 类的实例
2	response	HttpServletResponse 类的实例
3	out	PrintWriter 类的实例，用于把结果输出至网页上
4	session	HttpSession 类的实例
5	application	ServletContext 类的实例，与应用上下文有关
6	config	ServletConfig 类的实例
7	pageContext	PageContext 类的实例，提供对 JSP 页面所有对象以及命名空间的访问
8	page	类似于 Java 类中的 this 关键字
9	exception	Exception 类的对象，代表发生错误的 JSP 页面中对应的异常对象

1. request 对象

request 对象是 javax. servlet. http. HttpServletRequest 类的实例。每当客户端请求一个 JSP 页面时，JSP 引擎就会制造一个新的 request 对象来代表这个请求。

request 对象提供了一系列方法来获取 HTTP 头信息、Cookies、HTTP 方法等。

2. response 对象

response 对象是 javax. servlet. http. HttpServletResponse 类的实例。当服务器创建 request 对象时会同时创建用于响应这个客户端的 response 对象。

response 对象也定义了处理 HTTP 头模块的接口。通过这个对象，开发者们可以添加新的 Cookies、时间戳、HTTP 状态码等。

3. out 对象

out 对象是 javax. servlet. jsp. JspWriter 类的实例，用来在 response 对象中写入内容。

最初的 JspWriter 类对象根据页面是否有缓存来进行不同的实例化操作。可以在 page 指令中使用 buffered='false'属性来轻松关闭缓存。

JspWriter 类包含大部分 java. io. PrintWriter 类中的方法。不过，JspWriter 新增了一些专为处理缓存而设计的方法。此外，JspWriter 类会抛出 IOExceptions 异常，而 PrintWriter 不会。

表 3.4 列出了用于输出 boolean、char、int、double、String、object 等类型数据的重要方法。

表 3.4　out 对象输出类型数据的重要方法一览表

序号	方　法	描　述
1	out. print(dataType dt)	输出 Type 类型的值
2	out. println(dataType dt)	输出 Type 类型的值然后换行
3	out. flush()	刷新输出流

4. session 对象

session 对象是 javax. servlet. http. HttpSession 类的实例。和 Java Servlets 中的 session 对象有一样的行为。session 对象用来跟踪在各个客户端请求间的会话。

5. application 对象

application 对象直接包装了 Servlet 的 ServletContext 类的对象，是 javax. servlet. ServletContext 类的实例。

这个对象在 JSP 页面的整个生命周期中都代表着这个 JSP 页面。这个对象在 JSP 页面初始化时被创建，随着 jspDestroy()方法的调用而被移除。

通过向 application 中添加属性，所有组成 Web 应用的 JSP 文件都能访问到这些属性。

6. config 对象

config 对象是 javax. servlet. ServletConfig 类的实例，直接包装了 Servlet 的 ServletConfig 类的对象。这个对象允许开发者访问 Servlet 或者 JSP 引擎的初始化参数，如文件路径等。

以下是 config 对象的使用方法，不是很重要，所以不常用。

```
config.getServletName();
```

它返回包含在< servlet-name >元素中的 Servlet 名字，注意，< servlet-name >元素在 WEB-INF\web. xml 文件中定义。

7. pageContext 对象

pageContext 对象是 javax. servlet. jsp. PageContext 类的实例，用来代表整个 JSP 页面。

这个对象主要用来访问页面信息，同时过滤掉大部分实现细节，存储了 request 对象和 response 对象的引用。application 对象、config 对象、session 对象、out 对象可以通过访问这个对象的属性来导出。

pageContext 对象也包含传给 JSP 页面的指令信息，包括缓存信息、ErrorPage URL、页面 scope 等。

PageContext 类定义了一些字段，包括 PAGE_SCOPE、REQUEST_SCOPE、SESSION_SCOPE、APPLICATION_SCOPE。它也提供了 40 余种方法，有一半继承自 javax. servlet. jsp. JspContext 类。

其中一个重要的方法就是 removeArribute()，它可接受一个或两个参数。例如，pageContext. removeArribute("attrName")移除 4 个 scope 中的相关属性，但是下面这种方法只移除特定 scope 中的相关属性。

```
pageContext.removeAttribute("attrName", PAGE_SCOPE);
```

8. page 对象

这个对象就是页面实例的引用。它可以被看作是整个 JSP 页面的代表。page 对象就是 this 对象的同义词。

9. exception 对象

exception 对象包装了从先前页面中抛出的异常信息。它通常被用来产生对出错条件的适当响应。

学习情境 5：请求转发

1. 什么是请求转发(服务器行为)

请求转发指一个 Web 资源收到客户端请求后,通知服务器去调用另一个 Web 资源进行处理。请求转发一定要和 HttpServletResponse. sendRedirect 所表示的请求重定向区别开来。

1) RequestDispatcher 接口

javax. servlet 包中定义了一个 RequestDispatcher 接口,RequestDispatcher 对象由 Servlet 容器创建,用于封装由路径所标识的 Web 资源。利用 RequestDispatcher 对象可以把请求转发给其他的 Web 资源。

Servlet 可以通过以下两种方式获得 RequestDispatcher 对象。

(1) 调用 ServletContext 的 getRequestDispatcher(String path)方法,参数 path 指定目标资源的路径,必须为绝对路径。

(2) 调用 ServletRequest 的 getRequestDispatcher(String path)方法,参数 path 指定目标资源的路径,可以为绝对路径,也可以为相对路径。

RequestDispatcher 接口中提供了以下方法,如表 3.5 所示。

表 3.5 out 对象输出类型数据的重要方法一览表

序号	返回类型	方　法	描　述
1	void	forward(ServletRequest equest, ServletResponse response)	用于将请求转发给另一个 Web 资源。该方法必须在响应提交给客户端之前被调用,否则将抛出 IllegalStateException 异常
2	void	include(ServletRequest equest, ServletResponse response)	用于将其他的资源作为当前响应内容包含进来

2) 请求转发的工作原理

在 Servlet 中,通常使用 forward()方法将当前请求转发给其他的 Web 资源进行处理。请求转发的工作原理如图 3.1 所示。

3) 请求转发的特点

(1) 请求转发不支持跨域访问,只能跳转到当前应用中的资源。

(2) 请求转发之后,浏览器地址栏中的 URL 不会发生变化,因此浏览器不知道在服务器内部发生了转发行为,更无法得知转发的次数。

(3) 参与请求转发的 Web 资源之间共享同一 request 对象和 response 对象。

(4) 由于 forward() 方法会先清空 response 缓冲区,因此只有转发到最后一个 Web 资源时,生成的响应才会被发送到客户端。

2. 请求转发与重定向的区别

请求转发和重定向是两种不同的机制,它们之间的主要区别如下。

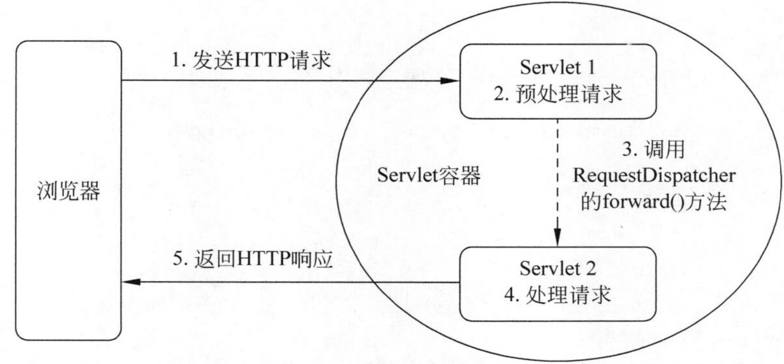

图 3.1 请求转发的工作原理图

(1) 在服务器端的行为不同：请求转发是在服务器端完成的，而重定向是在客户端完成的。

(2) 转发速度快慢不同：请求转发速度快，而重定向速度相对较慢。

(3) 请求次数不同：请求转发是同一次请求，而重定向是两次不同的请求。

(4) 执行代码不同：请求转发不会执行转发后的代码，而重定向会执行重定向之后的代码。

(5) 地址栏显示不同：请求转发后 URL 地址栏不会改变，而重定向后会变成请求的新地址。

(6) 可访问性不同：请求转发可以访问 WEB-INF 文件夹，而重定向不能。

以下是重定向的工作原理，如图 3.2 所示，可与请求转发的工作原理图进行区别。

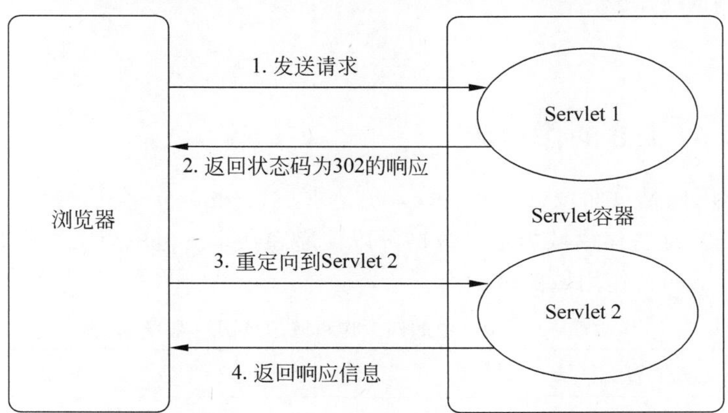

图 3.2 重定向的工作原理图

例 2：请求转发的使用

需求：在 Servlet 中获取客户端浏览器所支持的语言，并通过 JSP 页面将客户端浏览器所支持的语言响应给客户端浏览器。

```
// LanguageServlet.java
@WebServlet("/language.do")
public class LanguageServlet extends HttpServlet {
    @Override
    protected void doGet(HttpServletRequest req, HttpServletResponse resp) throws ServletException,
IOException {
        this.doPost(req, resp);
}

    @Override
      protected void doPost ( HttpServletRequest req, HttpServletResponse resp ) throws
ServletException, IOException {
        String header = req.getHeader("Accept-Language");
        req.setAttribute("key",header);
        req.getRequestDispatcher("showMsg.jsp").forward(req,resp);
    }
}
```

```
<!-- showMsg.jsp -->
<%@ page contentType="text/html;charset=UTF-8" language="java" %>
<html>
<head>
        <title>Title</title>
</head>
<body>
        <%
        String value = (String)request.getAttribute("key");
        %>
        当前支持的语言为:<%= value%>
</body>
</html>
```

学习情境6：JSP的作用域

JSP四大作用域是页面域(pageContext)、请求域(request)、会话域(session)和应用程序域(application),这些作用域规定了数据可以传递和共享的范围以及数据的存活时间。

表3.6列出了四大作用域的范围。

表3.6 JSP中的四大作用域的范围一览表

序号	方　法	描　述
1	页面域(pageContext)	在当前页面有效
2	请求域(request)	在当前请求中有效
3	会话域(session)	在当前会话中有效
4	应用程序域(application)	在所有应用程序中有效

1. 页面域

页面域即PageContext(JSP页面)。page对象的作用范围仅限于用户请求的当前页面。如果把变量放到pageContext里,就说明它的作用域是page,它的有效范围只在当前JSP页面里。

2. 请求域

请求域即 ServletRequest（一次请求）。请求作用域是同一个请求之内，在页面跳转时，如果通过 forword 方式跳转，则 forword 目标页面仍然可以拿到 request 中的属性值。如果通过 redirect 方式进行页面跳转，此种情境下，request 中的属性值会丢失。

3. 会话域

会话域即 HttpSession（一次会话）。会话作用域是在会话的生命周期内，会话失效，则 session 中的数据也随之丢失。

4. 应用程序域

应用程序域即 ServletContext（整个 Web 应用）。应用作用域最大，只要服务器不停止，则 application 对象就一直存在，并且为所有会话所共享。

任务 2：EL 表达式

学习要点：

- 理解 EL 表达式的概念。
- 掌握 EL 表达式的操作符。
- 掌握 EL 表达式的隐含对象。
- 掌握 EL 表达式的使用。

学习目的：

通过本任务的学习，熟悉 JSP 中的 EL 表达式语言开发的基础知识。

学习情境 1：EL 表达式概述

1. 什么是 EL 表达式

EL（Expression Language，表达式语言）。是为了使 JSP 写起来更加简单，减少 Java 代码，可以使得获取存储在 Java 对象中的数据变得非常简单。在 JSP 2.0 版本后开始支持 EL 表达式。

2. 为什么要使用 EL 表达式

（1）简化代码：EL 表达式使用"${}"表示，比 JSP 中的脚本表达式简洁很多。

（2）提高可读性：EL 表达式可以方便地访问页面的上下文，以及不同作用域内的对象，使页面逻辑更清晰，便于阅读和维护。

（3）降低复杂性：EL 表达式无须在 JSP 页面中嵌入大量 Java 代码，降低页面复杂性，使程序可读性更好。

（4）提高执行效率：使用 EL 表达式，JSP 页面无须编译为 Java 类，直接解析执行即可，执行效率更高。

3. EL 表达式语法结构

EL 表达式是 Java Server Pages（JSP）和 Java Server Faces（JSF）中用于访问和操作数据的简单语言。EL 表达式用于从不同的作用域中获取数据，并可以执行简单的算术和比较操作。EL 表达式的语法结构如下。

```
${expression}；或${对象.属性名}
```

其中，expression 是 EL 表达式的主要部分，可以包含各种类型的操作和函数。表 3.7 列出了一些常用 EL 表达式的语法格式示例。

表 3.7　常用 EL 表达式的语法格式示例一览表

序号	语　　法	描　　述
1	${pageScope. attributeName}	从页面作用域中获取数据
2	${requestScope. attributeName}	从请求作用域中获取数据
3	${sessionScope. attributeName}	从会话作用域中获取数据
4	${applicationScope. attributeName}	从应用程序作用域中获取数据
5	${beanName. propertyName}	访问 JavaBean 中的属性
6	${1 + 2}、${3 * 4} 等	算术操作
7	${1 > 2}、${5 >= 6}、${11 != 12}等	比较操作
8	${(condition1) && (condition2)}等	使用逻辑运算符
9	${'Hello,' + name + '!'}等	使用字符串连接符

4. EL 表达式操作符

(1) 算术运算符，如表 3.8 所示。

表 3.8　EL 表达式的算术运算符示例一览表

算　术　符	说　　明	说　　明	结　　果
+	加法	${6 + 8}	14
—	减法	${8 - 6}	2
*	乘法	${8 * 6}	48
/ 或 div	除法	${8/ 6} 或 ${8 div 6}	1
%或 mod	取模	${8 % 6}或 ${8 mod 6}	2

(2) 关系运算符，如表 3.9 所示。

表 3.9　EL 表达式的关系运算符示例一览表

关　系　符	说　　明	说　　明	结　　果
==或 eq	等于	${6 == 8}或 ${6 eq 8}	false
!= 或 ne	不等于	${8!= 6} 或 ${6 ne 8}	true
< 或 lt	小于	${8 < 6}或 ${6 lt 8}	false
> 或 gt	大于	${8 > 6}或 ${6 > 8}	true
<=或 le	小于或等于	${8 <= 6}或 ${6 le 8}	false
>=或 ge	大于或等于	${8 >= 6}或 ${6 ge 8}	true

(3) 逻辑运算符，如表 3.10 所示。

表 3.10　EL 表达式的逻辑运算符示例一览表

逻　辑　符	说　　明	说　　明	结　　果
&& 或 and	与	${6 == 8 && 6<8} 或 ${6 == 8 and 6<8}	false
||或 or	或	${6 == 8 || 6<8} 或 ${6 == 8 or 6<8}	true
! 或 not	非	${!true} 或 ${ not true}	false

(4) empty 运算符：empty 运算符用来检查一个变量或表达式是否为空，其执行结果为布尔型。其规则如下。

① 如果 A 为 null，则表达式 empty A 返回 true。

② 如果 A 是空串，则表达式 empty A 返回 true。

③ 如果 A 是数组、List 或 Map 对象且 A 中没有任何元素，则表达式 empty A 返回 true。

④ 其他情况下，返回 false。

(5) 三元运算符：它是编程语言中的一个功能，允许在一个表达式中执行条件逻辑。它的语法结构是“条件？表达式 1：表达式 2”。其规则如下。

① 它会评估条件(通常是布尔表达式)。

② 如果条件为真(true)，则执行并返回“表达式 1”。

③ 如果条件为假(false)，则执行并返回“表达式 2”。

例 3：empty 和三元运算符的使用

```
<%@ page contentType = "text/html;charset = UTF - 8" language = "java" %>
<html>
<head>
<title>Title</title>
</head>
<body>
        <%
            request.setAttribute("emptyNull", null);
            request.setAttribute("emptyStr", "");
            request.setAttribute("emptyArr", new Object[]{});
            List<String> list = new ArrayList<>();
            request.setAttribute("emptyList", list);
            Map<String,Object> map = new HashMap<String, Object>();
            request.setAttribute("emptyMap", map);
            request.setAttribute("emptyIntArr", new int[]{});
        %>
        ${ empty emptyNull } <br/>     //1.值为 null 值时
        ${ empty emptyStr } <br/>      //2.值为空串时
        ${ empty emptyArr } <br/>      //3.值是 Object 类型数组,长度为零的时候
        ${ empty emptyList } <br/>     //4.list 集合,元素个数为零
        ${ empty emptyMap } <br/>      //5.map 集合,元素个数为零
        ${ empty emptyIntArr} <br/>    //6.其他类型数组长度为 0
        <%-- 三元运算   -- %>
        ${ 12 != 12 ? "相等":"不相等" }
</body>
</html>
```

(6)“.”点运算和“[ ]”中括号运算。

① 点运算可以输出某个对象的某个属性的值(getXxx()或 isXxx()方法返回的值)。

② 中括号运算可以输出有序集合中某个元素的值。

③ 中括号运算可以输出 Map 集合中 key 里含有特殊字符的 key 的值。

例 4：点和中括号运算符的使用

```
<%@ page contentType = "text/html;charset = UTF - 8" language = "java" %>
<html>
<head>
<title>Title</title>
</head>
```

```
<body>
        <%
            Map<String,Object> map = new HashMap<String, Object>();
            map.put("a.a.a", "aaaValue");
            map.put("b+b+b", "bbbValue");
            map.put("c-c-c", "cccValue");
            request.setAttribute("map", map);
        %>
    <%--特殊的key需要去掉最开始的"."并使用中括号和单引号(双引号)引起来--%>
//错误的是 ${map.a.a.a}
        ${ map['a.a.a'] }<br><%--如果不加中括号则相当于三个.运算--%>
        ${ map["b+b+b"] }<br><%--如果不加中括号则相当于三个+运算--%>
        ${ map['c-c-c'] }<br><%--如果不加中括号则相当于三个-运算--%>
</body>
</html>
```

学习情境2：EL表达式的应用

1. EL表达式的隐含对象

在Java Server Pages(JSP)和Java Servlet中,EL(Expression Language)表达式有一些隐含的对象,可以直接在表达式中使用,而无须声明或初始化它们。表3.11列出了EL表达式中的11个隐含对象。

表3.11 EL表达式中的11个隐含对象示例一览表

序号	变　量	类　型	描　述
1	pageContext	PageContextImpl	可获取JSP中的九大内置对象
2	pageScope	Map<String,Object>	可获取pageContext域中的数据
3	requestScope	Map<String,Object>	可获取Request域中的数据
4	sessionScope	Map<String,Object>	可获取Session域中的数据
5	applicationScope	Map<String,Object>	可获取servletContext域中的数据
6	param	Map<String,String>	可获取请求参数
7	paramValues	Map<String,String>	可获取请求参数的值,获取多个值使用
8	header	Map<String,String>	可获取请求头的信息
9	headerValues	Map<String,String>	可获取请求头的信息,可获取多个值的情况
10	cookie	Map<String,Cookie>	可获取当前请求的Cookie信息
11	initParam	Map<String,String>	可获取在web.xml中配置的<context-param>上下文参数

(1) pageScope、requestScope、sessionScope、applicationScope对象的使用。

```
<%@ page contentType="text/html;charset=UTF-8" language="java" %>
<html>
<head>
<title>Title</title>
</head>
<body>
        <%
            pageContext.setAttribute("key1", "pageContext1");
              pageContext.setAttribute("key2", "pageContext2");
              request.setAttribute("key2", "request");
```

```
            session.setAttribute("key2", "session");
            application.setAttribute("key2", "application");
        %>
        <%--  获取特定域中的属性  --%>
        ${ pageScope.key1 }<br>
        ${ applicationScope.key2 }
    <%--若直接获取 key1 或 key2 依然按照之前范围从小到大检索,无法获取指定域--%>
</body>
</html>
```

(2) pageContext 对象的使用。

```
<%@ page contentType="text/html;charset=UTF-8" language="java" %>
<html>
<head>
<title>Title</title>
</head>
<body>
    <%-- 先通过 pageContext 对象获取 request、session 对象,再获取以下内容 --%>
        <%--
            获取请求的协议:request.getScheme()
            获取请求的服务器 IP 或域名:request.getServerName()
            获取请求的服务器端口号:request.getServerPort()
            获取当前工程路径:request.getContextPath()
            获取请求的方式:request.getMethod()
            获取客户端的 IP 地址:request.getRemoteHost()
            获取会话的唯一标识:session.getId()
        --%>
1.协议: ${ pageContext.request.scheme }<br>
2.服务器 IP: ${ pageContext.request.serverName }<br>
3.服务器端口: ${ pageContext.request.serverPort }<br>
4.获取工程路径: ${ pageContext.request.contextPath }<br>
5.获取请求方法: ${ pageContext.request.method }<br>
6.获取客户端 IP 地址: ${ pageContext.request.remoteHost }<br>
7.获取会话的 id: ${ pageContext.session.id}<br>
</body>
</html>
```

(3) param、paramValues 对象的使用。

```
<%@ page contentType="text/html;charset=UTF-8" language="java" %>
<html>
<head>
<title>Title</title>
</head>
<body>
    获取请求参数 username 的值: ${ param.username } <br>
    获取请求参数 password 的值: ${ param.password } <br>
    获取请求参数中第一个 hobby 的值: ${ paramValues.hobby[0] } <br>
    获取请求参数中第二个 hobby 的值: ${ paramValues.hobby[1] } <br>
    <%-- 有多个同名的 key 时使用 paramValues 的索引值决定获取哪一个,使用 param 只可获取
第一个 --%>
    使用 param 获取 hobby 的值: ${ param.hobby } <br>
</body>
</html>
```

（4）header、headerValues 对象的使用。

```
<%@ page contentType="text/html;charset=UTF-8" language="java" %>
<html>
<head>
<title>Title</title>
</head>
<body>
    输出请求头[user-Agent]的值：${ header["User-Agent"] }<br>
    输出请求头中第一个[user-Agent]的值：${ headerValues["User-Agent"][0] }<br>
</body>
</html>
```

（5）cookie 对象的使用。

```
<%@ page contentType="text/html;charset=UTF-8" language="java" %>
<html>
<head>
<title>Title</title>
</head>
<body>
    获取 Cookie 的名称：${ cookie.JSESSIONID.name } <br>
    获取 Cookie 的值：${ cookie.JSESSIONID.value } <br>
</body>
</html>
```

（6）initParam 对象的使用。

```
<%@ page contentType="text/html;charset=UTF-8" language="java" %>
<html>
<head>
<title>Title</title>
</head>
<body>
    输出 &lt;Context-param&gt;username 的值：${ initParam.username } <br>
    输出 &lt;Context-param&gt;url 的值：${ initParam.url } <br>
</body>
</html>
```

2. 使用 EL 表达式取出作用域中的值

EL 表达式是 Java Server Faces(JSF)中的一个特性，它用于在 JSF 应用程序的 UI 组件中访问后台数据和操作数据。EL 表达式可以用于访问不同类型的作用域中的值，这些作用域包括请求作用域、会话作用域、应用作用域以及视图作用域等。表 3.12 列出了一些在不同作用域中获取值的基本示例。

表 3.12　不同作用域中获取值的基本示例一览表

序号	作　用　域	描　　述
1	${requestScope.key}	从请求作用域中取值
2	${sessionScope.key}	从会话作用域中取值
3	${applicationScope.key}	从应用作用域中取值
4	${viewScope.key}	从视图作用域中取值
5	${context.someValue}	从上下文中取值

获取作用域属性中的数据时，也可以只写属性名，EL 表达式会按照 pageScope、requestScope、sessionScope、applicationScope 的顺序查找该属性的值（${name}）。

（1）获取对象、List 集合、Map 集合的值。

```
//创建 User.java 文件
import java.text.SimpleDateFormat;
import java.util.Date;
public class User {
    private String name;
    private String age;
    private Date birthday;
    /**
      * 逻辑视图
      * @return
      */
    public String getBirStr(){
        if (birthday != null){
            //1.格式化日期对象
            SimpleDateFormat sdf = new SimpleDateFormat("yyyy-MM-dd HH:mm:ss");
            //2.返回字符串即可
            return  sdf.format(birthday);
        }else {
            return "";
        }
    }
    public String getName() {
        return name;
    }
   public void setName(String name) {
        this.name = name;
    }
    public String getAge() {
        return age;
    }
    public void setAge(String age) {
        this.age = age;
    }
    public Date getBirthday() {
        return birthday;
    }
    public void setBirthday(Date birthday) {
        this.birthday = birthday;
    }
}
```

```
<%@ page import="java.util.Date" %>
<%@ page contentType="text/html;charset=UTF-8" language="java" %>
<html>
<head>
        <title>el 获取数据</title>
</head>
<body>
          <%
```

```
            User user = new User();
            user.setName("张三");
            user.setAge("23");
            user.setBirthday(new Date());
            request.setAttribute("u",user);
            %>
            <h3>el 获取对象中的值</h3>
            ${requestScope.u}<br>
<%--
            通过对象的属性来获取
            setter 或 getter 方法,去掉 set 或 get,再将剩余部分首字母变为小写
            setName--->Name--->name
--%>
            ${requestScope.u.name}<br>
            ${requestScope.u.age}<br>
            ${requestScope.u.birthday}<br>
            ${requestScope.u.birthday.year}<br>
            ${u.birStr}<br>
</body>
</html>
```

(2) 获取 List 集合的值。

```
<%@ page import="java.util.Date" %>
<%@ page import="java.util.List" %>
<%@ page import="java.util.ArrayList" %>
<%@ page contentType="text/html;charset=UTF-8" language="java" %>
<html>
<head>
        <title>el 获取数据</title>
</head>
<body>
        <%
        User user = new User();
        user.setName("张三");
        user.setAge("23");
        user.setBirthday(new Date());
        request.setAttribute("u",user);
        List list = new ArrayList();
        list.add("aaa");
        list.add("bbb");
        list.add(user);  //在 list 集合里面存储 user 对象
        request.setAttribute("list",list);
          %>

        <h3>el 获取 List 中的值</h3>
        ${list}<br>
        ${list[0]}<br><%--获取第一个元素--%>
        ${list[1]}<br><%--获取第二个元素--%>
        ${list[10]}<br><%--获取第十个元素的值,下标越界,并不会报错。也不会再显示什
么--%>
        ${list[2].name}
</body>
</html>
```

(3) 获取 Map 集合的值。

```
<%@ page import = "cn.itcast.domain.User" %>
<%@ page import = "java.util.*" %>
<%@ page contentType = "text/html;charset = UTF-8" language = "java" %>
<html>
<head>
        <title>el 获取数据</title>
</head>
<body>
        <%
        User user = new User();
        user.setName("张三");
        user.setAge("23");
        user.setBirthday(new Date());
        request.setAttribute("u",user);
        Map map = new HashMap();
        map.put("sname","李四");
        map.put("gender","男");
        map.put("user",user);  //在 Map 集合里面存储 user 对象
        request.setAttribute("map",map);
        %>
        <h3>el 获取 Map 中的值</h3>
        ${map.gender}<br>
        ${map["gender"]}<br>
        ${map.user.name}<br>
</body>
</html>
```

任务 3：JSTL 标签

学习要点：

- 理解 JSTL 标签的概念和分类。
- 掌握 JSTL 标签库与 EL 表达式的使用。
- 掌握 JSTL 格式化标签的使用。

学习目的：

通过本任务的学习，熟悉 JSP 中的 JSTL 标签库应用的基础知识。

学习情境 1：JSTL 标签概述

1. 什么是 JSTL 标签库

JSTL(Java Server Pages Standarded Tag Library,JSP 标准标签库)标签是基于 JSP 页面的。这些标签可以插入 JSP 代码中。本质上，JSTL 也是提前定义好的一组标签，这些标签封装了不同的功能，在页面上调用标签时，就等于调用了封装起来的功能。JSTL 的目标是使 JSP 页面的可读性更强，简化 JSP 页面的设计，实现代码复用，提高效率。

JSP 2.0 版本后开始支持 JSTL 标签库。在使用 JSTL 标签库时需要在 JSP 中添加对应的 taglib 指令标签。语法格式如下。

```
<%@ taglib prefix="c" uri="http://java.sun.com/jsp/jstl/core" %>
```

2. 为什么要用 JSTL 标签

(1) 保持程序良好的可读性。JSP 页面中嵌入 Java 代码不易于维护和修改,而使用 JSTL 标签可以简化代码,提高可读性。

(2) 复用性强。JSTL 的标签可以无限次地重用,而 JSP 页面嵌入的 Java 代码每次都必须重写。

(3) 实现分层的思想。将业务与显示分离,有利于系统的层次分明和易于维护。

(4) 扩展性好。别的标签如 Struts 标签仅限于框架内使用,而 JSTL 的标签在使用时只需导入 JSTL 包即可,换个框架同样可以使用。

(5) 更加规范,遵循 XML 标准。JSTL 标签遵循 XML 标准,使得开发更加规范化。

(6) 简化页面,页面美观。JSTL 可以简化 JSP 页面,使得页面更加美观。

3. JSTL 标签分类

JSTL 标签库是 JSP 标准标签库,提供了一系列 JSP 标签,用于简化 JSP 页面的开发。JSTL 标签库包括 Core、Formatting、Sql、Xml 和 Functions 5 个标签库,每个标签库都有不同的功能。

(1) 核心标签库 Core: 主要用于完成 JSP 页面的常用功能,包括 JSTL 的表达式标签、URL 标签、流程控制标签和循环标签 4 种。以下是在 JSP 中包含 JSTL Core 库的声明(导入)语法。

```
<%@ taglib prefix = "c" uri = "http://java.sun.com/jsp/jstl/core" %>
```

表 3.13 列出了核心 JSTL 标签。

表 3.13 核心 JSTL 标签一览表

序号	标 签	描 述
1	<c:out	类似<%= …>,但仅对于表达式使用
2	<c:set	在"范围"中设置表达式求值的结果
3	<c:remove	删除范围变量(从指定的特定范围中)
4	<c:catch	捕捉发生在其主体中的任何可抛出对象,并可暴露它
5	<c:if	如果提供的条件为真,则对其主体进行评估
6	<c:choose	简单的条件标签,用于建立互斥条件操作的上下文,标记为<when>和<otherwise>
7	<c:when	如果条件评估为 true,则包含<choose>的子标签
8	<c:otherwise	<when>标签之后的<choose>子标签,只有当所有先前条件都被评估为 false 时才运行
9	<c:import	检索绝对或相对 URL,并将其内容公开到页面,"var"中的字符串或"varReader"中的"Reader"
10	<c:forEach	基本的迭代标签,接受许多不同的集合类型,并支持子集和其他功能
11	<c:forTokens	迭代令牌,由指定的分隔符来分隔
12	<c:param	将参数添加到包含 import 标签的 URL
13	<c:redirect	重定向到新的 URL
14	<c:url	创建可选查询参数的 URL

(2) 格式标签库 Formatting: 用于格式化数字和日期格式。以下是在 JSP 中包含格式

化库的语法。

```
<%@ taglib prefix = "fmt" uri = "http://java.sun.com/jsp/jstl/fmt" %>
```

表3.14列出了格式化JSTL标签。

表3.14　格式化JSTL标签一览表

序号	标　　签	描　　述
1	<fmt:formatNumber	以特定精度或格式呈现数值
2	<fmt:parseNumber	解析数字、货币或百分比的字符串表示形式
3	<fmt:formatDate	使用提供的样式和模式格式化日期或时间
4	<fmt:parseDate	解析日期或时间的字符串表示形式
5	<fmt:bundle	加载到其标签体中使用资源包
6	<fmt:setLocale	在locale配置变量中存储给定的区域设置
7	<fmt:setBundle	加载资源包并将其存储在命名作用域变量或包配置变量中
8	<fmt:timeZone	指定嵌套在其正文中的任何时间格式化或解析操作的时区
9	<fmt:setTimeZone	在时区配置变量中存储给定的时区
10	<fmt:message	显示国际化消息
11	<fmt:requestEncoding	设置请求字符编码

(3) SQL标签库Sql：提供了基本的访问关系型数据的能力。以下是在JSP中包含JSTL SQL库的语法。

```
<%@ taglib prefix = "sql" uri = "http://java.sun.com/jsp/jstl/sql" %>
```

表3.15列出了JSTL的SQL标签。

表3.15　SQL标签一览表

序号	标　　签	描　　述
1	<sql:setDataSource	创建一个仅适用于原型设计的简单DataSource
2	<sql:query	执行在其正文中或通过sql属性定义的SQL查询
3	<sql:update	执行在其正文中或通过sql属性来定义SQL更新
4	<sql:param	将SQL语句中的参数设置为指定的值
5	<sql:dateParam	将SQL语句中的参数设置为指定java.util.Date值
6	<sql:transaction	提供了一个共享的连接，设置为执行所有语句作为一个事务嵌套数据库动作要素

(4) XML标签库Xml：可以处理和生成XML的标记，使用这些标记可以方便地开发基于XML的Web应用。语法如下。

```
<%@ taglib prefix = "x" uri = "http://java.sun.com/jsp/jstl/xml" %>
```

在继续执行示例之前，需要将以下两个XML和XPath相关的库XercesImpl.jar和xalan.jar复制到<Tomcat 安装目录>\lib中。

以下是关于 XML 的 JSTL 标签的列表，如表 3.16 所示。

表 3.16 XML 标签一览表

序号	标 签	描 述
1	<x:out	类似于<%=…>，但对于 XPath 表达式
2	<x:parse	用于解析通过属性或标签体指定的 XML 数据
3	<x:set	将一个变量设置为 XPath 表达式的值
4	<x:if	评估一个测试 XPath 表达式，如果结果为 true，它处理其主体。如果测试条件为 false，则主体被忽略
5	<x:forEach	循环 XML 文档中的节点
6	<x:choose	简单的条件标签，用于为相互排斥的条件操作建立上下文，由<when>和<otherwise>标签标记
7	<x:when	如<select>的表达式计算 true，则包含其主体的子标签
8	<x:otherwise	只有当所有先前的条件评估为 true 时，<choose>标签才能跟随<when>标签
9	<x:transform	在 XML 文档上应用 XSL 转换
10	<x:param	与变形标签一起使用，以在 XSLT 样式表中设置参数

（5）函数标签库 Functions：提供了一些常用函数，如字符串操作、集合操作等。以下是在 JSP 中包含 JSTL 函数库的语法。

```
<%@ taglib prefix = "fn" uri = "http://java.sun.com/jsp/jstl/functions" %>
```

表 3.17 列出了各种 JSTL 函数标签。

表 3.17 JSTL 函数标签一览表

序号	标 签	描 述
1	fn:contains()	测试输入字符串是否包含指定的子字符串
2	fn:containsIgnoreCase()	测试输入字符串是否以不区分大小写的方式包含指定的子字符串
3	fn:escapeXml()	转义可解释为 XML 标记的字符
4	fn:indexOf()	返回指定子字符串第一次出现在字符串中的索引
5	fn:endsWith()	测试输入字符串是否以指定的后缀结尾
6	fn:join()	将数组的所有元素连接到字符串中
7	fn:length()	返回集合中的项目数，或字符串中的字符数
8	fn:replace()	返回一个由输入字符串替换所有出现的字符串所引起的字符串
9	fn:split()	将一个字符串拆分成一个子字符串数组
10	fn:startsWith()	测试输入字符串是否以指定的前缀开头
11	fn:substring()	返回字符串的一个子集
12	fn:substringAfter()	返回特定子字符串后面的字符串的子集
13	fn:substringBefore()	返回字符串在特定子字符串之前的子集
14	fn:toLowerCase()	将字符串的所有字符转换为小写
15	fn:toUpperCase()	将字符串的所有字符转换为大写
16	fn:trim()	从字符串的两端删除空格

学习情境 2：JSTL 标签的应用

1. Java 标准标签库

Java 标准标签库通常指的是 Java Server Pages Standard Tag Library(JSTL)，它是一

组用于简化 Java Web 应用程序开发的自定义标签库。在使用 JSTL 标签库时，需要了解每个标签的语法和参数，并按照需要进行使用。JSTL 标签库还提供了其他许多有用的标签，例如，格式化标签、条件标签、循环标签、函数标签等，这些标签可以帮助简化 Java Web 应用程序开发中的常见任务。使用时需要注意：

(1) JSTL 标签库通常结合 EL 表达式一起使用，目的是让 JSP 中的 Java 代码消失。

(2) 标签是写在 JSP 当中的，但实际上最终还是要执行对应的 Java 程序。(Java 程序在 jar 包中。)

2. JSTL 标签库的使用步骤

(1) 引入 JSTL 标签库对应的 jar 包。

① Tomcat 10 之后引入的 jar 包是：

- jakarta.servlet.jsp.jstl-2.0.0.jar
- jakarta.servlet.jsp.jstl-api-2.0.0.jar

② 在 WEB-INF 下新建 lib 目录，然后将 jar 包复制到 lib 当中。然后将其添加到 lib 目录。

③ 一定是要和 MySQL 的数据库驱动一样，都是放在 WEB-INF\lib 目录下的。

④ 什么时候需要将 jar 包放到 WEB-INF\lib 目录下？如果这个 jar 是 Tomcat 服务器没有的。

(2) 在 JSP 中引入要使用标签库。

```
<%@taglib prefix="c" uri="http://java.sun.com/jsp/jstl/core" %>
这个就是核心标签库.负责代替 Java 代码
prefix="这里随便起一个名字就行了,核心标签库,大家默认地叫作 c,你随意。"
JSTL 提供了很多种标签,重点掌握核心标签库
<%--格式化标签库,专门负责格式化操作。--%>
<%--<%@taglib prefix="fmt" uri="http://java.sun.com/jsp/jstl/fmt" %>--%>
<%--sql 标签库--%>
<%--<%@taglib prefix="sql" uri="http://java.sun.com/jsp/jstl/sql" %>--%>
```

(3) 在需要使用标签的位置使用即可(表面使用的是标签，底层实际上还是 Java 程序)。

```
<%
    //创建 List 集合
    List<Student> stuList = new ArrayList<>();
    //创建 Student 对象
    Student s1 = new Student("110", "警察");
    Student s2 = new Student("120", "救护车");
    Student s3 = new Student("119", "消防车");
    //添加到 List 集合中
    stuList.add(s1);
    stuList.add(s2);
    stuList.add(s3);
    //将 List 集合存储到 request 域当中
    request.setAttribute("stuList", stuList);
%>

<%--需求:遍历 List 集合中的元素,输出学生信息到浏览器--%>
<%--使用 Java 代码--%>
```

```
<%
    //从域中获取 List 集合
    List<Student> stus = (List<Student>)request.getAttribute("stuList");
    //编写 for 循环遍历 List 集合
    for(Student stu : stus){
%>
    id:<% = stu.getId() %>,name:<% = stu.getName() %><br>
<%
    }
%>
<hr>

<% -- 使用 core 标签库中的 forEach 标签对 List 集合进行遍历 -- %>
<% -- EL 表达式只能从域中取数据。 -- %>
<% -- items 属性代表的是要迭代的集合。 -- %>
<% -- var 后面的名字是随意的.var 属性代表的是集合中的每一个元素。 -- %>
<c:forEach items = "${stuList}" var = "s">
    id:${s.id},name:${s.name}<br> 取数据
</c:forEach>
```

3. JSTL 标签库的原理

JSTL 标签的原理是利用 JSP 页面中的<%@ taglib prefix="c" uri = "http:// java. sun. com/jsp/jstl/core" %>指令引入 JSTL 标签库，并在 JSP 页面中使用<c:xxx>形式的标签来调用 JSTL 标签库中的标签。JSTL 标签库中的每个标签都是一个 JSP 自定义标签，每个标签都对应一个 Java 类。当 JSP 页面遇到一个 JSTL 标签时，JSP 容器会根据标签的 URI 和 prefix 找到相应的 Java 类，并调用该类的特定方法来完成相应的功能。

例如，当 JSP 页面遇到<c:out>标签时，JSP 容器会找到对应 c:out 标签的 Java 类 javax. servlet. jsp. jstl. fmt. OutTag，并调用该类的 doTag()方法来完成输出操作。

JSTL 标签库中的标签通常包含两个部分：标签体和标签属性。标签体是标签要执行的 Java 代码或表达式，标签属性是传递给 Java 代码或表达式的参数。

例如，<c:out>标签的标签体可以包含要输出的 Java 变量或表达式，如<c:out value= "${user. name}" />，其中，value 属性指定了要输出的 Java 变量或表达式。

```
<%@taglib prefix = "c" uri = "http://java.sun.com/jsp/jstl/core" %>
以上 uri 后面的路径实际上指向了一个 xxx.tld 文件。
tld 文件实际上是一个 XML 配置文件。
在 tld 文件中描述了"标签"和"Java 类"之间的关系。

以上核心标签库对应的 tld 文件是 c.tld 文件.它在 jakarta.servlet.jsp.jstl - 2.0.0.jar 里的
META - INF 目录下。
```

源码解析：配置文件 tld 解析。

```
<tag> 标签
    <description>对该标签的描述</description>
    <name>catch</name> 标签的名字

      标签对应的 Java 类。
    <tag - class>org.apache.taglibs.standard.tag.common.core.CatchTag</tag - class>

标签体当中可以出现的内容:
```

```
    如果是 JSP,就表示标签体中可以出现符合 JSP 所有语法的代码。例如 EL 表达式。
    <body-content>JSP</body-content>

    <attribute>属性
        <description>对这个属性的描述</description>
        <name>var</name>属性名
        <required>false</required>false 表示该属性不是必需的。true 表示该属性是必
需的。
        <rtexprvalue>false</rtexprvalue>这个描述说明了该属性是否支持 EL 表达式,false
表示不支持,true 表示支持。
    </attribute>
  </tag>

<c:catch var="">
    JSP…
</c:catch>
```

4. JSTL 核心标签库的使用

JSTL 的核心标签库标签共有 14 个,使用这些标签能够完成 JSP 页面的基本功能,减少编码工作。从功能上可以分为 4 类,如下。

- 表达式控制标签:out,set,remove,catch。
- 流程控制标签:if,choose,when,otherwise。
- 循环标签:forEach,forTokens。
- URL 操作标签:import,url,redirect,param。

(1) out 标签:用于在 JSP 中显示数据,就像<%= …>。

```
<!-- 直接输出常量 -->
<c:out value="第一个 JSTL 小程序"></c:out>
<%
    String name = "CodeTiger";
    request.setAttribute("name", name);
%>
<!-- 使用 default 属性,当 name1 的属性为空时,输出 default 属性的值 -->
<c:out value="${name1}" default="error"></c:out><br>
<!-- 使用 escapeXml 属性,设置是否对转义字符进行转义,默认为 true 不转义 -->
<c:out value="&lt;CodeTiger&gt;" escapeXml="false"></c:out><br>
```

输出:

```
第一个 JSTL 小程序
error
<CodeTiger>
```

(2) set 标签:用于保存数据。

```
<!-- 通过 set 标签存值到 scope 中,其中,var 是变量的名称,value 是变量的值,scope 表示把变量
存在哪个 scope 中 -->
<c:set var="person1" value="CodeTiger" scope="page"></c:set>
<c:out value="${person1}"></c:out><br>
<!-- 也可以把 value 的值放在两个标签之间 -->
<c:set var="person2" scope="session">liu</c:set>
<c:out value="${person2}"></c:out><br>
```

```
<!-- 通过 set 标签为 JavaBean 里的属性赋值,首先创建一个 JavaBean -->
<c:set target = "${people}" property = "username" value = "CodeTiger"></c:set>
<c:set target = "${people}" property = "address" value = "NJUPT"></c:set>
<c:out value = "${people.username}"></c:out>  
<c:out value = "${people.address}"></c:out><br>
```

输出：

```
CodeTiger
liu
CodeTiger  NJUPT
```

(3) remove 标签：用于删除数据。

```
<!-- remove标签的用法 -->
<c:set var = "firstName" value = "xiaop"></c:set>
<c:out value = "${firstName}"></c:out>
<c:set var = "lastName" value = "liu"></c:set>
<!-- 只能删除某个变量,不能删除 JavaBean 里的属性值 -->
<c:remove var = "lastName"/>
<c:out value = "${lastName}"></c:out><br>
```

输出：

```
xiaop
```

(4) catch 标签：用来处理产生错误的异常状况,并且将错误信息存储起来。

```
<!-- catch标签的用法 -->
<c:catch var = "error">
    <!-- 随便使用一个没有定义的 JavaBean -->
    <c:set target = "${Code}" property = "Tiger"> CodeTiger </c:set>
</c:catch>
<c:out value = "${error}"></c:out><br>
```

输出：

```
javax.servlet.jsp.JspTagException
```

(5) if 标签：与在一般程序中使用的 if 一样。

```
<!-- if 标签的用法 -->
<form action = "index.jsp" method = "post">
    <!-- param 为 EL 的隐式对象,获取用户输入的值 -->
    <input type = "text" name = "score" value = "${param.score}">
    <input type = "submit" value = "提交">
</form>
<!-- var 中的变量为 boolean 类型,取决于 test 中的表达式 -->
<c:if test = "${param.score >= 90}" var = "grade" scope = "session">
    <c:out value = "恭喜,成绩优秀"></c:out>
</c:if>
<c:if test = "${param.score >= 80 && param.score < 90}">
    <c:out value = "恭喜,成绩良好"></c:out>
</c:if>
<c:out value = "${sessionScope.grade}"></c:out>
```

（6）choose，when，otherwise 标签的用法。

① choose：本身只当作<c:when>和<c:otherwise>的父标签。

② when：<c:choose>的子标签，用来判断条件是否成立。

③ otherwise：<c:choose>的子标签，接在<c:when>标签后，当<c:when>标签判断为false 时被执行。

接上面的 form 表单。

```
<!-- choose,when,otherwise 标签的用法 -->
<c:choose>
    <c:when test = "${param.score >= 90 && param.score <= 100}">
        <c:out value = "优秀"></c:out>
    </c:when>
    <c:when test = "${param.score >= 80 && param.score < 90}">
        <c:out value = "良好"></c:out>
    </c:when>
    <c:when test = "${param.score >= 70 && param.score < 80}">
        <c:out value = "中等"></c:out> </c:when>
    <c:when test = "${param.score >= 60 && param.score < 70}">
        <c:out value = "及格"></c:out>
    </c:when>
    <c:when test = "${param.score >= 0 && param.score < 60}">
        <c:out value = "不及格"></c:out>
    </c:when>
    <c:otherwise>
        <c:out value = "输入的分数不合法"></c:out>
    </c:otherwise>
</c:choose>
<c:choose>
    <c:when test = "${param.score == 100}">
        <c:out value = "您是第一名"></c:out>
    </c:when>
</c:choose><br>
```

（7）forEach 标签的用法。

```
<!-- forEach 标签的用法 -->
<%
    List<String> names = new ArrayList<String>();
    names.add("liu");
    names.add("xu");
    names.add("Code");
    names.add("Tiger");
    request.setAttribute("names", names);
%>
<!-- 获取全部值 -->
<c:forEach var = "name" items = "${requestScope.names}">
    <c:out value = "${name}"></c:out><br>
</c:forEach>
<c:out value = "========================"></c:out><br>
<!-- 获取部分值 -->
<c:forEach var = "name" items = "${requestScope.names}" begin = "1" end = "3">
    <c:out value = "${name}"></c:out><br>
```

```
</c:forEach>
<c:out value=" ======================== "></c:out><br>
<!-- 获取部分值 并指定步长 -->
<c:forEach var="name" items = "${requestScope.names}" begin="1" end="3" step = "2">
    <c:out value="${name}"></c:out><br>
</c:forEach>
<c:out value=" ======================== "></c:out><br>
<!-- 获取部分值 并指定 varStatus -->
<JP2c:forEach var="name" items = "${requestScope.names}" begin="0" end="3" varStatus
="n">
    <c:out value="${name}"></c:out><br>
    <c:out value="index:${n.index}"></c:out><br>
    <c:out value="count:${n.count}"></c:out><br>
    <c:out value="first:${n.first}"></c:out><br>
    <c:out value="last:${n.last}"></c:out><br>
    <c:out value=" ----------------- "></c:out><br>
</c:forEach>
<c:out value=" ======================== "></c:out><br>
```

输出：

```
liu
xu
Code
Tiger
========================
xu
Code
Tiger
========================
xu
Tiger
========================
liu
index:0
count:1
first:true
last:false
-----------------
xu
index:1
count:2
first:false
last:false
-----------------
Code
index:2
count:3
first:false
last:false
-----------------
Tiger
index:3
count:4
```

```
first:false
last:true
------------------
========================
```

上面的 varStatus 属性,有 index、count、first、last 这几个状态。

(8) forTokens 标签：根据指定的分隔符来分隔内容并迭代输出。

```
<!-- forTokens 标签的使用 -->
<c:forTokens items = "010 - 12345 - 678" delims = " - " var = "num">
    <c:out value = "${num}"></c:out><br>
</c:forTokens>
```

输出：

```
010
12345
678
```

(9) import 标签：检索一个绝对或者相对 URL,然后将其内容暴露给页面。

```
<!-- import 标签的用法 绝对路径 -->
<c:catch var = "error1">
    <c:import url = "http://www.codeliu.com"></c:import>
</c:catch>
<c:out value = "${error1}"></c:out><br>
<!-- 相对路径 -->
<c:catch var = "error2">
    <c:import url = "test.txt" charEncoding = "gbk" scope = "session" var = "test"></c:
import>
</c:catch>
<c:out value = "${error2}"></c:out>
<c:out value = "${sessionScope.test}"></c:out><br>
<!-- 使用 context 属性,前面要加/,导入 MyFirstJSP 项目中的 index.jsp 页面 -->
<c:catch var = "error3">
    <c:import url = "/index.jsp" context = "/MyFirstJSP"></c:import>
</c:catch>
<c:out value = "${error3}"></c:out><br>
```

(10) redirect,param 标签的用法。

① redirect：重定向至一个新的 URL,同时可以在 URL 中加入指定的参数。

② param：用来给包含或重定向的页面传递参数。

```
<!-- redirect 标签的用法 -->
<c:redirect url = "rec.jsp">
    <c:param name = "username" value = "liu"></c:param>
    <c:param name = "password" value = "123456"></c:param>
</c:redirect>
```

该标签会使 URL 地址栏的地址发生改变。可通过 EL 表达式的 param 对象来获取传递的参数值。

```
<c:out value = "${param.username}"></c:out><br>
<c:out value = "${param.password}"></c:out><br>
```

输出：

```
liu
123456
```

(11) url 标签：使用可选的查询参数来创造一个 URL。

<c:url>标签将 URL 格式化为一个字符串，然后存储在一个变量中。这个标签在需要的时候会自动重写 URL。var 属性用于存储格式化后的 URL。

<c:url>标签只是用于调用 response.encodeURL()方法的一种可选的方法。它真正的优势在于提供了合适的 URL 编码，包括<c:param>中指定的参数。

```
<!-- url 标签的用法 -->
<a href = "<c:url value = "http://www.codeliu.com"/>">这个链接通过 &lt;c:url&gt;生成</a>
```

输出：

```
这个链接通过<c:url>生成
```

(12) JSTL 函数：使用 JSTL 函数需要按照以下步骤。

① 使用<%@ taglib prefix="fn" uri="http://java.sun.com/jsp/jstl/functions" %>引入 JSTL 函数标签库。

② 在需要使用函数的地方，使用 ${fn:functionName(arguments)}形式的表达式来调用函数，其中，functionName 是函数名称，arguments 是传递给函数的参数。

```
<%@ taglib prefix = "fn" uri = "http://java.sun.com/jsp/jstl/functions" %>
<c:out value = "${fn:contains('Hello world', 'Hello')}"></c:out><br>
<c:out value = "${fn:contains('Hello world', 'aaaa')}"></c:out><br>
<c:out value = "${fn:containsIgnoreCase('Hello world', 'hello')}"></c:out><br>
```

输出：

```
true
false
true
```

应用实例　超市管理系统数据交互与显示

实例目的：本实例主要目的是超市管理系统数据交互与显示。通过本实例的训练，学生将掌握用 JSP 相关技术创建 Web 应用程序。例如，使用 request 对象处理请求、使用 response 对象处理响应、使用 session 对象管理用户数据、在 Java Web 应用中实现数据库操作和使用控制页简化页面结构等。

实例内容：登录注销、用户管理、订单管理和供应商管理等相关 JSP 页面显示。

实例步骤：

1. 登录页面

(1) 登录数据交互页面 login.jsp。

```
<body class = "login_bg">
    <section class = "loginBox">
        <header class = "loginHeader">
```

```
            <h1>超市订单管理系统</h1>
        </header>
        <section class="loginCont">
            <form class="loginForm" action="${pageContext.request.contextPath}/login.
do"  name="actionForm" id="actionForm"  method="post">
                <div class="info">${error}</div>
                <div class="inputbox">
                    <label for="user">用户名:</label>
                    <input type="text" class="input-text" id="userCode" name=
"userCode" placeholder="请输入用户名" required/>
                </div>
                <div class="inputbox">
                    <label for="mima">密码:</label>
                    <input type="password" id="userPassword" name="userPassword"
placeholder="请输入密码" required/>
                </div>
                <div class="subBtn">

                    <input type="submit" value="登录"/>
                    <input type="reset" value="重置"/>
                </div>
            </form>
        </section>
    </section>
</body>
```

(2) 密码修改页面 pwdmodify.jsp。

```
          <div class="providerAdd">
              <form id="userForm" name="userForm" method="post" action="${pageContext.
request.contextPath}/jsp/user.do">
                <input type="hidden" name="method" value="savepwd">
                <!--div 的 class 为 error 是验证错误,ok 是验证成功-->
                <div class="info">${message}</div>
                <div class="">
                    <label for="oldPassword">旧密码:</label>
                    <input type="password" name="oldpassword" id="oldpassword" value="">
                    <font color="red"></font>
                </div>
                <div>
                    <label for="newPassword">新密码:</label>
                    <input type="password" name="newpassword" id="newpassword" value="">
                    <font color="red"></font>
                </div>
                <div>
                    <label for="reNewPassword">确认新密码:</label>
                    <input type="password" name="rnewpassword" id="rnewpassword" value="">
                    <font color="red"></font>
                </div>
                <div class="providerAddBtn">
                    <!--<a href="#">保存</a>-->
                    <input type="button" name="save" id="save" value="保存" class=
"input-button">
                </div>
```

```
            </form>
        </div>
    </div>
```

2. 订单管理

（1）订单列表页面 billlist.jsp。

```
<div class="right">
    <div class="location">
        <strong>你现在所在的位置是:</strong>
        <span>订单管理页面</span>
    </div>
    <div class="search">
    <form method="get" action="${pageContext.request.contextPath}/jsp/bill.do">
        <input name="method" value="query" class="input-text" type="hidden">
        <span>商品名称:</span>
        <input name="queryProductName" type="text" value="${queryProductName}">

        <span>供应商:</span>
        <select name="queryProviderId">
            <c:if test="${providerList != null}">
                <option value="0">--请选择--</option>
                <c:forEach var="provider" items="${providerList}">
                    <option <c:if test="${provider.id == queryProviderId}">
selected="selected"</c:if>
                    value="${provider.id}">${provider.proName}</option>
                </c:forEach>
            </c:if>
        </select>

        <span>是否付款:</span>
        <select name="queryIsPayment">
            <option value="0">--请选择--</option>
            <option value="1" ${queryIsPayment == 1 ? "selected=\"selected\"":""}
>未付款</option>
            <option value="2" ${queryIsPayment == 2 ? "selected=\"selected\"":""}
>已付款</option>
        </select>

         <input  value="查 询" type="submit" id="searchbutton">
          <a href="${pageContext.request.contextPath}/jsp/billadd.jsp">添加订
单</a>
    </form>
    </div>
    <!--账单表格样式和供应商公用-->
    <table class="providerTable" cellpadding="0" cellspacing="0">
        <tr class="firstTr">
          <th width="10%">订单编码</th>
          <th width="20%">商品名称</th>
          <th width="10%">供应商</th>
          <th width="10%">订单金额</th>
          <th width="10%">是否付款</th>
          <th width="10%">创建时间</th>
          <th width="30%">操作</th>
```

```
        </tr>
        <c:forEach var="bill" items="${billList }" varStatus="status">
            <tr>
                <td>
                <span>${bill.billCode }</span>
                </td>
                <td>
                <span>${bill.productName }</span>
                </td>
                <td>
                <span>${bill.providerName}</span>
                </td>
                <td>
                <span>${bill.totalPrice}</span>
                </td>
                <td>
                <span>
                    <c:if test="${bill.isPayment == 1}">未付款</c:if>
                    <c:if test="${bill.isPayment == 2}">已付款</c:if>
                </span>
                </td>
                <td>
                <span>
                <fmt:formatDate value="${bill.creationDate}" pattern="yyyy-MM-
dd"/>
                </span>
                </td>
                <td>
                <span><a class="viewBill" href="javascript:;" billid=${bill.id }
billcc=${bill.billCode }><img src="${pageContext.request.contextPath }/images/read.
png" alt="查看" title="查看"/></a></span>
                <span><a class="modifyBill" href="javascript:;" billid=${bill.id
} billcc=${bill.billCode }><img src="${pageContext.request.contextPath }/images/
xiugai.png" alt="修改" title="修改"/></a></span>
                <span><a class="deleteBill" href="javascript:;" billid=${bill.id
} billcc=${bill.billCode }><img src="${pageContext.request.contextPath }/images/schu.
png" alt="删除" title="删除"/></a></span>
                </td>
            </tr>
        </c:forEach>
    </table>
  </div>
</section>
```

(2) 订单添加页面 billadd.jsp。

```
    <div class="providerAdd">
        <form id="billForm" name="billForm" method="post" action="${pageContext.
request.contextPath }/jsp/bill.do">
            <!--div 的 class 为 error 是验证错误,ok 是验证成功 -->
            <input type="hidden" name="method" value="add">
            <div class="">
              <label for="billCode">订单编码:</label>
              <input type="text" name="billCode" class="text" id="billCode" value="">
```

```
            <!-- 放置提示信息 -->
            <font color = "red"></font>
        </div>
        <div>
          <label for = "productName">商品名称:</label>
          <input type = "text" name = "productName" id = "productName" value = "">
            <font color = "red"></font>
        </div>
        <div>
            <label for = "productUnit">商品单位:</label>
            <input type = "text" name = "productUnit" id = "productUnit" value = "">
            <font color = "red"></font>
        </div>
        <div>
            <label for = "productCount">商品数量:</label>
            <input type = "text" name = "productCount" id = "productCount" value = "">
            <font color = "red"></font>
        </div>
        <div>
            <label for = "totalPrice">总金额:</label>
            <input type = "text" name = "totalPrice" id = "totalPrice" value = "">
            <font color = "red"></font>
        </div>
        <div>
            <label >供应商:</label>
            <select name = "providerId" id = "providerId">
            </select>
            <font color = "red"></font>
        </div>
        <div>
            <label >是否付款:</label>
            <input type = "radio" name = "isPayment" value = "1" checked = "checked">未付款
            <input type = "radio" name = "isPayment" value = "2" >已付款
        </div>
        <div class = "providerAddBtn">
           <input type = "button" name = "add" id = "add" value = "保存">
           <input type = "button" id = "back" name = "back" value = "返回" >
        </div>
      </form>
  </div>
</div>
```

(3) 订单添加页面 billmodify.jsp。

```
    <div class = "providerAdd">
        <form id = "billForm" name = "billForm" method = "post" action = "${pageContext.
request.contextPath}/jsp/bill.do">
              <input type = "hidden" name = "method" value = "modifysave">
              <input type = "hidden" name = "id" value = "${bill.id}">
              <!-- div 的 class 为 error 是验证错误,ok 是验证成功 -->
              <div class = "">
              <label for = "billCode">订单编码:</label>
              <input type = "text" name = "billCode" id = "billCode" value = "${bill.billCode
}" readonly = "readonly">
```

```
            </div>
            <div>
                <label for="productName">商品名称:</label>
                <input type="text" name="productName" id="productName" value="${bill.
productName}">
                <font color="red"></font>
            </div>
            <div>
                <label for="productUnit">商品单位:</label>
                <input type="text" name="productUnit" id="productUnit" value="${bill.
productUnit}">
                <font color="red"></font>
            </div>
            <div>
                <label for="productCount">商品数量:</label>
                <input type="text" name="productCount" id="productCount" value=
"${bill.productCount}">
                <font color="red"></font>
            </div>
            <div>
                <label for="totalPrice">总金额:</label>
                <input type="text" name="totalPrice" id="totalPrice" value="${bill.
totalPrice}">
                <font color="red"></font>
            </div>
            <div>
                <label for="providerId">供应商:</label>
                <input type="hidden" value="${bill.providerId}" id="pid" />
                <select name="providerId" id="providerId">
                </select>
                <font color="red"></font>
            </div>
            <div>
                <label>是否付款:</label>
                <c:if test="${bill.isPayment == 1}">
                    <input type="radio" name="isPayment" value="1" checked="checked">
未付款
                    <input type="radio" name="isPayment" value="2" >已付款
                </c:if>
                <c:if test="${bill.isPayment == 2}">
                    <input type="radio" name="isPayment" value="1">未付款
                    <input type="radio" name="isPayment" value="2" checked="checked">
已付款
                </c:if>
            </div>
            <div class="providerAddBtn">
                <input type="button" name="save" id="save" value="保存">
                <input type="button" id="back" name="back" value="返回" >
            </div>
        </form>
    </div>

</div>
```

(4) 信息查看页面 billview.jsp。

```
<div class="providerView">
    <p><strong>订单编号:</strong><span>${bill.billCode}</span></p>
    <p><strong>商品名称:</strong><span>${bill.productName}</span></p>
    <p><strong>商品单位:</strong><span>${bill.productUnit}</span></p>
    <p><strong>商品数量:</strong><span>${bill.productCount}</span></p>
    <p><strong>总金额:</strong><span>${bill.totalPrice}</span></p>
    <p><strong>供应商:</strong><span>${bill.providerName}</span></p>
    <p><strong>是否付款:</strong>
      <span>
        <c:if test="${bill.isPayment == 1}">未付款</c:if>
        <c:if test="${bill.isPayment == 2}">已付款</c:if>
      </span>
   </p>
   <div class="providerAddBtn">
       <input type="button" id="back" name="back" value="返回" >
   </div>
  </div>
</div>
```

3. 供应商管理

(1) 供应商列表页面 providerlist.jsp。

```
    <div class="search">
        <form method="get" action="${pageContext.request.contextPath}/jsp/provider.
do">
            <input name="method" value="query" type="hidden">
            <span>供应商编码:</span>
            <input name="queryProCode" type="text" value="${queryProCode}">

            <span>供应商名称:</span>
            <input name="queryProName" type="text" value="${queryProName}">

            <input value="查 询" type="submit" id="searchbutton">
            <a href="${pageContext.request.contextPath}/jsp/provideradd.jsp">添加
供应商</a>
        </form>
    </div>
    <!--供应商操作表格-->
    <table class="providerTable" cellpadding="0" cellspacing="0">
        <tr class="firstTr">
          <th width="10%">供应商编码</th>
          <th width="20%">供应商名称</th>
          <th width="10%">联系人</th>
          <th width="10%">联系电话</th>
          <th width="10%">传真</th>
          <th width="10%">创建时间</th>
          <th width="30%">操作</th>
        </tr>
        <c:forEach var="provider" items="${providerList}" varStatus="status">
            <tr>
                <td>
                <span>${provider.proCode}</span>
```

```
                        </td>
                        <td>
                        <span>${provider.proName }</span>
                        </td>
                        <td>
                        <span>${provider.proContact}</span>
                        </td>
                        <td>
                        <span>${provider.proPhone}</span>
                        </td>
                        <td>
                        <span>${provider.proFax}</span>
                        </td>
                        <td>
                        <span>
                        <fmt:formatDate value="${provider.creationDate}" pattern="yyyy-MM-dd"/>
                        </span>
                        </td>
                        <td>
                        <span><a class="viewProvider" href="javascript:;" proid=${provider.
id } proname=${provider.proName }><img src="${pageContext.request.contextPath }/images/read.
png" alt="查看" title="查看"/></a></span>
                        <span><a class="modifyProvider" href="javascript:;" proid=${provider.
id } proname=${provider.proName }><img src="${pageContext.request.contextPath }/images/xiugai.
png" alt="修改" title="修改"/></a></span>
                        <span><a class="deleteProvider" href="javascript:;" proid=${provider.
id } proname=${provider.proName }><img src="${pageContext.request.contextPath }/images/schu.
png" alt="删除" title="删除"/></a></span>
                        </td>
                    </tr>
                </c:forEach>
            </table>

        </div>
</section>

<!--单击"删除"按钮后弹出的页面-->
<div class="zhezhao"></div>
<div class="remove" id="removeProv">
    <div class="removerChid">
        <h2>提示</h2>
        <div class="removeMain" >
            <p>你确定要删除该供应商吗?</p>
            <a href="#" id="yes">确定</a>
            <a href="#" id="no">取消</a>
        </div>
    </div>
</div>
```

（2）供应商修改页面 providermodify.jsp。

```
        <div class="providerAdd">
                <form id="providerForm" name="providerForm" method="post" action=
"${pageContext.request.contextPath }/jsp/provider.do">
```

```
            <!-- div 的 class 为 error 是验证错误,ok 是验证成功 -->
            <div class = "">
                <label for = "proCode">供应商编码:</label>
                <input type = "text" name = "proCode" id = "proCode" value = "${provider.proCode
}" readonly = "readonly">
            </div>
            <div>
                <label for = "proName">供应商名称:</label>
                <input type = "text" name = "proName" id = "proName" value = "${provider
.proName }">
            <font color = "red"></font>
            </div>

            <div>
                <label for = "proContact">联系人:</label>
                <input type = "text" name = "proContact" id = "proContact" value = "${provider.
proContact }">
            <font color = "red"></font>
            </div>

            <div>
                <label for = "proPhone">联系电话:</label>
                 <input type = "text" name = "proPhone" id = "proPhone" value = "${provider.
proPhone }">
            <font color = "red"></font>
            </div>

            <div>
                <label for = "proAddress">联系地址:</label>
                <input type = "text" name = "proAddress" id = "proAddress" value = "${provider.
proAddress }">
            </div>

            <div>
                <label for = "proFax">传真:</label>
                <input type = "text" name = "proFax" id = "proFax" value = "${provider.proFax }">
            </div>

            <div>
                <label for = "proDesc">描述:</label>
                <input type = "text" name = "proDesc" id = "proDesc" value = "${provider.proDesc }">
            </div>
            <div class = "providerAddBtn">
                <input type = "button" name = "save" id = "save" value = "保存">
                <input type = "button" id = "back" name = "back" value = "返回" >
            </div>
        </form>
    </div>
</div>
```

(3) 供应商添加页面 provideradd.jsp。

```
<div class="providerAdd">
        <form id="providerForm" name="providerForm" method="post" action=
"${pageContext.request.contextPath}/jsp/provider.do">
        <input type="hidden" name="method" value="add">
            <!-- div 的 class 为 error 是验证错误,ok 是验证成功 -->
            <div class="">
                <label for="proCode">供应商编码:</label>
                <input type="text" name="proCode" id="proCode" value="">
                <!-- 放置提示信息 -->
                <font color="red"></font>
            </div>
            <div>
                    <label for="proName">供应商名称:</label>
                <input type="text" name="proName" id="proName" value="">
                    <font color="red"></font>
            </div>
            <div>
                <label for="proContact">联系人:</label>
                <input type="text" name="proContact" id="proContact" value="">
                <font color="red"></font>

            </div>
            <div>
                <label for="proPhone">联系电话:</label>
                <input type="text" name="proPhone" id="proPhone" value="">
                <font color="red"></font>
            </div>
            <div>
                <label for="proAddress">联系地址:</label>
                <input type="text" name="proAddress" id="proAddress" value="">
            </div>
            <div>
                <label for="proFax">传真:</label>
                <input type="text" name="proFax" id="proFax" value="">
            </div>
            <div>
                <label for="proDesc">描述:</label>
                <input type="text" name="proDesc" id="proDesc" value="">
            </div>
            <div class="providerAddBtn">
                <input type="button" name="add" id="add" value="保存">
                    <input type="button" id="back" name="back" value="返回" >
            </div>
        </form>
    </div>
</div>
```

(4) 信息查看页面 providerview.jsp。

```
<div class="providerView">
        <p><strong>供应商编码:</strong><span>${provider.proCode }</span></p>
        <p><strong>供应商名称:</strong><span>${provider.proName }</span></p>
        <p><strong>联系人:</strong><span>${provider.proContact }</span></p>
        <p><strong>联系电话:</strong><span>${provider.proPhone }</span></p>
```

```
            <p><strong>传真:</strong><span>${provider.proFax }</span></p>
            <p><strong>描述:</strong><span>${provider.proDesc}</span></p>
            <div class="providerAddBtn">
              <input type="button" id="back" name="back" value="返回">
            </div>
        </div>
    </div>
```

4. 用户管理页面

(1) 用户管理页面 userlist.jsp。

```
          <div class="search">
              <form method="get" action="${pageContext.request.contextPath }/jsp/user.do">
                    <input name="method" value="query" class="input-text" type="hidden">
                     <span>用户名:</span>
                     <input name="queryname" class="input-text"   type="text" value=
"${queryUserName }">

                     <span>用户角色:</span>
                     <select name="queryUserRole">
                         <c:if test="${roleList != null }">
                             <option value="0">--请选择--</option>
                             <c:forEach var="role" items="${roleList}">
                                   <option <c:if test="${role.id == queryUserRole }">
selected="selected"</c:if>
                                 value="${role.id}">${role.roleName}</option>
                             </c:forEach>
                         </c:if>
                 </select>

                     <input type="hidden" name="pageIndex" value="1"/>
                     <input  value="查 询" type="submit" id="searchbutton">
                     <a href="${pageContext.request.contextPath}/jsp/useradd.jsp">添加
用户</a>
                 </form>
            </div>
            <!--用户-->
            <table class="providerTable" cellpadding="0" cellspacing="0">
              <tr class="firstTr">
                <th width="10%">用户编码</th>
                <th width="20%">用户名称</th>
                <th width="10%">性别</th>
                <th width="10%">年龄</th>
                <th width="10%">电话</th>
                <th width="10%">用户角色</th>
                <th width="30%">操作</th>
              </tr>
                <c:forEach var="user" items="${userList }" varStatus="status">
                    <tr>
                        <td>
                        <span>${user.userCode }</span>
                        </td>
                        <td>
```

```
                        <span>${user.userName }</span>
                        </td>
                        <td>
                            <span>
                                <c:if test="${user.gender==1}">男</c:if>
                                <c:if test="${user.gender==2}">女</c:if>
                            </span>
                        </td>
                        <td>
                        <span>${user.age}</span>
                        </td>
                        <td>
                        <span>${user.phone}</span>
                        </td>
                        <td>
                            <span>${user.userRoleName}</span>
                        </td>
                        <td>
                        <span><a class="viewUser" href="javascript:;" userid=${user.
id } username=${user.userName }><img src="${pageContext.request.contextPath }/images/
read.png" alt="查看" title="查看"/></a></span>
                        <span><a class="modifyUser" href="javascript:;" userid=${user.
id } username=${user.userName }><img src="${pageContext.request.contextPath }/images/xiugai.
png" alt="修改" title="修改"/></a></span>
                        <span><a class="deleteUser" href="javascript:;" userid=${user.
id } username=${user.userName }><img src="${pageContext.request.contextPath }/images/schu.
png" alt="删除" title="删除"/></a></span>
                        </td>
                    </tr>
                </c:forEach>
            </table>
            <input type="hidden" id="totalPageCount" value="${totalPageCount}"/>
            <c:import url="rollpage.jsp">
                <c:param name="totalCount" value="${totalCount}"/>
                <c:param name="currentPageNo" value="${currentPageNo}"/>
                <c:param name="totalPageCount" value="${totalPageCount}"/>
            </c:import>
        </div>
    </section>

<!--单击"删除"按钮后弹出的页面-->
<div class="zhezhao"></div>
<div class="remove" id="removeUse">
    <div class="removerChid">
        <h2>提示</h2>
        <div class="removeMain">
            <p>你确定要删除该用户吗?</p>
            <a href="#" id="yes">确定</a>
            <a href="#" id="no">取消</a>
        </div>
    </div>
</div>
```

(2) 用户添加页面 useradd.jsp。

```
        <div class = "providerAdd">
            <form id = "userForm" name = "userForm" method = "post" action = " ${pageContext.
request.contextPath }/jsp/user.do">
            <input type = "hidden" name = "method" value = "add">
              <!-- div 的 class 为 error 是验证错误,ok 是验证成功 -->
              <div >
                    <label for = "userCode">用户编码:</label>
                    <input type = "text" name = "userCode" id = "userCode" value = "">
                    <!-- 放置提示信息 -->
                    <font color = "red"></font>
              </div>
              <div >
                    <label for = "userName">用户名称:</label>
                    <input type = "text" name = "userName" id = "userName" value = "">
                    <font color = "red"></font>
              </div>
              <div >
                    <label for = "userPassword">用户密码:</label>
                    <input type = "password" name = "userPassword" id = "userPassword" value = "">
                    <font color = "red"></font>
              </div>
              <div >
                    <label for = "ruserPassword">确认密码:</label>
                      <input type = "password" name = "ruserPassword" id = "ruserPassword"
value = "">
                    <font color = "red"></font>
              </div>
              <div >
                    <label >用户性别:</label>
                    <select name = "gender" id = "gender">
                        <option value = "1" selected = "selected">男</option>
                        <option value = "2">女</option>
                     </select>
              </div>
              <div >
                    <label for = "birthday">出生日期:</label>
                    <input type = "text" Class = "Wdate" id = "birthday" name = "birthday"
                    readonly = "readonly" onclick = "WdatePicker();">
                    <font color = "red"></font>
              </div>
              <div >
                    <label for = "phone">用户电话:</label>
                    <input type = "text" name = "phone" id = "phone" value = "">
                    <font color = "red"></font>
              </div>
              <div >
                    <label for = "address">用户地址:</label>
                    <input name = "address" id = "address"  value = "">
              </div>
              <div >
                    <label >用户角色:</label>
                    <!-- 列出所有的角色分类 -->
```

```
                <select name="userRole" id="userRole"></select>
                <font color="red"></font>
            </div>
            <div class="providerAddBtn">
                <input type="button" name="add" id="add" value="保存" >
                <input type="button" id="back" name="back" value="返回" >
            </div>
        </form>
    </div>
</div>
```

(3) 用户修改页面 usermodify.jsp。

```
    <div class="providerAdd">
      <form id="userForm" name="userForm" method="post" action="${pageContext.
request.contextPath}/jsp/user.do">
            <input type="hidden" name="method" value="modifyexe">
            <input type="hidden" name="uid" value="${user.id}"/>
             <div>
                <label for="userName">用户名称:</label>
                <input type="text" name="userName" id="userName" value="${user.
userName}">
                <font color="red"></font>
            </div>
            <div>
                <label>用户性别:</label>
                <select name="gender" id="gender">
                    <c:choose>
                        <c:when test="${user.gender == 1}">
                            <option value="1" selected="selected">男</option>
                            <option value="2">女</option>
                        </c:when>
                        <c:otherwise>
                            <option value="1">男</option>
                            <option value="2" selected="selected">女</option>
                        </c:otherwise>
                    </c:choose>
                 </select>
            </div>
            <div>
                <label for="data">出生日期:</label>
                 <input type="text" Class="Wdate" id="birthday" name="birthday" value=
"${user.birthday}"
                readonly="readonly" onclick="WdatePicker();">
                <font color="red"></font>
            </div>

            <div>
                <label for="userphone">用户电话:</label>
                <input type="text" name="phone" id="phone" value="${user.phone}">
                <font color="red"></font>
              </div>
              <div>
                <label for="userAddress">用户地址:</label>
```

```
                <input type="text" name="address" id="address" value="${user.address}">
            </div>
            <div>
                <label>用户角色:</label>
                <!-- 列出所有的角色分类 -->
                <input type="hidden" value="${user.userRole}" id="rid" />
                <select name="userRole" id="userRole"></select>
                <font color="red"></font>
           </div>
           <div class="providerAddBtn">
                <input type="button" name="save" id="save" value="保存" />
                <input type="button" id="back" name="back" value="返回"/>
            </div>
          </form>
      </div>
  </div>
```

(4) 用户信息查看页面 userview.jsp。

```
<div class="right">
        <div class="location">
            <strong>你现在所在的位置是:</strong>
            <span>用户管理页面 >> 用户信息查看页面</span>
        </div>
        <div class="providerView">
            <p><strong>用户编号:</strong><span>${user.userCode}</span></p>
            <p><strong>用户名称:</strong><span>${user.userName}</span></p>
            <p><strong>用户性别:</strong>
              <span>
                <c:if test="${user.gender == 1}">男</c:if>
                    <c:if test="${user.gender == 2}">女</c:if>
                </span>
            </p>
            <p><strong>出生日期:</strong><span>${user.birthday}</span></p>
            <p><strong>用户电话:</strong><span>${user.phone}</span></p>
            <p><strong>用户地址:</strong><span>${user.address}</span></p>
            <p><strong>用户角色:</strong><span>${user.userRoleName}</span></p>
            <div class="providerAddBtn">
              <input type="button" id="back" name="back" value="返回" >
            </div>
        </div>
    </div>
```

习题

1. 以下哪个动作可以纳入另一个 JSP?(　　)

   A. forward　　B. attribute　　C. include　　D. context

2. 包含 JSP API 的包是(　　)。

   A. javax.servlet　　B. javax.servlet.http

   C. java.lang　　D. javax.servlet.jsp

3. 以下哪个脚本元素能够在页面中包含任意 Java 代码?(　　)

A. 指令标记　　B. 声明标记　　C. Scriptlet 标记　　D. 表达式标记

4. 表达语言(EL)机制的用途是什么?(　　)

A. 数据存取方便　　B. 易于保护数据

C. 易于存储数据　　D. 易于管理的数据垃圾收集

5. JSTL 是许多 JSP 应用程序所共有的方法和(　　)的集合。

A. 类　　B. 标记　　C. 库　　D. 接口

6. 哪个标记可以用来定义变量并在其中存储值?(　　)

A. 自定义标记　　B. set 标记　　C. if 标记　　D. forEach 标记

7. 哪个标记库设计支持 JSP 页面的国际化?(　　)

A. 自定义标记库　　B. set 标记库

C. 格式化标记库　　D. SQL 标记库

8. 以下哪个选项是表达式 ${3+var}(其中 var 未定义)的正确输出?(　　)

A. 它将引发异常　　B. 它将给出编译错误

C. 3　　D. 它将给出一些无用值

9. JSTL 的以下哪个类别提供执行基本任务的一般标记?(　　)

A. 核心操作　　B. XML 处理操作

C. 格式化　　D. 函数操作

10. 以下哪个标记提供 c:choose 元素内的备用条件?(　　)

A. c:when　　B. c:otherwise　　C. c:param　　D. c:catch

11. 哪个运算符可以用于标记体中使用的 I18N 本地化上下文?(　　)

A. fmt:setLocale　　B. fmt:bundle

C. fmt:setBundle　　D. fmt:param

12. 哪个选项允许重用代码段一次并根据需要调用它多次?(　　)

A. XML 处理标记库　　B. 格式化标记库

C. JSTL 公司　　D. JSP 片段

项目4

Java Web实用开发

JavaWeb 开发中，设计模式是必不可少的一部分，设计模式是指在特定情境中重复出现的问题所提供的通用解决方案。好的设计模式可以让开发更高效，有助于开发出可重用、易于维护、可扩展性强的应用程序。除此之外，还有许多实用工具可以帮我们去实现更高效的开发。

项目主要内容：

- MVC 设计模式及应用。
- Ajax 的概念与应用。
- JSON 的概念与应用。
- Maven 与 Git 的应用开发。
- Java Web 项目的部署。

能力目标：

了解 MVC 的设计模式，熟悉 Ajax 的请求方式、同步与异步请求、JSON 数据、Maven 与 Git 工具使用、Java Web 项目的部署。

任务 1：MVC 设计模式

学习要点：

- 了解 MVC 设计模式的概念。
- 了解 MVC 设计模式的应用。

学习目的：

通过本任务的学习，了解 MVC 设计模式在 Java Web 中的应用。

学习情境 1：MVC 设计模式概述

1. 设计模式

设计模式(Design Pattern)，其实就是一套被反复使用、多数人知晓的、经过分类编目的、代码设计经验的总结。使用设计模式是为了可重用代码，让代码更容易被他人理解，提高代码的可靠性。

2. 软件设计模式

软件设计模式(Software Design Pattern)，又称设计模式，是一套被反复使用、多数人知晓的、经过分类编目的、代码设计经验的总结。它描述了在软件设计过程中的一些不断重复发生的问题，以及该问题的解决方案。

设计模式的本质是面向对象设计原则的实际运用，是对类的封装性、继承性和多态性以及类的关联关系和组合关系的充分理解。

正确使用设计模式具有以下优点。

(1) 可以提高程序员的思维能力、编程能力和设计能力。

(2) 使程序设计更加标准化，代码编制更加工程化，使软件开发效率大大提高，从而缩短软件的开发周期。

(3) 使设计的代码可重用性高、可读性强、可靠性高、灵活性好、可维护性强。

3. 设计模式分类

1) 创建型模式

关注对象的实例化，用于解耦对象实例化过程。

(1) 单例模式：一个类只存在一个实例对象。

(2) 工厂模式：根据传入的数据决定返回的对象。

(3) 抽象工厂模式：根据相关对象的父类获取对象，无须明确具体的类。

(4) 建造者模式：根据步骤通过一个复杂的创建过程获取对象。

(5) 原型模式：复制原有的实例创建出新的实例。

2) 结构型模式

关注类与对象的结合，形成更强大的结构。

(1) 装饰者模式：动态地给对象添加功能。

(2) 代理模式：给对象分配代理，通过代理来控制对象的访问。

(3) 桥接模式：把抽象部分和实现部分分离开，使之能够独立变化。

(4) 适配器模式：把类的方法接口转换成需要的方法接口。

(5) 组合模式：把对象以树的结构表示出层级关系。

(6) 外观模式：给系统提供对外访问统一的方法。

(7) 亨元模式：使用共享技术减少对象的产生。

3) 行为型模式

关注类与对象的交互，划分职责和算法。

(1) 观察者模式：定义对象之间一对多的依赖关系。

(2) 策略模式：封装一系列算法，可以交替使用。

(3) 模板方法模式：定义一个算法结构，允许子类为一个或多个步骤提供实现。

(4) 迭代器模式：使用统一的方式遍历集合对象，无须了解集合对象的底层。

(5) 命令模式：对命令进行封装，把发出命令和执行命令分隔开。

(6) 备忘录模式：保存对象的状态，在需要的时候恢复对象。

(7) 中介模式：让程序的组件通过中介对象来进行间接沟通。

(8) 解释器模式：定义一个语言，并通过定义的解释器来表示。

(9) 状态模式：使对象在内部状态改变时改变行为。

(10) 责任链模式：把每个对象对其下个对象的引用连接成一条链，每个对象只负责各自的业务。

(11) 访问者模式：不改变数据结构的前提下，将作用于元素的操作封装成独立的类。

4. MVC 设计模式

MVC 的全称是 Model View Controller，即模型-视图-控制器。它是由 Xerox PARC 机构发明的一种软件设计模式，后被 Sun 公司推荐为 Java EE 平台的设计模式，受到越来越多 Java 开发者的欢迎。

MVC 设计模式提供了一种按功能对软件进行模块划分的方式，它把应用程序分为三个核心模块：模型、视图、控制器。每个模块具有不同的功能，同一个模块中的组件保持高内聚性，各模块之间则以松散耦合的方式协同工作，如图 4.1 所示。

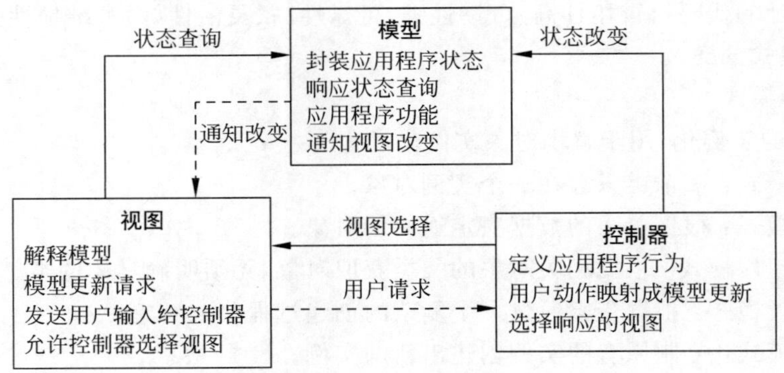

图 4.1 MVC 设计模式

1) 模型层

模型层负责封装数据模型和业务模型，数据模型用来对用户请求的数据和数据库查询的数据进行封装，业务模型用来对业务处理逻辑进行封装。模型发生变化时通知视图更新数据，一个模型可以为多个视图提供数据，因此模型的可重用性得到提高。除此之外，开发人员在后期变动业务逻辑时，只需修改模型层，而不需要涉及视图层。

2) 视图层

视图层负责向用户显示相关数据并与用户交互。视图层将处理后的信息显示给用户并能接收用户输入的数据，但它并不进行任何实际的业务处理。视图层可以从模型层查询业务状态，但不能改变模型。此外，视图还能接收模型发出的数据更新事件，从而对用户界面进行同步更新。

3) 控制器层

控制器层通常介于视图层和模型层之间，主要负责程序的流程控制。当用户通过视图层与程序互动时，控制器层接受用户的请求和数据，然后将请求和数据交给相关的模型进行处理。数据处理完毕后，控制器层根据处理结果选择对应的视图，视图将模型返回的数据显示给用户。

5. MVC 设计模型的优点和好处

1) 各司其职、互不干涉

在 MVC 模式中，三个层各司其职，所以如果哪一层的需求发生了变化，就只需要更改相应层中的代码，而不会影响到其他层。

2) 有利于在开发中的分工

在 MVC 模式中，由于按层把系统分开，那么就能更好地实现开发中的分工。网页设计人员可以开发 JSP 页面,对于业务熟悉的开发人员可以开发模型中相关业务处理的方法,而其他开发人员可开发控制器,以进行程序控制。

3) 有利于组件的重用

分层更有利于组件的重用,如控制层可独立成一个通用的组件,视图层也可作成通用的操作界面。MVC 最重要的特点是把显示与数据分离,这样就增加了各个模块的可重用性。

MVC 模式被广泛运用于各类程序设计中,很多应用系统,尤其是一些大型 Web 应用,更需要灵活地使用 MVC 模式对其系统架构进行设计。在 Java Web 开发中,模型一般由 JavaBean 充当,视图一般由 JSP 充当,这样 JSP 就可以专注于显示数据并与用户互动,控制器一般使用 Servlet 充当,因为 Servlet 是一个 Java 类,因此控制流程的代码很容易被添加,同时程序的可扩展性也得到提高。

学习情境 2: MVC 设计模式应用

1. MVC 设计模式在 Java Web 开发中的应用

MVC 设计模式在 Java Web 开发中广泛应用,下面将详细介绍 MVC 在 Java Web 开发中的应用。

1) 模型(Model)

模型是 JavaBean 的实例,它封装了应用程序的业务逻辑。模型通常包括以下几个部分。

(1) 实体类(POJO):实体类通常封装了应用程序的业务数据,它包含一些数据属性和获取数据的 getXXX()方法和设置数据的 setXXX()方法。

(2) 数据访问对象(DAO):数据访问对象通常封装了对业务数据进行 CRUD 操作的方法,它通常和实体类相绑定。

(3) 服务类(Service):服务类通常提供了一些封装了业务逻辑的方法,它主要是实现具体的业务功能。

2) 视图(View)

视图主要负责数据的呈现,它通常是 HTML 页面或者 JSP 页面。

HTML 页面和 JSP 页面是视图的主要呈现方式,它们通常使用 EL 表达式从模型中获取数据,并将数据展示在页面上。

3) 控制器(Controller)

控制器是 Java 类,它负责接收用户的请求,并且调用模型的方法进行处理。控制器通常包括以下几个部分。

(1) Servlet:Servlet 通常充当控制器的角色,它接收用户的请求,并且将请求转发给模型进行处理。

(2) 命令类(Command):命令类负责将用户请求转换为模型的方法调用。命令类通常将请求参数保存在 JavaBean 中,然后将 JavaBean 作为参数调用模型的方法。

(3) 视图解析器(ViewResolver):视图解析器负责将模型的数据传递给视图进行呈现。视图解析器通常获取到模型的数据,然后将数据传递给视图。

2. MVC 设计模式的例子

这个例子运用 MVC 技术和基本的 Java Web 技术进行一个用户注册和信息查询的 Web 应用的制作。

(1) 项目工程文件夹目录,如图 4.2 所示。

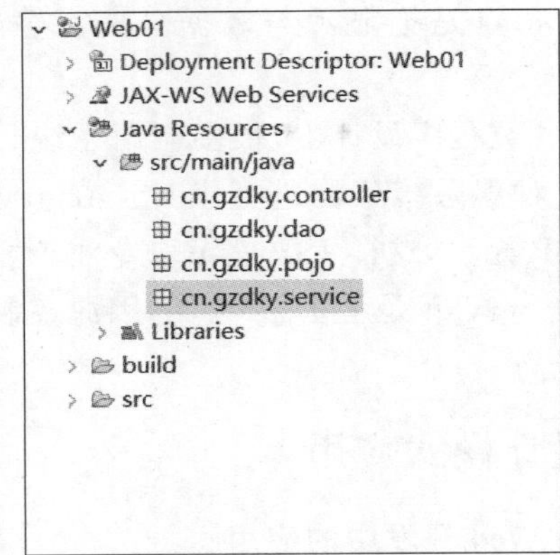

图 4.2 项目结构

(2) View 层的编写。

在这里模仿制作一个用户进行的注册界面,并在表单中指定接受请求并处理该页面的 Servlet。View 层主要是由 JSP、HTML 编写而成。

```
<%@ page language="java" contentType="text/html; charset=UTF-8"
    pageEncoding="UTF-8"%>
<%
String path = request.getContextPath();
String basePath = request.getScheme() + "://" + request.getServerName() + ":" + request.
getServerPort() + path + "/";
%>
<!DOCTYPE html>
<html>
<head>
<meta charset="UTF-8">
<title>Insert title here</title>
</head>
<body style="">
    <form
        action="${pageContext.request.contextPath}/servlet/RegisterServlet"
        method="post">
        <table width="60%" border="1">
            <tr>
                <td>用户名</td>
                <td><input type="text" name="userName"></td>
            </tr>
            <tr>
                <td>密码</td>
                <td><input type="password" name="passWord"></td>
            </tr>

            <tr>
```

```
                <td>你出生的城市是哪里</td>
                <td><input type="text" name="answer"></td>
            </tr>
            <tr>
                <td><input type="reset" value="清空"></td>
                <td><input type="submit" value="注册"></td>
            </tr>
        </table>
    </form>
</body>
</html>
```

在JSP文件中指定了接收该页面并进行处理的表单。表单在Web应用中是十分重要的,目前Web应用的前后端传输数据的时候多数都要用到表单。

(3) Controller层的编写。

Controller层主要编写接收View层请求的Servlet。

```
package cn.gzdky.controller;
import java.io.IOException;
import javax.servlet.ServletException;
import javax.servlet.annotation.WebServlet;
import javax.servlet.http.HttpServlet;
import javax.servlet.http.HttpServletRequest;
import javax.servlet.http.HttpServletResponse;
import cn.gzdky.pojo.User;
import cn.gzdky.service.ResigerService;
@WebServlet("/ResigerServlet")
public class ResigerServlet extends HttpServlet {
    private static final long serialVersionUID = 1L;
    public ResigerServlet() {
        super();
    }
    protected void doGet(HttpServletRequest request, HttpServletResponse response)
            throws ServletException, IOException {
        User user = new User();
        user.set_userName(request.getParameter("userName"));
        user.set_passWord(request.getParameter("passWord"));
        user.set_answer(request.getParameter("answer"));
        String sql = "INSERT INTO USERINFO ([username],[password],[answer]) values (" +
user.get_userName() + ","
                + user.get_passWord() + "," + user.get_answer() + ")";
        ResigerService resigerInfo = new ResigerService();
        resigerInfo.interToDb(sql);
    }
    protected void doPost(HttpServletRequest request, HttpServletResponse response)
            throws ServletException, IOException {
        doGet(request, response);
    }
}
```

(4) Model 层的编写。

Model 层在具体的编写中包括 dao 层和 bean 层,还有 service 层。

① bean 层中编写数据模型类。

```
package cn.gzdky.pojo;
public class User{
    private String userName;
    private String passWord;
    private String answer;
    public void set_userName(String userName) {
        this.userName = userName;
    }

    public void set_passWord(String passWord) {
        this.passWord = passWord;
    }

    public void set_answer(String answer) {
        this.answer = answer;
    }

    public String get_userName() {
        return userName;
    }

    public String get_passWord() {
        return passWord;
    }

    public String get_answer() {
        return answer;
    }

}
```

② dao 层负责与数据库进行交互。

其中,DBUtil 类返回一个数据库连接,UpdateDb 类负责通过调用 GetConnection 来获得一个连接对象,再进行具体的数据库操作。

```
package cn.gzdky.dao;
import java.sql.Connection;
import java.sql.DriverManager;
import java.sql.SQLException;
public class DBUtil {
    private String url;
    private String userName;
    private String password;
    Connection conn ;
    public Connection getConnection() {
        try {
            Class.forName("com.mysql.jdbc.Driver");
        }catch(ClassNotFoundException e) {
        }
```

```
        try {
            conn = DriverManager.getConnection(url, userName, password);
        } catch (SQLException e) {

            e.printStackTrace();
        }
        return conn;
    }
}
```

此处略去了数据库连接所需要的 url、username、password。在具体操作的时候则需要指定这三项。

```
package cn.gzdky.dao;
import java.sql.Connection;
import java.sql.ResultSet;
import java.sql.SQLException;
import java.sql.Statement;
public class UpdateUser {
    Connection conn;
    Statement stmt;
    ResultSet result;
    public void doUpdate(String sql) {
        DBUtil getedConnection = new DBUtil();
        conn = getedConnection.getConnection();
        try {
            stmt = conn.createStatement();
            stmt.executeQuery(sql);

        } catch (SQLException e) {
            e.printStackTrace();
        }

    }

}
```

③ service 层。

service 层负责编写具体的业务逻辑，由于本示例中的业务逻辑比较简单，故此处编写的代码较少。对于大型项目来说，业务逻辑层一般需要进行很多的业务处理。

```
package cn.gzdky.service;

import cn.gzdky.dao.UpdateUser;

public class ResigerService {

    public void interToDb(String sql) {
        UpdateUser update = new UpdateUser();
        update.doUpdate(sql);
    }
}
```

代码是用户注册时需要的步骤。由于多个类和层间存在调用关系,所以读者在看源码时可能会有理解的问题。所有类都已经在最开始的项目结构图中体现了,相信对比着项目结构图读者都会很容易明白 MVC 设计模式的基本调用过程。

任务 2:Ajax

人们平常上网,不管是注册账号还是浏览网页,其本质就是通过客户端向服务器发送请求,服务器接到请求并返回处理后的数据给客户端。在之前学习的代码中,向服务器提交数据典型的应用就是 form 表单,其中的 action 就是提交数据的服务器端地址;当单击"提交"按钮时,页面就会跳转到服务器页面。但是,如果不想让页面跳转,数据也能被发送到服务器端,同时,还可以接收服务器返回的数据;注册一个网站的账号时,填写完用户名并没有提交,但是如果用户名有重复,文本框的旁边便会提示更换用户名……想要完成这些类似的功能实现,就要学习 Ajax 技术。

章节主要内容:

- 什么是 Ajax。
- Ajax 异步和同步请求。
- Ajax 的应用。
- Ajax 的请求方式。

能力目标:

熟悉 Ajax 的同步异步请求方式,掌握 Ajax 在 Java Web 中的应用。

学习情境 1:Ajax 概念

1. 什么是 Ajax

Ajax 即 Asynchronous JavaScript And XML(异步的 JavaScript 和 XML),是指一种创建交互式网页应用的网页开发技术,用于浏览器和服务器之间进行数据交互。Ajax 在浏览器与 Web 服务器之间使用异步数据传输(HTTP 请求),这样就可使网页从服务器请求少量的信息,而不是整个页面。Ajax 描述了一种主要使用脚本操作 HTTP 的 Web 应用架构,Ajax 应用的主要特点是使用脚本操纵 HTTP 和 Web 服务器进行数据交换,不会导致页面重载。

2. Ajax 的工作原理

Ajax 的工作原理相当于在用户和服务器之间加了一个中间层(Ajax 引擎),使用户操作与服务器响应异步化。并不是所有的用户请求都提交给服务器,像一些数据验证和数据处理等都交给 Ajax 引擎自己来做,只有确定需要从服务器读取新数据时再由 Ajax 引擎代为向服务器提交请求。Ajax 交互方式如图 4.3 所示。

3. Ajax 的特点

优点:

(1) 可以无须刷新页面而与服务器端进行通信。

(2) 允许根据用户事件来更新部分页面内容(如单击、表单等)。

缺点:

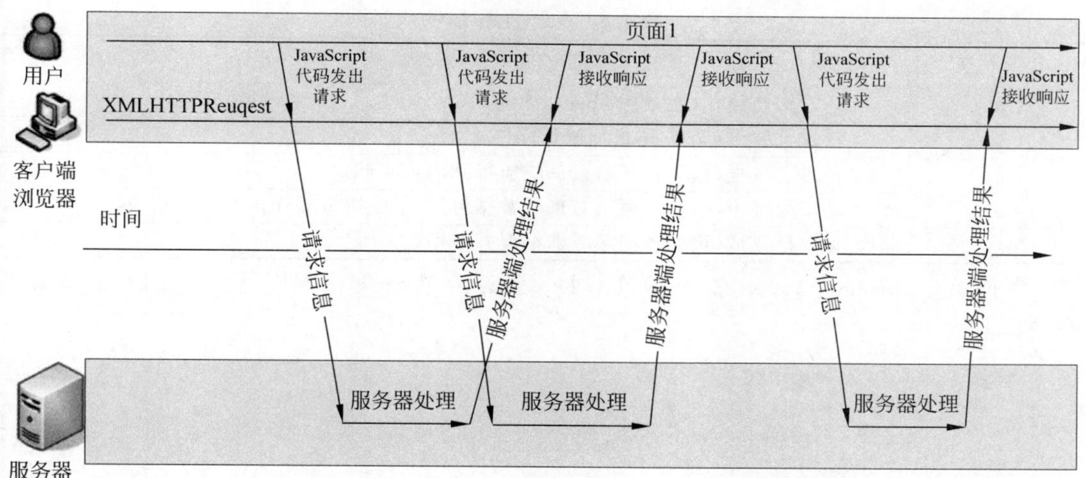

图 4.3　Ajax 交互方式

(1) 没有浏览历史，不能回退，不像浏览页面时可以回退到前一个页面，但 Ajax 无法回退。

(2) 存在跨域问题(同源)，a.com 向 b.com 发送请求，默认是不允许的。

(3) SEO 不友好，Ajax 请求的内容不会显示在“页面的源代码”中，爬虫爬不到。

学习情境 2：Ajax 同步和异步

1. 同步

用 JavaScript 通过 Ajax 向服务器发送请求的时候，JavaScript 会等到服务器响应就绪才继续执行。如果服务器繁忙或缓慢，没有及时地响应消息，则 JavaScript 会一直等待，不会执行 Ajax 的 onreadystatechange 部分后面的代码，应用程序会挂起或停止。

2. 异步

和同步不同的是，在 JavaScript 通过 Ajax 向服务器发送请求的时候，JavaScript 会同时执行 Ajax 的 onreadystatechange 部分后面的代码，通过 Ajax，JavaScript 无须等待服务器的响应，而是在等待服务器响应时执行其他脚本，当响应就绪后对响应进行处理。

3. XMLHttpRequest 对象

1) onreadystatechange 属性

onreadystatechange 属性存有处理服务器响应的函数。

下面的代码定义一个空的函数，可同时对 onreadystatechange 属性进行设置。

```
xmlHttp.onreadystatechange = function() {
    //需要在这里写几行代码
}
```

2) readyState 属性

readyState 属性存有服务器响应的状态信息。每当 readyState 改变时，onreadystatechange 函数就会被执行。

readyState 属性的值，如表 4.1 所示。

表 4.1 readyState 属性

状 态	描 述
0	请求未初始化(在调用 open()之前)
1	请求已提出(调用 send()之前)
2	请求已发送(这里通常可以从响应得到内容头部)
3	请求处理中(响应中通常有部分数据可用,但是服务器还没有完成响应)
4	请求已完成(可以访问服务器响应并使用它)

要向这个 onreadystatechange 函数添加一条 if 语句,来测试响应是否已完成(意味着可获得数据)。

```
xmlHttp.onreadystatechange = function() {
    if (xmlHttp.readyState == 4) {
        //从服务器的 response 获得数据
    }
}
```

3) responseText 属性

可以通过 responseText 属性来取回由服务器返回的数据。

在代码中,将把时间文本框的值设置为等于 responseText。

```
xmlHttp.onreadystatechange = function() {
    if (xmlHttp.readyState == 4) {
        document.myForm.time.value = xmlHttp.responseText;
    }
}
```

其他属性如表 4.2 所示。

表 4.2 其他属性

属 性	描 述
onreadystatechange	状态改变的事件触发器,每个状态改变时都会触发这个事件处理器,通常会调用一个 JavaScript 函数
readyState	请求的状态。有 5 个可取值 0=未初始化,1=正在加载,2=已加载,3=正在提交中,4=完成
responseText	服务器的响应,返回数据的文本
responseXML	服务器的响应,返回数据的兼容 DOM 的 XML 文档对象,这个对象可以解析为一个 DOM 对象
responseBody	服务器返回的主题(非文本格式)
responseStream	服务器返回的数据流
status	服务器的 HTTP 状态码(如 404="文件未找到"、200="成功",等等)
statusText	服务器返回的状态文本信息,HTTP 状态码的相应文本(OK 或 Not Found (未找到)等)

4. XMLHttpRequest 的方法

1) open()方法

open()有三个参数。第一个参数定义发送请求所使用的方法,第二个参数规定服务器端脚本的 URL,第三个参数规定应当对请求进行异步地处理。

```
xmlHttp.open("GET","test.php",true);
```

2）send()方法

send()方法将请求送往服务器。如果假设 HTML 文件和 PHP 文件位于相同的目录，那么代码是这样的：

```
xmlHttp.send(null);
```

其他方法如表 4.3 所示：

表 4.3 其他方法

方 法	描 述
abort()	停止当前请求
getAllResponseHeaders()	把 HTTP 请求的所有响应首部作为键/值对返回
getResponseHeader("header")	返回指定首部的串值
open("method","url",[asyhcFlag],["userName"],["password"])	建立对服务器的调用。method 参数可以是 GET、POST 或 PUT。url 参数可以是相对 URL 或绝对 URL。这个方法还包括三个可选的参数：是否异步、用户名、密码
send(content)	向服务器发送请求
setRequestHeader("header","value")	把指定首部设置为所提供的值。在设置任何首部之前必须先调用 open()。设置 header 并和请求一起发送(一定要使用 post 方法提交)

学习情境 3：Ajax 应用

Ajax 是一个前后台配合的技术，它可以让 JavaScript 发送 HTTP 请求，与后台通信，获取数据和信息。Ajax 技术的原理是实例化 XML HTTP 对象，使用此对象与后台通信。jQuery 将它封装成一个函数 $.ajax()，可以直接用这个函数来执行 Ajax 请求。

要完整实现一个 Ajax 异步调用和局部刷新，通常需要以下几个步骤。

(1) 创建 XMLHttpRequest 对象，即创建一个异步调用对象。

(2) 创建一个新的 HTTP 请求，并指定该 HTTP 请求的方法、URL 及验证信息。

(3) 设置响应 HTTP 请求状态变化的函数。

(4) 发送 HTTP 请求。

(5) 获取异步调用返回的数据。

(6) 使用 JavaScript 和 DOM 实现局部刷新。

1. 创建 XMLHttpRequest 对象

不同浏览器使用的异步调用对象有所不同，在 IE 浏览器中异步调用使用的是 XMLHTTP 组件中的 XMLHttpRequest 对象，而在 Netscape、Firefox 浏览器中则直接使用 XMLHttpRequest 组件。因此，在不同浏览器中创建 XMLHttpRequest 对象的方式有所不同。

在 IE 浏览器中创建 XMLHttpRequest 对象的方式为

```
var xmlHttpRequest = new ActiveXObject("Microsoft.XMLHTTP");
```

在 Netscape 浏览器中创建 XMLHttpRequest 对象的方式为

```
var xmlHttpRequest = new XMLHttpRequest();
```

由于无法确定用户使用的是什么浏览器，所以在创建 XMLHttpRequest 对象时，最好将以上两种方法都加上，如以下代码所示。

```
var xmlHttpRequest;              //定义一个变量,用于存放 XMLHttpRequest 对象
createXMLHttpRequst();           //调用创建对象的方法
//创建 XMLHttpRequest 对象的方法
function createXMLHttpRequest(){
    if(window.ActiveXObject) {//判断是否是 IE 浏览器
        xmlHttpRequest = new ActiveXObject("Microsoft.XMLHTTP");
                                 //创建 IE 的 XMLHttpRequest 对象
    }else if(window.XMLHttpRequest){//判断是否是 Netscape 等其他支持 XMLHttpRequest 组件的
//浏览器
        xmlHttpRequest = new XMLHttpRequest();  //创建其他浏览器上的 XMLHttpRequest 对象
    }
}
```

"if(window. ActiveXObject)"用来判断是否使用 IE 浏览器，其中，ActiveXObject 并不是 window 对象的标准属性，而是 IE 浏览器中专有的属性，可以用于判断浏览器是否支持 ActiveX 控件。通常只有 IE 浏览器或以 IE 浏览器为核心的浏览器才能支持 Active 控件。

"else if(window. XMLHttpRequest)"是为了防止一些浏览器既不支持 ActiveX 控件，也不支持 XMLHttpRequest 组件而进行的判断。其中，XMLHttpRequest 也不是 window 对象的标准属性，但可以用来判断浏览器是否支持 XMLHttpRequest 组件。

如果浏览器既不支持 ActiveX 控件，也不支持 XMLHttpRequest 组件，那么就不会对 XMLHttpRequest 变量赋值。

2. 创建 HTTP 请求

创建 XMLHttpRequest 对象之后，必须为 XMLHttpRequest 对象创建 HTTP 请求，用于说明 XMLHttpRequest 对象要从哪里获取数据。通常可以是网站中的数据，也可以是本地中其他文件中的数据。

创建 HTTP 请求可以使用 XMLHttpRequest 对象的 open()方法，其语法代码如下。

```
XMLHttpRequest.open(method,URL,flag,name,password);
```

代码中的参数解释如下。

(1) method：该参数用于指定 HTTP 的请求方法，一共有 get、post、head、put、delete 5 种方法，常用的方法为 get 和 post。

(2) URL：该参数用于指定 HTTP 请求的 URL 地址，可以是绝对 URL，也可以是相对 URL。

(3) flag：该参数为可选，参数值为布尔型。该参数用于指定是否使用异步方式。true 表示异步，false 表示同步，默认为 true。

(4) name：该参数为可选参数，用于输入用户名。如果服务器需要验证，则必须使用该参数。

(5) password：该参数为可选，用于输入密码。若服务器需要验证，则必须使用该参数。

通常可以使用以下代码来访问一个网站文件的内容。

```
xmlHttpRequest. open ( " get"," http://www. aspxfans. com/BookSupport/JavaScript/ajax. htm",
true);
```

或者使用以下代码来访问一个本地文件内容。

```
xmlHttpRequest.open("get","ajax.htm",true);
```

3. 设置响应 HTTP 请求状态变化的函数

创建完 HTTP 请求之后，应该就可以将 HTTP 请求发送给 Web 服务器了。然而，发送 HTTP 请求的目的是接收从服务器中返回的数据。从创建 XMLHttpRequest 对象开始，到发送数据、接收数据，XMLHttpRequest 对象一共会经历以下 5 种状态。

(1) 未初始化状态：在创建完 XMLHttpRequest 对象时，该对象处于未初始化状态，此时，XMLHttpRequest 对象的 readyState 属性值为 0。

(2) 初始化状态：在创建完 XMLHttpRequest 对象后使用 open()方法创建了 HTTP 请求时，该对象处于初始化状态。此时，XMLHttpRequest 对象的 readyState 属性值为 1。

(3) 发送数据状态：在初始化 XMLHttpRequest 对象后，使用 send()方法发送数据时，该对象处于发送数据状态，此时，XMLHttpRequest 对象的 readyState 属性值为 2。

(4) 接收数据状态：Web 服务器接收完数据并进行处理完毕之后，向客户端传送返回的结果。此时，XMLHttpRequest 对象处于接收数据状态，XMLHttpRequest 对象的 readyState 属性值为 3。

(5) 完成状态：XMLHttpRequest 对象接收数据完毕后，进入完成状态，此时 XMLHttpRequest 对象的 readyState 属性值为 4。此时，接收完毕后的数据存入客户端计算机的内存中，可以使用 responseText 属性或 responseXml 属性来获取数据。

只有在 XMLHttpRequest 对象完成了以上 5 个步骤之后，才可以获取从服务器端返回的数据。因此，如果要获得从服务器端返回的数据，就必须要先判断 XMLHttpRequest 对象的状态。

XMLHttpRequest 对象可以响应 readystatechange 事件，该事件在 XMLHttpRequest 对象状态改变时(也就是 readyState 属性值改变时)激发。因此，可以通过该事件调用一个函数，并在该函数中判断 XMLHttpRequest 对象的 readyState 属性值。如果 readyState 属性值为 4，则使用 responseText 属性或 responseXml 属性来获取数据。具体代码如下。

```
//设置当 XMLHttpRequest 对象状态改变时调用的函数，注意函数名后面不要添加小括号
xmlHttpRequest.onreadystatechange = getData;

//定义函数
function getData(){
    //判断 XMLHttpRequest 对象的 readyState 属性值是否为 4，如果为 4 表示异步调用完成
    if(xmlHttpRequest.readyState == 4) {
        //设置获取数据的语句
    }
}
```

4. 设置获取服务器返回数据的语句

如果 XMLHttpRequest 对象的 readyState 属性值等于 4，表示异步调用过程完毕，就可以通过 XMLHttpRequest 对象的 responseText 属性或 responseXml 属性来获取数据。

但是,异步调用过程完毕,并不代表异步调用成功了,如果要判断异步调用是否成功,还要判断 XMLHttpRequest 对象的 status 属性值,只有该属性值为 200,才表示异步调用成功,因此,要获取服务器返回数据的语句,还必须要先判断 XMLHttpRequest 对象的 status 属性值是否等于 200,如以下代码所示。

```
if(xmlHttpRequst.status == 200) {
    document.write(xmlHttpRequest.responseText); //将返回结果以字符串形式输出
    //document.write(xmlHttpRequest.responseXML);//或者将返回结果以 XML 形式输出
}
```

通常将以上代码放在响应 HTTP 请求状态变化的函数体内,如以下代码所示。

```
//设置当 XMLHttpRequest 对象状态改变时调用的函数,注意函数名后面不要添加小括号
xmlHttpRequest.onreadystatechange = getData;

//定义函数
function getData(){
    //判断 XMLHttpRequest 对象的 readyState 属性值是否为 4,如果为 4 表示异步调用完成
    if(xmlHttpRequest.readyState == 4){
        if(xmlHttpRequest.status == 200 || xmlHttpRequest.status == 0){//设置获取数据的
//语句
            document.write(xmlHttpRequest.responseText);  //将返回结果以字符串形式输出
            //docunment.write(xmlHttpRequest.responseXML);//或者将返回结果以 XML 形式输出
        }
    }
}
```

5. 发送 HTTP 请求

在经过以上几个步骤的设置之后,就可以将 HTTP 请求发送到 Web 服务器上去了。发送 HTTP 请求可以使用 XMLHttpRequest 对象的 send()方法,其语法代码如下。

```
XMLHttpRequest.send(data);
```

其中,data 是可选参数,如果请求的数据不需要参数,即可以使用 null 来替代。data 参数的格式与在 URL 中传递参数的格式类似,以下代码为一个 send()方法中的 data 参数的示例:

```
name = myName&value = myValue
```

只有在使用 send()方法之后,XMLHttpRequest 对象的 readyState 属性值才会开始改变,也才会激发 readystatechange 事件,并调用函数。

6. 局部更新

在通过 Ajax 的异步调用获得服务器端数据之后,可以使用 JavaScript 或 DOM 来将网页中的数据进行局部更新。

学习情境 4: Ajax 请求方式

1. 原生 Ajax

1) XHR 简介

(1) XHR 是早期用于发送 Ajax 请求的方式。

(2) XHR 为发送服务器请求和获取响应提供了合理的接口。

(3) Ajax 的所有操作都是通过 XMLHttpRequest 对象进行的。

XHR 使用步骤如下。

(1) 创建 XMLHttpRequest 对象。

```
var xhr = new XMLHttpRequest();
```

(2) 设置请求信息。

```
//请求准备
xhr.open(method, url);
//可以设置请求头,一般不设置
xhr.setRequestHeader('Content-Type', 'application/x-www-form-urlencoded');
```

(3) 发送请求。

```
xhr.send(body) //get 请求不传 body 参数,只有 post 请求使用
```

(4) 接收响应。

```
//xhr.responseXML 接收 XML 格式的响应数据
//xhr.responseText 接收文本格式的响应数据
xhr.onreadystatechange = function (){
if(xhr.readyState == 4 && xhr.status == 200){
    var text = xhr.responseText;
    console.log(text);
    }
}
```

2) GET 和 POST

(1) GET 请求。

```
// 1. 引入 express
const express = require('express');

// 2. 创建应用对象
const app = express();

// 3. 创建路由规则
app.get('/server', (request, response) => {
  //设置响应头,设置允许跨域
  response.setHeader('Access-Control-Allow-Origin', '*');
  //设置响应体
  response.send("Hello Ajax - 2");
});

// 4. 监听服务
app.listen(8000, () => {
  console.log("服务已经启动, 8000 端口监听中...");
 })
```

(2) POST 请求。

```
app.post('/server', (request, response) => {
  //设置响应头, 设置允许跨域
  response.setHeader('Access-Control-Allow-Origin', '*');
```

```
    //设置响应体
    response.send("Hello Ajax POST");
});
```

3）JSON 数据请求

```
app.all('/json-server', (request, response) => {
    //设置响应头，设置允许跨域
    response.setHeader('Access-Control-Allow-Origin', '*');
    //设置响应头，设置允许自定义头信息
    response.setHeader('Access-Control-Allow-Headers', '*');
    //响应一个数据
    const data = {
        name: 'atguigu'
    };
    //对对象进行字符串转换
    let str = JSON.stringify(data)
    //设置响应体
    response.send(str);
});
```

2. jQuery 发送 Ajax

jQuery 中封装了对于 Ajax 请求的操作。但是通常不会为了发送 Ajax 请求而特意引入 jQuery，因为发送 Ajax 请求的部分只占 jQuery 的一部分，jQuery 主要部分在于简化对于 DOM 的操作。除非本身就是依赖 jQuery 实现的项目，可以使用其提供的对于 Ajax 的操作。

1）GET 请求

```
$.get(url, [data], [callback], [type])
```

（1）url：请求的 URL 地址。

（2）data：请求携带的参数。

（3）callback：载入成功时回调函数。

（4）type：设置返回内容格式。

2）POST 请求

```
$.post(url, [data], [callback], [type])
```

（1）url：请求的 URL 地址。

（2）data：请求携带的参数。

（3）callback：载入成功时回调函数。

（4）type：设置返回内容格式。

3）通用方法

```
$.ajax({
    //url
    url: 'http://127.0.0.1:8000/jquery-server',
    //参数
    data: {a:100, b:200},
    //请求类型
```

```
        type: 'GET',
        //响应体结果
        dataType: 'json',
        //成功的回调
        success: function(data){console.log(data);},
        //超时时间
        timeout: 2000,
        //失败的回调
        error: function(){console.log('出错啦～');},
        //头信息
        headers: {
            c: 300,
            d: 400
        }
    })
```

3. Axios

Axios是一个基于promise的HTTP库，可以用在浏览器和node.js中，是目前主流前端框架，如react和vue，推荐使用发送Ajax请求的方式。使用时可以用CDN命令引入或用npm命令安装。

1）GET请求

```
axios.get(url[, config])
```

GET请求例子：

```
//GET 请求
axios.get('/axios-server', {
    //url 参数
    params: {
        id: 100,
        vip: 7
    },
    //请求头信息
    headers: {
        name: 'atguigu',
        age: 20
    }
}).then(value => {
    console.log(value);
});
```

2）POST请求

```
axios.post(url[, data[, config]])
```

POST请求例子：

```
axios.post('/axios-server', {
    username: 'admin',
    password: 'admin'
}, {
    //url
```

```
    params: {
        id: 200,
        vip: 9
    },
    //请求头参数
    headers: {
        height: 180,
        weight: 180,
    }
});
```

3）通用方法

```
axios(config)
```

通用方法例子：

```
axios({
        //请求方法
        method : 'POST',
        //url
        url: '/axios - server',
        //url 参数
        params: {
            vip:10,
            level:30
        },
        //头信息
        headers: {
            a:100,
            b:200
        },
        //请求体参数
        data: {
            username: 'admin',
            password: 'admin'
        }
    }).then(response =>{
        //响应状态码
        console.log(response.status);
        //响应状态字符串
        console.log(response.statusText);
        //响应头信息
        console.log(response.headers);
        //响应体
        console.log(response.data);
    })
}
```

4. Fetch

Fetch API 提供了一个 JavaScript 接口，用于访问和操纵 HTTP 管道的一些具体部分，例如请求和响应。它还提供了一个全局 fetch() 方法，该方法提供了一种简单、合理的方式来跨网络异步获取资源。这种功能以前是使用 XMLHttpRequest 实现的。Fetch 提供了一个更理想的替代方案，可以很容易地被其他技术使用。

fetch()接收两个参数,第一个为 URL;第二个是可选参数,可以控制不同配置的 init 对象。

```
fetch(URL[, init])
```

基本使用例子:

```
fetch('http://127.0.0.1:8000/fetch-server?vip=10', {
    //请求方法
    method: 'POST',
    //请求头
    headers: {
        name:'atguigu'
    },
    //请求体
    body: 'username=admin&password=admin'
}).then(response => {
    // return response.text();
    return response.json();
}).then(response=>{
    console.log(response);
});
```

5. 跨域问题

1) 什么是跨域问题

跨域是指从一个域名的网页去请求另一个域名的资源。简单来说,就是前端调用后端服务接口时,如果服务接口不是同一个域,就会产生跨域问题。

通过超链接或者 form 表单提交或者 window.location.href 的方式进行跨域是不存在问题的。但在一个域名的网页中的一段 JS 代码发送 Ajax 请求去访问另一个域名中的资源,由于同源策略的存在导致无法跨域访问,那么 Ajax 就存在这种跨域问题。

2) Ajax 跨域场景

(1) 前后端分离、服务化的开发模式。

(2) 前后端开发独立,前端需要大量调用后端接口的场景。

(3) 只要后端接口不是同一个域,就会产生跨域问题。

(4) 跨域问题很普遍,解决跨域问题也很重要。

3) Ajax 跨域原因

(1) 浏览器限制:浏览器安全校验限制。

(2) 跨域(协议、域名、端口任何一个不一样都会认为是跨域)。

(3) XHR(XMLHttpRequest)请求。

4) Ajax 跨域解决方式。

Ajax 跨域问题解决思路如下。

(1) 浏览器:浏览器取下跨域校验,实际价值不大。

(2) XHR:不使用 XHR,使用 JSONP 有很多弊端,无法满足现在的开发要求。

(3) 跨域:被调用方修改支持跨域调用(指定参数);调用方修改隐藏跨域(基于代理)。

cmd 启动的时候添加参数关闭安全检测。

```
--disable-web-security --user-data-dir=C:MyChromeDevUserData
```

JSONP：

```
package com.xjn.ajax.server.controller;

import org.springframework.web.bind.annotation.ControllerAdvice;
import org.springframework.web.servlet.mvc.method.annotation.AbstractJsonpResponseBodyAdvice;

/**
 * <br>
 * 标题：JSONP 全局处理<br>
 * 描述：统一处理 JSONP<br>
 */
@ControllerAdvice
public class JsonpAdvice extends AbstractJsonpResponseBodyAdvice{
    public JsonpAdvice() {
        //与前端约定好回调方法名称,默认是 callback
        super("callback");
    }
}
```

Ajax 请求：

```
$.ajax({
  url: base + "/get1",
  dataType: "jsonp",
  jsonp:"callback",
  success: function (res) {
    result = res;
  }
});
```

JSONP 原理是在 URL 后面拼接一串字符，使浏览器知道自己是 JSONP 请求，所以仅适用于 GET 方法请求，后端返回来的数据经过 JsonpAdvice 配置，返回的是 JavaScript 数据。

任务 3：JSON

现在 JSON 为 Web 应用开发者提供了另一种数据交换格式。同 XML 或 HTML 片段相比，JSON 提供了更好的简单性和灵活性。

学习要点：

- 了解 JSON 的概念。
- 掌握 JSON 的语法及应用。

学习目的：

通过本任务的学习，掌握 JSON 的语法及应用。

学习情境 1：JSON 概念

1. 什么是 JSON

JSON (JavaScript Object Notation)是一种轻量级的数据交换格式，易于阅读和编写，同时也易于机器解析和生成。JSON 采用完全独立于语言的文本格式,而且很多语言都提供了对 JSON 的支持(包括 C、C++、C#、Java、JavaScript、Perl、Python 等)。这样就使得 JSON 成为理想的数据交换格式。

2. JSON 发展史

2000 年年初,Douglas Crockford(道格拉斯·克罗克福特)发明了 JSON,并从 2001 年开始推广使用。同年 4 月,位于旧金山湾区某车库的一台计算机发出了首个 JSON 格式的数据,这是计算机历史上的重要时刻。

2005—2006 年,JSON 正式成为主流的数据格式,雅虎、谷歌等知名网站开始广泛使用 JSON 格式。

2013 年,ECMA International(欧洲计算机制造商协会)制定了 JSON 的语法标准——ECMA-404。

经过 20 多年的发展,JSON 已经替代了 XML,成为 Web 开发中首选的数据交换格式。

3. 为什么使用 JSON

JSON 并不是唯一能够实现在互联网中传输数据的方式,除此之外,还有一种 XML 格式。JSON 和 XML 能够执行许多相同的任务,那么为什么要使用 JSON 而不是 XML 呢?

之所以使用 JSON,最主要的原因是 JavaScript。众所周知,JavaScript 是 Web 开发中不可或缺的技术之一,而 JSON 是基于 JavaScript 的一个子集,JavaScript 默认就支持 JSON,而且只要学会了 JavaScript,就可以轻松地使用 JSON,不需要学习额外的知识。

另一个原因是 JSON 比 XML 的可读性更高,而且 JSON 更加简洁,更容易理解。

4. 什么时候会使用 JSON

1) 定义接口

JSON 使用最多的地方莫过于 Web 开发领域了,现在的数据接口基本上都是返回 JSON 格式的数据,例如:

(1) 使用 Ajax 异步加载的数据。

(2) RPC 远程调用。

(3) 前后端分离,后端返回的数据。

(4) 开发 API,例如,百度、高德的一些开放接口。

这些接口一般都会提供一个接口文档,说明接口调用的方法、需要的参数以及返回数据的介绍等。

2) 序列化

程序在运行时所有的变量都是存储在内存中的,如果程序重启或者服务器宕机,这些数据就会丢失。一般情况下,运行时变量并不是很重要,丢了也无所谓,但有些数据则需要保存下来,供下次程序启动或其他程序使用。

可以将这些数据保存到数据库中,也可以保存到一个文件中,这个将内存中数据保存起来的过程称为序列化。序列化在 Python 中称为 pickling,在其他语言中也被称为 serialization、marshalling、flattening 等,都是一个意思。

通常情况下,序列化是将程序中的对象直接转换为可保存或者可传输的数据,但这样会保存对象的类型信息,无法做到跨语言使用。例如,使用 Python 将数据序列化到硬盘,然后使用 Java 来读取这份数据,这是由于不同编程语言的数据类型不同,就会造成读取失败。如果在序列化之前，先将对象信息转换为 JSON 格式，则不会出现此类问题。

3）生成 Token

Token 的形式多种多样，JSON、字符串、数字等都可以用来生成 Token，JSON 格式的 Token 最有代表性的是 JWT(JSON Web Tokens)。

随着技术的发展，分布式 Web 应用越来越广泛，通过 Session 管理用户登录状态的成本越来越高，因此慢慢发展为使用 Token 做登录身份校验，然后通过 Token 去取 Redis 中缓存的用户信息。随着之后 JWT 的出现，校验方式变得更加简单便捷，无须再通过 Redis 缓存，而是直接根据 Token 读取保存的用户信息。

4）配置文件

还可以使用 JSON 来作为程序的配置文件，最具代表性的是 npm(Node.js 的包管理工具)的 package.json 包管理配置文件，如下所示。

```
{
    "name": "server",
    "version": "0.0.0",
    "private": true,
    "main": "server.js",
    "scripts": {
        "start": "node ./bin/www"
    },
    "dependencies": {
        "cookie-parser": "~1.4.3",
        "debug": "~2.6.9",
        "express": "~4.16.0",
        "http-errors": "~1.6.2",
        "jade": "~1.11.0",
        "morgan": "~1.9.0"
    }
}
```

JSON 是一种轻量级的数据交换格式，它是基于 JavaScript 的一个子集，采用完全独立于编程语言的格式来表示数据，可以跨语言、跨平台使用。简洁清晰的层次结构使得 JSON 逐渐替代了 XML，成为最理想的数据交换格式，广泛应用于 Web 开发领域。

5. JSON 特点

1）易于解析

JSON 格式的数据可以被多种编程语言解析和处理，不同编程语言都有自己的 JSON 解析器，大大提高了数据的可读性和通用性。

2）占用带宽小

JSON 格式的数据比 XML 格式的数据更为紧凑，占用的带宽更小，适用于网络传输和存储。

3）易于读写

JSON 格式的数据易于读写，支持多种数据类型，具有较高的灵活性和可读性。

4）适用范围广

JSON 格式的数据可以应用于互联网数据传输、存储以及配置文件等领域，具有广泛的应用价值。

学习情境 2：JSON 语法及应用

1. JSON 语法

JSON 的语法与 JavaScript 中的对象很像，在 JSON 中主要使用以下两种方式来表示数据。

(1) Object(对象)：键/值对(名称/值)的集合，使用花括号定义。在每个键/值对中，以键开头，后跟一个冒号，最后是值。多个键/值对之间使用逗号分隔。

(2) Array(数组)：值的有序集合，使用方括号定义，数组中每个值之间使用逗号进行分隔。

下面展示了一个简单的 JSON 数据。

```
{
    "Name":"localhost",
    "Url":"http://localhost:8080",
    "Tutorial":"JSON",
    "Article":[
        "JSON 是什么?",
        "JSONP 是什么?",
        "JSON 语法规则"
    ]
}
```

2. JSON 数据类型

JSON 是 Web 开发中使用最广泛的数据交换格式，它独立于编程语言，能够被大多数编程语言使用。本节详细介绍 JSON 中支持的数据类型。

JSON 中支持的数据类型可以分为简单数据类型和复杂数据类型两种，其中，简单数据类型包括 string(字符串)、number(数字)、boolean(布尔值)和 null(空)；复杂数据类型包括 Array(数组)和 Object(对象)。

1) 字符串

JSON 中的字符串需要使用双引号定义(注意：不能使用单引号)，字符串中可以包含零个或多个 Unicode 字符。另外，JSON 的字符串中也可以包含一些转义字符，例如：

\\反斜线本身

\/正斜线

\"双引号

\b 退格

\f 换页

\n 换行

\r 回车

\t 水平制表符

\u 4 位的十六进制数字

示例代码如下。

```
{
    "name":"localhost",
```

```
    "url":"http://localhost:8080/",
    "title":"JSON 数据类型"
}
```

2）数字

JSON 中不区分整型和浮点型，只支持使用 IEEE-754 双精度浮点格式来定义数字。此外，JSON 中不能使用八进制和十六进制表示数字，但可以使用 e 或 E 来表示 10 的指数。

示例代码如下。

```
{
    "number_1" : 210,
    "number_2" : -210,
    "number_3" : 21.05,
    "number_4" : 1.0E+2
}
```

3）布尔值

JSON 中的布尔值与 JavaScript、PHP、Java 等编程语言中相似，有两个值，分别为 true（真）和 false（假），如下所示。

```
{
    "message" : true,
    "pay_succeed" : false
}
```

4）空

null（空）是 JSON 中的一个特殊值，表示没有任何值，当 JSON 中的某些键没有具体值时，就可以将其设置为 null，如下所示。

```
{
    "id" : 1,
    "visibility" : true,
    "popularity" : null
}
```

5）对象

JSON 中对象由花括号以及其中的若干键/值对组成，一个对象中可以包含零个或多个键/值对，每个键/值对之间需要使用逗号分隔，如下所示。

```
{
    "author": {
        "name": "localhost",
        "url": "http:// localhost :8080/"
    }
}
```

6）数组

JSON 中数组由方括号和其中的若干值组成，值可以是 JSON 中支持的任意类型，每个值之间使用逗号进行分隔，如下所示。

```
{
    "course" : [
```

```
        "JSON 教程",
        "JavaScript 教程",
        "HTML 教程",
        {
            "website" : "localhost",
            "url" : "http:// localhost:8080"
        },
        [
            3.14,
            true
        ],
        null
    ]
}
```

3. JSON 应用

1）JSON 在 Java 中的使用

要使用 JSON，需要使用到一个第三方的包：gson.jar。

gson 是 Google 提供的用来在 Java 对象和 JSON 数据之间进行映射的 Java 类库。可以将一个 JSON 字符串转成一个 Java 对象，或者反过来。

JSON 在 Java 中的操作，常见的有以下三种情况。

(1) Java 对象和 JSON 的转换。

(2) Java 对象 List 集合和 JSON 的转换。

(3) map 对象和 JSON 的转换。

创建一个 JavaBean：Person 类。

```
package cn.niit.josn;
public class Person {

    private Integer id;
    private String name;

    public Person() {
    }

    public Person(Integer id, String name) {
        this.id = id;
        this.name = name;
    }

    public Integer getId() {
        return id;
    }

    public void setId(Integer id) {
        this.id = id;
    }

    public String getName() {
        return name;
    }
```

```
    public void setName(String name) {
        this.name = name;
    }

    @Override
    public String toString() {
        return "Person{" + "id=" + id + ", name='" + name + '\'' + '}';
    }

}
```

(1) JavaBean 和 JSON 的转换。

```
    // JavaBean 和 JSON 的互转
    @Test
    public void test1() {
        Person person = new Person(1, "小名");
        //创建 Gson 对象实例
        Gson gson = new Gson();
        // toJson() 方法可以将 Java 对象转换为 JSON 字符串
        String personJsonString = gson.toJson(person);
        System.out.println(personJsonString);

        // fromJson()方法把 JSON 字符串转换回 Java 对象
        // 第一个参数是 JSON 字符串
        // 第二个参数是转换回去的 Java 对象类型
        Person person2 = gson.fromJson(personJsonString, Person.class);
        System.out.println(person2);
    }
```

(2) List 和 JSON 的转换。

这里需要写一个类去继承 com.google.gson.reflect.TypeToken,然后再调用 gson.fromJson()。

```
package cn.niit.josn;

import java.util.ArrayList;

import com.google.gson.reflect.TypeToken;

public class PersonListType   extends TypeToken<ArrayList<Person>>{

}
```

除了这种硬编码的继承方式,还可以使用匿名类。

```
    // List 和 JSON 的互转
    @Test
    public void test2() {
        List<Person> personList = new ArrayList<>();
        personList.add(new Person(1, "小红"));
        personList.add(new Person(2, "小明"));
```

```
        Gson gson = new Gson();

        //把 List 转换为 JSON 字符串
        String personListJsonString = gson.toJson(personList);
        //输出:[{"id":1,"name":"小红"},{"id":2,"name":"小明"}]
        System.out.println(personListJsonString);

        //方法 1:定义一个类去继承 com.google.gson.reflect.TypeToken
        List < Person > list = gson.fromJson(personListJsonString, new PersonListType().
getType());

        /**
         * Person{id = 1, name = '小红'}
         * Person{id = 2, name = '小明'}
         */
        list.forEach(System.out :: println);

        //方法 2:直接使用匿名类实现继承(推荐)
        List < Person > list2 = gson.fromJson(personListJsonString, new TypeToken < ArrayList
< Person >>() {
        }.getType());

        /**
         * Person{id = 1, name = '小红'}
         * Person{id = 2, name = '小明'}
         */
        list2.forEach(System.out :: println);
    }
```

(3) Map 和 JSON 的转换。

这里需要写一个类去继承 com. google. gson. reflect. TypeToken，然后调用 gson. fromJson()。

```
package cn.niit.josn;

import java.util.HashMap;

import com.google.gson.reflect.TypeToken;

public class PersonMapType extends TypeToken < HashMap < Integer, Person >> {

}
```

除了这种硬编码的继承方式，还可以使用匿名类。

```
// Map 和 JSON 的互转
    @Test
    public void test3() {
        Map < Integer, Person > personMap = new HashMap <>();
        personMap.put(1, new Person(1, "杨哥好帅"));
        personMap.put(2, new Person(2, "小哥好帅"));

        Gson gson = new Gson();
```

```
        //把 Map 转换为 JSON 字符串
        String personMapJsonString = gson.toJson(personMap);

        //输出:{"1":{"id":1,"name":"杨哥好帅"},"2":{"id":2,"name":"小哥好帅"}}
        System.out.println(personMapJsonString);

        //这里需要定义一个类去继承 com.google.gson.reflect.TypeToken
        Map < Integer, Person > map = gson.fromJson(personMapJsonString, new PersonMapType().
getType());

        /**
          * 1=Person{id=1, name='杨哥好帅'}
          * 2=Person{id=2, name='小哥好帅'}
          */
        map.entrySet().forEach(System.out::println);

        //也可以直接使用匿名类实现继承(推荐)
        Map < Integer, Person > map2 = gson.fromJson(personMapJsonString, new TypeToken
< HashMap < Integer, Person >>() {
        }.getType());

        /**
          * 1=Person{id=1, name='杨哥好帅'}
          * 2=Person{id=2, name='小哥好帅'}
          */
        map2.entrySet().forEach(System.out::println);
    }
```

2）JSON 在 Ajax 中的使用

在 Ajax 中使用 JSON 可以方便地实现数据的传递和交互。

首先需要了解如何将 JSON 数据发送给服务器。在 Ajax 中，可以使用 POST 或者 GET 方法将 JSON 数据发送到服务器。下面是一个示例代码。

```
$.ajax({
url: "server.php",
method: "POST",
data: {name: "John", age: 30},
success: function(response){
console.log(response);
}
});
```

上述代码中，通过 POST 方法将一个 JSON 对象发送到名称为 server.php 的服务器。JSON 对象包含两个属性：name 和 age。服务器返回的数据将被打印到控制台上。

然后看一下如何接收服务器返回的 JSON 数据。在 Ajax 中，可以使用 responseJson 对象来解析服务器返回的 JSON 数据。下面是一个示例代码。

```
$.ajax({
url: "server.php",
method: "GET",
dataType: "json",
```

```
success: function(response){
var name = response.name;
var age = response.age;
console.log("Name: " + name);
console.log("Age: " + age);
}
});
```

在上述代码中，通过 GET 方法从服务器获取 JSON 数据。dataType 属性设置为"json"，确保服务器返回 JSON 格式的数据。可以通过 response 对象的属性来访问返回的数据。在本示例中，可以获取 name 和 age 的值，然后将其打印到控制台上。

除了通过属性获取 JSON 数据外，还可以使用循环来遍历 JSON 对象中的属性。下面是一个示例代码。

```
$.ajax({
url: "server.php",
method: "GET",
dataType: "json",
success: function(response){
for(var key in response){
console.log(key + ": " + response[key]);
}
}
});
```

除了通过属性获取 JSON 数据外，还可以使用数组的方式来获取 JSON 数据。下面是一个示例代码。

```
$.ajax({
url: "server.php",
method: "GET",
dataType: "json",
success: function(response){
var name = response["name"];
var age = response["age"];
console.log("Name: " + name);
console.log("Age: " + age);
}
});
```

在上述代码中，通过方括号加上属性名的方式来获取 JSON 数据。通过 response["name"]和 response["age"]可以分别获取 name 和 age 的值，并将其打印到控制台上。

通过以上示例，可以看到在 Ajax 中如何使用 JSON 格式的数据。可以通过 POST 或者 GET 方法将 JSON 数据发送到服务器，并通过属性或者循环来获取服务器返回的 JSON 数据。JSON 在 Ajax 中的使用让数据的传递和交互变得更加方便和高效。

任务 4：Maven 和 Git

如果身处异地，要共同开发或者分享项目，那么每做一个项目，都要往 lib 目录中放很多 jar 包，如 Spring、Hibernate、Apache 等，这样就会导致很多包不知从哪个角落下载回来的，名称千奇百怪，版本也不明，项目多了以后还得自己复制来复制去，容易有多种不同版本的包混杂，毋庸置疑，Maven 和 Git 必然是极大提升效率的两大基础利器。

学习要点：

- 掌握 Maven 基础知识及应用。
- 掌握 Git 概念及应用。

学习目的：

通过本任务的学习，掌握 Maven 和 Git 的应用。

学习情境 1：Maven 应用

1. Maven 介绍

1）Maven 是什么

Maven 翻译为“专家”、“内行”。Maven 是 Apache 下的一个纯 Java 开发的开源项目，它是一个项目管理工具，使用 Maven 对 Java 项目进行构建、依赖管理。当前使用 Maven 的项目数量在持续增长。

2）什么是项目构建

项目构建是一个项目从编写源代码到编译、测试、运行、打包、部署、运行的过程。

（1）传统项目构建过程。

传统的使用 Eclipse 构建项目的过程如图 4.4 所示。

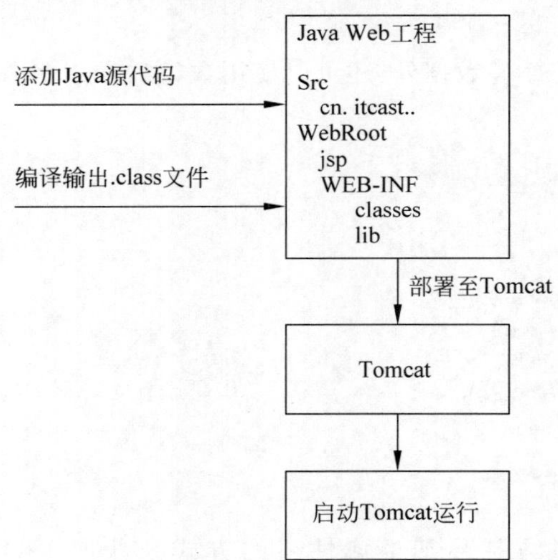

图 4.4 Eclipse 构建项目的过程

构建过程如下。

① 在 Eclipse 中创建一个 Java Web 工程。

② 在工程中编写源代码及配置文件等。

③ 对源代码进行编译，Java 文件编译成. class 文件。

④ 执行 JUnit 单元测试。

⑤ 将工程打成 war 包部署至 Tomcat 运行。

（2）Maven 项目构建过程。

Maven 将项目构建的过程进行标准化，每个阶段使用一个命令完成，如图 4.5 所示展示了构建过程的一些阶段。

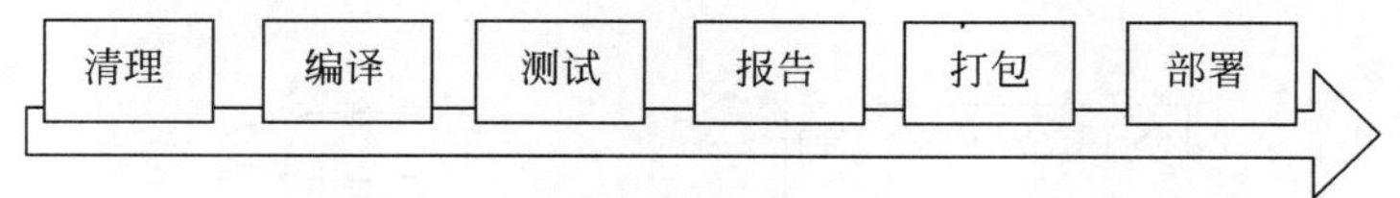

图 4.5 Maven 项目构建

① 清理阶段对应 Maven 的命令是 clean,清理输出的 class 文件。

② 编译阶段对应 Maven 的命令是 compile,将 Java 代码编译成 class 文件。

③ 测试阶段对应 Maven 的命令是 test,测试代码。

④ 报告阶段对应 Maven 的命令是 site,生成测试报告和其他项目报告。

⑤ 打包阶段对应 Maven 的命令是 package,Java 工程可以打成 jar 包,Web 包可以打成 war 包。

⑥ 部署阶段对应 Maven 的命令是 install。

(3) Maven 工程构建的优点。

① 一个命令完成构建、运行,方便快捷。

② Maven 对每个构建阶段进行规范,非常有利于大型团队协作开发。

3) 什么是依赖管理

什么是依赖? 一个 Java 项目可能要使用一些第三方的 jar 包才可以运行,那么我们说这个 Java 项目依赖了这些第三方的 jar 包。

举个例子: 一个 CRM 系统,它的架构是 SSH 框架,该 CRM 项目依赖 SSH 框架,具体依赖 Hibernate、Spring、Struts 2。

什么是依赖管理? 就是对项目所有依赖的 jar 包进行规范化管理。

(1) 传统项目的依赖管理。

传统的项目工程要管理所依赖的 jar 包完全靠人工进行,程序员从网上下载 jar 包添加到项目工程中,然后手工将 Hibernate、Struts 2、Spring 的 jar 包添加到工程中的 WEB-INF\lib 目录下,如图 4.6 所示。

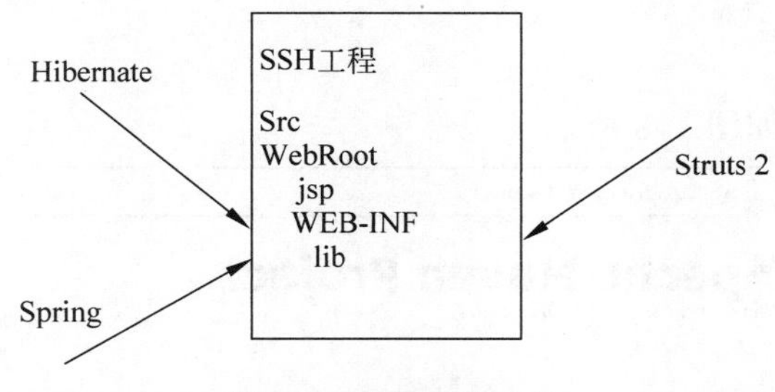

图 4.6 传统项目依赖

手工复制 jar 包添加到工程中的问题如下。

① 没有对 jar 包的版本统一管理,容易导致版本冲突。

② 从网上找 jar 包非常不方便,有些 jar 包找不到。

③ jar 包添加到工程中导致工程过大。

(2) Maven 项目的依赖管理。

Maven 项目管理所依赖的 jar 包不需要手动向工程添加 jar 包,只需要在 pom. xm

(Maven 工程的配置文件)中添加 jar 包的坐标,自动从 Maven 仓库中下载 jar 包、运行,如图 4.7 所示。

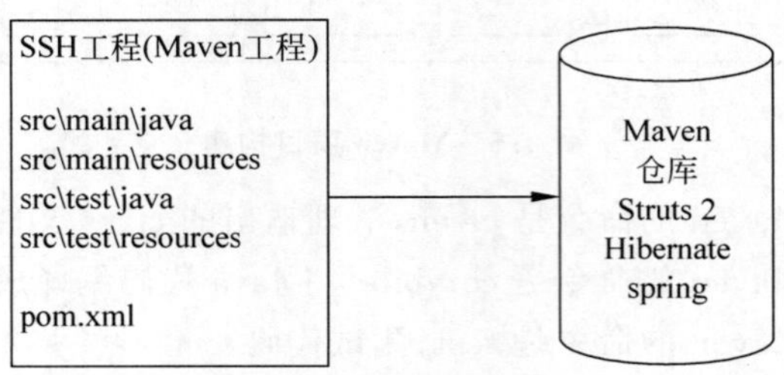

图 4.7 Maven 项目依赖

使用 Maven 依赖管理添加 jar 包的好处如下。

① 通过 pom.xml 文件对 jar 包的版本进行统一管理,可避免版本冲突。

② Maven 团队维护了一个非常全的 Maven 仓库,里边包括当前使用的 jar 包,Maven 工程可以自动从 Maven 仓库下载 jar 包,非常方便。

4) 使用 Maven 的好处

通过上边介绍传统项目和 Maven 项目在项目构建及依赖管理方面的区别,Maven 具有如下的好处。

(1) 一步构建。

Maven 对项目构建的过程进行标准化,通过一个命令即可完成构建过程。

(2) 依赖管理。

Maven 工程不用手动导入 jar 包,通过在 pom.xml 中定义坐标从 Maven 仓库自动下载,方便且不易出错。

(3) Maven 的跨平台性,可在 Windows、Linux 上使用。

(4) Maven 遵循规范开发,有利于提高大型团队的开发效率,降低项目的维护成本,大公司都会考虑使用 Maven 来构建项目。

2. Maven 安装

1) 下载安装

打开 Maven 官网,如图 4.8 所示。

图 4.8 Maven 官网

单击 Download，官网上是最新版本，选择对应版本下载，这里以一个稳定版本为例，如图 4.9 所示。

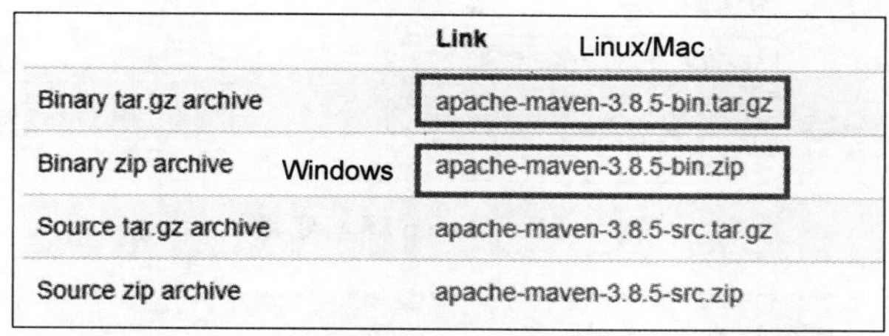

Link
Linux/Mac
Binary tar.gz archive
apache-maven-3.8.5-bin.tar.gz
Binary zip archive
Windows
apache-maven-3.8.5-bin.zip
Source tar.gz archive
apache-maven-3.8.5-src.tar.gz
Source zip archive
apache-maven-3.8.5-src.zip

图 4.9　Maven 下载

下载之后，将 Maven 解压到一个不含有中文和空格的目录中。Maven 目录如图 4.10 所示。

（1）bin 目录：mvn. bat（以 run 方式运行项目）、mvnDebug. bat（以 debug 方式运行项目）。

（2）boot 目录：Maven 运行需要类加载器。

（3）conf 目录：settings. xml，整个 Maven 工具核心配置文件。

（4）lib 目录：Maven 运行依赖 jar 包。

2）环境变量配置

右击“此电脑”→“属性”→“高级”→“环境变量”，如图 4.11 所示。

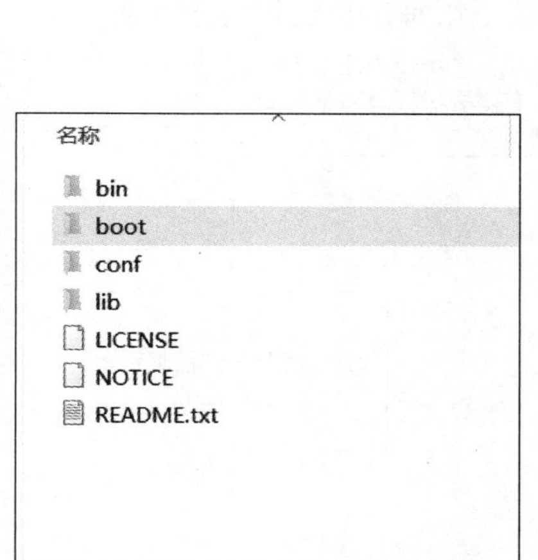

图 4.10　Maven 目录

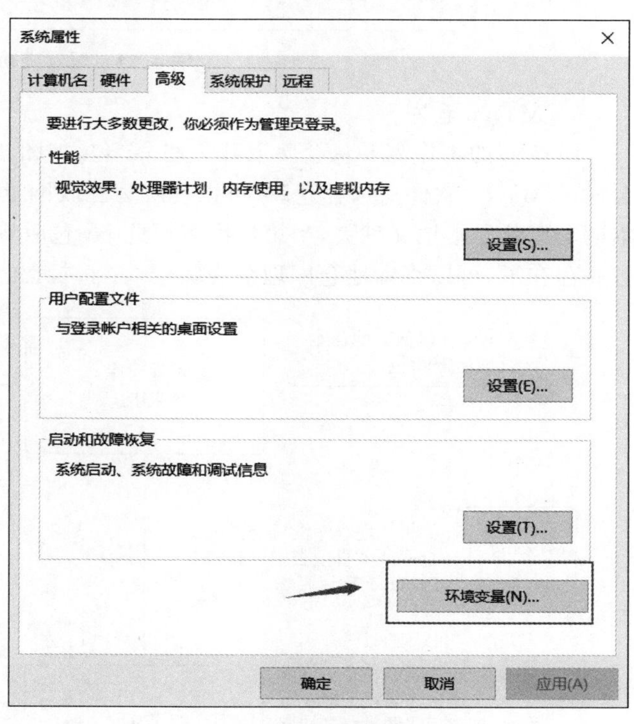

图 4.11　环境变量

新建系统变量 MAVEN_HOME，如图 4.12 所示。

编辑系统变量 Path，添加变量值%MAVEN_HOME%\bin，如图 4.13 所示。

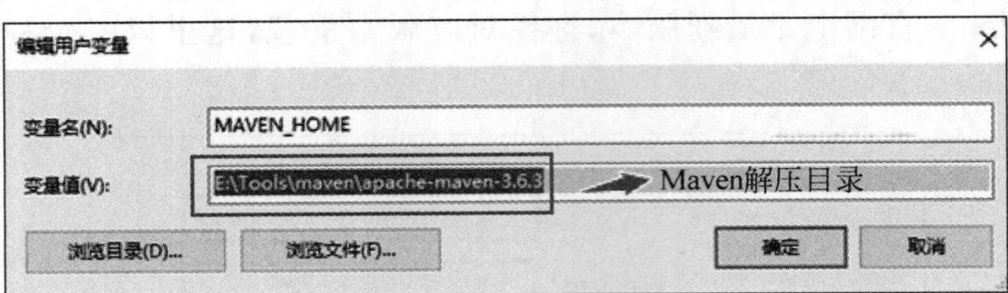

图 4.12 Maven 环境变量

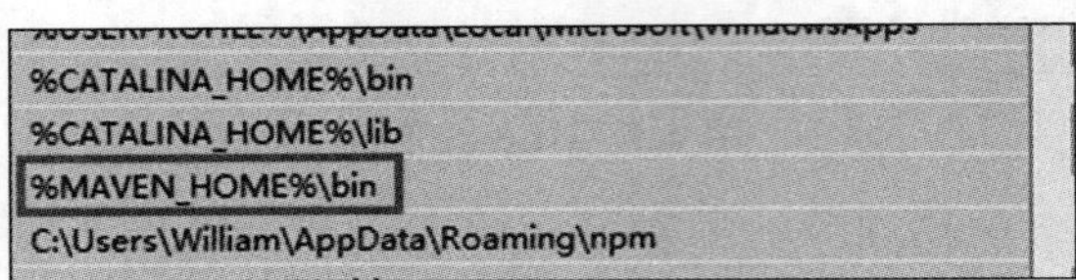

图 4.13 Path 环境变量

验证安装是否成功，按 Win+R 组合键运行 cmd，输入 mvn -v，如图 4.14 所示则配置成功。

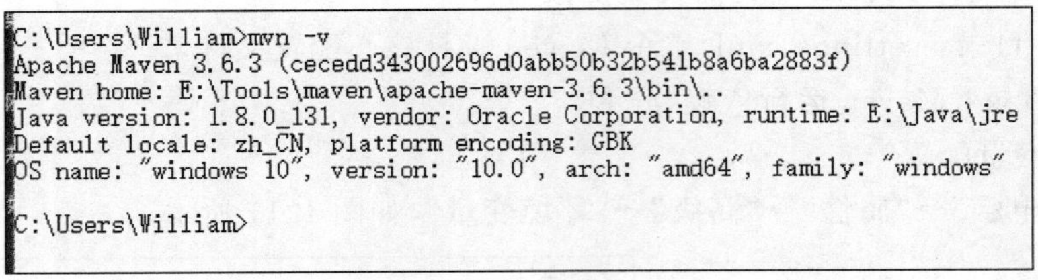

```
C:\Users\William>mvn -v
Apache Maven 3.6.3 (cecedd343002696d0abb50b32b541b8a6ba2883f)
Maven home: E:\Tools\maven\apache-maven-3.6.3\bin\..
Java version: 1.8.0_131, vendor: Oracle Corporation, runtime: E:\Java\jre
Default locale: zh_CN, platform encoding: GBK
OS name: "windows 10", version: "10.0", arch: "amd64", family: "windows"

C:\Users\William>
```

图 4.14 配置成功

3）Maven 仓库

Maven 的工作需要从仓库下载一些 jar 包，如图 4.15 所示，本地的项目 A、项目 B 等都会通过 Maven 软件从远程仓库(可以理解为互联网上的仓库)下载 jar 包并存在本地仓库，本地仓库就是本地文件夹，当第二次需要此 jar 包时则不再从远程仓库下载，因为本地仓库已经存在了，可以将本地仓库理解为缓存，有了本地仓库就不用每次从远程仓库下载了。

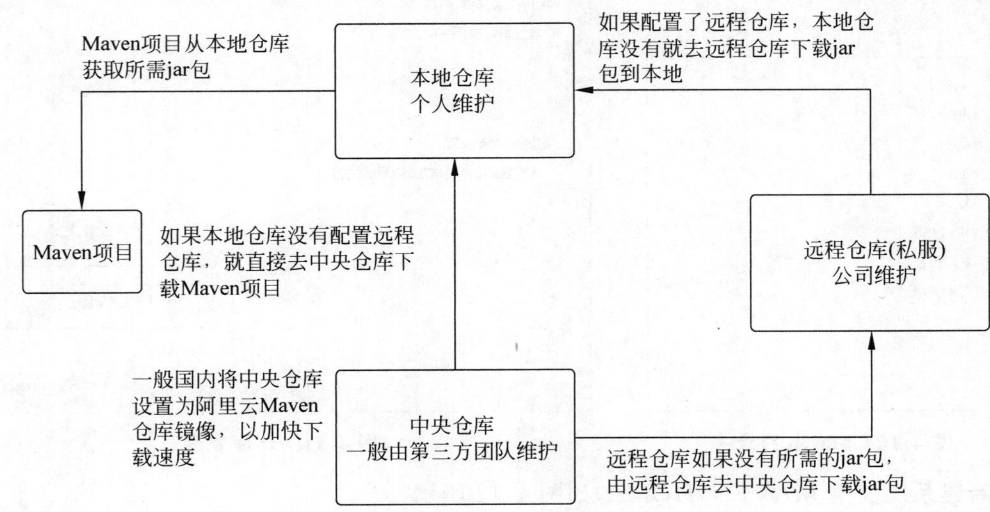

图 4.15 Maven 仓库

（1）配置 settings 文件。

在 Maven 安装目录 conf 目录下找到 settings. xml 配置文件，如图 4. 16 所示。

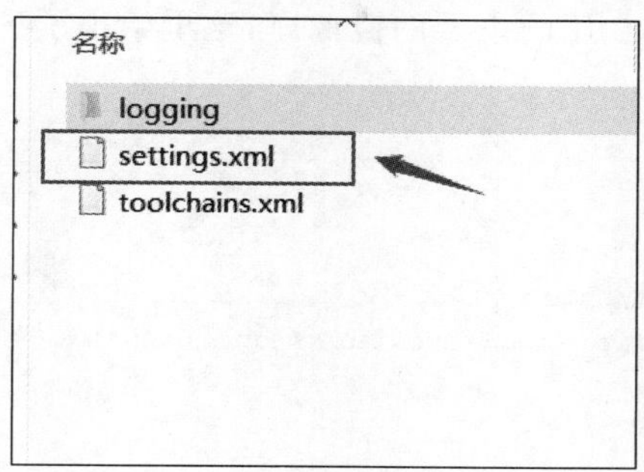

图 4. 16 settings 文件

默认本地仓库位置在 \$ {user. dir}/ . m2/repository，\$ {user. dir}表示 Windows 用户目录，如图 4. 17 所示。

```
<!-- localRepository
 | The path to the local repository maven will use to store
 |
 | Default: ${user.home}/.m2/repository
<localRepository>/path/to/local/repo</localRepository>
-->
```

这是默认本地仓库路径，在C盘用户目录下，修筑它

图 4. 17 默认仓库

（2）修改本地仓库地址。

在 Maven 安装目录下新建本地仓库文件夹. m2\repository，如图 4. 18 所示。

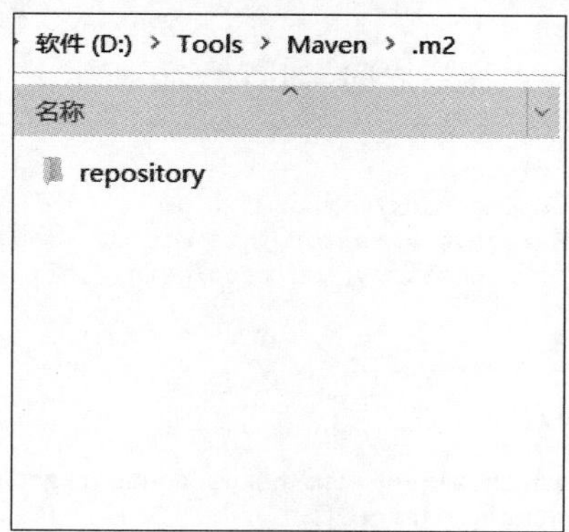

图 4. 18 修改仓库

修改默认本地仓库地址，如图 4. 19 所示。

```
<!-- localRepository
 | The path to the local repository maven will use to store artifacts.
 |
 | Default: ${user.home}/.m2/repository
<localRepository>/path/to/local/repo</localRepository>
-->
 <localRepository>D:/Tools/Maven/.m2/repository</localRepository>
```

图 4. 19 修改仓库地址

4）配置私服

因为中央仓库在国外导致下载 jar 包很慢或者失败，所以改为国内的服务器，下面三个中选择一个就可以了。一般会用阿里云的镜像库，这里给出了三个镜像。

阿里云：

```
<mirror>
  <id>aliyunmaven</id>
  <mirrorOf>*</mirrorOf>
  <name>阿里云公共仓库</name>
  <url>https://maven.aliyun.com/repository/public</url>
</mirror>
```

网易：

```
<mirror>
    <id>nexus-163</id>
    <mirrorOf>*</mirrorOf>
    <name>Nexus 163</name>
    <url>http://mirrors.163.com/maven/repository/maven-public/</url>
</mirror>
```

腾讯云：

```
<mirror>
    <id>nexus-tencentyun</id>
    <mirrorOf>*</mirrorOf>
    <name>Nexus tencentyun</name>
    <url>http://mirrors.cloud.tencent.com/nexus/repository/maven-public/</url>
</mirror>
```

将镜像复制到两个(mirrors)标签之间，如图 4.20 所示。

```
<mirror>
  <id>mirrorId</id>
  <mirrorOf>repositoryId</mirrorOf>
  <name>Human Readable Name for this Mirror.</name>
  <url>http://my.repository.com/repo/path</url>
</mirror>
 -->
 <mirror>
  <id>alimaven</id>
  <name>aliyun maven</name>
  <url>http://maven.aliyun.com/nexus/content/groups/public/</url>
  <mirrorOf>central</mirrorOf>
</mirror>
</mirrors>
```

图 4.20 配置私服

3. 配置 Eclipse 中的 Maven

单击 Eclipse 中的 Window→Preferences，找到 Maven 后单击 Installations 选项，如图 4.21 所示。

单击 Directory 按钮选择安装的 Maven 核心程序的根目录，然后单击 Finish 按钮，如图 4.22 所示。

再将刚才添加的勾选上，然后单击 Apply 按钮，如图 4.23 所示。

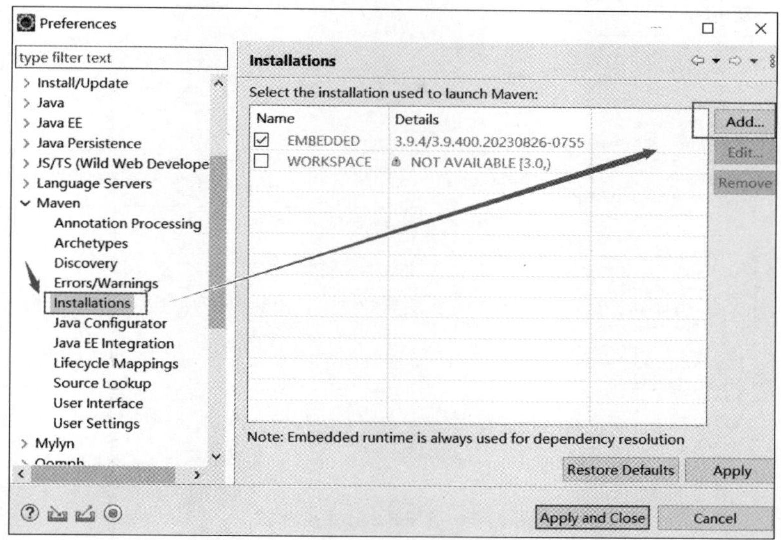

图 4.21 Eclipse 配置 Maven

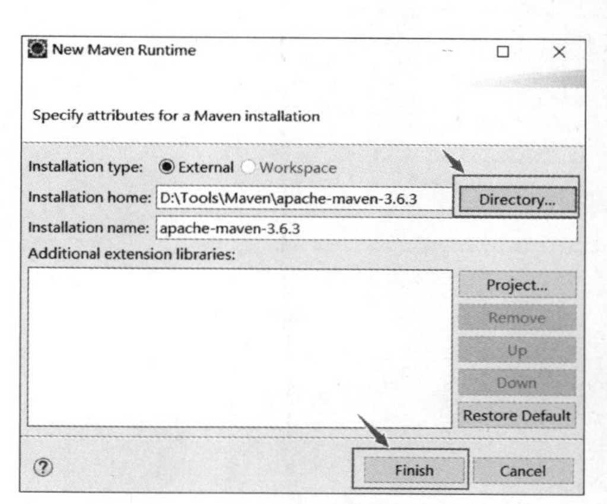

图 4.22 配置 Maven

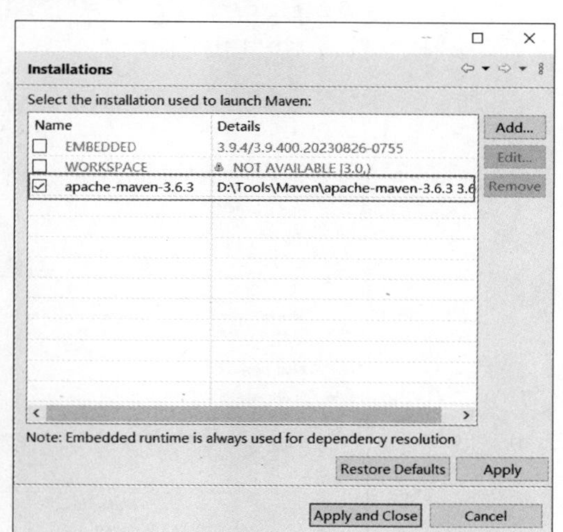

图 4.23 Maven 配置完成

然后选择 Maven 下的 User Settings，在全局设置中单击 Browse 按钮选择 Maven 安装目录下的 conf 文件夹里面的 setting. xml 文件，本地仓库会自动变为在 settings. xml 文件中设置的路径，最后单击 Apply and Close 按钮，如图 4.24 所示。

4. 新建 Maven 项目

经过上面的步骤，已经将 Maven 配置好了，接下来使用 Eclipse 新建一个 Maven 项目试一下。

选择 File→New→Maven Project，如图 4.25 所示。

如果需要使用骨架原型，直接单击 Next 按钮即可，如果只需新建简单项目，不需要使用骨架原型则勾选 Create simple project(skip archetype selection)之后单击 Next 按钮，这里使用骨架原型创建 Web 项目，所以直接单击 Next 按钮，如图 4.26 所示。

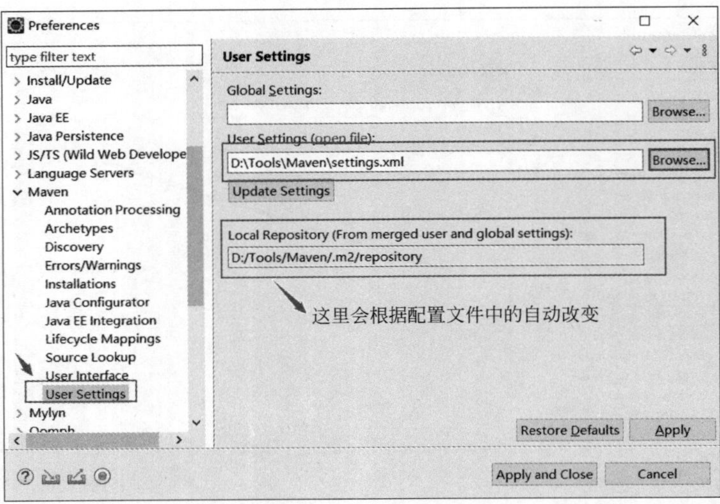

图 4.24 User Settings 设置

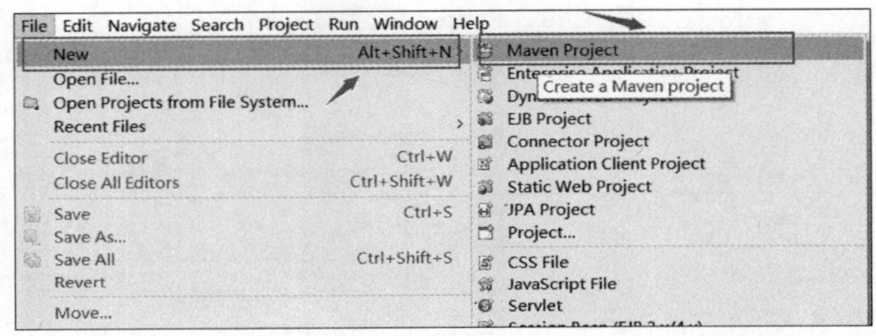

图 4.25 创建 Maven 项目

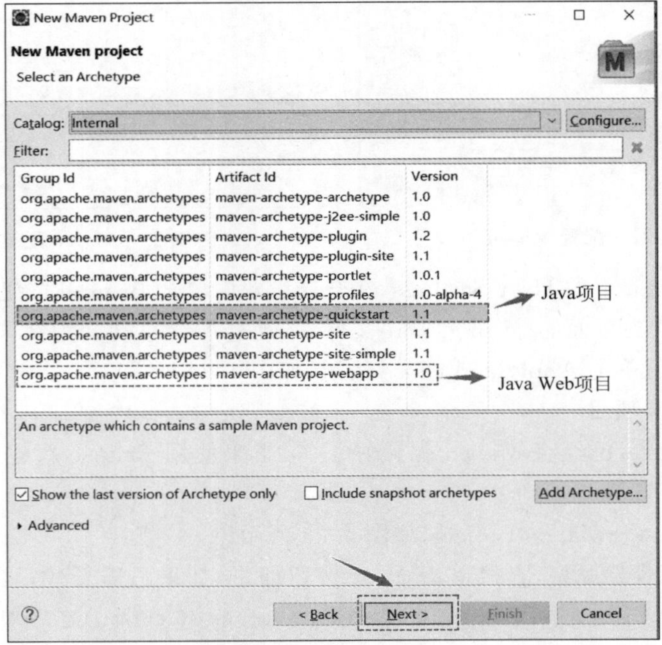

图 4.26 选择 Maven 项目

选择 Web 项目的骨架原型,然后单击 Next 按钮,接下来配置坐标以及版本,如图 4.27 所示。

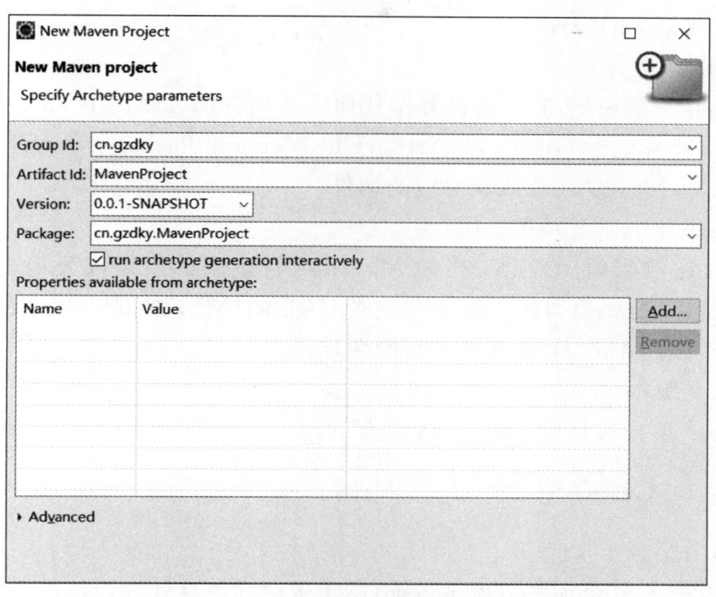

图 4.27 Maven 项目创建完成

(1) Group Id 和 Artifact Id 被统称为"坐标",是为了保证项目唯一性而提出的,如果要把项目放到 Maven 本地仓库中,想要找到项目就必须根据这两个 ID 去查找。

(2) Group Id 一般分为多个段,第一段为域,第二段为公司名称。域又分为 org、com、cn 等,其中,org 为非营利组织,com 为商业组织。这里用的是编者自己的域名。

(3) Artifact Id 表示项目名。

单击 Finish 按钮,完成创建,目录如图 4.28 所示。

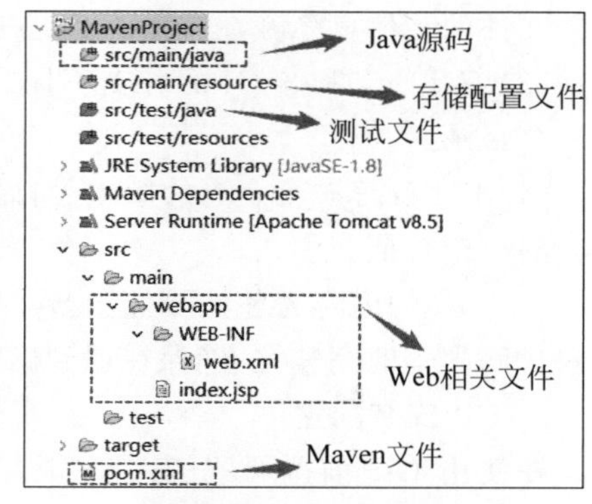

图 4.28 Maven 项目目录

1) Maven POM

POM(Project Object Model,项目对象模型)是 Maven 的基本组件,它是以 XML 文件的形式存放在项目的根目录下,名称为 pom.xml。

当 Maven 执行一个任务时,它会先查找当前项目的 POM 文件,读取所需的配置信息,然后执行任务。在 POM 中可以进行如下配置。

(1) 项目依赖。

(2) 插件。

(3) 目标。

(4) 构建时的配置文件。

(5) 版本。

(6) 开发者。

(7) 邮件列表。

在创建 POM 之前，首先要确定工程组(Group Id)、名称(Artifact Id)和版本，在仓库中这些属性是项目的唯一标识。一旦在 pom. xml 文件中配置了所依赖的 jar，Maven 会自动从构件仓库中下载相应的构件。

2) Maven 坐标

Maven 坐标有一套规则，它规定世界上任何一个构件都可以使用 Maven 坐标并作为其唯一标识，Maven 坐标包括 Group Id、Artifact Id、Version、Package 等元素，只要用户提供了正确的坐标元素，Maven 就能找到对应的构件。

Maven 坐标主要由以下元素组成。

(1) Group Id：项目组 ID，定义当前 Maven 项目隶属的组织或公司，通常是唯一的。它的取值一般是项目所属公司或组织的网址或 URL 的反写，如 net. biancheng. www。

(2) Artifact Id：项目 ID，通常是项目的名称。

(3) Version：版本。

(4) Package：项目的打包方式，默认值为 jar。

学习情境 2：Git 应用

1. 什么是 Git

Git 是一个开源的分布式版本控制系统，用于敏捷高效地处理任何或小或大的项目。

2. Git 与 SVN 的区别

Git 不仅是一个版本控制系统，它也是一个内容管理系统、工作管理系统等。

Git 与 SVN 具有以下区别。

(1) Git 是分布式的，SVN 不是。这是 Git 和其他非分布式的版本控制系统(如 SVN、CVS 等)最核心的区别。

(2) Git 把内容按元数据方式存储，而 SVN 是按文件存储。所有的资源控制系统中都是把文件的元信息隐藏在一个类似. svn、. cvs 等的文件夹里。

(3) Git 分支和 SVN 的分支不同。分支在 SVN 中一点不特别，就是版本库中的另外的一个目录。

(4) Git 没有一个全局的版本号，而 SVN 有。目前为止，这是跟 SVN 相比 Git 缺少的最大的一个特征。

(5) Git 的内容完整性要优于 SVN。Git 的内容存储使用的是 SHA-1 哈希算法。这能确保代码内容的完整性，确保在遇到磁盘故障和网络问题时降低对版本库的破坏。

3. Git 安装配置

在使用 Git 前需要先安装 Git。Git 目前支持在 Linux/UNIX、Solaris、macOS 和 Windows 平台上运行。

Git 各平台安装包下载地址，如图 4.29 所示。

下载完成之后，双击下载好的. exe 文件进行安装，如图 4.30 所示。

默认是安装在 C 盘，推荐修改一下路径(非中文并且没有空格)，然后单击 Next 按钮，如图 4.31 所示。

Git 选项配置，推荐默认设置，然后单击 Next 按钮，如图 4.32 所示。

Git 安装目录名不用修改，直接单击 Next 按钮，如图 4.33 所示。

图 4.29 Git 官网

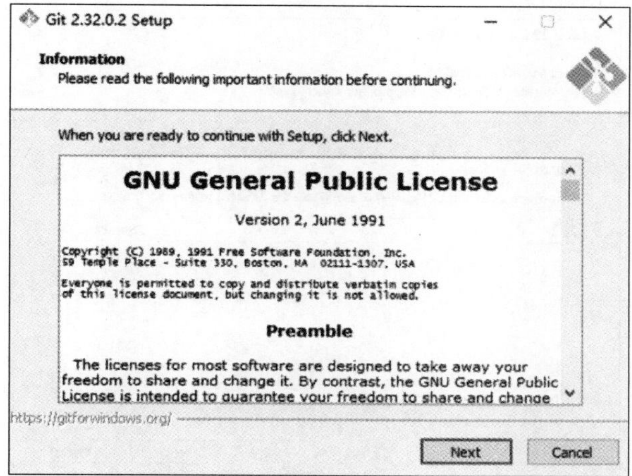

图 4.30 Git 安装

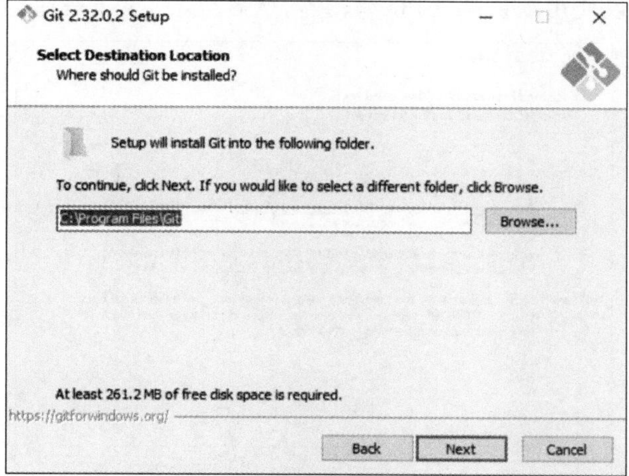

图 4.31 Git 安装路径

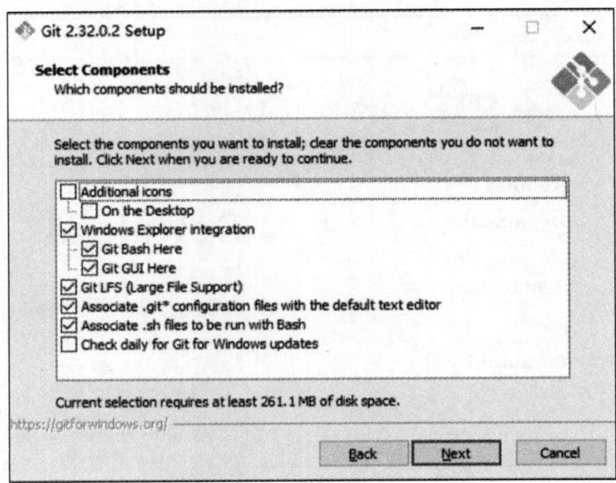

图 4.32 选项配置

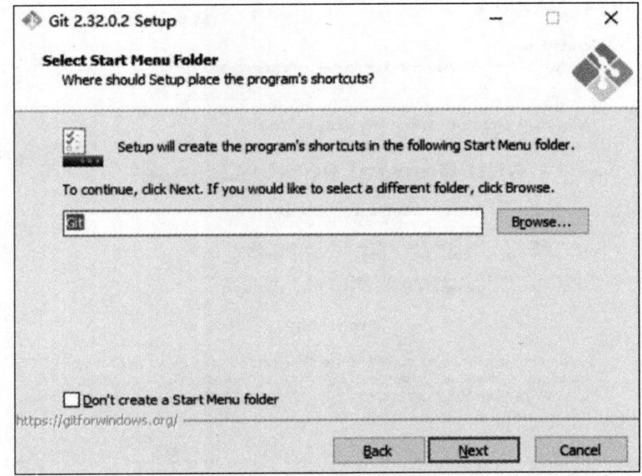

图 4.33 安装目录名

Git 的编辑器建议使用默认的 Vim 编辑器，然后单击 Next 按钮，如图 4.34 所示。

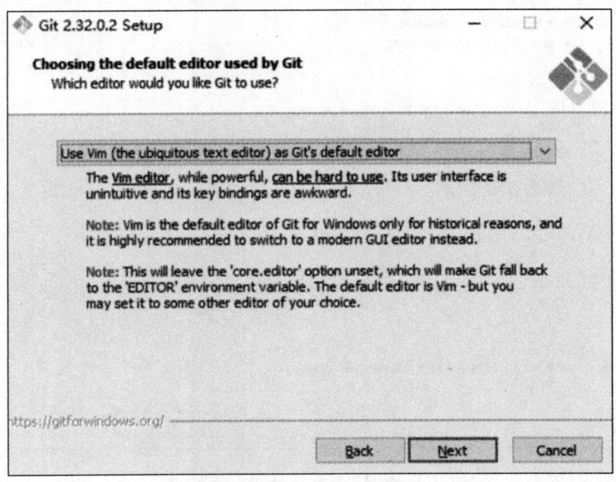

图 4.34 Git 编辑器

在 Git 创建分支后的默认的名字(master),如果没有特别的即可使用默认的设置,单击 Next 按钮,如图 4.35 所示。

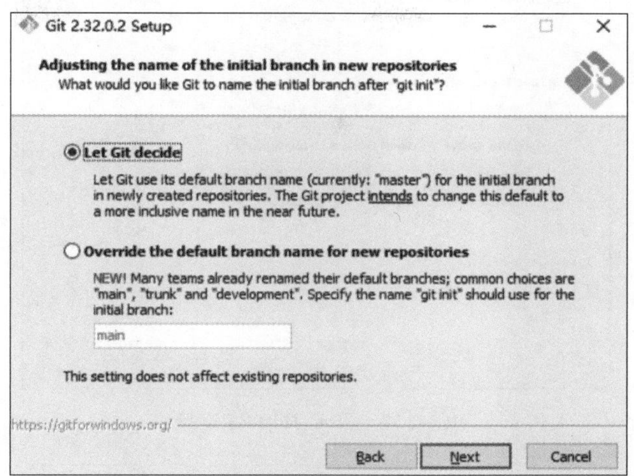

图 4.35 分支命名

修改 Git 的环境变量,使用默认的即可,单击 Next 按钮,如图 4.36 所示。

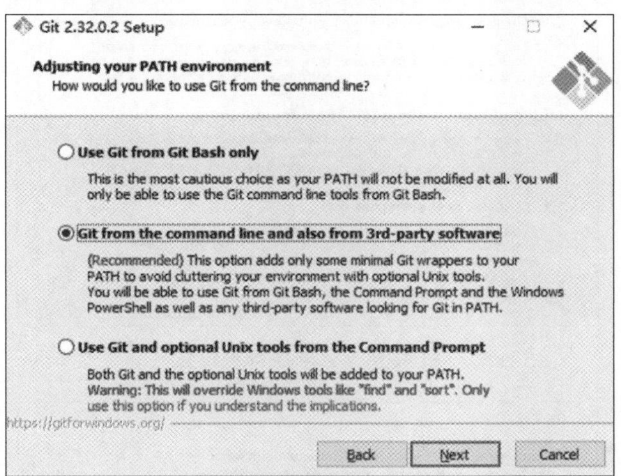

图 4.36 环境变量

开启 HTTPS 连接,保证传输数据的安全,按照默认的选择即可,如图 4.37 所示。

配置 Git 文件的行末换行符,Windows 使用 CRLF,Linux 使用 LF,选择第一个自动转换,然后继续下一步,如图 4.38 所示。

选择 Git 终端类型,选择默认的 Git Bash 终端,然后继续单击 Next 按钮,如图 4.39 所示。

选择 git pull 合并的模式,选择默认,然后单击 Next 按钮,如图 4.40 所示。

选择 Git 的凭据管理器,选择默认的跨平台的凭据管理器,然后单击 Next 按钮,如图 4.41 所示。

其他配置,选择默认设置,然后单击 Next 按钮,如图 4.42 所示。

额外的配置选项,技术还不成熟,有已知的 bug,不建议勾选,然后单击右下角的 Install

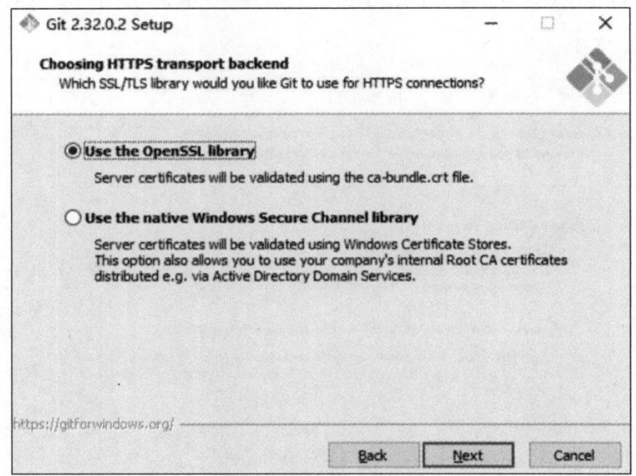

图 4.37 开启 HTTPS 连接

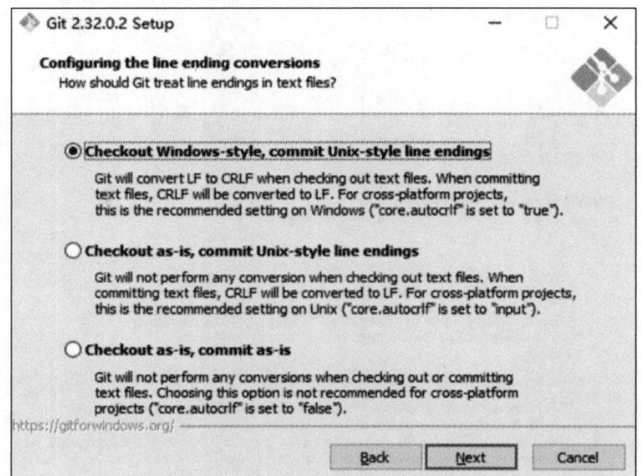

图 4.38 行末换行符设置

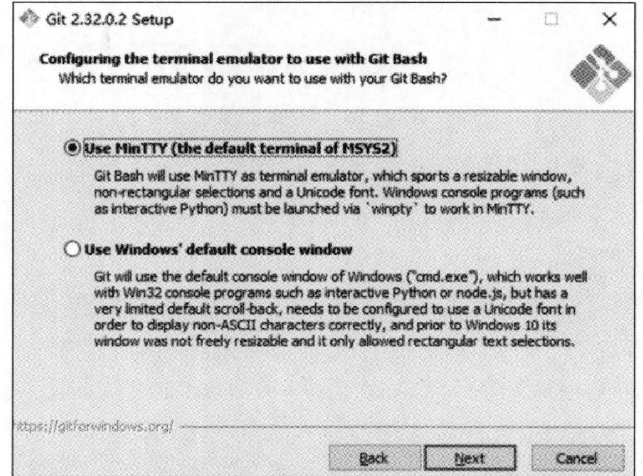

图 4.39 Git 终端类型

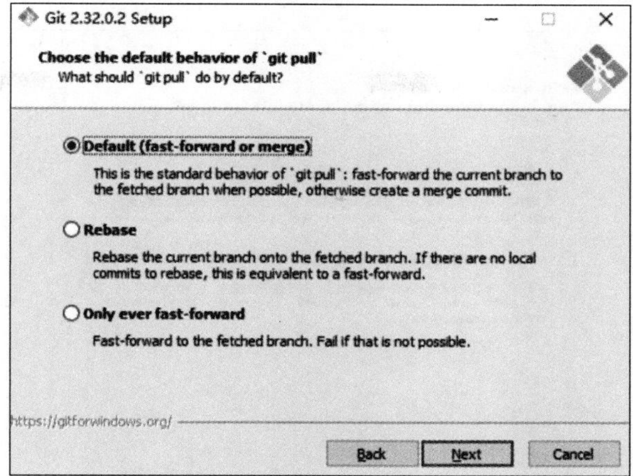

图 4.40　git pull 合并模式

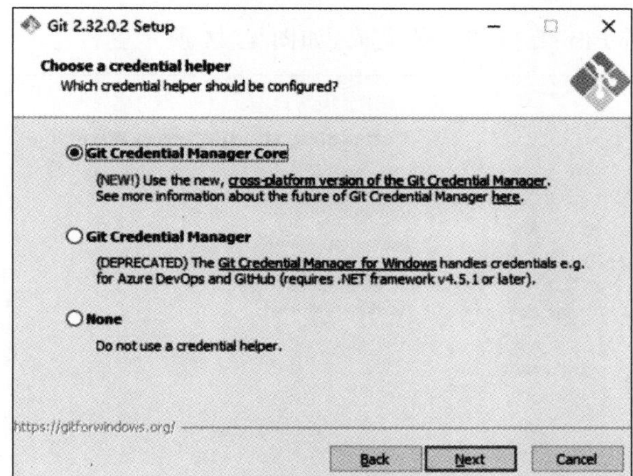

图 4.41　Git 凭据管理器

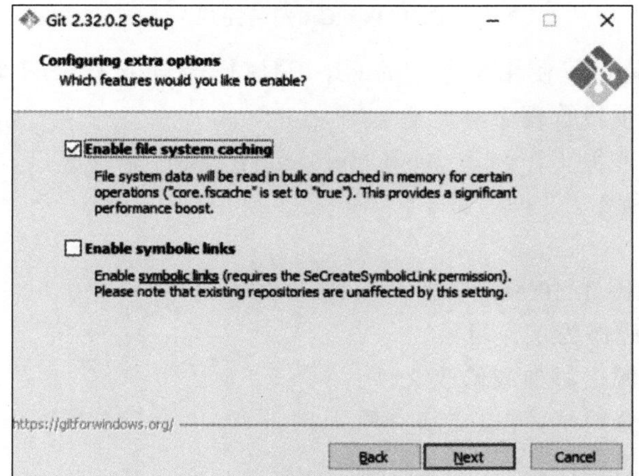

图 4.42　其他配置

按钮，开始安装 Git，如图 4.43 所示。

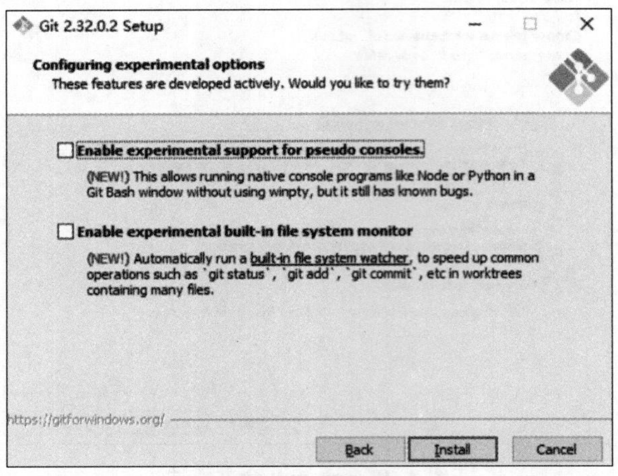

图 4.43 开始安装

安装完成后，单击 Finish 按钮安装完成，如图 4.44 所示。

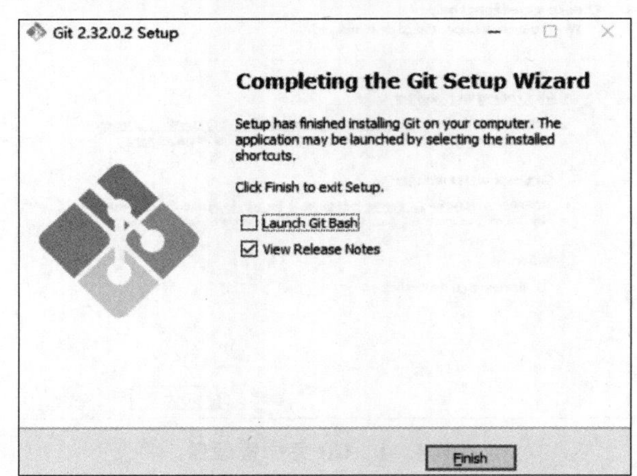

图 4.44 Git 安装完成

完成安装之后，就可以使用命令行的 Git 工具(已经自带了 SSH 客户端)了，另外还有一个图形界面的 Git 项目管理工具。

在“开始”菜单里找到 Git→Git Bash Here，会打开 Git 命令窗口，可以在该窗口中进行 Git 操作，如图 4.45 所示。

4. Git 工作流程

一般工作流程如图 4.46 所示。

(1) 克隆 Git 资源作为工作目录。

(2) 在克隆的资源上添加或修改文件。

(3) 如果其他人修改了，可以更新资源。

(4) 在提交前查看修改。

(5) 提交修改。

(6) 在修改完成后，如果发现错误，可以撤回提交并再次修改并提交。

图 4.45　打开 Git

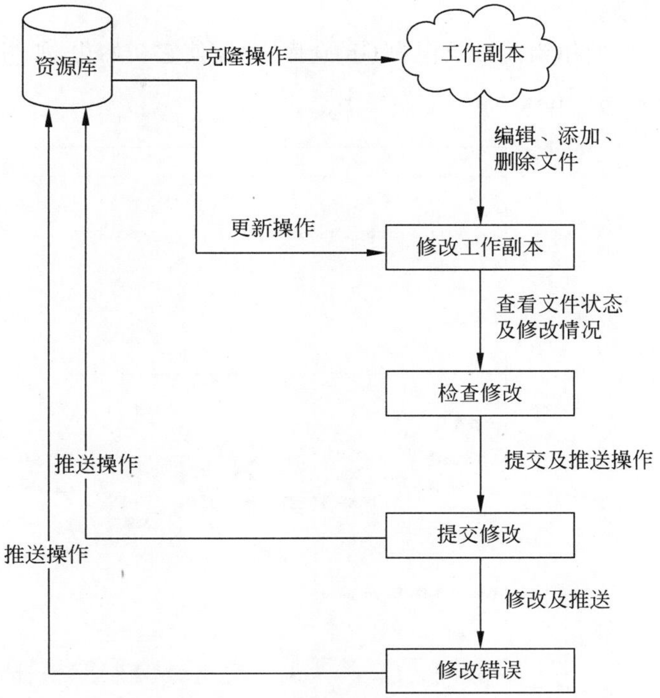

资源库
克隆操作
工作副本
编辑、添加、删除文件
更新操作
修改工作副本
查看文件状态及修改情况
检查修改
提交及推送操作
推送操作
提交修改
推送操作
修改及推送
修改错误

图 4.46　Git 工作流程

5. 工作区、暂存区和版本库

工作区：就是在计算机里能看到的目录。

暂存区：英文叫 stage 或 index。一般存放在 Git 目录下的 index 文件(.git\index)中，所以把暂存区有时也叫作索引(index)。

版本库：工作区有一个隐藏目录.git，这个不算工作区，而是 Git 的版本库。

如图 4.47 所示展示了工作区、版本库中的暂存区和版本库之间的关系。

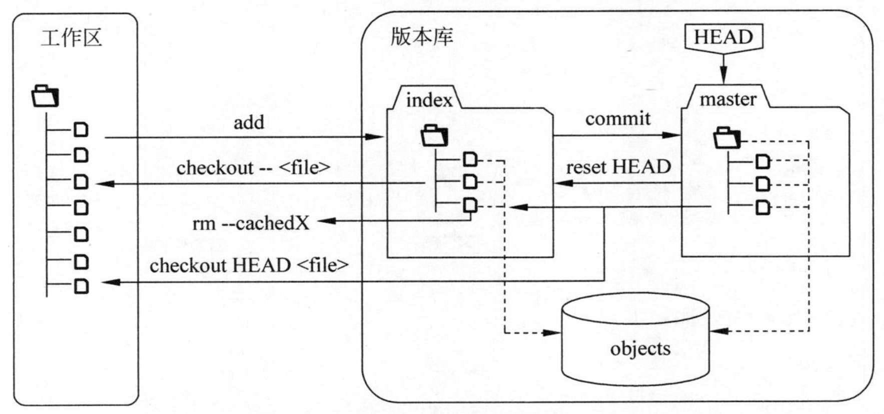

图 4.47　库之间的关系

6. Git 创建仓库

创建一个远程的 Git 仓库。可以使用一个已经存在的目录作为 Git 仓库或创建一个空目录。

使用当前目录作为 Git 仓库，只需使它初始化，如图 4.48 所示。

```
git init
```

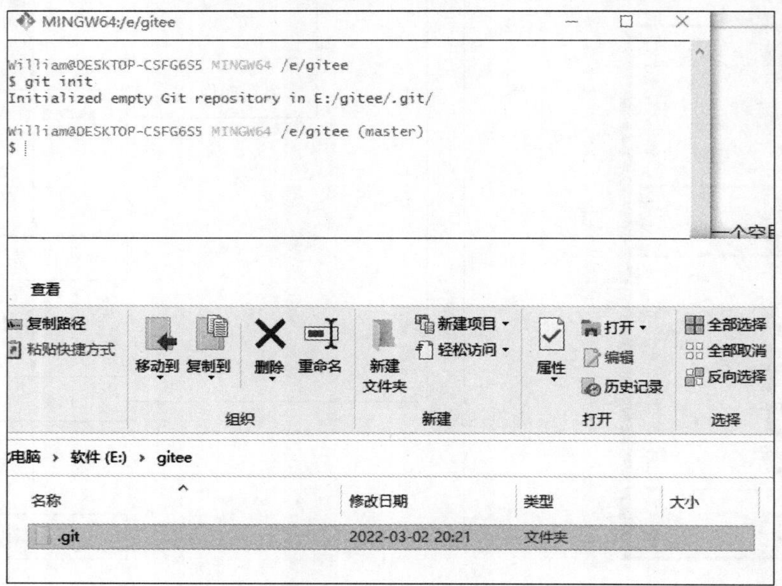

图 4.48　创建仓库

使用指定目录作为 Git 仓库，如图 4.49 所示。

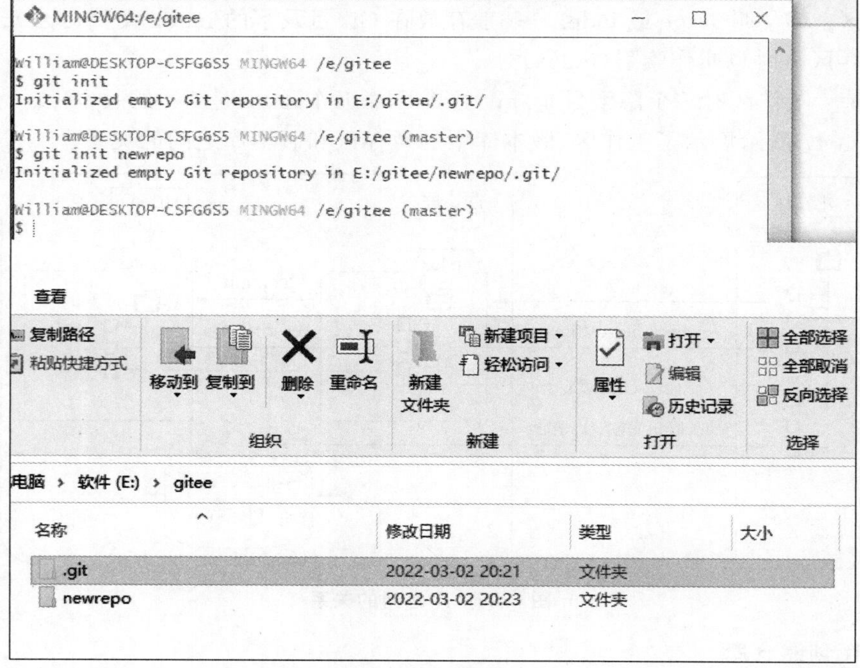

图 4.49　指定仓库

初始化后,在当前目录下会出现一个名为.git的目录,所有Git需要的数据和资源都存放在这个目录中。

如果当前目录下有几个文件想要纳入版本控制,必须先用git add命令告诉Git开始对这些文件进行跟踪,然后提交。

```
$ git add *.c
$ git add README
$ git commit -m 'initial project version'
```

克隆仓库的命令格式为

```
git clone [url]
```

例如,要克隆Ruby语言的Git代码仓库Grit,可以使用下面的命令。

```
$ git clone git://github.com/schacon/grit.git
```

执行该命令后,会在当前目录下创建一个名为grit的目录,其中包含一个.git的目录,用于保存下载下来的所有版本记录。

如果要自己定义要新建的项目目录名称,可以在上面的命令末尾指定新的名字。

```
$ git clone git://github.com/schacon/grit.git mygrit
```

7. Git基本操作

Git的工作就是创建和保存项目的快照及与之后的快照进行对比。

1) git init

用git init在目录中创建新的Git仓库。可以在任何时候、任何目录中这么做,完全是本地化的。

在目录中执行git init,就可以创建一个Git仓库了。例如,创建w3cschoolcc项目:

```
$ mkdir w3cschoolcc
$ cd w3cschoolcc
$ git init
```

现在可以看到在项目目录中有个.git的子目录。这就是Git仓库了,所有有关此项目的快照数据都存放在这里,如图4.50所示。

2) git clone

使用git clone复制一个Git仓库到本地,让自己能够查看该项目,或者进行修改。

如果需要与他人合作一个项目,或者想要复制一个项目,看看代码,就可以克隆那个项目。执行命令:

```
git clone [url]
```

例如,克隆Github上的项目:

```
$ git clone git://github.com/schacon/simplegit.git
$ cd simplegit/
$ ls
```

默认情况下,Git会按照提供的URL所指示的项目的名称创建本地项目目录。通常就是该URL最后一个/之后的项目名称。如果想要一个不一样的名字,可以在该命令后加上

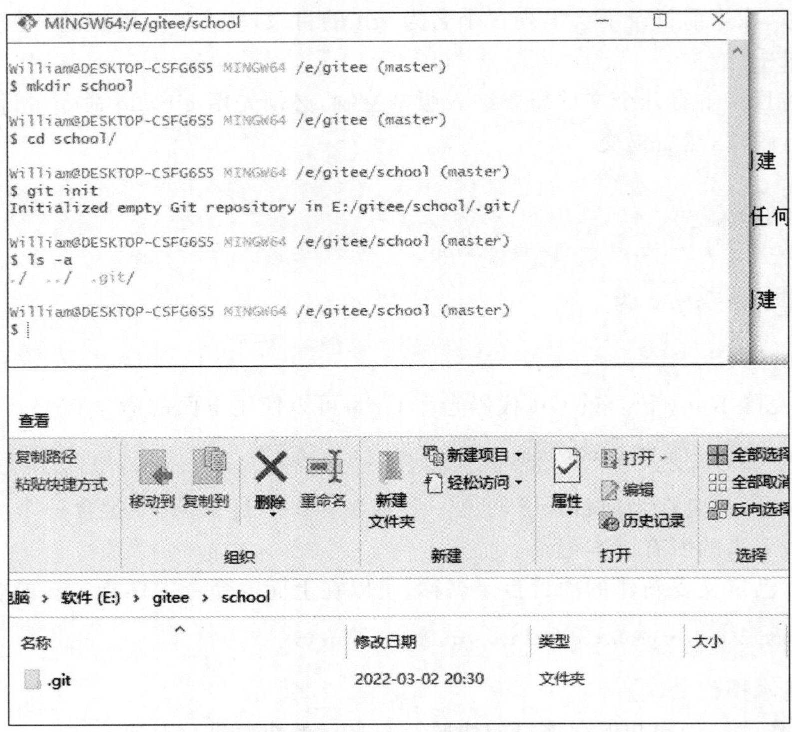

图 4.50 Git 基本操作

想要的名称。

3）基本快照

Git 的工作就是创建和保存项目的快照及与之后的快照进行对比。

（1）git add。

git add 命令可将该文件添加到缓存，如添加以下两个文件，如图 4.51 所示。

```
$ touch README
$ touch hello.php
$ ls
$ git status -s
```

（2）git status。

git status 命令用于查看项目的当前状态。

首先执行 git add 命令来添加文件。

```
$ git add README hello.php
```

再执行 git status，就可以看到这两个文件已经加上去了，如图 4.52 所示。

```
$ git status -s
```

新项目中，添加所有文件很普遍，可以在当前工作目录执行命令：git add。

现在改一个文件，再执行 git status，如图 4.53 所示。

```
$ vim README
$ git status -s
```

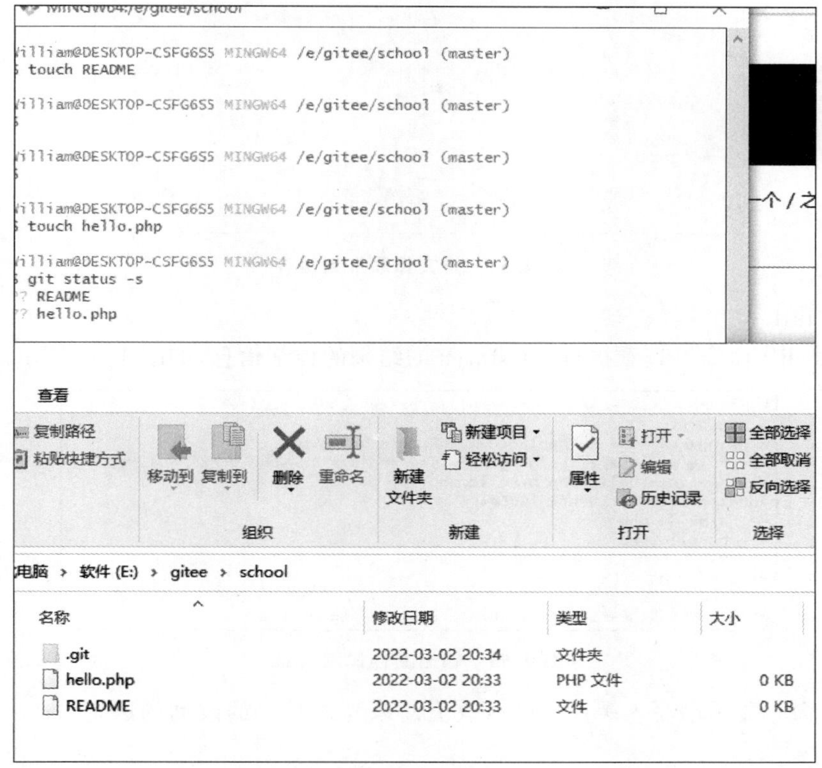

图 4.51　添加文件

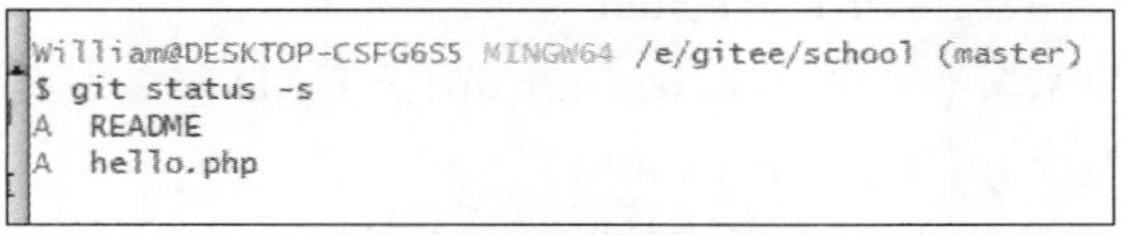

```
William@DESKTOP-CSFG6S5 MINGW64 /e/gitee/school (master)
$ git status -s
A  README
A  hello.php
```

图 4.52　查看文件状态

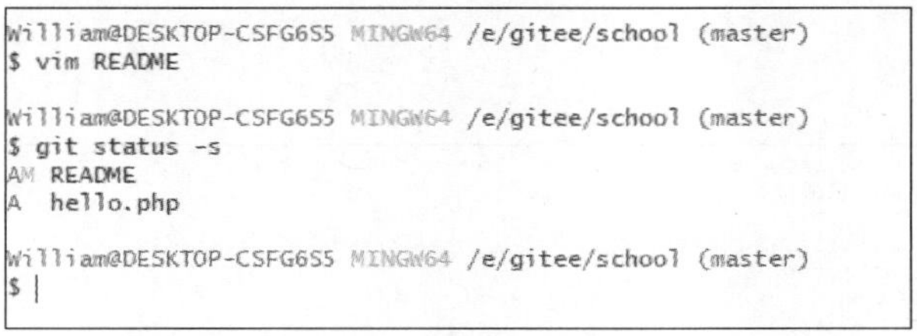

```
William@DESKTOP-CSFG6S5 MINGW64 /e/gitee/school (master)
$ vim README

William@DESKTOP-CSFG6S5 MINGW64 /e/gitee/school (master)
$ git status -s
AM README
A  hello.php

William@DESKTOP-CSFG6S5 MINGW64 /e/gitee/school (master)
$ |
```

图 4.53　修改文件后查看状态

"AM"状态的意思是,这个文件在添加到缓存之后又有改动。改动后再执行 git add 命令将其添加到缓存中,如图 4.54 所示。

```
$ git add .
$ git status -s
```

要将修改包含在即将提交的快照里的时候,需要执行 git add。

```
git status
```

```
William@DESKTOP-CSFG6S5 MINGW64 /e/gitee/school (master)
$ git add .
warning: LF will be replaced by CRLF in README.
The file will have its original line endings in your working directory

William@DESKTOP-CSFG6S5 MINGW64 /e/gitee/school (master)
$ git status -s
A  README
A  hello.php

William@DESKTOP-CSFG6S5 MINGW64 /e/gitee/school (master)
$ |
```

图 4.54 将文件添加到缓存

（3）git diff。

执行 git diff 命令可查看执行 git status 的结果的详细信息，如图 4.55 所示。

```
William@DESKTOP-CSFG6S5 MINGW64 /e/gitee/school (master)
$ git diff
warning: LF will be replaced by CRLF in hello.php.
The file will have its original line endings in your working directory
diff --git a/hello.php b/hello.php
index e69de29..c199bf4 100644
--- a/hello.php
+++ b/hello.php
@@ -0,0 +1 @@
+<?php  echo  'Hello'?>

William@DESKTOP-CSFG6S5 MINGW64 /e/gitee/school (master)
```

图 4.55 输出文件详细信息

git diff 命令显示已写入缓存与已修改但尚未写入缓存的改动的区别。git diff 有如下主要的应用场景。

① 尚未缓存的改动：git diff。

② 查看已缓存的改动：git diff --cached。

③ 查看已缓存的与未缓存的所有改动：git diff HEAD。

④ 显示摘要而非整个 diff：git diff --stat。

在 hello. php 文件中输入以下内容，如图 4.56 所示。

```
<?php echo ,Hello'; ?>
 $ git status - s
 $ git diff
```

```
William@DESKTOP-CSFG6S5 MINGW64 /e/gitee/school (master)
$ vim hello.php

William@DESKTOP-CSFG6S5 MINGW64 /e/gitee/school (master)
$  git status -s
A  README
AM hello.php

William@DESKTOP-CSFG6S5 MINGW64 /e/gitee/school (master)
$ git diff
warning: LF will be replaced by CRLF in hello.php.
The file will have its original line endings in your working directory
diff --git a/hello.php b/hello.php
index e69de29..c199bf4 100644
--- a/hello.php
+++ b/hello.php
@@ -0,0 +1 @@
+<?php  echo  'Hello'?>

William@DESKTOP-CSFG6S5 MINGW64 /e/gitee/school (master)
$ |
```

图 4.56 向文件中输入内容

git status 显示上次提交更新之后所更改或者写入缓存的改动，而 git diff 一行一行地显示这些改动具体是什么。

接下来查看 git diff --cached 的执行效果，如图 4.57 所示。

```
$ git add hello.php
$ git status -s
$ git diff --cached
```

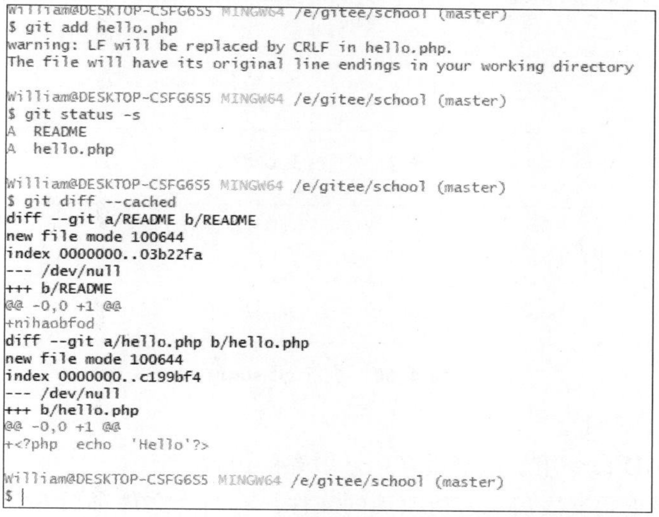

```
William@DESKTOP-CSFG6S5 MINGW64 /e/gitee/school (master)
$ git add hello.php
warning: LF will be replaced by CRLF in hello.php.
The file will have its original line endings in your working directory

William@DESKTOP-CSFG6S5 MINGW64 /e/gitee/school (master)
$ git status -s
A  README
A  hello.php

William@DESKTOP-CSFG6S5 MINGW64 /e/gitee/school (master)
$ git diff --cached
diff --git a/README b/README
new file mode 100644
index 0000000..03b22fa
--- /dev/null
+++ b/README
@@ -0,0 +1 @@
+nihaobfod
diff --git a/hello.php b/hello.php
new file mode 100644
index 0000000..c199bf4
--- /dev/null
+++ b/hello.php
@@ -0,0 +1 @@
+<?php  echo  'Hello'?>

William@DESKTOP-CSFG6S5 MINGW64 /e/gitee/school (master)
$ |
```

图 4.57　git diff --cached 执行效果

(4) git commit。

使用 git add 命令将想要快照的内容写入缓存，而执行 git commit 命令记录缓存区的快照。

Git 为每个提交都记录用户的名字与电子邮箱地址，所以第一步需要配置用户名和邮箱地址，如图 4.58 所示。

配置用户名和邮箱地址：

```
$ git config --global user.name 'william'
$ git config --global user.email william@163.cn
```

```
William@DESKTOP-CSFG6S5 MINGW64 /e/gitee/school (master)
$ git config --global user.name 'william'

William@DESKTOP-CSFG6S5 MINGW64 /e/gitee/school (master)
$ git config --global user.email william@163.cn

William@DESKTOP-CSFG6S5 MINGW64 /e/gitee/school (master)
```

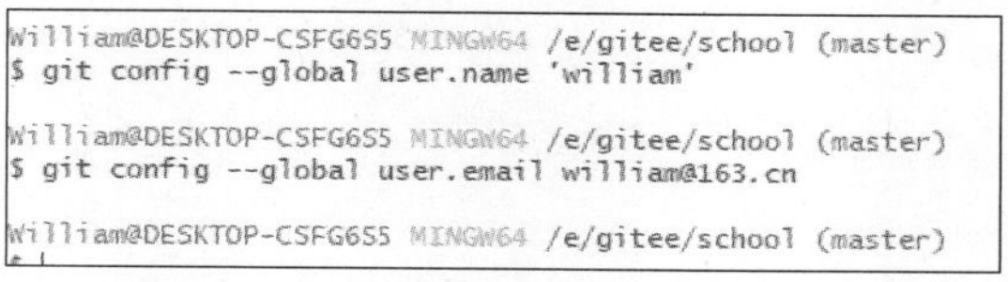

图 4.58　配置用户名和邮箱

接下来写入缓存，在之前的例子中已经有了 hello.php，使用 git commit 记录缓存区的快照，使用-m 选项以在命令行中提供注释，如图 4.59 所示。

```
$ git add hello.php
$ git status -s
$ git commit -m 'test comment from 163.cn'
```

现在已经记录了快照,如果再执行 git status,如图 4.60 所示。

```
William@DESKTOP-CSFG6S5 MINGW64 /e/gitee/school (master)
$ git add hello.php

William@DESKTOP-CSFG6S5 MINGW64 /e/gitee/school (master)
$ git status -s
A  README
A  hello.php

William@DESKTOP-CSFG6S5 MINGW64 /e/gitee/school (master)
$ git commit -m 'test comment from 163.cn'
[master (root-commit) db0f355] test comment from 163.cn
 2 files changed, 2 insertions(+)
 create mode 100644 README
 create mode 100644 hello.php

William@DESKTOP-CSFG6S5 MINGW64 /e/gitee/school (master)
$ |
```

图 4.59 提交改动

```
William@DESKTOP-CSFG6S5 MINGW64 /e/gitee/school (master)
$ git status
On branch master
nothing to commit, working tree clean

William@DESKTOP-CSFG6S5 MINGW64 /e/gitee/school (master)
$ |
```

图 4.60 执行 git status

(5) git reset HEAD。

git reset HEAD 命令用于取消缓存中已缓存的内容。

这里有两个最近提交之后又有所改动的文件。将两个文件都缓存,并取消缓存其中一个,如图 4.61 所示。

```
$ git status -s
$ git add .
$ git status -s
$ git reset HEAD -- hello.php
$ git status -s
```

```
William@DESKTOP-CSFG6S5 MINGW64 /e/gitee/school (master)
$ git status -s

William@DESKTOP-CSFG6S5 MINGW64 /e/gitee/school (master)
$  git add .

William@DESKTOP-CSFG6S5 MINGW64 /e/gitee/school (master)
$ git status -s

William@DESKTOP-CSFG6S5 MINGW64 /e/gitee/school (master)
$ git reset HEAD -- hello.php

William@DESKTOP-CSFG6S5 MINGW64 /e/gitee/school (master)
$ git status -s

William@DESKTOP-CSFG6S5 MINGW64 /e/gitee/school (master)
$ |
```

图 4.61 取消缓存

现在执行 git commit 将只记录 README 文件的改动,并不包含现在并不在缓存中的 hello.php。

(6) git rm。

git rm 用于将文件从缓存区中移除。

如删除 hello. php 文件，如图 4.62 所示。

```
$ git rm hello.php
```

```
William@DESKTOP-CSFG6S5 MINGW64 /e/gitee/school (master)
$ git rm hello.php
rm 'hello.php'

William@DESKTOP-CSFG6S5 MINGW64 /e/gitee/school (master)
$ |
```

图 4.62 删除文件

默认情况下，git rm file 会将文件从缓存区和硬盘中(工作目录)删除。如果要在工作目录中留存该文件，可以使用命令：

```
git rm --cached
```

(7) git mv。

git mv 命令做的所有事情就是 git rm --cached，重命名磁盘上的文件，然后再执行 git add 把新文件添加到缓存区。因此，虽然有 git mv 命令，但它有点多余。

8. Git 分支管理

几乎每一种版本控制系统都以某种形式支持分支。使用分支意味着可以从开发主线上分离出来，然后在不影响主线的同时继续工作。

创建分支命令：

```
git branch branchname
```

切换分支命令：

```
git checkout branchname
```

切换分支的时候，Git 会用该分支最后提交的快照替换你的工作目录的内容，所以多个分支不需要多个目录。

1) 列出分支

列出分支基本命令：

```
git branch
```

2) 删除分支

删除分支命令：

```
git branch -d (branchname)
```

例如，我们要删除“branch”分支下的 testing：

```
$ git branch
$ git branch -d testing
$ git branch
* master
```

3) 分支合并

合并分支命令：

```
git merge
```

一旦某分支有了独立内容，如果还是希望将它合并回主分支。可以使用以下命令将任何分支合并到当前分支中去。

```
git merge
 $ git branch
 $ git merge newtest
 $ ls
```

4）合并冲突

合并并不仅仅是简单的文件添加、移除的操作，Git 也会合并修改。

9. Git 查看提交历史

在使用 Git 提交了若干更新之后，又或者克隆了某个项目，想回顾提交历史，可以使用 git log 命令查看。

```
$ git log
```

可以用 --oneline 选项来查看历史记录的简洁版本。

```
$ git log --oneline
```

还可以用 --graph 选项，查看历史中什么时候出现了分支、合并。以下为相同的命令，开启了拓扑图选项。

```
$ git log --oneline --graph
```

也可以用 '--reverse'参数来逆向显示所有日志。

```
$ git log --reverse --oneline
```

如果只想查找指定用户的提交日志，可以使用命令 git log --author。例如，要查找 Git 源码中 Linus 提交的部分：

```
$ git log --author=Linus --oneline -5
```

如果要指定日期，可以执行几个选项：--since 和--before。也可以使用--until 和--after。

```
$ git log --oneline --before={3.weeks.ago} --after={2010-04-18} --no-merges
```

10. Git 标签

如果达到一个重要的阶段，并希望永远记住那个特别的提交快照，可以使用 git tag 给它打上标签。

例如，想为 hello 项目发布一个 1.0 版本。可以用 git tag -a v1.0 命令给最新一次提交打上(HEAD)"v1.0"的标签。

-a 选项意为“创建一个带注解的标签”。不用-a 选项也可以执行，但它不会记录这个标签是什么时候打的、谁打的，也不会添加标签的注解。推荐一直创建带注解的标签，如图 4.63 所示。

```
$ git tag -a v1.0
```

执行 git tag -a 命令时，Git 会打开编辑器，让用户写一句标签注解，如图 4.64 所示。

如果忘了给某个提交打标签，又将它发布了，还可以给它追加标签。

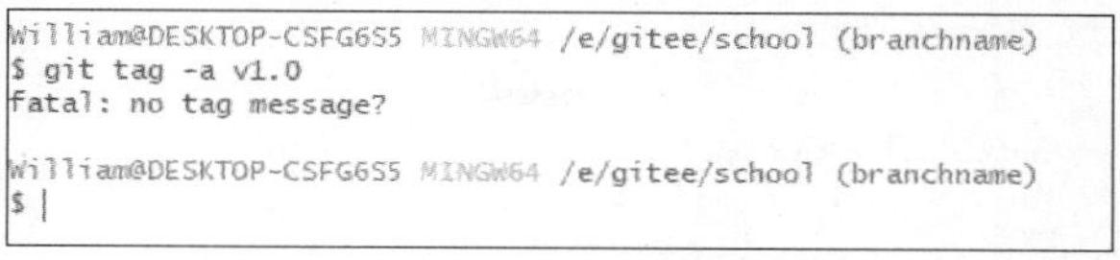

```
William@DESKTOP-CSFG6S5 MINGW64 /e/gitee/school (branchname)
$ git tag -a v1.0
fatal: no tag message?

William@DESKTOP-CSFG6S5 MINGW64 /e/gitee/school (branchname)
$ |
```

图 4.63 创建带注解的标签

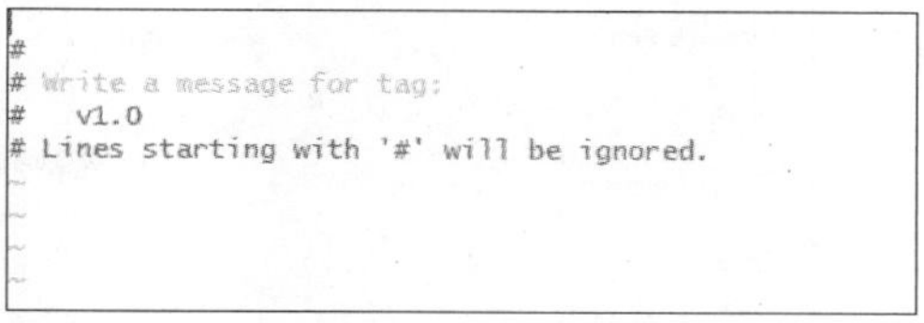

```
#
# Write a message for tag:
#   v1.0
# Lines starting with '#' will be ignored.
~
~
~
~
```

图 4.64 标签注解

例如,假设发布了提交 85fc7e7(上面实例最后一行),但是那时候忘了给它打标签,现在也可以:

1) 查看提交历史

首先找到需要打标签的提交的 commit ID。可以使用 git log 命令来查看提交历史,并找到相应的 commit ID。如果只想看到一行日志(即每个提交的简短摘要和 commit ID),可以使用 git log --pretty=oneline。

2) 补打标签

找到了 commit ID,可以使用 git tag 命令来补打标签。例如,如果想要给 commit ID 为 85fc7e7 的提交打上一个名为 v1.0 的标签,可以运行:

```
git tag v1.0 85fc7e7
```

如果要查看所有标签,可以使用以下命令。

```
$ git tag
```

11. Git 远程仓库

Git 并不像 SVN 那样有个中心服务器。

目前使用到的 Git 命令都是在本地执行,如果想通过 Git 分享代码或者与其他开发人员合作,就需要将数据放到一台其他开发人员能够连接的服务器上。

要添加一个新的远程仓库,可以指定一个简单的名字,以便将来引用,命令格式如下。

```
git remote add [shortname] [url]
```

本例以 Github 为例作为远程仓库,如果没有 Github,可以在官网 https://github.com/注册。

由于本地 Git 仓库和 Github 仓库之间的传输是通过 SSH 加密的,所以需要配置验证信息。

使用以下命令生成 SSH Key。

```
$ ssh-keygen -t rsa -C "your_email@example.com"
```

后面的 your_email@example.com 改为你在 Github 上注册的邮箱,之后会要求确认路径和输入密码,这里使用默认的就行。成功的话会在～\下生成.ssh 文件夹,打开 id_rsa.pub,复制里面的 key。

回到 Github,进入 Account Settings(账户配置),左边选择 SSH keys,右边选择 Add SSH Key,粘贴在计算机上生成的 key,如图 4.65 所示。

为了验证是否成功,输入以下命令。

```
$ ssh -T git@github.com
```

图 4.65　Git 远程仓库

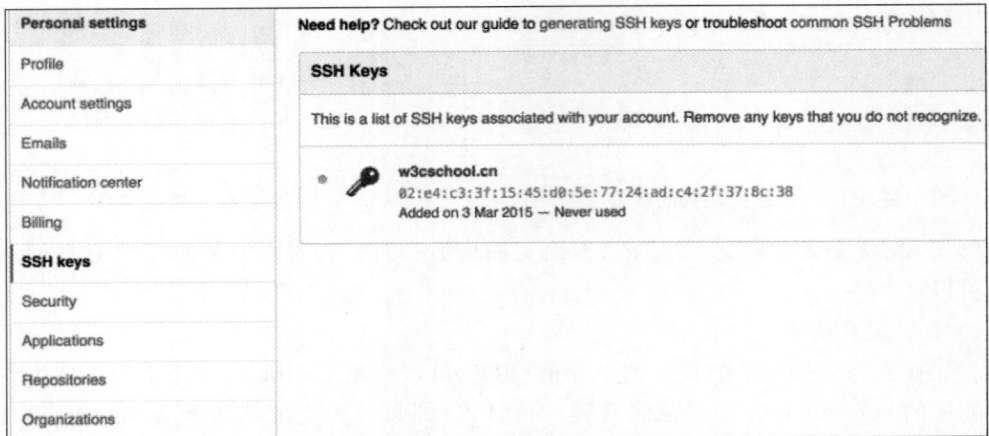

登录后单击 New repository，如图 4.66 所示。

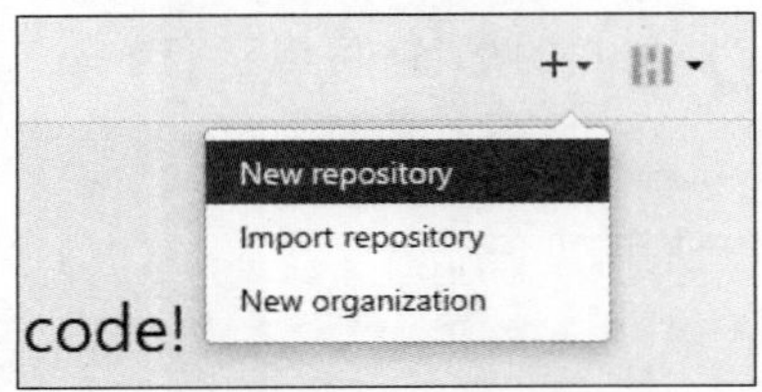

图 4.66　登录

之后在 Repository name 中填入 w3cschool.cn（远程仓库名），其他保持默认设置，单击 Create repository 按钮，就成功地创建了一个新的 Git 仓库，如图 4.67 所示。

图 4.67　新的 Git 仓库

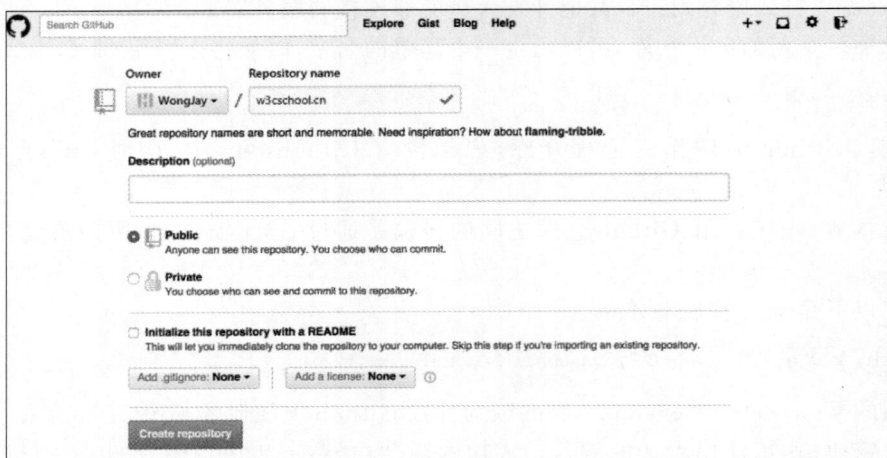

创建成功后，显示如下信息，如图 4.68 所示。

以上信息告诉我们可以从这个仓库克隆出新的仓库，也可以把本地仓库的内容推送到 Github 仓库。

现在，根据 Github 的提示，在本地的仓库下运行命令：

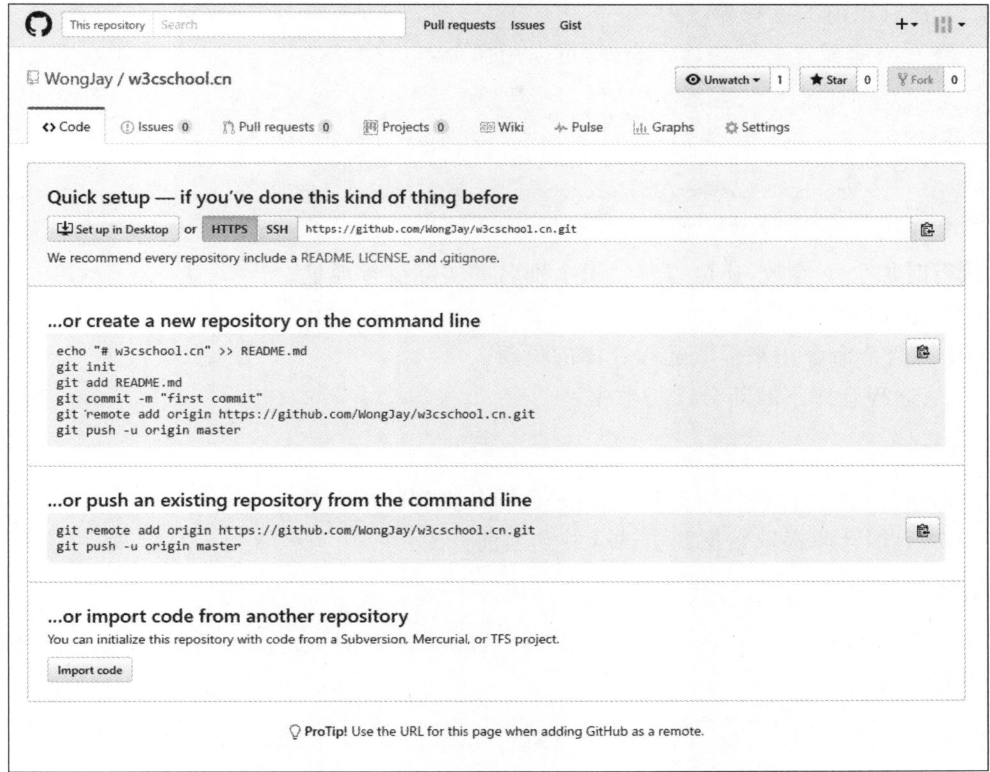

图 4.68　显示信息

```
$ ls
$ git remote add origin git@github.com:WongJay/w3cschool.cn.git
$ git push -u origin master
```

以下命令请根据你在 Github 成功创建新仓库的地方复制，而不是根据这里提供的命令，因为 Github 用户名不一样，仓库名也不一样。

接下来返回 Github 创建的仓库，就可以看到文件已上传到 Github 上，如图 4.69 所示。

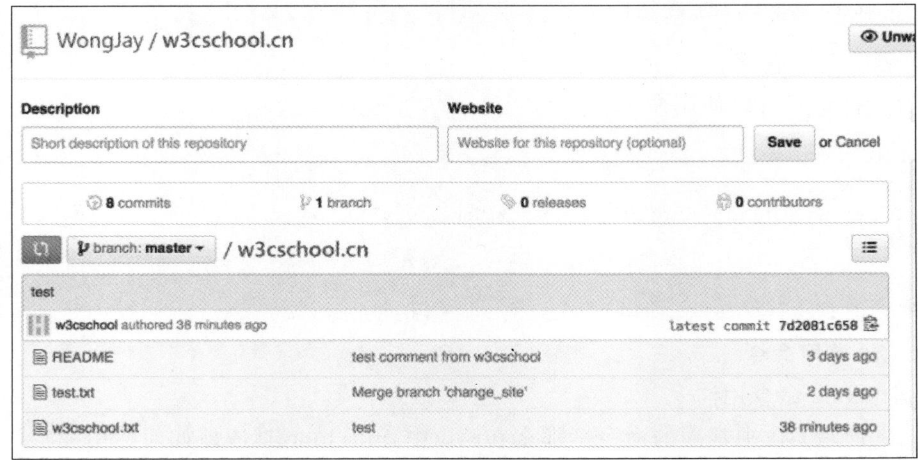

图 4.69　上传 Github

(1) 查看当前的远程库。

要查看当前配置有哪些远程仓库,可以用命令:

```
git remote
 $ git remote
 $ git remote -v
origin   git@github.com:WongJay/w3cschool.cn.git (fetch)
origin   git@github.com:WongJay/w3cschool.cn.git (push)
```

执行时加上-v 参数,还可以看到每个别名的实际链接地址。

(2) 提取远程仓库。

Git 有两个命令用来提取远程仓库的更新。

① 从远程仓库下载新分支与数据:

```
git fetch
```

该命令执行完后需要执行 git merge 远程分支到你所在的分支。

② 从远端仓库提取数据并尝试合并到当前分支:

```
git pull
```

接下来在 Github 上单击 w3cschoolW3Cschool 教程测试.txt 并在线修改它。之后在本地更新修改。

```
 $ git fetch origin
```

可以使用以下命令将更新同步到本地。

```
 $ git merge origin/master
```

(3) 推送到远程仓库。

推送新分支与数据到某个远端仓库:

```
git push [alias] [branch]
```

以上命令将 [branch] 分支推送成为 [alias] 远程仓库上的 [branch] 分支,实例如下。

```
 $ git merge origin/master
```

(4) 删除远程仓库。

删除远程仓库可以使用命令:

```
git remote rm [别名]
 $ git remote -v
 $ git remote add origin2 git@github.com:WongJay/w3cschool.cn.git
 $ git remote -v
 $ git remote rm origin2
 $ git remote -v
```

12. Git 常用命令

1) git clone 命令用法

git clone 是 Git 中常用的命令。那么在 Git 中,git clone 具体该如何使用呢?

git clone 命令的作用是将存储库克隆到新目录中,为克隆的存储库中的每个分支创建远程跟踪分支(使用 git branch -r 可见)，并将克隆检出的存储库作为当前活动分支的初始分支。

在克隆之后，没有参数的普通 Git 提取将更新所有远程跟踪分支，并且没有参数的 git pull 将另外将远程主分支合并到当前主分支(如果有的话)。

此默认配置通过在 refs\remotes\origin 下创建对远程分支的引用，并通过初始化 remote. origin. url 和 remote. origin. fetch 配置变量来实现。

执行远程操作的第一步，通常是从远程主机克隆一个版本库，这时就要用到 git clone 命令。

```
$ git clone <版本库的网址>
```

例如，克隆 jQuery 的版本库：

```
$ git clone http://github.com/jquery/jquery.git
```

该命令会在本地主机生成一个目录，与远程主机的版本库同名。如果要指定不同的目录名，可以将目录名作为 git clone 命令的第二个参数。

```
$ git clone <版本库的网址> <本地目录名>
```

git clone 支持多种协议，除了 HTTP(s)以外，还支持 SSH、Git、本地文件协议等。

默认情况下，Git 会把 Git URL 里最后一级目录名的'. git'的后缀去掉，作为新克隆(clone)项目的目录名(例如，git clone http://git. kernel. org/linux/kernel/git/torvalds/linux-2. 6. git 会建立一个目录叫 linux-2. 6)。

```
$ git clone http[s]://example.com/path/to/repo.git
$ git clone http://git.oschina.net/yiibai/sample.git
$ git clone ssh://example.com/path/to/repo.git
$ git clone git://example.com/path/to/repo.git
$ git clone /opt/git/project.git
$ git clone file:///opt/git/project.git
$ git clone ftp[s]://example.com/path/to/repo.git
$ git clone rsync://example.com/path/to/repo.git
```

SSH 协议还有另一种写法：

```
$ git clone [user@]example.com:path/to/repo.git
```

通常来说，Git 协议下载速度最快，SSH 协议用于需要用户认证的场合。

应用场景示例：

(1) 从上游克隆下来。

```
$ git clone git://git.kernel.org/pub/scm/…/linux.git mydir
$ cd mydir
$ make    #执行代码或其他命令
```

(2) 在当前目录中使用克隆，而无须检出。

```
$ git clone -l -s -n . ../copy
$ cd ../copy
$ git show-branch
```

(3) 从现有本地目录借用从上游克隆。

```
$ git clone --reference /git/linux.git
    git://git.kernel.org/pub/scm/.../linux.git
    mydir
$ cd mydir
```

2) git push 命令用法

git push 是 Git 中常用的命令,其作用是将本地分支的更新推送到远程主机。

git push 的格式和 git pull 类似:

```
$ git push <远程主机名> <本地分支名>:<远程分支名>
```

注意:分支推送顺序的写法是<来源地>:<目的地>,所以 git pull 是<远程分支>:<本地分支>,而 git push 是<本地分支>:<远程分支>。如果省略远程分支名,则表示将本地分支推送到与之存在"追踪关系"的远程分支(通常两者同名),如果该远程分支不存在,则会被新建。

git push 常见用法:

```
$ git push origin master
```

该命令的作用是将本地的 master 分支推送到 origin 主机的 master 分支。如果后者不存在,则会被新建。如果省略本地分支名,则表示删除指定的远程分支,因为这等同于推送一个空的本地分支到远程分支。

```
$ git push origin :master
#等同于
$ git push origin --delete master
```

上面的命令表示删除 origin 主机的 master 分支。如果当前分支与远程分支之间存在追踪关系,则本地分支和远程分支都可以省略。

```
$ git push origin
```

上面的命令表示,将当前分支推送到 origin 主机的对应分支。如果当前分支只有一个追踪分支,那么主机名都可以省略。

```
$ git push
```

如果当前分支与多个主机存在追踪关系,则可以使用-u 选项指定一个默认主机,这样后面就可以不加任何参数使用 git push。

```
$ git push -u origin master
```

上面的命令将本地的 master 分支推送到 origin 主机,同时指定 origin 为默认主机,后面不加任何参数就可以使用 git push 了。

不带任何参数的 git push,默认只推送当前分支,这叫作 simple 方式。此外,还有一种 matching 方式,会推送所有有对应的远程分支的本地分支。Git 2.0 版本之前,默认采用 matching 方法,现在改为默认采用 simple 方式。如果要修改这个设置,可以采用 git config 命令。

```
$ git config -- global push.default matching
#或者
$ git config -- global push.default simple
```

还有一种情况，就是不管是否存在对应的远程分支，将本地的所有分支都推送到远程主机，这时需要使用--all 选项。

```
$ git push -- all origin
```

上面的命令表示，将所有本地分支都推送到 origin 主机。

如果远程主机的版本比本地版本更新，推送时 Git 会报错，要求先在本地做 git pull 合并差异，然后再推送到远程主机。这时，如果一定要推送，可以使用--force 选项。

```
$ git push -- force origin
```

上面的命令使用--force 选项，结果导致在远程主机产生一个"非直进式"的合并。除非很确定要这样做，否则应该尽量避免使用--force 选项。

最后，git push 不会推送标签(tag)，除非使用--tags 选项。

```
$ git push origin -- tags
```

3) git merge 命令用法

git merge 是在 Git 中使用比较频繁的一个命令，其主要用于将两个或两个以上的开发历史加入(合并)一起。下面给出 git merge 命令的常见用法。

git merge 三种语法形式如下。

```
git merge [ - n] [ -- stat] [ -- no - commit] [ -- squash] [ -- [no - ]edit]
     [ - s <strategy>] [ - X <strategy - option>] [ - S[<keyid>]]
     [ -- [no - ]allow - unrelated - histories]
     [ -- [no - ]rerere - autoupdate] [ - m <msg>] [<commit>… ]
git merge -- abort
git merge -- continue
```

git-merge 命令用于从指定的 commit(s) 合并到当前分支的操作。

注意：这里的指定 commit(s) 是指从这些历史 commit 节点开始，一直到当前分开的时候。

(1) 用于 git pull 中，来整合另一代码仓库中的变化(即 git pull = git fetch + git merge)。

(2) 用于从一个分支到另一个分支的合并。

任务 5：Java Web 项目部署

构建完 Java Web 项目后，如果需要许多人来访问项目，此时就需要将项目部署到服务器上，使用外网 IP，这样别人就可以访问你的项目了。

学习要点：

- 掌握 Java Web 项目工作准备。
- 掌握 Java Web 项目的应用。

学习目的：

通过本任务的学习，掌握 Java Web 项目的应用。

学习情境 1：部署环境准备

服务器是计算机的一种，它比普通计算机运行更快、负载更高、价格更贵，服务器在网络中为其他客户机，如 PC、智能手机、ATM 等终端甚至是火车系统等大型设备，提供计算或者应用服务。

常见的方式有两种：虚拟机或者购买云服务器。实际开发中，企业会有自己的服务器，因此，只有在个人项目时需要考虑服务器的问题。这里以本地 Linux 服务器(操作系统：CentOS 7.3，64 位)进行讲解。

1. 登录 Linux 服务器

Linux 一般作为服务器使用，而服务器一般放在机房，但是不可能在机房操作 Linux 服务器。这时就需要远程登录到 Linux 服务器来管理维护系统。Linux 系统中是通过 SSH 服务实现远程登录功能，默认 SSH 服务端口号为 22。Windows 系统上 Linux 远程登录客户端有 SecureCRT、Putty、SSH Secure Shell 等，这里使用 SecureCRT 和 Xftp6。

打开 SecureCRT，单击左侧的 Session Manager，如图 4.70 所示。

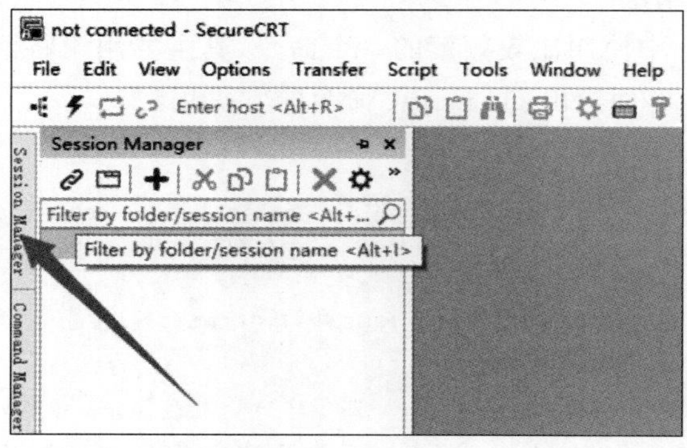

图 4.70　打开 SecureCRT

单击“加号”图标，如图 4.71 所示。

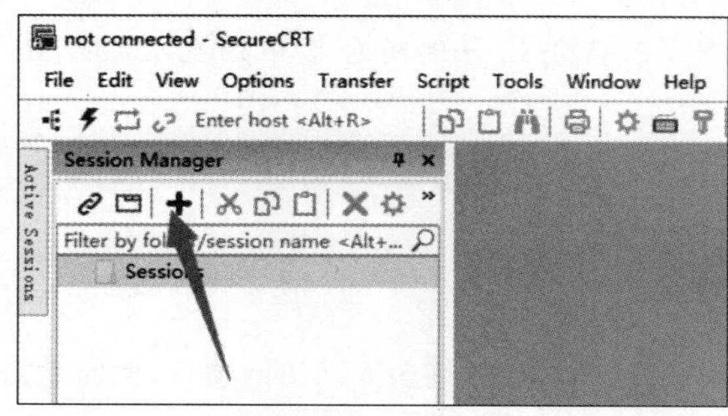

图 4.71　“加号”图标

单击“下一页”按钮，如图 4.72 所示。

填写连接信息，如图 4.73 所示。

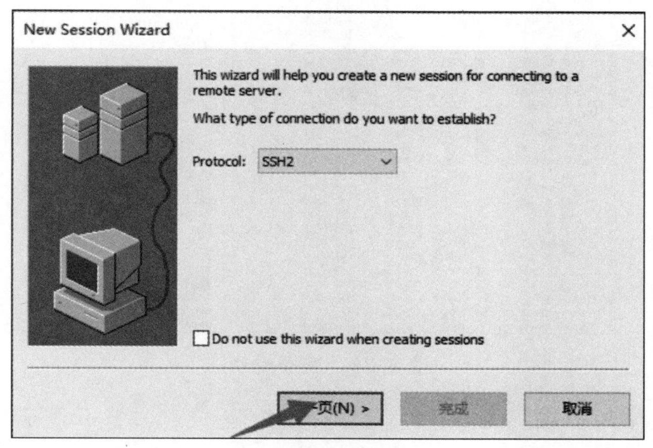

图 4.72　下一页

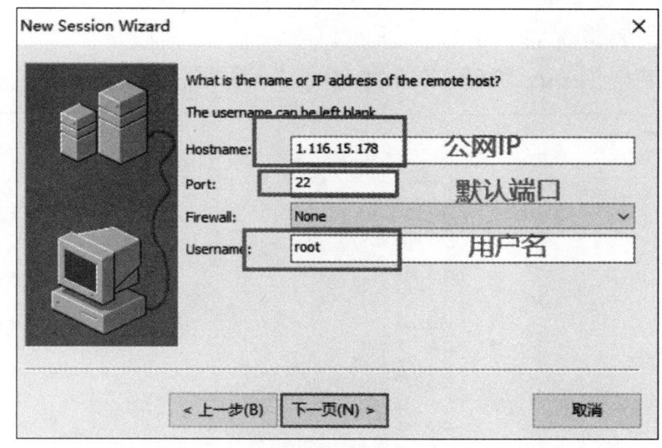

图 4.73　连接信息

选中要连接的服务器，然后单击左上角的“连接”图标，如图 4.74 所示。

填写服务器密码，然后单击 OK 按钮，如图 4.75 所示。

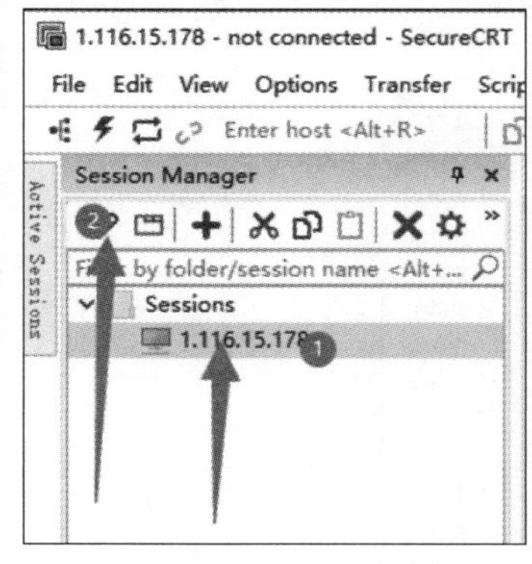

图 4.74　“连接”图标

图 4.75　填写密码

连接成功，如图 4.76 所示。

```
lrwxrwxrwx.   1 root root     7 Mar  7  2019 bin -> usr/bin
dr-xr-xr-x.   5 root root  4096 Sep 11  2022 boot
drwxr-xr-x    2 root root  4096 Nov  5  2019 data
drwxr-xr-x   19 root root  3040 Jan 27 16:31 dev
drwxr-xr-x. 101 root root 12288 Mar 23 02:38 etc
drwxr-xr-x.   6 root root  4096 Oct 31 14:58 home
lrwxrwxrwx.   1 root root     7 Mar  7  2019 lib -> usr/lib
lrwxrwxrwx.   1 root root     9 Mar  7  2019 lib64 -> usr/lib64
drwx------.   2 root root 16384 Mar  7  2019 lost+found
drwxr-xr-x.   2 root root  4096 Apr 11  2018 media
drwxr-xr-x.   2 root root  4096 Apr 11  2018 mnt
drwxr-xr-x.   7 root root  4096 Mar 27 12:42 opt
drwxr-xr-x    2 root root  4096 Aug 10  2022 patch
dr-xr-xr-x  114 root root     0 Jan 27 16:30 proc
dr-xr-x---.   7 root root  4096 Mar 27 10:32 root
drwxr-xr-x   28 root root  1000 Mar 16 18:31 run
lrwxrwxrwx.   1 root root     8 Mar  7  2019 sbin -> usr/sbin
drwxr-xr-x.   2 root root  4096 Apr 11  2018 srv
dr-xr-xr-x   13 root root     0 Apr  5 08:21 sys
drwxrwxrwt.  19 root root  4096 Apr  5 08:07 tmp
drwxr-xr-x.  14 root root  4096 Jan  8  2021 usr
drwxr-xr-x.  20 root root  4096 Aug 10  2022 var
drwxr-xr-x    7 root root  4096 Oct 12 15:36 www
```

图 4.76　连接成功

2. Linux 安装 JDK 环境

1）下载 JDK

首先连接 Linux 服务器，输入“java -version”命令，查看当前服务器的 JDK 安装情况，如图 4.77 所示。

图 4.77　查看 JDK

进入 JDK 官网下载 Linux 版的 JDK，如图 4.78 所示。

Linux　macOS　Solaris　Windows

Product/file description	File size	Download
ARM64 RPM Package	71.06 MB	jdk-8u391-linux-aarch64.rpm
ARM64 Compressed Archive	71.23 MB	jdk-8u391-linux-aarch64.tar.gz
x86 RPM Package	140.62 MB	jdk-8u391-linux-i586.rpm
x86 Compressed Archive	138.69 MB	jdk-8u391-linux-i586.tar.gz
x64 RPM Package	137.36 MB	jdk-8u391-linux-x64.rpm
x64 Compressed Archive	135.33 MB	jdk-8u391-linux-x64.tar.gz

图 4.78　下载 JDK

JDK 下载完成之后，用 Xshell 等连接服务器的工具上传到 Linux 服务器，如图 4.79 所示。

名称	大小	类型
app		文件夹
bin		文件夹
boot		文件夹
dev		文件夹
etc		文件夹
home		文件夹
lib		文件夹
lib64		文件夹
lost+found		文件夹
media		文件夹
mnt		文件夹
opt		文件夹
proc		文件夹

图 4.79　上传 JDK

服务器目录是这个样子的，可能一开始没有 app 这个目录，那么自己创建一个，很多人把JDK安装在\usr目录下，这里选择安装在\app目录下，是为了方便统一管理，因为今后还要安装各种环境。

在\app目录下新建一个java目录，将下载的JDK上传上去，如图4.80所示。

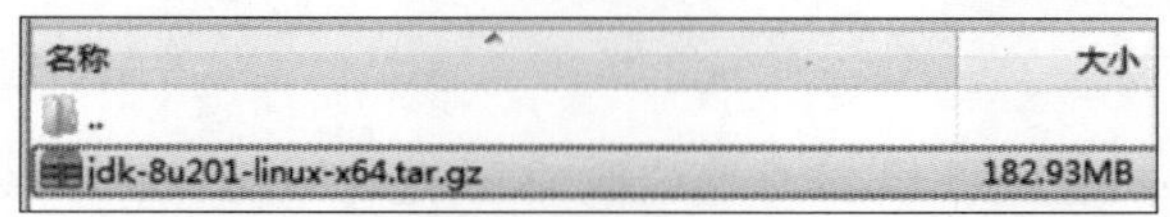

图4.80 JDK上传完成

输入命令cd/app/java进入目标目录下，输入解压命令tar -zxvf jdk-8u201-linux-x64.tar.gz后回车，如图4.81所示。

2）配置JDK环境变量

进入用户目录下，使用VI编辑配置文件，输入vi .bash_profile后回车，如图4.82所示。

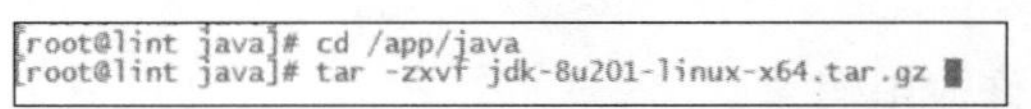

图4.81 解压JDK

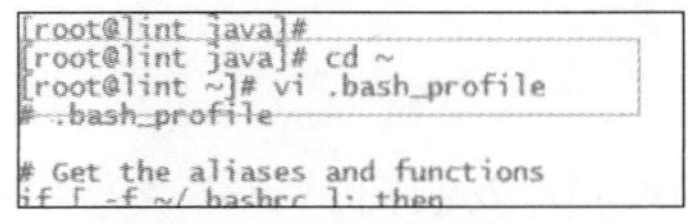

图4.82 JDK环境变量

插入JDK的环境变量：

```
export JAVA_HOME = /app/java/jdk1.8
export CLASSPATH = .: $ JAVA_HOME/lib/dt.jar: $ JAVA_HOME/lib/tools.jar
export PATH = $ PATH: $ JAVA_HOME/bin
```

然后按Esc键，输入:wq后回车，则写入成功，使配置文件生效，输入命令source ~/.bash_profile。验证一下，输入java -version查看是否安装成功，如图4.83所示。

```
[root@lint ~]# java -version
java version "1.8.0_201"
Java(TM) SE Runtime Environment (build 1.8.0_201-b09)
Java HotSpot(TM) 64-Bit Server VM (build 25.201-b09, mixed mode)
[root@lint ~]#
```

图4.83 验证JDK

3. Linux安装MySQL

安装MySQL YUM源到本地：

```
yum localinstall https://dev.mysql.com/get/mysql57 - community - release - el7 - 9.noarch.rpm
```

检查MySQL源是否安装成功：

```
yum repolist enabled | grep "mysql. * - community. * "
```

使用yum install命令安装：

```
yum - y install mysql - community - server
```

安装完毕后，启动MySQL数据库：

```
systemctl start mysqld
```

设置开机自启动：

```
systemctl enable mysqld
```

MySQL 安装完成之后，生成的默认密码在\var\log\mysqld.log 文件中。使用 grep 命令找到日志中的密码。执行：

```
grep 'temporary password' \var\log\mysqld.log
```

输入 mysql -uroot -p 后回车，注意密码改为 Ycs_123456.，输入：

```
ALTER USER 'root'@'localhost' IDENTIFIED BY 'Ycs_123456.';
```

默认只允许 root 账户在本地登录，如果要在其他机器上连接 MySQL，可以使用多种方式，如：

设置 root 用户允许远程登录，执行：

```
GRANT ALL PRIVILEGES ON *.* TO 'root'@'%' IDENTIFIED BY 'Ycs_123456.' WITH GRANT OPTION;
```

刷新：

```
flush privileges;
```

MySQL 安装后默认不支持中文，需要修改编码。

修改\etc\my.cnf 配置文件，在相关节点(没有则自行添加)下添加编码配置。

执行：

```
vi \etc\my.cnf
```

在文件的末尾添加如下信息：

```
[mysqld]
character-set-server=utf8
[client]
default-character-set=utf8
[mysql]
default-character-set=utf8
```

4. Linux 安装 Tomcat

到 Apache 官网进行下载，上传 Tomcat 到 app 目录下，如图 4.84 所示。

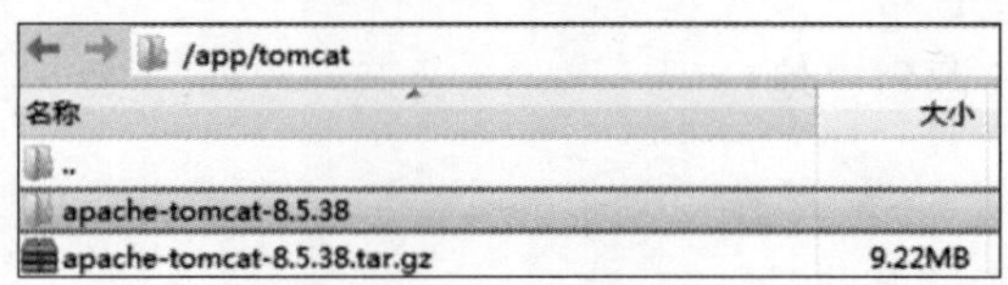

图 4.84 上传 Tomcat

解压，然后进行环境变量的配置：

```
tar -zvxf /tools/apache-tomcat-8.5.61.tar.gz -C /training/
```

配置环境变量 vi ~/.bash_profile：

```
#tomcat
export PATH=$PATH:/training/apache-tomcat-8.5.38/bin
```

环境生效：

```
source ~/.bash_profile
```

启动：

```
startup.sh
```

打开浏览器，输入服务器 IP 端口(例如 134.112.68.6:8080)，即可访问此 Tomcat 了，或者在命令行里输入 netstat -anop|grep 8080，如图 4.85 所示。

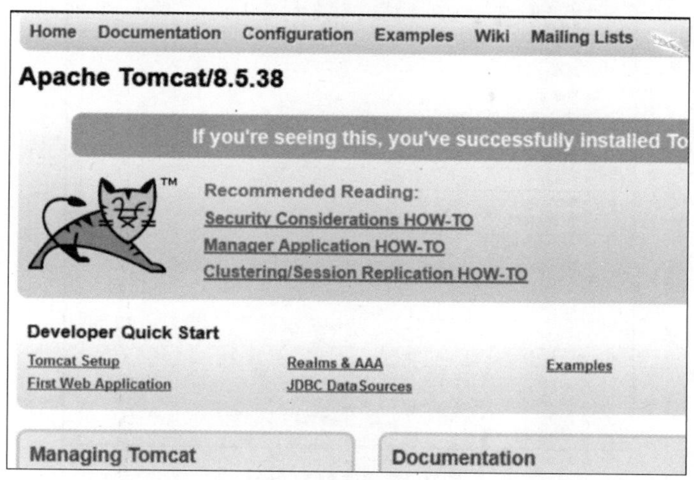

图 4.85　验证 Tomcat

学习情境 2：部署项目

打开开发工具，找到编写的 Java Web 项目，单击项目，右击选择 Export，如图 4.86 所示。

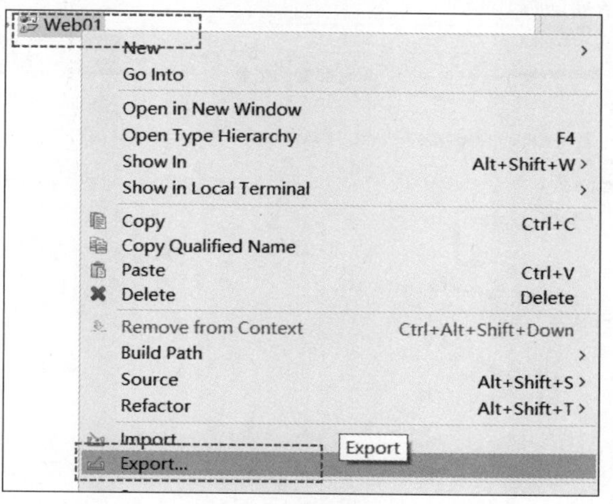

图 4.86　打开工具

在窗口中找到 Web→WAR file 进行 Java Web 项目的打包，如图 4.87 所示。

选择项目存储的位置和项目名，如图 4.88 所示。

将导出好的.war 文件上传到 Linux 服务器的 Tomcat 下的 webapps 目录中，如图 4.89 所示。

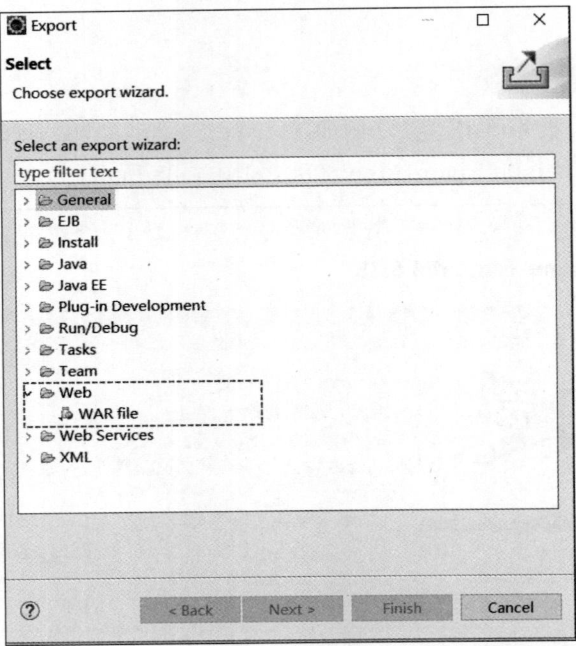

图 4.87 项目打包(1)

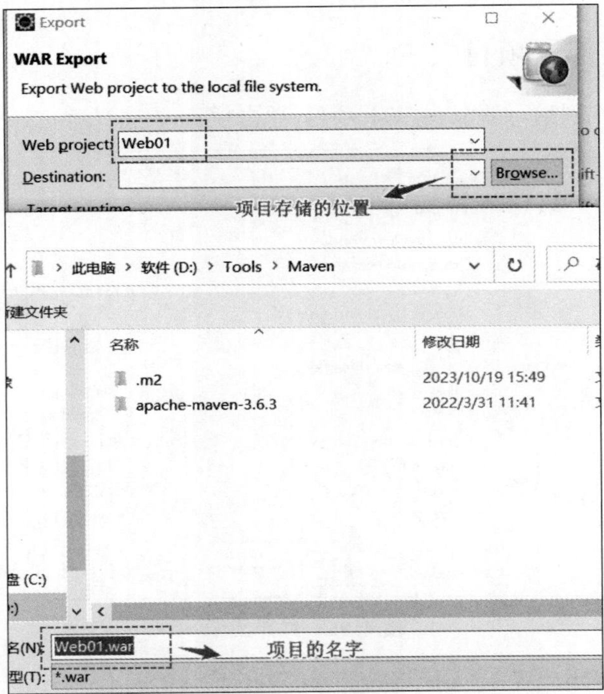

图 4.88 项目打包(2)

文件名	文件大小	文件类型
..		
docs		文件夹
examples		文件夹
host-manager		文件夹
htoa_war		文件夹
manager		文件夹
ROOT		文件夹
htoa_war.war	68,033...	WAR 文...

图 4.89 上传 war 包

直接启动 tomcat ./starup.sh，放在 webapps 下的 war 包会自动部署在 Tomcat 上，在本机浏览器中输入服务器 IP 地址：8080/项目路径，可以看到对应的项目页面，说明 Java Web 项目已经在 Linux 服务器上部署并运行成功了。

应用实例 使用 Ajax 优化超市管理系统

实例目的：掌握多种方法实现 Ajax 请求，采用多种方式实现 Aiax 请求，学会更多 jQuery 实现 Ajax 的方法。

实例内容：使用 jQuery 提供的方法实现 Ajax 请求，使用 JSON 封装响应数据，使用 .load()方法加载页面内容能够解决 jQuery 和其他脚本库的冲突。

实例步骤：

在前面的章节中已经把超市管理系统的订单管理模块、供应商管理模块、用户管理模块的功能完成，已经实现查询、修改、删除、添加功能，对于这些功能可以使用 Ajax 进行优化。

1. 订单模块

订单查询功能使用 Ajax 实现，如图 4.90 所示。

```
//订单管理页面上单击“删除”按钮弹出删除框(billlist.jsp)
function deleteBill(obj){
    $.ajax({
        type:"GET",
        url:path+"/jsp/bill.do",
        data:{method:"delbill",billid:obj.attr("billid")},
        dataType:"json",
        success:function(data){
            if(data.delResult == "true"){//删除成功：移除删除行
                cancleBtn();
                obj.parents("tr").remove();
            }else if(data.delResult == "false"){//删除失败
                //alert("对不起，删除订单【"+obj.attr("billcc")+"】失败");
                changeDLGContent("对不起，删除订单【"+obj.attr("billcc")+"】失败");
            }else if(data.delResult == "notexist"){
                //alert("对不起，订单【"+obj.attr("billcc")+"】不存在");
                changeDLGContent("对不起，订单【"+obj.attr("billcc")+"】不存在");
            }
        },
        error:function(data){
            alert("对不起，删除失败");
        }
    });
}
```

图 4.90 订单查询

订单添加功能使用 Ajax 实现，如图 4.91 所示。

```
$.ajax({
    type:"GET",//请求类型
    url:path+"/jsp/bill.do",//请求的url
    data:{method:"getproviderlist"},//请求参数
    dataType:"json",//Ajax接口（请求url）返回的数据类型
    success:function(data){//data：返回数据（JSON对象）
        if(data != null){
            $("select").html("");//通过标签选择器，得到select标签，适用于页面里只有一个select
            var options = "<option value=\"0\">请选择</option>";
            for(var i = 0; i < data.length; i++){
                //alert(data[i].id);
                //alert(data[i].proName);
                options += "<option value=\""+data[i].id+"\">"+data[i].proName+"</option>";
            }
            $("select").html(options);
        }
    },
    error:function(data){//当访问时，404、500 等非200的错误状态码
        validateTip(providerId.next(),{"color":"red"},imgNo+" 获取供应商列表error",false);
    }
});
```

图 4.91　订单添加

订单修改功能使用 Ajax 实现，如图 4.92 所示。

```
$.ajax({
    type:"GET",//请求类型
    url:path+"/jsp/bill.do",//请求的url
    data:{method:"getproviderlist"},//请求参数
    dataType:"json",//ajax接口（请求url）返回的数据类型
    success:function(data){//data：返回数据（json对象）
        if(data != null){
            var pid = $("#pid").val();
            $("select").html("");//通过标签选择器，得到select标签，适用于页面里只有一个select
            var options = "<option value=\"0\">请选择</option>";
            for(var i = 0; i < data.length; i++){
                //alert(data[i].id);
                //alert(data[i].proName);
                if(pid != null && pid != undefined && data[i].id == pid ){
                    options += "<option selected=\"selected\" value=\""+data[i].id+"\" >"+data[i].proName+"</option>";
                }else{
                    options += "<option value=\""+data[i].id+"\" >"+data[i].proName+"</option>";
                }

            }
            $("select").html(options);
        }
    },
    error:function(data){//当访问时候，404、500 等非200的错误状态码
        validateTip(providerId.next(),{"color":"red"},imgNo+" 获取供应商列表error",false);
    }
});
```

图 4.92　订单修改

2. 供应商模块

供应商查询功能使用 Ajax 实现，如图 4.93 所示。

```
//供应商管理页面上单击“删除”按钮弹出删除框(providerlist.jsp)
function deleteProvider(obj){
    $.ajax({
        type:"GET",
        url:path+"/jsp/provider.do",
        data:{method:"delprovider",proid:obj.attr("proid")},
        dataType:"json",
        success:function(data){
            if(data.delResult == "true"){//删除成功：移除删除行
                cancleBtn();
                obj.parents("tr").remove();
            }else if(data.delResult == "false"){//删除失败
                //alert("对不起，删除供应商【"+obj.attr("proname")+"】失败");
                changeDLGContent("对不起，删除供应商【"+obj.attr("proname")+"】失败");
            }else if(data.delResult == "notexist"){
                //alert("对不起，供应商【"+obj.attr("proname")+"】不存在");
                changeDLGContent("对不起，供应商【"+obj.attr("proname")+"】不存在");
            }else{
                //alert("对不起，该供应商【"+obj.attr("proname")+"】下有【"+data.delResult+"】条订单，不能删除");
                changeDLGContent("对不起，该供应商【"+obj.attr("proname")+"】下有【"+data.delResult+"】条订单，不能删除");
            }
        },
        error:function(data){
            //alert("对不起，删除失败");
            changeDLGContent("对不起，删除失败");
        }
    });
```

图 4.93　供应商查询

3. 用户管理模块

用户查询功能使用 Ajax 实现，如图 4.94 所示。

```
//用户管理页面上单击"删除"按钮弹出删除框(userlist.jsp)
function deleteUser(obj){
    $.ajax({
        type:"GET",
        url:path+"/jsp/user.do",
        data:{method:"deluser",uid:obj.attr("userid")},
        dataType:"json",
        success:function(data){
            if(data.delResult == "true"){//删除成功：移除删除行
                cancleBtn();
                obj.parents("tr").remove();
            }else if(data.delResult == "false"){//删除失败
                //alert("对不起，删除用户【"+obj.attr("username")+"】失败");
                changeDLGContent("对不起，删除用户【"+obj.attr("username")+"】失败");
            }else if(data.delResult == "notexist"){
                //alert("对不起，用户【"+obj.attr("username")+"】不存在");
                changeDLGContent("对不起，用户【"+obj.attr("username")+"】不存在");
            }
        },
        error:function(data){
            //alert("对不起，删除失败");
            changeDLGContent("对不起，删除失败");
        }
    });
}
```

图 4.94　用户查询

用户添加功能使用 Ajax 实现，如图 4.95 所示。

```
$.ajax({
    type:"GET",//请求类型
    url:path+"/jsp/user.do",//请求的url
    data:{method:"getrolelist"},//请求参数
    dataType:"json",//Ajax接口（请求url）返回的数据类型
    success:function(data){//data：返回数据（JSON对象）
        if(data != null){
            userRole.html("");
            var options = "<option value=\"0\">请选择</option>";
            for(var i = 0; i < data.length; i++){
                //alert(data[i].id);
                //alert(data[i].roleName);
                options += "<option value=\""+data[i].id+"\">"+data[i].roleName+"</option>";
            }
            userRole.html(options);
        }
    },
    error:function(data){//当访问时，404、500 等非200的错误状态码
        validateTip(userRole.next(),{"color":"red"},imgNo+" 获取用户角色列表error",false);
    }
});
```

图 4.95　用户添加

用户修改功能使用 Ajax 实现，如图 4.96 所示。

密码修改功能使用 Ajax 实现，如图 4.97 所示。

```
$.ajax({
    type:"GET",//请求类型
    url:path+"/jsp/user.do",//请求的url
    data:{method:"getrolelist"},//请求参数
    dataType:"json",//Ajax接口（请求url）返回的数据类型
    success:function(data){//data：返回数据（JSON对象）
        if(data != null){
            var rid = $("#rid").val();
            userRole.html("");
            var options = "<option value=\"0\">请选择</option>";
            for(var i = 0; i < data.length; i++){
                //alert(data[i].id);
                //alert(data[i].roleName);
                if(rid != null && rid != undefined && data[i].id == rid ){
                    options += "<option selected=\"selected\" value=\""+data[i].id+"\" >"+data[i].roleName+"</option>";
                }else{
                    options += "<option value=\""+data[i].id+"\" >"+data[i].roleName+"</option>";
                }

            }
            userRole.html(options);
        }
    },
    error:function(data){//当访问时，404、500 等非200的错误状态码
        validateTip(userRole.next(),{"color":"red"},imgNo+" 获取用户角色列表error",false);
    }
});
```

图 4.96　用户修改

```
$.ajax({
    type:"GET",
    url:path+"/jsp/user.do",
    data:{method:"pwdmodify",oldpassword:oldpassword.val()},
    dataType:"json",
    success:function(data){
        if(data.result == "true"){//旧密码正确
            validateTip(oldpassword.next(),{"color":"green"},imgYes,true);
        }else if(data.result == "false"){//旧密码输入不正确
            validateTip(oldpassword.next(),{"color":"red"},imgNo + " 原密码输入不正确",false);
        }else if(data.result == "sessionerror"){//当前用户session过期，请重新登录
            validateTip(oldpassword.next(),{"color":"red"},imgNo + " 当前用户session过期，请重新登录",false);
        }else if(data.result == "error"){//旧密码输入为空
            validateTip(oldpassword.next(),{"color":"red"},imgNo + " 请输入旧密码",false);
        }
    },
    error:function(data){
        //请求出错
        validateTip(oldpassword.next(),{"color":"red"},imgNo + " 请求错误",false);
    }
});
```

图 4.97　修改密码

习题

1. MVC 体系中的表示层技术是(　　)。

   A. HTML　　B. JavaBean　　C. EJB　　D. JSP

2. MVC 设计模式将应用程序分为(　　)部分。

   A. 2　　B. 3　　C. 4　　D. 5

3. 下面关于 MVC 的说法不正确的是(　　)。

   A. M 表示 Model 层,是存储数据的地方

   B. View 表示视图层,负责向用户显示外观

   C. Controller 是控制层,负责控制流程

   D. 在 MVC 架构中 JSP 通常作控制层

4. Ajax 术语是由哪家公司或组织最先提出的?(　　)

A. Google　　B. IBM
C. Adaptive Path　　D. Dojo Foundation

5. 以下哪个技术不是 Ajax 技术体系的组成部分？(　　)
A. XMLHttpRequest　　B. DHTML
C. CSS　　D. DOM

6. 常用的 Git 操作有(　　)。
A. Add　　B. Push　　C. Mkdir　　D. Fetch

7. 关于删除分支 XX,下列说法正确的是(　　)。
A. 执行 git push origin :XX 来删除远程版本库的 XX 分支
B. 执行 git branch -D XX 删除分支,总是能成功
C. 远程版本库删除的分支,在执行 git fetch 时本地分支自动删除
D. 本地删除的分支,执行 git push 时,远程分支亦自动删除

8. Maven 是什么？有哪些功能？

9. MVC/MVC 的工作原理是什么？

10. MVC 有哪些优势？

项目5

Java Web框架

Java 是最流行和最广泛使用的编程语言之一。它以其可靠性、性能和对不同平台和设备的兼容性而闻名。然而,如果没有框架的帮助,用 Java 开发网络应用程序可能是具有挑战性和耗时的。

Java Web 框架是一种软件库,为构建网络应用程序提供一套工具、功能和指南。它们通过处理路由、数据访问、安全、测试和部署等常见任务,简化并加快开发过程。它们还使开发人员能够遵循最佳实践,编写干净、可维护和可重用的代码。

项目主要内容:

- MyBatis 持久化技术。
- Spring 框架技术。
- Spring MVC 框架技术。
- 框架整合。

能力目标:

掌握 MVC 架构,理解模型-视图-控制器(MVC)架构,能够使用框架如 Spring MVC 来设计和开发 Web 应用。掌握数据库操作,熟练使用 MyBatis 或者持久化框架来进行数据库操作。熟悉 Java Web 框架如 Spring、Spring MVC 等,能够选择和使用适当的框架来加速开发。了解项目性能优化,能够识别和解决 Web 应用的性能问题,包括数据库查询优化、页面加载速度等方面的优化。

熟悉版本控制和团队协作,能够使用版本控制系统,有效地与团队协作开发项目,有效地规划和管理 Java Web 项目,包括需求分析、任务分配、时间管理等方面的能力。这些技能目标可以帮助学生成为一名优秀的 Java Web 开发者,能够设计、开发和维护复杂的 Web 应用程序。

任务 1: MyBatis 持久化技术

学习要点:

- 了解 MyBatis 框架概念。
- 了解 MyBatis 框架的体系结构。
- 掌握 MyBatis 的 SQL 映射文件。

• 掌握 MyBatis 的动态 SQL。

学习目的：

通过本任务的学习，对框架技术有初步的了解，对 MyBatis 框架有一定的掌握，具备搭建 MyBatis 框架环境并进行程序开发的能力。

学习情境 1：MyBatis 概念及体系结构

1. MyBatis 概念

1）MyBatis 简介

MyBatis 本是 Apache 的一个开源项目 iBatis，2010 年这个项目由 Apache Software Foundation 迁移到了 Google Code，并且改名为 MyBatis。MyBatis 是一个基于 Java 的持久层框架。MyBatis 提供的持久层框架包括 SQL Maps 和 Data Access Objects(DAO)，它消除了几乎所有的 JDBC 代码和参数的手工设置以及结果集的检索。MyBatis 使用简单的 XML 或注解用于配置和原始映射，将接口和 Java 的 POJOs(Plain Old Java Objects，普通的 Java 对象)映射成数据库中的记录。

2）MyBatis 的优点

(1) 简单易用。MyBatis 采用了简单的 XML 或注解配置方式，使得开发者可以快速上手并进行数据库操作。它不需要编写冗长的 SQL 语句，而是通过映射文件或注解来定义 SQL 语句和参数映射关系。

(2) 灵活性。MyBatis 提供了灵活的 SQL 映射机制，允许开发者自定义 SQL 语句和结果映射。这使得开发者可以根据具体需求编写复杂的 SQL 查询，并将结果映射到 Java 对象中。

(3) 高性能。MyBatis 通过使用动态 SQL 和缓存机制来提高性能。动态 SQL 允许根据不同的条件生成不同的 SQL 语句，从而避免了不必要的查询。缓存机制可以缓存查询结果，减少数据库访问次数，提高系统性能。

(4) 与数据库的松耦合。MyBatis 与具体的数据库厂商无关，可以支持多种关系数据库，如 MySQL、Oracle、SQL Server 等。开发者可以根据需要选择合适的数据库，并通过配置文件进行相应的设置。

(5) 可扩展性。MyBatis 提供了插件机制，允许开发者在框架的核心功能上进行扩展。开发者可以编写自定义插件来实现特定的功能，如日志记录、性能监控等。

(6) 良好的文档和社区支持。MyBatis 拥有丰富的官方文档和活跃的社区支持。开发者可以通过官方文档学习框架的使用方法，并在社区中获取帮助和交流经验。

3）MyBatis 的缺点

(1) 学习曲线较陡峭。对于初学者来说，MyBatis 的学习曲线可能相对较陡峭。需要掌握 XML 配置或注解的使用方式，以及框架的核心概念和工作原理。

(2) SQL 语句的维护。在 MyBatis 中，SQL 语句是直接编写在映射文件或注解中的，这可能导致 SQL 语句的维护相对困难。特别是在复杂的查询场景下，SQL 语句的编写和调试可能会比较烦琐。

(3) 缺乏自动化。MyBatis 相对于其他 ORM 框架来说，缺乏一些自动化的功能，如自动生成实体类、自动创建数据库表等。这些功能需要开发者自己实现或使用其他工具来辅助完成。

(4) 不适合大型复杂项目。MyBatis 在处理大型复杂项目时可能会面临一些挑战。由于 SQL 语句是手动编写的，当项目规模庞大时，SQL 语句的管理和维护可能变得复杂。

综上所述，MyBatis 框架具有简单易用、灵活性和高性能等优点，但也存在学习曲线较陡峭、SQL 语句维护等缺点。在选择使用 MyBatis 时，需要根据具体项目需求和团队技术水平进行权衡。

2. 搭建 MyBatis 开发环境

1) 下载 mybatis-3.2.2.jar 包并导入工程

在 MyBatis 的官方网站 http://mybatis.org 可以下载到最新版本的 MyBatis，本书使用版本为 MyBatis 3.2.2。如果打不开网站或下载进度较慢，可以通过 https://github.com/mybatis/mybatis-3/releases 网址下载，如图 5.1 所示。

名称	修改日期	类型	大小
mybatis-3.2.2.jar	2016/4/21 13:48	Executable Jar File	684 KB
mybatis-3.2.2-sources.jar	2016/4/21 13:48	Executable Jar File	375 KB

图 5.1　MyBatis jar 包

把下载好的 MyBatis 和日志以及数据库驱动包一起导入工程，如图 5.2 所示。

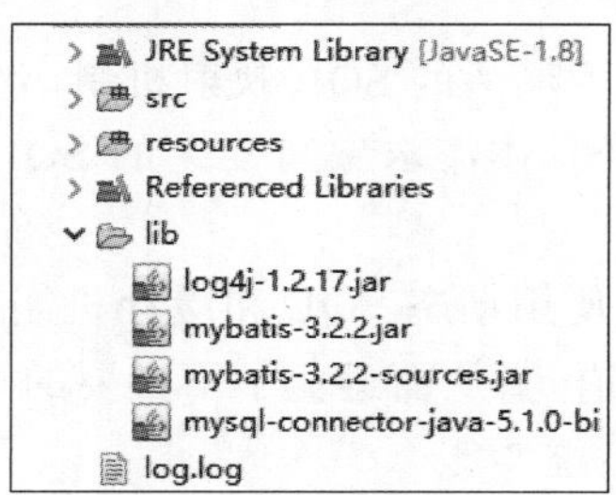

图 5.2　导入工程

2) 编写 MyBatis 核心配置文件(mybatis-config.xml)

mybatis-config.xml 是 MyBatis 框架的配置文件，用于配置 MyBatis 的全局属性和设置。它包含数据库连接信息、缓存配置、插件配置、类型别名配置、映射器配置等重要信息。通过 mybatis-config.xml 文件，可以对 MyBatis 进行全局性的配置，以满足不同的业务需求。

```
<?xml version = "1.0" encoding = "UTF - 8" ?>
<!DOCTYPE configuration
PUBLIC " - //mybatis.org//DTD Config 3.0//EN"
"http://mybatis.org/dtd/mybatis - 3 - config.dtd">
<!-- 配置 MyBatis 与数据库的连接 -->
<configuration>
    <!-- 引入 database.properties 文件 -->
    <properties resource = "database.properties"/>
    <!-- 配置 MyBatis 的 log 日志 -->
    <settings>
        <setting name = "logImpl" value = "LOG4J" />
```

```
    </settings>
    <environments default="development">
        <environment id="development">
            <!-- 配置事务管理 -->
            <transactionManager type="JDBC"></transactionManager>
            <!-- 配置的数据源 -->
            <dataSource type="POOLED">
                <property name="driver" value="${driver}"/>
                <property name="url" value="${url}"/>
                <property name="username" value="${user}"/>
                <property name="password" value="${password}"/>
            </dataSource>
        </environment>
    </environments>
    <!-- 配置 Mapper 文件的引用 -->
    <mappers>
        <mapper resource="cn/mybatis/dao/UserMapper.xml"/>
    </mappers>
</configuration>
```

3）创建实体类(User)

实体类的属性要和数据库里面表的字段相对应，数据类型采用包装类，并提供 getter()和 setter()方法。

```
public class User {
    private Integer id;
    private String userCode;
    private String userName;
    private String userPassword;
    private Integer gender;
    private Date birthday;
    private String phone;
    private String address;
    private Integer userRole;
    private Integer createdBy;
    private Date creationDate;
    private Integer modifyBy;
    private Date modifyDate;
…
}
```

4）SQL 映射文件 Mapper.xml

Mapper 文件是 MyBatis 框架中定义 SQL 语句和映射关系的配置文件，它定义各种 SQL 语句，包括查询、插入、更新、删除等操作，也可以使用动态 SQL 语句实现条件查询和多表联合查询等复杂操作。通过 Mapper 文件定义 SQL 语句，可以将 SQL 语句与 Java 代码解耦，提高代码的可维护性和可读性。

```
<?xml version="1.0" encoding="UTF-8" ?>
<!DOCTYPE mapper
PUBLIC "-//mybatis.org//DTD Mapper 3.0//EN"
"http://mybatis.org/dtd/mybatis-3-mapper.dtd">
<mapper namespace="cn.mybatis.dao.UserMapper">
```

```
    <!-- 查询用户表总记录数 -->
    <select id="getCount" resultType="int">
        select count(1) as count from user
    </select>
</mapper>
```

5）创建测试类

在测试类中，采用Junit进行数据输出，因此要先创建Logger。

```
public class UserTest {
```

private Logger logger = Logger.getLogger(UserTest.class)；对象。之后在测试方法中，先创建resource变量，并设置变量值为"mybatis-config.xml"；接着获取mybatis-config.xml的输入流，创建SqlSessionFactory对象，创建sqlSession对象，最后调用Mapper文件来对数据进行操作。

```
@Test
public void test() {
    String resource = "mybatis-config.xml";
    int count = 0;
    SqlSession sqlSession = null;
    try {
        //1 获取 mybatis-config.xml 的输入流
        InputStream is = Resources.getResourceAsStream(resource);
        //2 创建 SqlSessionFactory 对象,完成对配置文件的读取
        SqlSessionFactory factory = new SqlSessionFactoryBuilder().build(is);
        //3 创建 sqlSession
        sqlSession = factory.openSession();
        //4 调用 Mapper 文件来对数据进行操作
        count = sqlSession.selectOne("cn.mybatis.dao.UserMapper.getCount");
        logger.debug("总记录数:" + count);
    } catch (IOException e) {
        // TODO Auto-generated catch block
        e.printStackTrace();
    }finally{
        sqlSession.close();
    }
}
}
```

测试结果如图5.3所示。

```
[DEBUG] 2023-09-03 23:03:57,273 cn.mybatis.dao.UserMapper.getCount - ==> Parameters:
[DEBUG] 2023-09-03 23:03:57,306 cn.mybatis.test.UserTest - 总记录数为: 12
[DEBUG] 2023-09-03 23:03:57,306 org.apache.ibatis.transaction.jdbc.JdbcTransaction -
```

图5.3 测试结果

3. MyBatis体系结构

MyBatis体系结构主要有以下几个关键部分。

1）加载配置

配置有两种形式：一种是XML配置文件，另一种是Java代码的注解MyBatis将SQL的配置信息加载成为一个个的MappedStatement对象（包括传入参数映射配置，执行SQL

语句,结果映射配置),并将其存储在内存中。

2) SQL 解析

当 API 接口层接收到调用请求时,会接收传入 SQL 的 ID 和传入对象(可以使用 Map,JavaBean 或者基本数据类型),MyBatis 会根据 SQL 的 ID 找到对应的 MappedStatement,然后根据传入参数对象对 MappedStatement 进行解析,解析后可以得到最终要执行的 SQL 语句和参数。

3) SQL 执行

将最终得到的 SQL 和参数拿到数据库中进行执行,得到操作数据库的结果。

4) 结果映射

将操作数据库的结果按照映射的配置进行转换,可以转换成 HashMap、JavaBean 或者基于数据类型,并将最终结果返回。

4. MyBatis 核心对象

MyBatis 一共有三个核心对象:SqlSessionFactoryBuilder、SqlSessionFactory 以及 SqlSession。图 5.4 是核心对象的结构。

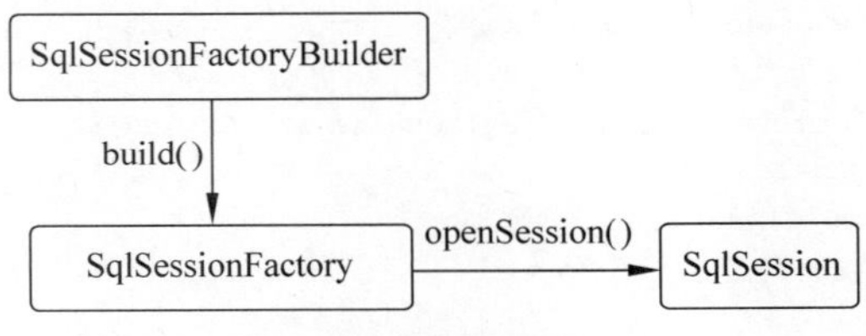

图 5.4 核心对象结构图

1) SqlSessionFactoryBuilder

SqlSessionFactoryBuilder 对象用过即丢,其生命周期只存在于方法体内,可重用其来创建多个 SqlSessionFactory 实例,并提供多个 build 方法的重载来构建 SqlSessionFactory。

```
build(InputStream inputStream, String environment, Properties properties)
build(Reader reader, String environment, Properties properties)
build(Configuration config)
```

配置信息以三种形式提供给 SqlSessionFactory 的 build 方法:InputStream(字节流)、Reader(字符流)、Configuration(类)。

采用读取 XML 文件方式构造:

```
String resource = "mybatis-config.xml";
InputStream is = Resources.getResourceAsStream(resource);
SqlSessionFactory sqlSessionFactory = new SqlSessionFactoryBuilder().build(is);
```

2) SqlSessionFactory

每个 MyBatis 应用程序都以一个 SqlSessionFactory 对象的实例为核心。首先获取 SqlSessionFactoryBuilder 对象,可以根据 XML 配置文件构建该对象。然后获取 SqlSessionFactory 对象,该对象实例可以通过 SqlSessionFactoryBuilder 对象来获取。有了 SqlSessionFactory 对象之后,就可以进而获取 SqlSession 实例。SqlSession 对象中完全包含以数据库为背景的所有执行 SQL 操作的方法,用该实例可以直接执行已映射的 SQL 语句。SqlSessionFactory 的作用域为 Application,其生命周期与应用的生命周期相同,属于单例模式,通过以下代码创建 SqlSession。

```
SqlSession session = sqlSessionFactory.openSession(boolean autoCommit);
```

其中,参数表示事务的开启和关闭,默认值为 true,表示关闭事务控制,false 表示开启事务控制。以下代码案例是 MyBatis 的工具类。

```
public class MyBatisUtil {
    private static SqlSessionFactory factory;
    static{//在静态代码块下,factory 只会被创建一次
        System.out.println("static factory===============");
        try {
            InputStream is = Resources.getResourceAsStream("mybatis-config.xml");
            factory = new SqlSessionFactoryBuilder().build(is);
        } catch (IOException e) {
            // TODO Auto-generated catch block
            e.printStackTrace();
        }
    }
    public static SqlSession createSqlSession(){
        return factory.openSession(false);  //true 为自动提交事务
    }
    public static void closeSqlSession(SqlSession sqlSession){
        if(null != sqlSession)
            sqlSession.close();
    }
}
```

提供此工具类可用来改造获取总记录数的测试类,可以大大减少代码开发量。

```
public class UserTest {
    private Logger logger = Logger.getLogger(UserTest.class);
    @Test
    public void test() {
        SqlSession sqlSession = null;
        int count = 0;
        try {
            sqlSession = MyBatisUtil.createSqlSession();
            count = sqlSession.selectOne("cn.mybatis.dao.UserMapper.getCount");
        } catch (Exception e) {
            // TODO: handle exception
            e.printStackTrace();
        }finally{
            MyBatisUtil.closeSqlSession(sqlSession);
        }
        logger.debug("总记录数为: " + count);
    }
}
```

3) SqlSession

SqlSession 是 MyBatis 中用于与数据库交互的主要对象,它封装了一系列操作数据库的方法,如查询、插入、更新、删除等。SqlSession 对象是线程不安全的,每次使用之前需要创建一个新的对象,并在使用完成后及时关闭。

SqlSession 有两种使用方法，一种是通过 SqlSession 实例直接运行映射的 SQL 语句，另一种是基于 Mapper 接口方式操作数据。

方法一，SqlSession 直接调用 SQL 映射文件的 SQL 映射语句，不需要接口以及接口的实现类，就可以实现对数据库的操作。常用的方法包括增、删、改、查，如图 5.5 所示。

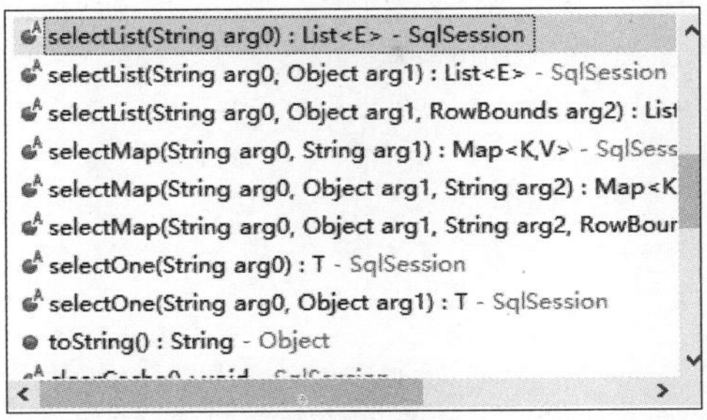

```
selectList(String arg0) : List<E> - SqlSession
selectList(String arg0, Object arg1) : List<E> - SqlSession
selectList(String arg0, Object arg1, RowBounds arg2) : List
selectMap(String arg0, String arg1) : Map<K,V> - SqlSess
selectMap(String arg0, Object arg1, String arg2) : Map<K
selectMap(String arg0, Object arg1, String arg2, RowBour
selectOne(String arg0) : T - SqlSession
selectOne(String arg0, Object arg1) : T - SqlSession
toString() : String - Object
```

图 5.5　常用的方法

在这种方法中，Mapper 的命名空间属性的作用就是区分不同的 mapper，保证 mapper 的唯一性。

```
public class UserTest {
private Logger logger = Logger.getLogger(UserTest.class);
    @Test
    public void test() {
        String resource = "mybatis-config.xml";
        int count = 0;
        SqlSession sqlSession = null;
        try {
            //1 获取 mybatis-config.xml 的输入流
            InputStream is = Resources.getResourceAsStream(resource);
            //2 创建 SqlSessionFactory 对象，完成对配置文件的读取
            SqlSessionFactory factory = new SqlSessionFactoryBuilder().build(is);
            //3 创建 sqlSession
            sqlSession = factory.openSession();
            //4 调用 Mapper 文件来对数据进行操作
            count = sqlSession.selectOne("cn.mybatis.dao.UserMapper.getCount");
            logger.debug("总记录数为: " + count);
        } catch (IOException e) {
            // TODO Auto-generated catch block
            e.printStackTrace();
        }finally{
            sqlSession.close();
        }
    }
}
```

方法二，是基于 Mapper 接口方式操作数据，需要接口名与 mapper 的命名空间属性值保持一致，从而将接口与 Mapper 文件对应起来。当 namespace 绑定某一接口之后，可以不用写该接口的实现类，MyBatis 会通过接口的完整限定名查找到对应的 mapper 配置来执行 SQL 语句。因此 namespace 的命名必须跟接口同名。下面使用接口方式查询用户信息。

定义接口：

```
public interface UserMapper {
    //查询用户信息
    public List<User> getUserInfo();
}
```

在映射文件中编写 SQL 语句：

```
<mapper namespace="cn.mybatis.dao.UserMapper">
    <select id="getUserInfo" resultType="User">
        select * from user
    </select>
</mapper>
```

测试：

```
public class UserTest {
private Logger logger = Logger.getLogger(UserTest.class);
    @Test
    public void test() {
        SqlSession sqlSession = null;
        List<User> userList = new ArrayList<User>();
        try {
            //提供工具类获取 sqlSession
            sqlSession = MyBatisUtil.createSqlSession();
            //使用接口方式操作数据库
            userList = sqlSession.getMapper(UserMapper.class).getUserInfo();
            for (User user : userList) {
                System.out.println("用户名:" + user.getUserName() + "\t 密码:" + user.
getUserPassword());
            }
        } catch (Exception e) {
            // TODO Auto-generated catch block
            e.printStackTrace();
        }finally{
            sqlSession.close();
        }
    }
}
```

5. mybatis-config.xml 系统核心配置文件

mybatis-config.xml 是 MyBatis 框架的配置文件，用于配置 MyBatis 的全局属性和设置。它包含数据库连接信息、缓存配置、插件配置、类型别名配置、映射器配置等重要信息。通过 mybatis-config.xml 文件，可以对 MyBatis 进行全局性的配置，以满足不同的业务需求。

Mybatis 核心配置文件结构如下。

configuration：配置。

properties：可以配置在 Java 属性配置文件中。

settings：修改 MyBatis 在运行时的行为方式。

typeAliases：为 Java 类型命名一个别名（简称）。

typeHandlers：类型处理器。

objectFactory：对象工厂。

plugins：插件。

environments：环境。

environment：环境变量。

transactionManager：事务管理器。

dataSource：数据源。

Mappers：映射器。

1）properties

properties 是一个配置属性的元素，该元素通常用于将内部的配置外在化，即通过引用外部的配置文件来动态地替换内部定义的属性。例如，数据库的连接等属性，这样就更方便程序的运行和部署。

首先创建 databases. properties 属性文件。

```
driver = com.mysql.jdbc.Driver
url = jdbc:mysql://127.0.0.1:3306/数据库名称
user = root
password = root
```

在 MyBatis 配置文件 mybatis-config. xml 中配置< properties…/>属性。

```
< properties resource = "database.properties"></properties >
```

在数据源的使用中，就可以使用属性文件的数据类，使用的时候，使用 ${}方式引用属性文件的 key 值。

```
< properties resource = "database.properties"/>
…
< dataSource type = "POOLED">
    < property name = "driver" value = " $ {driver}"/>
    < property name = "url" value = " $ {url}"/>
    < property name = "username" value = " $ {user}"/>
    < property name = "password" value = " $ {password}"/>
</dataSource >
```

2）settings

settings 元素主要用于改变 MyBatis 运行时的行为，例如，开启二级缓存、开启延迟加载等。虽然不配置< settings >元素，也可以正常运行 MyBatis。表 5.1 描述了 settings 元素常用属性设置。

表 5.1 settings 元素常用属性设置

属性	描述	默认值	允许值
cacheEnabled	是否开启 MyBatis 的二级缓存功能	true	true|false
lazyLoadingEnabled	是否开启延迟加载。当设置为 true 时，关联对象或集合在访问它们时才会加载，而不是在查询后立即加载	false	true|false

续表

属　性	描　述	默 认 值	允 许 值
multipleResultSetsEnabled	是否允许单个语句返回多结果集(需要数据库驱动支持)	true	true|false
useColumnLabel	使用列标签代替列名。在 JDBC 驱动不支持通过列名获取列时,可能需要设置为 true	true	true|false
useGeneratedKeys	是否允许 JDBC 支持自动生成主键,并且需要指定 keyProperty 属性(用于将自动生成的主键值设置到 resultMap 的某个字段或对象的属性)	true	true|false
autoMappingBehavior	指定 MyBatis 应如何自动映射列到字段/属性	PARTIAL	NONE:不自动映射。PARTIAL:只会自动映射没有嵌套结果映射的字段。FULL:自动映射任何复杂的结果映射(包括嵌套)
defaultExecutorType	设置默认的 SQL 执行器类型	REUSE	SIMPLE:简单的执行器,每次执行都会创建一个新的预处理语句。REUSE:执行器会重用预处理语句。BATCH:执行器会重用语句和批量更新
defaultStatementTimeout	设置超时时间,单位为秒。它决定了一个数据库操作的超时时间。	未设置(依赖于 JDBC 驱动)	任何正整数
safeRowBoundsEnabled	是否允许在 RowBounds 中的 offset 大于结果总数时,返回空的结果而不是抛出异常	false	true | false
mapUnderscoreToCamelCase	是否开启自动驼峰命名规则映射,即自动将数据库字段名中的下画线(_)转换为 Java 对象的驼峰命名法(如 user_name 转换为 userName)	false	true | false
localCacheScope	设置 MyBatis 的一级缓存(session 级别的缓存)的作用域	SESSION	SESSION:会话级别,一级缓存只在当前 SqlSession 中有效。STATEMENT:语句级别,一级缓存只对当前执行的单个语句有效

下面是 settings 元素的使用。

```
<settings>
        <setting name="logImpl" value="LOG4J"/>
        <!-- 设置自定映射级别 -->
        <setting  name="autoMappingBehavior" value="FULL"/>
        <!-- 配置二级缓存 -->
        <setting name="cacheEnabled" value="true"/>
</settings>
```

3）typeAliases

typeAliases 元素用于为配置文件中的 Java 类型设置一个别名。别名的设置与 XML 配置相关，其使用的意义在于减少全限定类名的冗余。别名的使用忽略大小写。

```
<typeAliases>
    <typeAlias alias="User" type="cn.mybatis.pojo.User"/>
</typeAliases>
```

或者：

```
<typeAliases>
    <package name ="cn.mybatis.pojo" />
</typeAliases>
```

4）environments

environments 元素是环境配置的根元素，它包含一个 default 属性，该属性用于指定默认的环境 ID。<environment>是<environments>元素的子元素，它可以定义多个，其 id 属性用于表示所定义环境的 ID 值，当有多个 environment 数据库环境时，可以根据 environments 的 default 属性值为 environment 的 id 属性来指定哪个数据库环境起作用，也可以根据下面的代码改变数据库环境。在<environment>元素内，包含事务管理和数据源的配置信息，其中，<transactionManager>元素用于配置事务管理，它的 type 属性用于指定事务管理的方式，即使用哪种事务管理器；<dataSource>元素用于配置数据源，它的 type 属性用于指定使用哪种数据源，该元素至少要配置 4 个要素：driver、url、user、password。

```
<environments default="develo">
<environment id="develo">
<transactionManager type="JDBC"/>
<dataSource type="POOLED">
      <property name="driver" value="${driver}"/>
      <property name="url" value="${url}"/>
      <property name="username" value="${user}"/>
      <property name="password" value="${password}"/>
</dataSource>
</environment>
<environment id="test">
…
</environment>
</environments>
```

5）transactionManager

transactionManager 元素是 environment 子元素。transactionManager 用来配置事务管理器，有两种方法：JDBC 和 MANAGED，一般使用 JDBC 即可。在使用 Spring＋MyBatis 项目中，此处无须配置 Spring 管理事务。

```
<transactionManager type="[ JDBC | MANAGED ]" />
```

6）dataSource

dataSource 是 Java 中用来管理数据库连接的一个接口。它提供了一种标准的、统一的方法来获得和释放数据库连接，使得应用程序在连接到数据库时更加简便、灵活、安全。数据源可以以多种形式存在，如 JDBC|UNPOOLED|POOLED、JNDI 等。

```
<dataSource type="POOLED">
    <property name="driver" value="${driver}"/>
  <property name="url" value="${url}"/>
    <property name="username" value="${user}"/>
    <property name="password" value="${password}"/>
</dataSource>
```

7）mappers

mappers 元素用于指定 MyBatis 映射文件的位置，一般可以使用以下两种方法来引入映射文件，具体如下。

方法一：使用类资源路径获取资源。

```
<!-- 将 Mapper 映射文件加入系统核心配置文件中 -->
<mappers>
    <mapper  resource="cn/mybatiss/dao/UserMapper.xml"/>
</mappers>
```

方法二：使用 URL 获取资源。

```
<mappers>
    <mapper url="file:///E:/lmappers/UserMapper.xml"/>
</mappers>
```

学习情境 2：MyBatis 的 SQL 映射器

MyBatis 真正的强大在于映射语句，专注于 SQL，功能强大，SQL 映射的配置却相当简单。以下为 SQL 映射文件的几个顶级元素。

mapper：namespace。

cache：配置给定命名空间的缓存。

cache-ref：从其他命名空间引用缓存配置。

resultMap：用来描述数据库结果集和对象的对应关系。

sql：可以重用的 SQL 块，也可以被其他语句引用。

insert：映射插入语句。

update：映射更新语句。

delete：映射删除语句。

select：映射查询语句。

1. mapper

mapper 元素是 mapper.xml 文件的根元素，所有的增、删、改、查的功能都需要在它里面编写。mapper 元素有一个 namespace 属性，它的作用是避免不同 mapper 接口中方法名重复的问题，并且方便在 MyBatis 配置文件中引用该 mapper 接口。

在使用 mapper 接口时，需要通过 namespace 和方法名来调用对应的 SQL 语句。因此，namespace 的作用非常重要，能够有效地管理和组织 mapper 接口。

```
<mapper namespace = "cn.mybatis.dao.UserMapper">
    <select id = "getUserInfo" …
        …
    </select>
</mapper>
```

2. select

select 是 MyBatis 中最常用的元素之一，主要是用来定义查询操作的，它有很多属性可以详细配置每一条语句。id 是命名空间中唯一的标识符，用来区分不同的元素，接口中的方法与映射文件中的 SQL 语句 id 一一对应。parameterType 表示传入 SQL 语句的参数类型。resultType 表示 SQL 语句返回值类型的完整类名或别名，如表 5.2 所示。

表 5.2 select 元素属性表

属性	描述
id	在命名空间中唯一的标识符，可以被用来引用这条语句
parameterType	会传入这条语句的参数类的完全限定名或别名
resultType	从这条语句中返回的期望类型的类的完全限定名或别名。注意集合情形，应该是集合可以包含的类型，而不能是集合本身。使用 resultType 或 resultMap，但不能同时使用
resultMap	命名引用外部的 resultMap
flushCache	将其设置为 true，不论语句什么时候被调用，都会导致缓存被清空。默认值：false
useCache	将其设置为 true，将会导致本条语句的结果被缓存。默认值：true
timeout	这个设置驱动程序等待数据库返回请求结果，并抛出异常时间的最大等待值。默认不设置(驱动自行处理)
fetchSize	这是暗示驱动程序每次批量返回的结果行数
resultSetType	FORWARD_ONLY | SCROLL_SENSITIVE | SCROLL_INSENSITIVE 中的一种。默认是不设置(驱动自行处理)

以下代码是使用 select 元素对用户表 user 进行模糊查询。

(1) 在 UserMapper 接口定义方法。

```
public interface UserMapper {
    //根据用户名称进行模糊查询
    public List<User> findUserName(String userName);
}
```

(2) 在 UserMapper.xml 文件中编写 SQL 语句。

```
<mapper namespace = "cn.smbms.dao.user.UserMapper">
    <!-- 据用户名称进行模糊查询 -->
    <select id = "findUserName" resultType = "User" parameterType = "String">
```

```
        select * from user where userName like CONCAT ('%',#{userName},'%')
    </select>
</mapper>
```

(3) 在测试类中定义查询条件,获取 sqlSession,调用 UserMapper 的模糊查询方法进行查询。

```
public class UserTest {
    private Logger logger = Logger.getLogger(UserMapperTest.class);
    @Test
    public void findUserName(){
        SqlSession sqlSession = null;
        List<User> userList = new ArrayList<User>();
        try {
            sqlSession = MyBatisUtil.createSqlSession();
            //调用 getMapper(Mapper.class)DAO 接口方法实现对数据库的查询操作
            userList = sqlSession.getMapper(UserMapper.class)
.getUserListByUserName("赵");
        } catch (Exception e) {
            e.printStackTrace();
        }finally{
            MyBatisUtil.closeSqlSession(sqlSession);
        }
        for(User user: userList){
             logger.debug("用户名: " + user.getUserName() + "\t:密码 " + user.
getUserPassword());
        }
    }
}
```

按条件查询用户表时,若多条件情况下如何处理?这里可以采用 Map 接口传入多个参数或者使用 JavaBean 传递多个参数。下列代码以对象作为参数为例,根据用户名和角色 ID 来查询用户信息。

在 UserMapper 接口中定义方法;

```
//查询用户列表(参数:对象入参)
public List<User> findUserList(User user);
```

接着在 UserMapper.xml 文件中编写 SQL 语句,SQL 语句根据用户名称和角色 ID 进行查询,代码片段如下。

```
<select id="findUserList" resultType="User" parameterType="User">
select * from user where
 userName like CONCAT ('%',#{userName},'%') and userRole = #{userRole}
</select>
```

最后,在测试类中编写的代码如下。

```
@Test
public void findUserList(){
    SqlSession sqlSession = null;
    List<User> userList = new ArrayList<User>();
    try {
        sqlSession = MyBatisUtil.createSqlSession();
```

```
            User user = new User();
            user.setUserName("赵");
            user.setUserRole(3);
            //调用 getMapper(Mapper.class)执行 DAO 接口来实现对数据库的查询操作
            userList = sqlSession.getMapper(UserMapper.class).findUserList(user);
        } catch (Exception e) {
            // TODO: handle exception
            e.printStackTrace();
        }finally{
            MyBatisUtil.closeSqlSession(sqlSession);
        }
        for(User user: userList){
            logger.debug("用户名: " + user.getUserName() + "\t:密码 " + user.
    getUserPassword());
        }
    }
```

除了使用 JavaBean 来传递多个参数，还可以使用 Map 接口传递多个参数。

在 UserMapper 接口中定义方法，使用 Map 作为参数进行入参，代码片段如下。

```
public List<User> findUserByMap(Map<String, String> userMap);
```

此时，传递给映射器的是一个 Map 对象，使用它在 SQL 文件中设置对应的参数，对应 SQL 文件的代码如下。

```
<!-- 查询姓赵的用户,角色 ID 为 2 -->
<select id="findUserByMap" resultType="User" parameterType="Map">
    select * from user
        where userName like CONCAT ('%',#{u_name},'%') and userRole = #{u_role}
</select>
```

在上述 SQL 语句中，参数名 u_name 和 u_role 是 Map 的 key。

最后使用 UserTest 测试类进行测试，测试代码如下。

```
@Test
    public void findUserByMap(){
        SqlSession sqlSession = null;
        List<User> userList = new ArrayList<User>();
        try {
            sqlSession = MyBatisUtil.createSqlSession();
            Map<String, String> userMap = new HashMap<String, String>();
            userMap.put("u_name", "赵");
            userMap.put("u_role", "2");
            //调用 getMapper(Mapper.class)执行 DAO 接口方法来实现对数据库的查询操作
            userList = sqlSession.getMapper(UserMapper.class).findUserByMap(userMap);
        } catch (Exception e) {
            // TODO: handle exception
            e.printStackTrace();
        }finally{
            MyBatisUtil.closeSqlSession(sqlSession);
        }
        for(User user: userList){
            logger.debug("用户名: " + user.getUserName() + "\t:密码 " + user.
getUserPassword());
```

```
        }
    }
```

在实际应用中是选择 Map 还是选择 JavaBean 传递多个参数应该根据实际情况而定，如果参数比较少，可以选择 Map；如果参数比较多，建议选择 JavaBean。

3. insert

insert 元素用于映射插入语句，MyBatis 执行完一行插入语句后会返回一个整数表示其影响的行数。它的属性与 select 元素的属性大部分相同，只是它没有 resultType 返回值。接下来通过向 user 表添加数据来讲解 insert 元素的使用。

首先，在 UserMapper 接口中定义添加方法，方法代码如下。

```
public int save(User user);
```

接着在 SQL 文件中编写添加数据的 SQL 语句，代码如下。

```
< insert id = "save" parameterType = "User">
    insert into user (userCode, userName, userPassword, gender, birthday, phone,
address, userRole, createdBy, creationDate) values
( #{userCode}, #{userName}, #{userPassword}, #{gender}, #{birthday},
#{phone}, #{address}, #{userRole}, #{createdBy}, #{creationDate})
</insert>
```

由于主键是自增的，因此在 SQL 语句中不需要添加。最后编写测试类，测试类代码如下。

```
@Test
    public void save(){
        SqlSession sqlSession = null;
        int count = 0;
        try {
            sqlSession = MyBatisUtil.createSqlSession();
            User user = new User();
            user.setUserCode("andi");
            user.setUserName("安迪");
            user.setUserPassword("1111111");
            Date birthday = new SimpleDateFormat("yyyy - MM - dd").parse("2022 - 12 - 12");
            user.setBirthday(birthday);
            user.setCreationDate(new Date());
            user.setAddress("地址测试");
            user.setGender(1);
            user.setPhone("13608543697");
            user.setUserRole(1);
            user.setCreatedBy(1);
            user.setCreationDate(new Date());
            count = sqlSession.getMapper(UserMapper.class).save(user);
            //模拟异常,进行回滚
            sqlSession.commit();
        } catch (Exception e) {
            // TODO: handle exception
            e.printStackTrace();
            sqlSession.rollback();
            count = 0;
```

```
        }finally{
            MyBatisUtil.closeSqlSession(sqlSession);
        }
        logger.debug("影响函数 t: " + count);
    }
```

上述代码中，如果影响行数为 1，表示数据添加成功；如果影响行数为 0，表示添加失败。

4. update

update 元素比较简单，它的属性和 insert 元素相同，执行后也返回一个整数，表示影响数据库的记录数。下面以修改密码为例来演示 update 元素的使用，接口定义的代码如下。

```
public int updatepwd(User user);
```

接着在 SQL 文件中编写修改数据的 SQL 语句，代码如下。

```
<update id = "updatepwd" parameterType = "User">
    update user set userPassword = #{userPassword} where id = #{id}
</update>
```

最后编写测试类，测试类代码如下。

```
@Test
    public void update(){
        SqlSession sqlSession = null;
        int count = 0;
        try {
            User user = new User();
            user.setId(25);
            user.setUserPassword("0000000");
            sqlSession = MyBatisUtil.createSqlSession();
            count = sqlSession.getMapper(UserMapper.class).updatepwd(user);
            //模拟异常，进行回滚
            sqlSession.commit();
        } catch (Exception e) {
            // TODO Auto - generated catch block
            e.printStackTrace();
            sqlSession.rollback();
            count = 0;
        }finally{
            MyBatisUtil.closeSqlSession(sqlSession);
        }
        logger.debug("影响行数: " + count);
    }
```

上述代码中，如果影响行数为 1，表示数据修改成功；如果影响行数为 0，表示修改失败。

5. delete

delete 元素也比较简单，它的属性和 insert 和 update 元素相同，执行后也返回一个整数，表示影响数据库的记录数。下面是 delete 使用代码。

在 UserMapper 接口中定义删除数据方法：

```
public int deleteUser(@Param("id")Integer delId);
```

接着在 SQL 文件中编写删除数据的 SQL 语句，代码如下。

```
<delete id="deleteUser" parameterType="Integer">
        delete from user where id=#{id}
</delete>
```

最后编写测试类，测试类代码如下。

```
@Test
    public void DeleteUser() {
        SqlSession sqlSession = null;
        Integer delId = 25;
        int count = 0;
        try {
            sqlSession = MyBatisUtil.createSqlSession();
            count = sqlSession.getMapper(UserMapper.class).deleteUser(delId);
            sqlSession.commit();
        } catch (Exception e) {
            // TODO Auto-generated catch block
            e.printStackTrace();
            sqlSession.rollback();
            count = 0;
        }finally{
            MyBatisUtil.closeSqlSession(sqlSession);
        }
        logger.debug("影响行数: " + count);
    }
```

上述代码中，如果影响行数为 1，表示数据删除成功；如果影响行数为 0，表示删除失败。

6. resultMap

resultMap 元素表示结果映射集，是 MyBatis 中最重要也是最强大的元素，主要用来定义映射规则、级联的更新以及定义类型转换器等。resultMap 属性常用的属性 id 表示 resultMap 的唯一标识，type 表示 Java 实体类。除了属性，resultMap 还有子元素，<id>元素一般对应数据库中该行的主键 id，设置此项可提高 MyBatis 性能；<result>元素表示映射到 JavaBean 的某个"简单类型"属性；<association>表示映射到 JavaBean 的某个"复杂类型"属性，如 JavaBean 类；<collection>表示映射到 JavaBean 的某个"复杂类型"属性，如集合。下面是 resultMap 元素使用的案例代码。

首先在 User 实体类中添加 userRoleName 属性，并提供 getter 和 setter 方法，代码如下。

```
private String userRoleName; //用户角色名称
```

在 UserMapper 接口中定义方法：

```
public List<User> getUserList(User user);
```

接着在 SQL 文件中编写 SQL 语句，代码如下。

```
<resultMap type="User" id="userList">
        <result property="id" column="id"/>
        <result property="userCode" column="userCode"/>
        <result property="userName" column="userName"/>
        <result property="userRoleName" column="roleName"/>
</resultMap>
<!-- 查询用户列表 -->
<select id="getUserList" resultMap="userList" parameterType="User">
        select u.*,r.roleName from user u,smbms_role r
            where u.userName like CONCAT ('%',#{userName},'%')
                and u.userRole = #{userRole} and u.userRole = r.id
</select>
```

最后编写测试类,测试类代码如下。

```
@Test
    public void getUserList(){
        SqlSession sqlSession = null;
        List<User> userList = new ArrayList<User>();
        try {
            sqlSession = MyBatisUtil.createSqlSession();
            User user = new User();
            user.setUserName("赵");
            user.setUserRole(3);
            userList = sqlSession.getMapper(UserMapper.class).getUserList(user);
        } catch (Exception e) {
            // TODO: handle exception
            e.printStackTrace();
        }finally{
            MyBatisUtil.closeSqlSession(sqlSession);
        }
        for(User user: userList){
            logger.debug("姓名: " + user.getUserName() + " 角色: " + user.getUserRole());
        }
    }
```

上述代码中,用户角色会显示角色 ID 所对应的中文名。

7. 级联查询

级联关系是一个数据库实体的概念,在 MyBatis 中,常用的级联查询分别是一对一级联、一对多级联以及多对多级联。级联的优点是获取关联数据十分方便,但是级联过多会增加数据库系统的复杂度,同时降低系统的性能。在实际开发中要根据实际情况判断是否需要使用级联。更新和删除的级联关系很简单,由数据库内在机制即可完成。本节只讲述级联查询的相关实现。

1）一对一级联查询

一对一级联关系在现实生活中是十分常见的,例如,一个大学生只有一张一卡通,一张一卡通只属于一个学生。再如,人与身份证的关系也是一对一的级联关系。

MyBatis 如何处理一对一级联查询呢? 在 MyBatis 中,通过<resultMap>元素的子元素<association>处理这种一对一级联关系。在<association>元素中通常使用以下属性。

property：指定映射到实体类的对象属性。

column：指定表中对应的字段(即查询返回的列名)。

javaType：指定映射到实体对象属性的类型。

select：指定引入嵌套查询的子SQL语句，该属性用于关联映射中的嵌套查询。

下面以根据用户角色ID获取用户列表来讲解一对一级联查询的处理过程。

在实体类包中添加角色类Role，代码如下。

```
public class Role {
        private Integer id;                    //id
        private String roleCode;               //角色编码
        private String roleName;               //角色名称
        private Integer createdBy;             //创建者
        private Date creationDate;             //创建时间
        private Integer modifyBy;              //更新者
        private Date modifyDate;               //更新时间
}
省略 getter 和 setter 方法……
```

在User类中增加role属性，代码如下。

```
//association
private Role role; //用户角色
```

接着在UserMapper接口中定义方法：

```
public List<User> getUserRole(@Param("userRole")Integer roleId);
```

然后在UserMapper.xml文件中编写SQL语句：

```
<resultMap type = "User" id = "userRole">
        <id property = "id" column = "id"/>
        <result property = "userName" column = "userName" />
        <result property = "userRole" column = "userRole" />
        <association property = "role" javaType = "Role" >
            <id property = "id" column = "r_id"/>
            <result property = "roleCode" column = "roleCode"/>
            <result property = "roleName" column = "roleName"/>
        </association>
</resultMap>

<select id = "getUserRole" parameterType = "Integer" resultMap = "userRole">
        select u.*,r.id as r_id,r.roleCode,r.roleName from user u,role r
                where u.userRole = #{userRole} and u.userRole = r.id
</select>
```

最后编写测试类，测试类代码如下。

```
@Test
    public void getUserListByRoleIdTest(){
        SqlSession sqlSession = null;
        List<User> userList = new ArrayList<User>();
        Integer roleId = 3;
        try {
            sqlSession = MyBatisUtil.createSqlSession();
            userList = sqlSession.getMapper(UserMapper.class).getUserRole(roleId);
        } catch (Exception e) {
            // TODO: handle exception
```

```
            e.printStackTrace();
        }finally{
            MyBatisUtil.closeSqlSession(sqlSession);
        }
        for(User user:userList){
            logger.debug("用户名: " + user.getUserName() + ", 角色名称: "
                        + user.getRole().getRoleName());
        }
    }
```

2）一对多级联查询

学习了 MyBatis 如何处理一对一级联查询，那么 MyBatis 又是如何处理一对多级联查询的呢？在实际生活中一对多级联关系有许多，例如，一个用户可以有多个订单，而一个订单只属于一个用户。

下面根据获取指定用户的相关信息及其地址列表案例来讲解一对多级联查询。

首先在实体包中增加地址对象 Address，代码如下。

```
public class Address {
    private Integer id;                 //主键 ID
    private String postCode;            //邮编
    private String contact;             //联系人
    private String addressDesc;         //地址
    private String tel;                 //联系电话
    private Integer createdBy;          //创建者
    private Date creationDate;          //创建时间
    private Integer modifyBy;           //更新者
    private Date modifyDate;            //更新时间
    private Integer userId;             //用户 ID
}
省略 getter 和 setter 方法……
```

接着在 User 类中增加 Address 的集合类型属性，代码如下。

```
//collection
private List<Address> addressList;   //用户地址列表
```

接下来在 UserMapper 接口中定义方法：

```
public List<User> getUserAddress(@Param("id")Integer userId);
```

方法定义好之后，在 UserMapper.xml 文件中编写 SQL 语句：

```
<resultMap type="User" id="userAddress">
        <id property="id" column="id"/>
        <result property="userCode" column="userCode"/>
        <result property="userName" column="userName"/>
        <collection property="addressList" ofType="Address">
            <id property="id" column="a_id"/>
            <result property="postCode" column="postCode"/>
            <result property="tel" column="tel"/>
            <result property="contact" column="contact"/>
            <result property="addressDesc" column="addressDesc"/>
        </collection>
```

```
    </resultMap>

    <select id = "getUserAddress" parameterType = "Integer" resultMap = "userAddress">
            select u. * ,a. id as a_id,a. * from user u,address a
    where u. id = a. userId and u. id = #{id}
    </select>
```

最后编写测试类,测试类代码如下。

```
@Test
    public void getAddressListByUserIdTest(){
        SqlSession sqlSession = null;
        List<User> userList = new ArrayList<User>();
        Integer userId = 1;
        try {
            sqlSession = MyBatisUtil.createSqlSession();
            userList = sqlSession.getMapper(UserMapper.class).getUserAddress(userId);
        } catch (Exception e) {
            // TODO: handle exception
            e.printStackTrace();
        }finally{
            MyBatisUtil.closeSqlSession(sqlSession);
        }
        for(User user:userList){
            logger.debug("用户名" + user.getUserName());
            for(Address address : user.getAddressList()){
                logger.debug("联系人: " + address.getContact()
                        + ", 地址: " + address.getAddressDesc()
                        + ", 电话: " + address.getTel()
                        + ", 邮编: " + address.getPostCode());
            }
        }
    }
```

级联的优点是获取关联数据十分方便,但是级联过多会增加数据库系统的复杂度,同时降低系统的性能。在实际开发中要根据实际情况判断是否需要使用级联。

学习情境3:MyBatis的动态SQL

在使用MyBatis进行开发时,开发人员通常根据需求手动拼接SQL语句,这是一个极其麻烦的工作,而MyBatis提供了对SQL语句动态组装的功能,恰好能解决这一问题。MyBatis的动态SQL常用元素有<if>、<where>、<trim>、<set>、<choose>、<when>、<otherwise>、<foreach>。

1. if元素

动态SQL通常做的事情是有条件地包含where子句的一部分,所以在MyBatis中if元素是最常用的元素,它类似于Java中的if语句。下面根据用户名和角色ID查询用户信息讲解if元素的使用过程。

在UserMapper中定义查询方法,代码如下。

```
public List<User> findUser(@Param("userName")String userName
,@Param("userRole")Integer roleId);
```

接着在 UserMapper.xml 文件中编写 SQL 语句,代码如下。

```
<select id="findUser" resultType="User">
    select u.*,r.roleName from user u,role r where u.userRole = r.id
        <if test="userRole != null">
            and u.userRole = #{userRole}
        </if>
        <if test="userName != null and userName != ''">
                and u.userName like CONCAT ('%',#{userName},'%')
        </if>
</select>
```

最后编写测试类,测试类代码如下。

```
@Test
    public void findUser(){
        SqlSession sqlSession = null;
        List<User> userList = new ArrayList<User>();
        try {
            sqlSession = MyBatisUtil.createSqlSession();
            String userName = "";
            //Integer roleId = 3;
            Integer roleId = null;
            userList = sqlSession.getMapper(UserMapper.class).findUser(userName,roleId);
        } catch (Exception e) {
            // TODO: handle exception
            e.printStackTrace();
        }finally{
            MyBatisUtil.closeSqlSession(sqlSession);
        }
        for(User user: userList){
            logger.debug( "用户名:" + user.getUserName() +
                        "用户角色:" + user.getUserRole() +
                        "角色名称:" + user.getUserRoleName() +
                        "年龄:" + user.getAge() +
                        "电话:" + user.getPhone() );
        }
    }
```

2. where

where 元素的作用是会在写入<where>的地方输出一个 where 语句,另外一个好处是不需要考虑<where>里面的条件输出是什么样子的,MyBatis 将智能处理。如果所有的条件都不满足,那么 MyBatis 就会查出所有的记录,如果输出后是以 and 开头的,MyBatis 会把第一个 and 忽略;当然如果是以 or 开头的,MyBatis 也会把它省略。此外,在<where>中不需要考虑空格的问题,MyBatis 将智能加上。

接下来在 if 元素的基础上修改 SQL 映射文件,其他代码不要修改,修改的代码如下。

```
<select id="findUser" resultType="User">
    select u.*,r.roleName from user u,role r where u.userRole = r.id
<where>
        <if test="userRole != null">
            and u.userRole = #{userRole}
```

```
        </if>
        <if test="userName != null and userName != ''">
                and u.userName like CONCAT ('%',#{userName},'%')
        </if>
<where>
</select>
```

3. set

在动态 update 语句中可以使用 set 元素动态更新。下面是使用 set 元素来更新 user 表的信息。

首先在 UserMapper 接口中定义方法,代码如下。

```
public int update(User user);
```

接着在 UserMapper.xml 文件中编写 SQL 语句,代码如下。

```
<update id="update" parameterType="User">
          update user
              <set>
              <if test="userCode != null"> userCode = #{userCode},</if>
                 <if test="userName != null"> userName = #{userName},</if>
                 <if test="userPassword != null"> userPassword = #{userPassword},</if>
                 <if test="gender != null"> gender = #{gender},</if>
                 <if test="birthday != null"> birthday = #{birthday},</if>
                 <if test="phone != null"> phone = #{phone},</if>
                 <if test="address != null"> address = #{address},</if>
                 <if test="userRole != null"> userRole = #{userRole},</if>
                 <if test="modifyBy != null"> modifyBy = #{modifyBy},</if>
                 <if test="modifyDate != null"> modifyDate = #{modifyDate}</if>
              </set>
              where id = #{id}
</update>
```

最后编写测试类,测试类代码如下。

```
@Test
    public void testModify(){
        SqlSession sqlSession = null;
        int count = 0;
        try {
            User user = new User();
            user.setId(16);
            //user.setUserCode("andi01");
            user.setUserName("安迪 01");
            //user.setUserPassword("2222222");
            //Date birthday = new SimpleDateFormat("yyyy-MM-dd").parse("2023-11-11");
            //user.setBirthday(birthday);
            user.setAddress("地址测试修改");
            //user.setGender(2);
            //user.setPhone("13600002222");
            //user.setUserRole(2);
            user.setModifyBy(1);
            user.setModifyDate(new Date());
            sqlSession = MyBatisUtil.createSqlSession();
```

```
            count = sqlSession.getMapper(UserMapper.class).update(user);
            sqlSession.commit();
        } catch (Exception e) {
            // TODO Auto - generated catch block
            e.printStackTrace();
            sqlSession.rollback();
            count = 0;
        }finally{
            MyBatisUtil.closeSqlSession(sqlSession);
        }
        logger.debug("影响行数: " + count);
    }
```

4. trim

trim 元素的主要功能是可以在自己包含的内容前加上某些前缀,也可以在其后加上某些后缀,与之对应的属性是 prefix 和 suffix。可以把包含内容的首部某些内容覆盖,即忽略,也可以把尾部的某些内容覆盖,对应的属性是 prefixOverrides 和 suffixOverrides。正因为 trim 元素有这样的功能,所以也可以非常简单地利用< trim >来代替< where >和< set >的功能。

下面在< where >案例基础上,使用< trim >来修改< where >的动态 SQL,其他代码不变。修改的代码如下。

```
< select id = "findUser" resultType = "User">
    select * from user
        < trim prefix = "where" prefixOverrides = "and | or">
            < if test = "userName != null and userName != ''">
                and userName like CONCAT ('%', #{userName}, '%')
            </if >
            < if test = "userRole != null">
                and userRole = #{userRole}
            </if >
        </trim >
</select >
```

< trim >可以替换< where >,还可以替换< set >。下面是使用< trim >替换< set >的 SQL 代码。

```
< update id = "update" parameterType = "User">
        update user
            < trim prefix = "set" suffixOverrides = "," suffix = "where id = #{id}">
                < if test = "userCode != null"> userCode = #{userCode},</if >
                < if test = "userName != null"> userName = #{userName},</if >
                < if test = "userPassword != null"> userPassword = #{userPassword},</if >
                < if test = "gender != null"> gender = #{gender},</if >
                < if test = "birthday != null"> birthday = #{birthday},</if >
                < if test = "phone != null"> phone = #{phone},</if >
                < if test = "address != null"> address = #{address},</if >
                < if test = "userRole != null"> userRole = #{userRole},</if >
                < if test = "modifyBy != null"> modifyBy = #{modifyBy},</if >
                < if test = "modifyDate != null"> modifyDate = #{modifyDate},</if >
            </trim >
    </update >
```

5. choose(when、otherwise)

有些时候不想用到所有的条件语句，而只是想从中择取一二，针对这种情况，MyBatis提供了< choose >元素来解决，它类似于 Java 语句中的 switch 语句。它还有 when、otherwise 两个子元素搭配使用。下面根据用户名和角色 ID 以及创建时间，采用< choose >元素来实现。

首先在 UserMapper 接口中定义方法，代码如下。

```
public List < User > findUserChoose(@Param("userName")String userName,
                                @Param("userRole")Integer roleId,
@Param("creationDate")Date creationDate);
```

接着在 UserMapper. xml 文件中编写 SQL 语句，代码如下。

```
< select id = "findUserChoose" resultType = "User">
        select * from user where 1 = 1
            < choose >
                < when test = "userName != null and userName != ''">
                    and userName like CONCAT ('%', #{userName},'%')
                </when >
                < when test = "userRole != null">
                    and userRole = #{userRole}
                </when >
                < otherwise >
                    and YEAR(creationDate) = YEAR( #{creationDate})
                </otherwise >
            </choose >
</select >
```

最后编写测试类，测试类代码如下。

```
@Test
    public void testGetUserList_choose(){
        SqlSession sqlSession = null;
        List < User > userList = new ArrayList < User >();
        try {
            sqlSession = MyBatisUtil.createSqlSession();
            String userName = "";
            Integer roleId = null;
            String userCode = "";
            Date creationDate = new SimpleDateFormat("yyyy - MM - dd").parse("2017 - 01 - 01");
             userList = sqlSession. getMapper(UserMapper. class). findUserChoose(userName,
roleId,creationDate);
        } catch (Exception e) {
            // TODO: handle exception
            e.printStackTrace();
        }finally{
            MyBatisUtil.closeSqlSession(sqlSession);
        }
        for(User user: userList){
            logger.debug("用户名: " + user.getUserName() +
                        "用户角色: " + user.getUserRole());
        }
    }
```

6. foreach

<foreach>元素主要用在构建 in 条件中，它可以在 SQL 语句中迭代一个集合。<foreach>元素的属性主要有 item、index、collection、open、separator、close。item 表示集合中每个元素进行迭代时的别名；index 指定一个名字，用于表示在迭代过程中每次迭代到的位置；open 表示该语句以什么开始；separator 表示在每次进行迭代之间以什么符号作为分隔符；close 表示以什么结束。在使用<foreach>元素时，最关键、最容易出错的是 collection 属性，该属性是必选的，但在不同情况下该属性的值是不一样的，主要有以下三种情况。

(1) 如果传入的是单参数且参数类型是一个 List，collection 的属性值为 list。

(2) 如果传入的是单参数且参数类型是一个 array 数组，collection 的属性值为 array。

(3) 如果传入的参数是多个，需要把它们封装成一个 Map，当然单参数也可以封装成 Map。Map 的 key 是参数名，collection 属性值是传入的 List 或 Array 对象在自己封装的 Map 中的 key。

下面是使用<foreach>元素，根据多参数查询用户信息，代码如下。

首先在 UserMapper 接口中定义方法，代码如下。

```
//根据用户角色列表,获取该角色列表下用户列表信息数组入参
public List<User> findUserByArray(Integer[] roleIds);
//根据用户角色列表,获取该角色列表下用户列表信息集合入参
public List<User> findUserByList(List<Integer> roleList);
//根据用户角色列表和性别(多参数),获取用户列表信息封装成 Map
public List<User> findUserBymap(Map<String,Object> conditionMap);
```

接着在 UserMapper.xml 文件中编写 SQL 语句，代码如下。

```
<!-- 根据用户角色列表,获取该角色列表下用户列表信息数组入参 -->
<select id="findUserByArray" resultType="User">
    select * from user where userRole in
        <foreach collection="list" item="roleList" open="(" separator="," close=")">
            #{roleList}
        </foreach>
</select>

<!-- 根据用户角色列表,获取该角色列表下用户列表信息集合入参 -->
<select id="findUserByList" resultType="User">
    select * from user where gender = #{gender} and userRole in
        <foreach collection="roleIds" item="roleMap" open="(" separator="," close=")">
            #{roleMap}
        </foreach>
</select>

<!-- 根据用户角色列表和性别(多参数),获取用户信息封装成 Map -->
<select id=findUserBymap"resultType="User">
    select * from smbms_user where userRole in
        <foreach collection="rKey" item="roleMap" open="(" separator="," close=")">
            #{roleMap}
        </foreach>
</select>
```

编写测试类，测试类代码如下。

参数是数组：

```
@Test
    public void findUserByArray(){
        SqlSession sqlSession = null;
        List<User> userList = new ArrayList<User>();
        Integer[] roleIds = {2,3};
        try {
            sqlSession = MyBatisUtil.createSqlSession();
            userList = sqlSession.getMapper(UserMapper.class).findUserByArray(roleIds);
        } catch (Exception e) {
            // TODO: handle exception
            e.printStackTrace();
        }finally{
            MyBatisUtil.closeSqlSession(sqlSession);
        }
        for(User user : userList){
            logger.debug("用户名：" + user.getUserName() +
                        "用户角色：" + user.getUserRole());
        }
    }
```

参数是集合：

```
@Test
    public void findUserByList(){
        SqlSession sqlSession = null;
        List<User> userList = new ArrayList<User>();
        List<Integer> roleList = new ArrayList<Integer>();
        roleList.add(2);
        roleList.add(3);
        try {
            sqlSession = MyBatisUtil.createSqlSession();
            userList = sqlSession.getMapper(UserMapper.class).findUserByList(roleList);
        } catch (Exception e) {
            // TODO: handle exception
            e.printStackTrace();
        }finally{
            MyBatisUtil.closeSqlSession(sqlSession);
        }
        for(User user : userList){
            logger.debug("用户名：" + user.getUserName() +
                        "用户角色：" + user.getUserRole());
        }
    }
```

参数是 Map：

```
@Test
    public void findUserBymap(){
        SqlSession sqlSession = null;
        List<User> userList = new ArrayList<User>();
        Map<String, Object> conditionMap = new HashMap<String,Object>();
```

```
        List < Integer > roleList = new ArrayList < Integer >();
        roleList.add(2);
        roleList.add(3);
        conditionMap.put("gender", 1);
        conditionMap.put("roleIds",roleList);
        try {
            sqlSession = MyBatisUtil.createSqlSession();
         userList = sqlSession.getMapper(UserMapper.class).findUserBymap(conditionMap);
        } catch (Exception e) {
            // TODO: handle exception
            e.printStackTrace();
        }finally{
            MyBatisUtil.closeSqlSession(sqlSession);
        }
        logger.debug("userList.size ----> " + userList.size());
        for(User user : userList){
            logger.debug("用户名: " + user.getUserName() +
                        "用户角色: " + user.getUserRole());
        }
    }
```

7. 分页查询

分页查询是常用的功能之一,使用 MyBatis 实现分页非常简洁。下面是实现分页查询的代码。

首先在 UserMapper 接口中定义方法,代码如下。

```
public List < User > findUserPage(@Param("userName")String userName,
                                  @Param("userRole")Integer roleId,
                                  @Param("from")Integer currentPageNo,
                                  @Param("pageSize")Integer pageSize);
```

接着在 UserMapper.xml 文件中编写 SQL 语句,代码如下。

```
< select id = "findUserPage" resultType = "User">
        select u. * ,r.roleName from user u,role r where u.userRole = r.id
            < if test = "userRole != null">
                and u.userRole = #{userRole}
            </if >
            < if test = "userName != null and userName != ""
                and u.userName like CONCAT ('%',#{userName},'%')
            </if >
            order by creationDate DESC limit #{from},#{pageSize}
```

最后编写测试类,测试类代码如下。

```
@Test
    public void findUserPage(){
        SqlSession sqlSession = null;
        List < User > userList = new ArrayList < User >();
        try {
            sqlSession = MyBatisUtil.createSqlSession();
            String userName = "";
            Integer roleId = null;
            Integer pageSize = 5;
```

```
            Integer currentPageNo = 0;
            userList = sqlSession.getMapper(UserMapper.class)
.findUserPage(userName,roleId,currentPageNo,pageSize);
        } catch (Exception e) {
            // TODO: handle exception
            e.printStackTrace();
        }finally{
            MyBatisUtil.closeSqlSession(sqlSession);
        }
        for(User user: userList){
            logger.debug("用户名: " + user.getUserName() +
                    "用户角色: " + user.getUserRole());
        }
    }
```

任务 2：Spring 框架技术

Spring 框架是一个开源的 Java 应用程序开发框架，它提供了一种全面的解决方案来构建企业级应用程序。Spring 框架的核心理念是基于依赖注入(Dependency Injection，DI)和面向切面编程(Aspect-Oriented Programming，AOP)，帮助解决企业级应用开发的业务逻辑层和其他各层的耦合问题，为开发 Java 应用程序提供全面的基础架构支持。

章节主要内容：

- 了解什么是 IoC。
- 了解什么是 AOP。
- 掌握 Spring 事务处理。

能力目标：

学习本课程后，掌握核心概念，理解 Spring 框架的核心概念，包括依赖注入(DI)、面向切面编程(AOP)、控制反转(Inversion of Control，IoC)等。了解这些概念的原理和用法，能够正确地应用到实际项目中。

熟悉 Spring 容器，理解 Spring 容器的工作原理，能够配置和管理 Spring 容器。掌握 Spring 配置文件的编写和注解的使用，能够正确地创建和管理对象。

掌握依赖注入，理解依赖注入的概念和原理，能够使用 Spring 框架实现依赖注入。掌握不同类型的依赖注入方式，如构造函数注入、属性注入和方法注入。

掌握 AOP 编程，理解面向切面编程(AOP)的概念和原理，能够使用 Spring 框架实现 AOP。掌握切点、通知和切面等 AOP 的核心概念和用法。

集成持久化框架，熟悉 Spring 框架与持久化框架(如 Hibernate、MyBatis)的集成方式，能够使用 Spring 框架进行数据库操作和事务管理。了解 Spring 的事务管理机制，能够配置和管理事务。

学习情境 1：Spring IoC

Spring 的体系结构如图 5.6 所示。

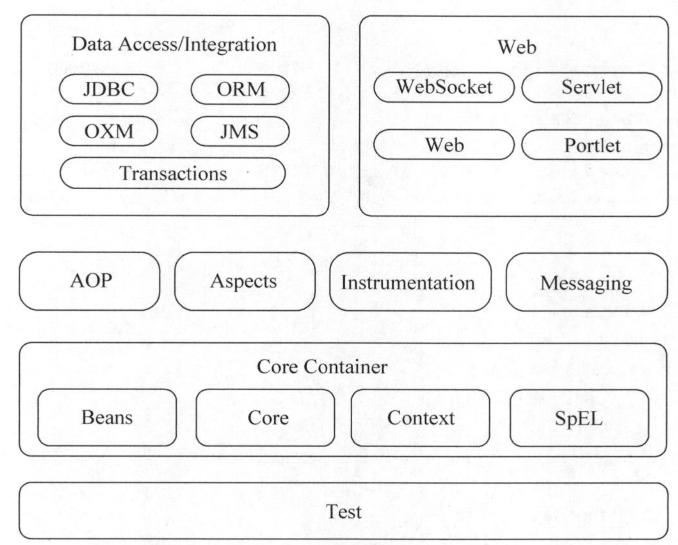

图 5.6 Spring 的体系结构

Spring 的核心容器是其他模块建立的基础，由 Spring-core、Spring-beans、Spring-context、Spring-context-support 和 Spring-expression（Spring 表达式语言）等模块组成。

（1）Spring-core 模块：提供了框架的基本组成部分，包括控制反转和依赖注入功能。

（2）Spring-beans 模块：提供了 BeanFactory，是工厂模式的一个经典实现，Spring 将管理对象称为 Bean。

（3）Spring-context 模块：建立在 Core 和 Beans 模块基础上，提供一个框架式的对象访问方式，是访问定义和配置的任何对象的媒介。ApplicationContext 接口是 Context 模块的焦点。

（4）Spring-context-support 模块：支持整合第三方库到 Spring 应用程序上下文，特别是用于高速缓存（EhCache、JCache）和任务调度（CommonJ、Quartz）的支持。

（5）Spring-expression 模块：提供了强大的表达式语言去支持运行时查询和操作对象图。

1. IoC

控制反转是一个比较抽象的概念，是 Spring 框架的核心，用来消减计算机程序的耦合问题。依赖注入是 IoC 的另外一种说法，只是从不同的角度描述相同的概念。

从 Spring 容器角度来看，Spring 容器负责将被依赖对象赋值给调用者的成员变量，相当于为调用者注入它所依赖的实例，这就是 Spring 的依赖注入。

控制反转是一种通过描述（在 Spring 中可以是 XML 或注解）并通过第三方去产生或获取特定对象的方式。在 Spring 中实现控制反转的是 IoC 容器，其实现方法是依赖注入。

2. 搭建 Spring IoC 环境

（1）下载 Spring 相关 jar 包，导入工程，如图 5.7 所示。

（2）创建一个普通类 SpringDemo，代码如下。

名称	修改日期	类型	大小
commons-logging-1.2.jar	2016/6/14 15:15	Executable Jar File	61 KB
log4j-1.2.17.jar	2013/7/31 22:20	Executable Jar File	479 KB
spring-beans-3.2.13.RELEASE.jar	2016/6/14 15:15	Executable Jar File	601 KB
spring-context-3.2.13.RELEASE.jar	2016/6/14 15:15	Executable Jar File	848 KB
spring-core-3.2.13.RELEASE.jar	2016/6/14 15:15	Executable Jar File	865 KB
spring-expression-3.2.13.RELEASE.jar	2016/6/14 15:15	Executable Jar File	192 KB

图 5.7 jar 包

```
public class HelloSpring {
    //定义 words 属性
    private String words = null;
    //定义打印方法,输出一句完整的问候
    public void print() {
        System.out.println("Hello," + this.getWords() + "!");
    }
    public String getWords() {
        return words;
    }
    public void setWords(String words) {
        this.words = words;
    }
}
```

(3) 在 resources 包下编写 Spring 配置文件 applicationContext.xml,代码如下。

```
<?xml version = "1.0" encoding = "UTF - 8"?>
< beans xsi:schemaLocation =
"http://www.springframework.org/schema/beans
http://www.springframework.org/schema/beans/spring - beans - 3.2.xsd"    xmlns:xsi = "http://www.
w3.org/2001/XMLSchema - instance"    xmlns = "http://www.springframework.org/schema/beans">
<!-- 通过 bean 元素声明需要 Spring 创建的实例。该实例的类型通过 class 属性指定,并通过 id 属
性为该实例指定一个名称,以便在程序中使用 -->
< bean class = "cn.springdemo.HelloSpring" id = "helloSpring">
<!-- property 元素用来为实例的属性赋值,实际上是调用 setWho()方法实现赋值 -->
< property name = "who">
<!-- 此处将字符串"Spring"赋值给 who 属性 -->
< value > Spring </value >
</property >
</bean >
</beans >
```

(4) 编写测试类,测试类需要读取配置文件,实例化 HelloSpring 类,代码如下。

```
  @Test
    public void SpringTest() {
        //通过 ClassPathXmlApplicationContext 实例化 Spring 的上下文
        ApplicationContext context = new ClassPathXmlApplicationContext(
                "applicationContext.xml");
        //通过 ApplicationContext 的 getBean()方法,根据 id 来获取 bean 的实例
        HelloSpring helloSpring = (HelloSpring) context.getBean("helloSpring");
        //执行 print()方法
        helloSpring.print();
}
```

运行结果如图 5.8 所示。

```
09-03 23:54:09[INFO]org.springframework.beans.factory.xml.XmlBean
 -Loading XML bean definitions from class path resource [applicat
09-03 23:54:09[INFO]org.springframework.beans.factory.support.Def
 -Pre-instantiating singletons in org.springframework.beans.facto
Hello,Spring!
```

图 5.8 运行结果

3. IoC 的注入方式

1）设值注入

setter 方法注入是 Spring 框架中最主流的注入方式，它利用 JavaBean 规范所定义的 setter 方法来完成注入，灵活且可读性高。setter 方法注入，Spring 框架也是使用 Java 的反射机制实现的。

下面是实现 setter 注入的代码。

首先创建一个 put 类 User，并添加用户名和密码两个属性，为两个属性添加 setter 方法，代码如下。

```
public class User {
    private String name;
    private String password;
    //输出信息方法
    public void show() {
        System.out.println("用户名:" + this.name + "\t 密码:" + this.password);
    }
    public void setName(String name) {
        this.name = name;
    }
    public void setPassword(String password) {
        this.password = password;
    }
}
```

然后在 Spring 的配置文件中对 User 类属性注入值，代码如下。

```
<bean id = "user" class = "cn.springdemo.User">
        <!-- 使用设值注入给属性赋值 -->
        <property name = "name">
            <value>rose</value>
        </property>
        <property name = "password">
            <value>123456</value>
        </property>
</bean>
```

最后编写测试类，测试类代码如下。

```
@Test
    public void UserTest() {
        ApplicationContext context = new ClassPathXmlApplicationContext(
            "applicationContext.xml");
        User user = (User)context.getBean("user");
```

```
        user.show();
    }
```

测试结果如图 5.9 所示。

```
09-03 23:08:40[INFO]org.springframework.beans.factory
 -Pre-instantiating singletons in org.springframework
用户名: rose        密码: 123456
```

图 5.9 测试结果

2）构造注入

Spring 框架可以采用 Java 的反射机制，通过构造方法完成依赖注入。在开发中，编写带参构造方法后，Java 虚拟机不再提供默认的无参构造方法，为了保证使用的灵活性，建议自行添加一个无参构造方法。在设值注入案例的基础上，使用构造注入进行修改，代码如下。

User 类需要增加有参和无参构造方法。

```
//无参和有参构造方法
public User() {
}
public User(String name,String password) {
    this.name = name;
    this.password = password;
}
```

在 Spring 配置文件中通过<constructor-arg>元素为构造方法传参，代码如下。

```
<bean id = "user" class = "cn.springdemo.User">
        <!-- 使用构造注入给属性赋值 -->
        <constructor-arg index = "0">
            <value>rose</value>
        </constructor-arg>
        <constructor-arg index = "1">
            <value>123456</value>
        </constructor-arg>
</bean>
```

测试代码省略。

在上述代码中，<constructor-arg>元素的 index 属性可以指定该参数的位置索引，位置从 0 开始。<constructor-arg>元素还提供了 type 属性用来指定参数的类型，避免字符串和基本数据类型的混淆。

4. Spring Bean 的作用域

1）Singleton

当一个 Bean 的作用域为 Singleton，那么 Spring IoC 容器中只会存在一个共享的 Bean 实例，并且所有对 Bean 的请求，只要 id 与该 Bean 定义相匹配，则只会返回 Bean 的同一实例。Singleton 是单例类型，就是在创建容器时就同时自动创建了一个 Bean 的对象，不管是否使用，它都存在了，每次获取到的对象都是同一个对象。注意，Singleton 作用域是 Spring 中的默认作用域。要在 XML 中将 Bean 定义成 Singleton，配置代码如下。

```
<bean id="book" class="cn.mybatis.User" scope="singleton">
        …
</bean>
```

2）Prototype

当一个 Bean 的作用域为 Prototype，表示一个 Bean 定义对应多个对象实例。Prototype 作用域的 Bean 会导致在每次对该 Bean 请求时都会创建一个新的 Bean 实例。Prototype 是原型类型，它在创建容器的时候并没有实例化，而是当获取 Bean 的时候才会去创建一个对象，而且每次获取到的对象都不是同一个对象。根据经验，对有状态的 Bean 应该使用 Prototype 作用域，而对无状态的 Bean 则应该使用 Singleton 作用域。下面是配置 Prototype 的代码。

```
<bean id="book" class="cn.mybatis.User" scope="Prototype">
        …
</bean>
```

表 5.3 是 Spring Bean 的常用作用域。

表 5.3 Spring Bean 的常用作用域

类别	说明
Singleton	在 Spring IoC 容器中仅存在一个 Bean 实例，Bean 以单例方式存在，默认值
Prototype	每次从容器中调用 Bean 时，都会返回一个新的实例，即每次调用 getBean()时，相当于执行 new XxxBean()
Request	每次 HTTP 请求都会创建一个新的 Bean，该作用域仅适用于 WebApplicationContext 环境
Session	同一个 HTTP Session 共享一个 Bean，不同 Session 使用不同 Bean，仅适用于 WebApplicationContext 环境
Globalsession	一般用于 Portlet 应用环境，该作用域仅适用于 WebApplicationContext 环境

5. 使用注解实现 IoC

在 Spring 框架中，尽管使用 XML 配置文件可以很简单地装配 Bean，但是如果应用中有大量的 Bean 需要装配，会导致配置文件过于庞大，不便于以后的升级与维护，因此更多的时候推荐开发者使用注解的方式去装配。

首先，创建 User 实体类，代码如下。

```
public class User {
        private String name;
        private String password;
…
}
```

创建 UserDao 接口和 UserDaoImpl 实现类，在接口中定义方法，实现类实现接口方法，并使用@Repository 注解实例化 UserDao，该注解用于将数据访问层 DAO 的类标识为 Bean，即注解数据访问层 Bean，代码如下。

```
public interface UserDao {
    public void save(User user);
}
```

实现类：

```
@Repository("userDao")
public class UserDaoImpl implements UserDao {
    public void save(User user) {
        //这里只是模拟操作数据库
        System.out.println("保存用户信息到数据库");
    }
}
```

接着，创建业务层接口 UserService 和实现类 UserServiceImpl，使用@Service 注解实例化 UserService，该注解用于标注一个业务逻辑组件类 Service，接着使用@Autowired 注解在业务层实现类注入 UserDao。@Autowired 注解可以对类成员变量、方法及构造方法进行标注，完成自动装配的工作。使用代码如下。

```
public interface UserService {
    public void addNewUser(User user);
}
```

实现类：

```
@Service("userService")
public class UserServiceImpl implements UserService {
    @Autowired  //默认按类型匹配
    private UserDao dao;
    //使用@Autowired 直接为属性注入，可以省略 setter 方法
    /* public void setDao(UserDao dao) {
        this.dao = dao;
    } */
    public void addNewUser(User user) {
        //调用用户 DAO 的方法保存用户信息
        dao.save(user);
    }
}
```

最后编写 Spring 配置文件，编写支持注解，代码如下。

```
    http://www.springframework.org/schema/context/spring-context-3.2.xsd">
    <!-- 扫描包中注解标注的类 -->
    <context:component-scan base-package="service,dao" />
</beans>
```

编写测试类进行测试，测试类代码如下。

```
@org.junit.Test
public void test() {
    //加载 Spring 配置文件
    ApplicationContext ctx = new ClassPathXmlApplicationContext(
            "applicationContext.xml");
        //通过 getBean()方法获取 id 或 name 为 userService 的 Bean 实例
        UserService service = (UserService) ctx.getBean("userService");
        User user = new User();
        user.setUsername("spring");
        user.setPassword("123456");
        service.addNewUser(user);
}
```

除了使用@Autowired注解在业务层实现类注入UserDao外，还可以使用@Resource注解，该注解与@Autowired功能一样，使用方法也一样，区别在于该注解默认是按照名称来装配注入的，只有当找不到与名称匹配的Bean时才会按照类型来装配注入；而@Autowired默认按照Bean的类型进行装配，如果想按照名称来装配注入，则需要和@Qualifier注解一起使用。

@Resource注解有两个属性：name和type。name属性指定Bean实例名称，即按照名称来装配注入；type属性指定Bean类型，即按照Bean的类型进行装配。

学习情境2：Spring AOP

1. 什么是AOP

在业务处理代码中，通常都有日志记录、性能统计、安全控制、事务处理、异常处理等操作。尽管使用OOP可以通过封装或继承的方式达到代码的重用，但仍然存在同样的代码分散到各个方法中。因此，采用OOP处理日志记录等操作，不仅增加了开发者的工作量，而且提高了升级维护的困难。为了解决此类问题，AOP思想应运而生。AOP采取横向抽取机制，即将分散在各个方法中的重复代码提取出来，然后在程序编译或运行阶段，再将这些抽取出来的代码应用到需要执行的地方。这种横向抽取机制，采用传统的OOP是无法办到的，因为OOP实现的是父子关系的纵向重用。但是AOP不是OOP的替代品，而是OOP的补充，它们相辅相成。

2. Spring AOP的原理

Spring AOP的原理是动态代理。

Spring AOP是Spring框架的两大核心特性之一，其原理是使用设计模式中的代理模式，分为静态代理模式和动态代理模式。

在静态代理模式中，代理类和目标类实现同样的接口，代理类中有目标类的引用；在动态代理模式中，代理类和目标类可以实现同一个接口，代理类中也有目标类的引用，但是动态代理模式是在运行时动态创建代理类对象的。

Spring AOP为开发者提供了一种描述横切关注点的机制，可以将那些与业务无关，却为业务模块所共同调用的逻辑或责任，如事务处理、日志管理、权限控制等，封装起来，便于减少系统的重复代码，降低模块间的耦合度，并有利于未来的可操作性和可维护性。如图5.10所示为Spring AOP架构图。

3. AOP相关术语

1）通知(增强处理)

由切面添加到特定的连接点(满足切入点规则)的一段代码，即在定义好的切入点处所要执行的程序代码。可以将其理解为切面开启后，切面的方法。因此，通知是切面的具体实现。

2）切入点

切入点(Pointcut)是指那些需要处理的连接点。在Spring AOP中，所有的方法执行都是连接点，而切入点是一个描述信息，它修饰的是连接点，通过切入点确定哪些连接点需要被处理。切入点结构如图5.11所示。

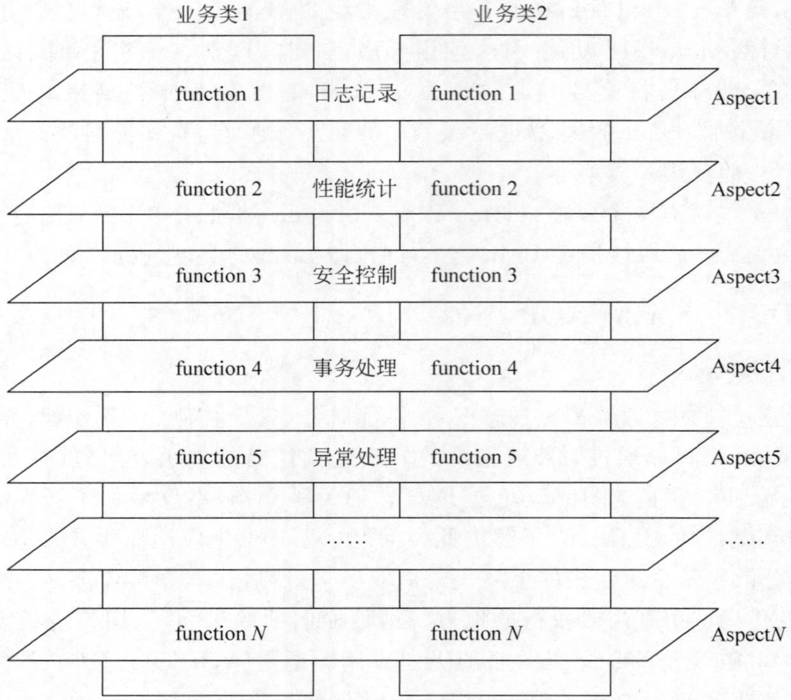

图 5.10　Spring AOP 架构图

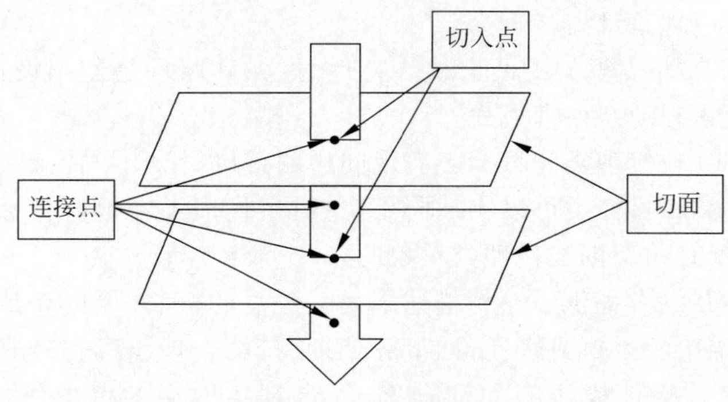

图 5.11　切入点结构

3）连接点

连接点(Joinpoint)是指程序运行中的一些时间点，如方法的调用或异常的抛出。

4）切面

切面(Aspect)是指封装横切到系统功能(如事务处理)的类。

5）目标对象

目标对象(Target Object)是指所有被通知的对象。如果 AOP 框架使用运行时代理的方式(动态的 AOP)来实现切面，那么通知对象总是一个代理对象。

6）AOP 代理

代理(Proxy)是通知应用到目标对象之后，被动态创建的对象。

7）织入

织入(Weaving)是将切面代码插入到目标对象上，从而生成代理对象的过程。根据不同的实现技术，AOP 织入有三种方式：编译器织入，需要有特殊的 Java 编译器；类装载器织入，需要有特殊的类装载器；动态代理织入，在运行期为目标类添加通知生成子类的方式。Spring AOP 框架默认采用动态代理织入，而 AspectJ(基于 Java 语言的 AOP 框架)采用编译器织入和类装载器织入。

4. AOP 使用

1）前置通知

前置通知(org. springframework. aop. MethodBeforeAdvice)是在目标方法执行前实施增强，可应用于权限管理等功能。

2）后置通知

后置通知(org. spring framework. aop. AfterReturningAdvice)是在目标方法成功执行后实施增强，可应用于关闭流、删除临时文件等功能。

3）异常通知

异常通知(org. spring framework. aop. ThrowsAdvice)是在方法抛出异常后实施增强，可以应用于处理异常、记录日志等功能。

4）最终通知

最终通知(org. spring framework. aop. AfterAdvice)是在目标方法执行后实施增强，与后置通知不同的是，不管是否发生异常都要执行该通知，可应用于释放资源。

5）环绕通知

环绕通知(org. aop alliance. intercept. MethodInterceptor)是在目标方法执行前和执行后实施增强，可以应用于日志记录、事务处理等功能，如表 5. 4 所示。

表 5.4 环绕通知类型

通知类型	特点
Before	前置通知处理，在目标方法前织入通知处理
AfterReturning	后置通知处理，在目标方法正常执行(不出现异常)后织入通知处理
AfterThrowing	异常通知处理，在目标方法抛出异常后织入通知处理
After	最终通知处理，不论方法是否抛出异常，都会在目标方法最后织入通知处理
Around	环绕通知处理，在目标方法的前后都可以织入通知处理

表 5. 5 是 Spring AOP 配置元素。

表 5.5 Spring AOP 配置元素

AOP 配置元素	描述
<aop:config>	AOP 配置的顶层元素，大多数的<aop: * >元素必须包含在<aop:config>元素内
<aop:pointcut>	定义切点
<aop:aspect>	定义切面
<aop:after>	定义最终增强(不管被通知的方法是否执行成功)

续表

AOP 配置元素	描　述
<aop:after-returning>	定义 after-returning 增强
<aop:after-throwing>	定义 after-throwing 增强
<aop:around>	定义环绕增强
<aop:before>	定义前置增强
<aop:aspectj-autoproxy>	启动@AspectJ 注解驱动的切面

下面以环绕通知为例来讲解 AOP 的使用。

首先在项目中创建 aop 包,在包中创建环绕通知的类 AroundLog,环绕通知包括前置、后置、异常、最终等通知,实现代码如下。

```
public class AroundLog{
    private static final Logger log = Logger.getLogger(AroundLog.class);

    public Object aroundLogger(ProceedingJoinPoint jp) throws Throwable {
        log.info("调用 " + jp.getTarget() + " 的 " + jp.getSignature().getName()
                + " 方法.方法入参:" + Arrays.toString(jp.getArgs()));
        try {
            Object result = jp.proceed();
            log.info("调用 " + jp.getTarget() + " 的 "
                    + jp.getSignature().getName() + " 方法.方法返回值:" + result);
            return result;
        } catch (Throwable e) {
            log.error(jp.getSignature().getName() + " 方法发生异常:" + e);
            throw e;
        } finally {
            log.info(jp.getSignature().getName() + " 方法结束执行.");
        }
    }
}
```

接着在项目的 dao 包中创建 UserDao 接口和实现类 UserDaoImpl,实现代码如下。

```
public interface UserDao {
    public void save(User user);
}
```

实现类:

```
public class UserDaoImpl implements UserDao {
    public void save(User user) {
        //这里并未实现完整的数据库操作,仅为说明问题
        System.out.println("保存用户信息到数据库");
    }
}
```

接着在 service 包中创建 UserService 接口和 UserServiceImpl 实现类,实现代码如下。

```
public interface UserService {
    public void addNewUser(User user);
}
```

实现类：

```
public class UserServiceImpl implements UserService {
    //声明接口类型的引用,和具体实现类解耦合
    private UserDao dao;
    //dao 属性的 setter 访问器,会被 Spring 调用,实现设值注入
    public void setDao(UserDao dao) {
        this.dao = dao;
    }
    public void addNewUser(User user) {
        //调用用户 DAO 的方法保存用户信息
        dao.save(user);
    }
}
```

接着在 Spring 的配置文件配置 DAO 层的 Bean，业务层的 Bean，以及配置 Spring AOP。在使用 AOP 之前需要导入 AOP 的命名空间，实现代码如下。

```
<beans xmlns="http://www.springframework.org/schema/beans"
    xmlns:xsi="http://www.w3.org/2001/XMLSchema-instance"
    xmlns:aop="http://www.springframework.org/schema/aop"
    xsi:schemaLocation="http://www.springframework.org/schema/beans
    http://www.springframework.org/schema/beans/spring-beans-3.2.xsd
    http://www.springframework.org/schema/aop
    http://www.springframework.org/schema/aop/spring-aop-3.2.xsd">

    <bean id="dao" class="dao.impl.UserDaoImpl"></bean>
    <bean id="service" class="service.impl.UserServiceImpl">
        <property name="dao" ref="dao"></property>
    </bean>
    <!-- 声明增强方法所在的 Bean -->
    <bean id="theLogger" class="aop.AroundLog"></bean>
    <!-- 配置切面 -->
    <aop:config>
        <!-- 定义切入点 -->
         <aop:pointcut id="pointcut" expression="execution(* service.UserService.*
(..))" />
        <!-- 引用包含增强方法的 Bean -->
        <aop:aspect ref="theLogger">
            <!-- 将 aroundLogger()方法定义为环绕增强并引用 pointcut 切入点 -->
            <aop:around method="aroundLogger" pointcut-ref="pointcut"/>
        </aop:aspect>
    </aop:config>
</beans>
```

最后编写测试类进行测试，测试类代码如下。

```
@Test
    public void test() {
        ApplicationContext ctx =
new ClassPathXmlApplicationContext("applicationContext.xml");
        UserService service = (UserService) ctx.getBean("service");

        User user = new User();
        user.setUsername("aop");
```

```
        user.setPassword("123456");
        service.addNewUser(user);
    }
```

5. 使用注解实现 AOP

基于注解开发 AspectJ 要比基于 XML 配置开发 AspectJ 便捷许多,所以在实际开发中也可以使用注解方式。

AspectJ 是面向切面的框架,它扩展了 Java 语言,定义了 AOP 语法,能够在编译期提供代码的织入。

@AspectJ 是 AspectJ 5 新增的功能,使用 JDK 5.0 注解技术和正规的 AspectJ 切点表达式语言描述切面。Spring 通过集成 AspectJ 实现了以注解的方式定义通知类,大大减少了配置文件中的工作量,使用@AspectJ,首先要保证所用的 JDK 是 5.0 或以上版,如表 5.6 所示。

表 5.6 AspectJ

注解名称	描述
@Aspect	用于定义一个切面,注解在切面类上
@Pointcut	用于定义切入点表达式。在使用时,需要定义一个切入点方法。该方法是一个返回值为 void,且方法体为空的普通方法
@Before	用于定义前置通知。在使用时,通常为其指定 value 属性值,该值可以是已有的切入点,也可以直接定义切入点表达式
@AfterReturning	用于定义后置通知。在使用时,通常为其指定 value 属性值,该值可以是已有的切入点,也可以直接定义切入点表达式
@Around	用于定义环绕通知。在使用时,通常为其指定 value 属性值,该值可以是已有的切入点,也可以直接定义切入点表达式
@AfterThrowing	用于定义异常通知。在使用时,通常为其指定 value 属性值,该值可以是已有的切入点,也可以直接定义切入点表达式。另外,还有一个 throwing 属性用于访问目标方法抛出的异常,该属性值与异常通知方法中同名的形参一致
@After	用于定义后置(最终)通知。在使用时,通常为其指定 value 属性值,该值可以是已有的切入点,也可以直接定义切入点表达式

在基于 XML 配置实现环绕通知的基础上,使用注解进行修改,修改的代码如下。

定义环绕通知的类:

```
@Aspect
public class AroundLog {
    private static final Logger log = Logger.getLogger(AroundLog .class);

    @Around("execution( * service.UserService. * (..))")
    public Object aroundLogger(ProceedingJoinPoint jp) throws Throwable {
        log.info("调用 " + jp.getTarget() + " 的 " + jp.getSignature().getName()
                + " 方法.方法入参:" + Arrays.toString(jp.getArgs()));
        try {
            Object result = jp.proceed();
            log.info("调用 " + jp.getTarget() + " 的 "
                    + jp.getSignature().getName() + " 方法.方法返回值:" + result);
            return result;
```

```
        } catch (Throwable e) {
            log.error(jp.getSignature().getName() + " 方法发生异常:" + e);
            throw e;
        } finally {
            log.info(jp.getSignature().getName() + " 方法结束执行.");
        }
    }
}
```

Spring 的配置文件：

```
<beans xmlns = "http://www.springframework.org/schema/beans"
    xmlns:xsi = "http://www.w3.org/2001/XMLSchema-instance"
    xmlns:aop = "http://www.springframework.org/schema/aop"
    xsi:schemaLocation = "http://www.springframework.org/schema/beans
    http://www.springframework.org/schema/beans/spring-beans-3.2.xsd
    http://www.springframework.org/schema/aop
    http://www.springframework.org/schema/aop/spring-aop-3.2.xsd">

    <bean id = "dao" class = "dao.impl.UserDaoImpl"></bean>
    <bean id = "service" class = "service.impl.UserServiceImpl">
        <property name = "dao" ref = "dao"></property>
    </bean>
    <bean class = "aop.AroundLog"></bean>
    <aop:aspectj-autoproxy />
</beans>
//省略测试代码
```

学习情境 3：Spring 事务处理

1. 什么是事务处理

数据库编程是互联网编程的基础，Spring 框架为开发者提供了 JDBC 模板模式，即 jdbcTemplate，它可以简化许多代码，但在实际应用中 jdbcTemplate 并不常用。更多的时候，用的是 Hibernate 框架和 MyBatis 框架进行数据库编程。

2. 为什么需要事务处理

Spring 框架需要配置事务处理的原因有以下几点。

(1) 确保数据的一致性和完整性。事务处理可以保证多个数据库操作要么全部成功，要么全部失败，从而避免数据的不一致性和完整性被破坏。

(2) 简化开发。Spring 框架提供了声明式事务处理，开发人员无须在业务代码中手动开启和关闭事务，也无须手动回滚事务，从而简化了事务处理的开发。

(3) 提高性能。使用 Spring 框架的事务处理，可以避免在业务代码中频繁地开启和关闭数据库连接，从而提高应用的性能。

(4) 整合 ORM 框架。Spring 框架可以与 MyBatis 等 ORM 框架进行整合，通过事务管理可以方便地实现对数据库的 CRUD 操作。

3. 配置事务

配置事务需要在 Spring 配置文件中导入 tx 和 aop 命名空间，之后定义事务管理器 Bean，并为其注入数据源 Bean，通过<tx:advice>配置事务增强，绑定事务管理器并针对不同方法定义事务规则，最后配置切面，将事务增强与方法切入点组合。实现事务管理的代码如下，导入 jar 包如图 5.12 所示。

名称	修改日期	类型	大小
aopalliance-1.0.jar	2016/6/15 11:26	Executable Jar File	5 KB
aspectjweaver-1.6.9.jar	2016/6/15 11:26	Executable Jar File	1,625 KB
commons-dbcp-1.4.jar	2016/7/17 19:17	Executable Jar File	157 KB
commons-logging-1.2.jar	2016/6/14 15:15	Executable Jar File	61 KB
commons-pool-1.6.jar	2016/7/17 19:17	Executable Jar File	109 KB
log4j-1.2.17.jar	2013/7/31 22:20	Executable Jar File	479 KB
spring-aop-3.2.13.RELEASE.jar	2016/6/15 11:26	Executable Jar File	331 KB
spring-beans-3.2.13.RELEASE.jar	2016/6/14 15:15	Executable Jar File	601 KB
spring-context-3.2.13.RELEASE.jar	2016/6/14 15:15	Executable Jar File	848 KB
spring-core-3.2.13.RELEASE.jar	2016/6/14 15:15	Executable Jar File	865 KB
spring-expression-3.2.13.RELEASE.jar	2016/6/14 15:15	Executable Jar File	192 KB
spring-jdbc-3.2.13.RELEASE.jar	2016/7/18 13:47	Executable Jar File	397 KB
spring-tx-3.2.13.RELEASE.jar	2016/7/18 13:57	Executable Jar File	237 KB

图 5.12 导入 jar 包

```
<!-- 定义事务管理器 -->
<bean id = "transactionManager"
class = "org.springframework.jdbc.datasource.DataSourceTransactionManager">
        <property name = "dataSource" ref = "引入数据源"></property>
</bean>
    <tx:advice id = "txAdvice">
        <tx:attributes>
            <tx:method name = "find * " propagation = "SUPPORTS" />
            <tx:method name = "add * " propagation = "REQUIRED" />
            <tx:method name = "del * " propagation = "REQUIRED" />
            <tx:method name = "update * " propagation = "REQUIRED" />
            <tx:method name = " * " propagation = "REQUIRED" />
        </tx:attributes>
    </tx:advice>
    <!-- 定义切面 -->
    <aop:config>
        <aop:pointcut id = "serviceMethod"
            expression = "execution( * cn.mybatis.service.. * . * (..))" />
        <aop:advisor advice-ref = "txAdvice" pointcut-ref = "serviceMethod" />
    </aop:config>
```

在上述代码中，需要提前定义数据源，之后在定义事务管理器的 Bean 时才能引用。接着定义事务规则，匹配到指定的方法。最后配置切面，找到需要织入事务的方法，把事务织入指定的方法中。

4. 事务常用属性

(1) propagation：事务传播机制。

REQUIRED(默认值)：如果当前没有事务，就新建一个事务，如果已经存在一个事务中，则加入这个事务。

REQUIRES_NEW：新建事务，如果当前存在事务，则把当前事务挂起。

MANDATORY：使用当前的事务，如果当前没有事务，则抛出异常。

NESTED：如果当前存在事务，则在嵌套事务内执行。如果当前没有事务，则执行

REQUIRED 类似的操作。

SUPPORTS：支持当前事务，如果当前没有事务，就以非事务方式执行。

NOT_SUPPORTED：以非事务方式执行操作，如果当前存在事务，则把当前事务挂起。

NEVER：以非事务方式执行，如果当前存在事务，则抛出异常。

(2) Isolation：事务隔离等级。

DEFAULT(默认值)：这是 PlatformTransactionManager 默认的隔离级别，使用数据库默认的事务隔离级别。

READ_COMMITTED：保证一个事务修改的数据提交后才能被另外一个事务读取，另外一个事务不能读取该事务未提交的数据。

READ_UNCOMMITTED：这是事务最低的隔离级别，它允许另外一个事务可以看到这个事务未提交的数据。

REPEATABLE_READ：这种事务隔离级别可以防止脏读，不可重复读。

SERIALIZABLE：这是最强的事务隔离级别，它要求事务完全顺序执行，可以避免脏读、不可重复读、幻读。

(3) timeout：事务超时时间，允许事务运行的最长时间，以 s 为单位。默认值为－1，表示不超时。

(4) read-only：事务是否为只读，默认值为 false。

(5) rollback-for：设定能够触发回滚的异常类型

Spring 默认只在抛出 runtime exception 时才标识事务回滚，可以通过全限定类名指定需要回滚事务的异常，多个类名之间用逗号隔开。

(6) no-rollback-for：设定不触发回滚的异常类型。

Spring 默认 checked Exception 不会触发事务回滚，可以通过全限定类名指定不需要回滚事务的异常，多个类名之间用英文逗号隔开。

5. 使用注解实现事务

@Transactional 注解可以作用于接口、接口方法、类以及类的方法上。当作用于类上时，该类的所有 public 方法都将具有该类型的事务属性，同时也可以在方法级别使用该注解来覆盖类级别的定义。虽然@Transactional 注解可以作用于接口、接口方法、类以及类的方法上，但是 Spring 小组建议不要在接口或者接口方法上使用该注解，因为它只有在使用基于接口的代理时才会生效。

下面通过在 UserServiceImpl 类中使用@Transactional 注解实现事务，并在 Spring 的 applicationContext. xml 文件中配置注解的< tx:annotation-driven/>元素，配置代码如下。

```
<!-- 定义事务管理器 -->
< bean id = " transactionManager " class = " org. springframework. jdbc. datasource.
DataSourceTransactionManager">
        < property name = "dataSource" ref = "dataSource"></property >
</bean >
< tx:annotation - driven />
```

UserServiceImpl 类使用@Transactional 注解实现事务，代码如下。

```
@Transactional
@Service("userService")
public class UserServiceImpl implements UserService {
    @Autowired
    private UserMapper userMapper;

    @Transactional(propagation = Propagation.SUPPORTS)
    public List<User> findUsers(User user) {
        try {
            return userMapper.getUserList(user);
        } catch (RuntimeException e) {
            e.printStackTrace();
            throw e;
        }
    }
```

总之，Spring 使用注解实现事务管理是为了提高开发效率、简化代码、提高可读性、提供更高的灵活性以及方便与其他应用的集成。

任务 3：Spring MVC 框架技术

Spring MVC 是一种基于 Java 的实现 MVC 设计模型的请求驱动类型的轻量级 Web 框架，属于 SpringFrameWork 的后续产品，已经融合在 Spring Web Flow 里面。

Spring 框架提供了构建 Web 应用程序的全功能 MVC 模块，使用 Spring 可插入的 MVC 架构，从而在使用 Spring 进行 Web 开发时，可以选择使用 Spring 的 Spring MVC 框架或集成其他 MVC 开发框架，如 Struts 1、Struts 2 等。

章节主要内容：

- Spring MVC 体系结构和控制器。
- 了解 Spring MVC 核心类和注解。
- 了解数据绑定。
- 掌握拦截器。
- 掌握文件上传与下载。

能力目标：

掌握基于 Spring MVC 获取请求参数和响应的数据操作，熟练应用基于 REST 风格的请求路径设置与参数传递，能够根据实际业务建立前后端开发通信协议并进行实现，基于 SSM 整合技术开发任意业务模块功能。

学习情境 1：Spring MVC 体系结构和控制器

1. MVC 模式

MVC 模式是一种软件设计模式，MVC 是模型（Model）-视图（View）-控制器（Controller）的缩写。它将软件系统分为三层：模型（Model）、视图（View）、控制器（Controller）。

模型（Model）：负责业务逻辑和数据处理。

视图(View)：负责用户界面展示。

控制器(Controller)：负责调度业务逻辑和视图展示。

MVC 模式是软件开发中的一种常用架构模式，它使得程序的结构更为直观，增加了程序的可扩展性、可维护性和可复用性。如图 5.13 所示为 MVC 模式的流程图。

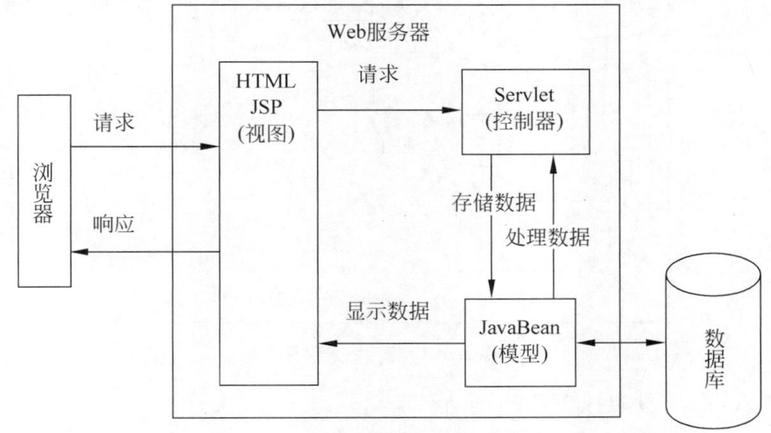

图 5.13 MVC 模式的流程图

MVC 模式具有以下优点。

(1) 多视图共享一个模型，大大提高了代码的可重用性。

(2) MVC 三个模块相互独立，松耦合架构。

(3) 控制器提高了应用程序的灵活性和可配置性。

(4) 有利于软件工程化管理。

MVC 模式具有以下缺点。

(1) 原理复杂。

(2) 增加了系统结构和实现的复杂性。

(3) 视图对模型数据的低效率访问。

2. 了解 Spring MVC 的架构以及请求流程

Spring MVC 框架是 Java 开发中常用的一个 MVC 框架，它是 Spring 框架的一部分，用于构建 Web 应用程序的全功能 MVC 模块。

Spring MVC 是 Spring 框架的后续产品，已经融合在 Spring Web Flow 里面。它基于 MVC 架构模式，将 Web 应用程序分为模型(Model)、视图(View)和控制器(Controller)三个基本部分，并使用 Spring 提供的框架结构和相关组件来实现。

在 Spring MVC 框架中，模型(Model)是应用程序中处理业务逻辑的部分，它通常是一个 JavaBean，包含数据和处理数据的业务逻辑；视图(View)是应用程序中用于呈现数据的组件，可以是 JSP、Thymeleaf、FreeMarker 等任何可以解析的模板引擎；控制器(Controller)是应用程序中处理请求的组件，它通常是一个 Servlet，负责调度业务逻辑和视图展示。

Spring MVC 框架提供了很多有用的组件和注解，例如，DispatcherServlet、@Controller、@RequestMapping、@ModelAttribute、@RequestParam、@ResponseBody 等，这些注解和

组件可以使开发人员更加轻松地实现 MVC 模式的开发。如图 5.14 所示为 Spring MVC 请求流程图。

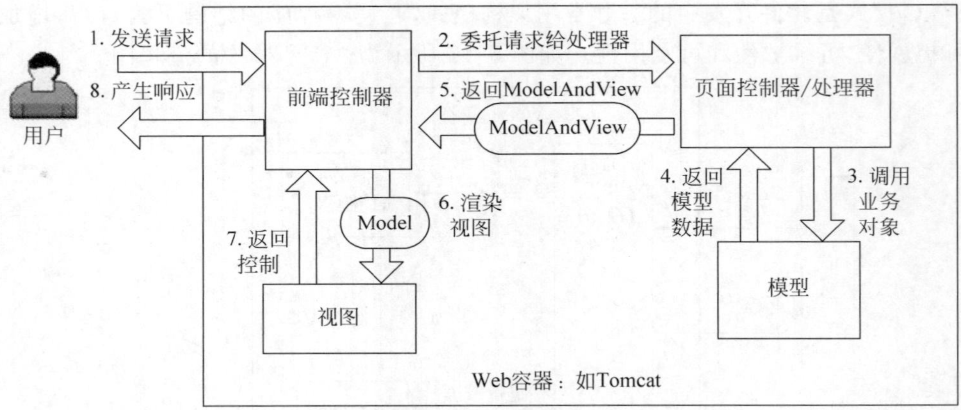

图 5.14 请求流程图

Spring MVC 框架具有以下特点。

(1) 清晰的角色划分。

(2) 灵活的配置功能。

(3) 提供了大量的控制器接口和实现类。

(4) 真正做到与 View 层的实现无关(JSP、Velocity、Xslt 等)。

(5) 国际化支持。

(6) 面向接口编程。

(7) Spring 提供了 Web 应用开发的一整套流程,不仅是 MVC,它们之间可以很方便地结合一起。

3. Spring MVC 环境搭建

(1) 下载 jar 文件并导入工程,如图 5.15 所示。

名称	修改日期	类型	大小
aopalliance-1.0.jar	2016/6/13 10:28	Executable Jar File	5 KB
aspectjweaver-1.6.9.jar	2016/6/13 10:28	Executable Jar File	1,625 KB
commons-logging-1.1.1.jar	2016/6/13 11:26	Executable Jar File	60 KB
spring-aop-3.2.13.RELEASE.jar	2016/6/13 11:27	Executable Jar File	331 KB
spring-beans-3.2.13.RELEASE.jar	2016/6/13 11:27	Executable Jar File	601 KB
spring-context-3.2.13.RELEASE.jar	2016/6/13 11:27	Executable Jar File	848 KB
spring-core-3.2.13.RELEASE.jar	2016/6/13 11:27	Executable Jar File	865 KB
spring-expression-3.2.13.RELEASE.jar	2016/6/13 11:27	Executable Jar File	192 KB
spring-web-3.2.13.RELEASE.jar	2016/6/13 11:27	Executable Jar File	617 KB
spring-webmvc-3.2.13.RELEASE.jar	2016/6/13 11:27	Executable Jar File	626 KB

图 5.15 导入工程

(2) 配置文件。

在 web.xml 中配置 Servlet,包括前端控制器、初始化参数等,代码如下。

```
<?xml version = "1.0" encoding = "UTF - 8"?>
< web - app xmlns:xsi = "http://www.w3.org/2001/XMLSchema - instance"
    xmlns = "http://java.sun.com/xml/ns/javaee"
```

```
    xmlns:web = "http://java.sun.com/xml/ns/javaee/web - app_2_5.xsd"
    xsi:schemaLocation = "http://java.sun.com/xml/ns/javaee
    http://java.sun.com/xml/ns/javaee/web - app_3_0.xsd" version = "3.0">
  < display - name > springMVC </display - name >
  < servlet >
    < servlet - name > springmvc </servlet - name >
    < servlet - class > org.springframework.web.servlet.DispatcherServlet </servlet - class >
    < init - param >
      < param - name > contextConfigLocation </param - name >
      < param - value > classpath:springmvc - servlet.xml </param - value >
    </init - param >
    < load - on - startup > 1 </load - on - startup >
  </servlet >
  < servlet - mapping >
    < servlet - name > springmvc </servlet - name >
    < url - pattern >/</url - pattern >
  </servlet - mapping >
</web - app >
```

在 resources 包中创建 Spring MVC 的配置文件 springmvc-servlet. xml，在配置文件中配置处理器映射和视图解析器，代码如下。

```
<?xml version = "1.0" encoding = "UTF - 8"?>
< beans xmlns = "http://www.springframework.org/schema/beans"
    xmlns:xsi = "http://www.w3.org/2001/XMLSchema - instance"
    xmlns:mvc = "http://www.springframework.org/schema/mvc"
    xmlns:p = "http://www.springframework.org/schema/p"
    xmlns:context = "http://www.springframework.org/schema/context"
    xsi:schemaLocation = "
        http://www.springframework.org/schema/beans
        http://www.springframework.org/schema/beans/spring - beans.xsd
        http://www.springframework.org/schema/context
        http://www.springframework.org/schema/context/spring - context.xsd
        http://www.springframework.org/schema/mvc
        http://www.springframework.org/schema/mvc/spring - mvc.xsd">
    < bean name = "/index.html" class = "cn.myabtis.controller.IndexController"/>
    <!-- 完成视图的对应 -->
    <!-- 对转向页面的路径解析.prefix:前缀, suffix:后缀 -->
    < bean class = "org.springframework.web.servlet.view.InternalResourceViewResolver" >
        < property name = "prefix" value = "/WEB - INF/jsp/"/>
        < property name = "suffix" value = ".jsp"/>
    </bean >
</beans >
```

(3) 创建 Controller 处理请求的控制器 indexController，需要继承 AbstractController，重写 handleRequestInternal 方式，在方法中输出“hello springmvc!”，最后返回逻辑视图名称“index”，实现代码如下。

```
public class indexController extends AbstractController{
    @Override
    protected ModelAndView handleRequestInternal(HttpServletRequest request,
              HttpServletResponse response) throws Exception {
        System.out.println("hello springmvc!");
```

```
            return new ModelAndView("index");
        }
    }
```

(4) 根据视图解析器，在 WEB-INF 下创建 jsp 文件夹，在文件夹中创建 index. jsp 页面，实现部分代码如下。

```
<title>Insert title here</title>
</head>
<body>
<h1>hello,SpringMVC!</h1>
</body>
</html>
```

(5) 把项目部署到 Tomcat 服务器里，启动 Tomcat 服务器，打开浏览器，在浏览器中输入访问路径，运行结果如图 5.16 所示。

图 5.16 运行结果

4. 基于注解的处理器

若有多个请求时，需要配置多个映射关系，并建立多个 Controller 来进行请求处理，实现烦琐，如何解决？

Spring MVC 提供了基于注解来驱动控制器，帮助解决上述问题。

@Controller：标注一个普通的 JavaBean 成为可以处理请求的控制器。

@RequestMapping：通过请求 URL 进行映射，@RequestMapping 映射的请求信息必须保证全局唯一。

Springmvc-servlet. xml 文件需要配置支持注解的<context:component-scan/>元素和<mvc:annotation-driven/>，下面使用注解改造上一个案例。

Springmvc-servlet. xml 配置文件修改代码如下。

```
<beans xmlns="http://www.springframework.org/schema/beans"
    xmlns:xsi="http://www.w3.org/2001/XMLSchema-instance"
    xmlns:mvc="http://www.springframework.org/schema/mvc"
    xmlns:p="http://www.springframework.org/schema/p"
    xmlns:context="http://www.springframework.org/schema/context"
    xsi:schemaLocation="
        http://www.springframework.org/schema/beans
        http://www.springframework.org/schema/beans/spring-beans.xsd
        http://www.springframework.org/schema/context
        http://www.springframework.org/schema/context/spring-context.xsd
        http://www.springframework.org/schema/mvc
        http://www.springframework.org/schema/mvc/spring-mvc.xsd">
      <!-- 配置处理器映射 -->
    <!--<bean name="/index.html"class="cn.mybatiscontroller.IndexController"/> -->
```

```
    <context:component-scan base-package="cn.smbms.controller"/>
    <mvc:annotation-driven/>
    <!-- 完成视图的对应 -->
    <!-- 对转向页面的路径解析.prefix:前缀, suffix:后缀 -->
    <bean class="org.springframework.web.servlet.view.InternalResourceViewResolver" >
        <property name="prefix" value="/WEB-INF/jsp/"/>
        <property name="suffix" value=".jsp"/>
    </bean>
</beans>
```

修改后的 indexController 控制器,代码如下。

```
@Controller
@RequestMapping("/user")
public class IndexController{
    @RequestMapping("/index")
    public String index(){
        System.out.println("hello,SpringMVC!");
        return "index";
    }
}
```

修改完成后,部署运行,运行结果一样。

5. 掌握 Controller 和 View 之间的映射

在 Spring MVC 中,参数的传递主要有以下几种方式。

1) 通过请求参数传递

这是最常用的参数传递方式,适用于传递简单类型的数据,如 string、int、date 等。可以通过在 Controller 方法的参数前添加@RequestParam 注解来接收请求参数。例如,下列代码。

```
@RequestMapping("/example")
public String example(@RequestParam String param1, @RequestParam int param2) {
    // ...
}
```

在这个例子中,param1 和 param2 分别接收了通过 URL 传递的参数。

2) 通过表单提交传递

当需要传递复杂类型的数据,如 POJO(Plain Old Java Object)时,通常会使用表单提交。可以在 Controller 方法的参数前添加@ModelAttribute 注解来接收表单数据。例如,下列代码。

```
@RequestMapping("/example")
public String example(@ModelAttribute("user") User user) {
    // ...
}
```

在这个例子中,User 对象会通过表单数据填充。

3) 通过 Session 传递

如果需要在用户会话中保存数据,可以使用 Session。在 Controller 中,可以通过 HttpSession 对象来操作 Session。例如:

```
@RequestMapping("/example")
public String example(HttpSession session) {
    session.setAttribute("key", "value");
    // …
}
```

在这个例子中,数据被存储在用户的 Session 中。

4) 通过 Model 传递

Model 是一个抽象的概念,它可以包含来自各种来源的数据,如请求参数、Session、常量等。在 Controller 中,可以通过 Model 对象来将数据添加到 Model 中。例如:

```
@RequestMapping("/example")
public String example(Model model) {
    model.addAttribute("key", "value");
    // …
}
```

在这个例子中,数据被添加到 Model 中,可以在视图中使用。

5) 通过 ModelAndView 传递

使用 ModelAndView 传递参数时,需要在方法中实例化 ModelAndView 对象,例如:

```
@RequestMapping("/example")
public String example() {
ModelAndView model = new ModelAndView();
    model.addAttribute("key", "value");
    model.setViewName("逻辑视图名称");
    return model;
}
```

6. 视图解析器

用户可以在配置文件中定义 Spring MVC 的一个视图解析器(ViewResolver),示例代码如下。

```
<bean class = "org.springframework.web.servlet.view.InternalResourceViewResolver" >
        <property name = "prefix" value = "/WEB-INF/jsp/"/>
        <property name = "suffix" value = ".jsp"/>
</bean>
```

上述视图解析器配置类前缀和后缀两个属性,因此 Controller 控制器类的视图路径仅需提供逻辑视图名称,视图解析器将会自动添加前缀和后缀。

学习情境 2:Spring MVC 核心类与注解

Spring MVC 中的核心类是 DispatcherServlet,它充当着 Spring MVC 的控制器,是 Spring MVC 的流程控制中心,也称为 Spring MVC 的前端控制器。

DispatcherServlet 的作用是将接收到的请求分派给相应的 Controller,并负责处理 Controller 的返回结果,最后将结果返回给用户。

除了 DispatcherServlet 外,Spring MVC 还包含其他重要的核心类,如 Controller、Model、View、RequestMapping 等,这些类和接口协同工作,构成了 Spring MVC 框架的基础结构。

1. DispatcherServlet

这是Spring MVC框架的主要组件,负责处理所有HTTP请求和响应。它基于Servlet API,扮演着Controller的角色,用于分派请求给合适的处理程序。DispatcherServlet一般在web.xml文件中进行配置,配置代码如下。

```
<servlet>
    <servlet-name>springmvc</servlet-name>
    <servlet-class>org.springframework.web.servlet.DispatcherServlet</servlet-class>
…
```

在上述代码中,<servlet-name>表示前端控制器的名称,<servlet-class>表示前端控制器所在的类。

2. Controller

在Spring MVC框架中,Controller(控制器)是核心组件之一,它负责处理客户端发送的请求并管理与之相关的业务逻辑。Controller的主要作用如下。

(1) 接收请求并处理:当客户端向服务器发送请求时,Controller会接收到这个请求,并将请求中的数据提取出来。

(2) 管理业务逻辑:Controller根据接收到的请求数据执行相应的业务逻辑,这可能涉及与数据库的交互、调用其他组件的服务等。

(3) 调用相应的Model:Controller根据业务逻辑的需要,会调用相应的Model(模型)来获取或更新数据。Model是与数据相关的组件,它负责与数据库进行交互。

(4) 决定显示哪个View:Controller根据业务逻辑的处理结果,决定将哪个View(视图)呈现给客户端。View是与用户界面相关的组件,它负责数据的展示。

(5) 与View进行交互:Controller将处理结果传递给View,View根据这些数据生成相应的用户界面,并将结果返回给客户端。

简单来说,Controller是Spring MVC框架中的核心组件之一,它负责处理用户请求、执行业务逻辑、调用Model和View,并将结果呈现给用户。

3. Model

在Spring MVC框架中,Model(模型)是核心组件之一,它负责处理与数据相关的业务逻辑和操作。Model的主要作用如下。

(1) 封装数据和处理数据:Model封装了应用程序的数据,并提供了处理这些数据的方法,如获取、存储、验证和操作数据等。

(2) 业务逻辑处理:Model还负责处理数据的业务逻辑,例如,根据数据执行特定的计算、操作数据库等。

(3) 数据访问:Model通常包含应用程序中的实体类、数据库访问对象、数据访问接口等,它负责与数据库或其他数据源进行交互,读取和写入数据。

在MVC架构中,Model是最底层的组件,它直接与数据库或其他数据源进行交互。同时,Model还负责提供数据给视图和控制器使用,是连接视图和控制器的重要桥梁。

4. View

View(视图)是核心组件之一,它负责渲染模型数据,将模型里的数据以某种形式呈现给客户端。

View 对象可以是常见的JSP,还可以是Excel或PDF等形式不一的媒体。为了实现视图模型和具体实现技术的解耦,Spring在org. springframework. web. servlet包中定义了一个抽象的View接口,该接口定义了两个方法：String getContentType()和void render(Map model,HttpServletRequest request,HttpServletResponse response)。

View的作用就是在获取到ViewResolve传来的View和Model后,对Model进行渲染,通过View对象找到要展示给用户的物理视图,将渲染后的视图展示给用户。简而言之,View就是将数据通过request存储起来,找到要展示给用户的页面,将这些数据放在页面中,并将页面呈现给用户。

5. ModelAndView

ModelAndView是核心组件之一,它用于封装模型数据和视图信息,充当控制器与视图之间的纽带。

ModelAndView对象的两个主要作用是：

(1) 将底层获取的数据进行封装,将控制器方法中处理的结果数据传递到结果页面,也就是把在结果页面上需要的数据放到ModelAndView对象中即可。

(2) 设置视图,ModelAndView对象可以设置返回的页面名称,也可以通过setViewName()方法跳转到指定的页面。

6. RequestMapping

这是一个注解,用于将URL映射到特定的Controller方法。通过使用@RequestMapping注解,可以轻松地将HTTP请求映射到特定的处理程序方法。

7. HandlerInterceptor

这是一个接口,用于拦截和处理请求。这使得我们可以在请求到达Controller之前或之后执行一些操作,如授权、日志记录等。下面是HandlerInterceptor使用案例代码。

```
import org.springframework.web.servlet.HandlerInterceptor;
import org.springframework.web.servlet.ModelAndView;
import javax.servlet.http.HttpServletRequest;
import javax.servlet.http.HttpServletResponse;
public class MyInterceptor implements HandlerInterceptor {
    @Override
    public boolean preHandle(HttpServletRequest request, HttpServletResponse response,
Object handler) throws Exception {
        System.out.println("预处理方法正在调用");
        return true;
    }
    @Override
    public void postHandle(HttpServletRequest request, HttpServletResponse response, Object
handler, ModelAndView modelAndView) throws Exception {
        System.out.println("Post句柄方法正在调用");
        modelAndView.addObject("message", "Hello, Interceptor!");
    }
    @Override
    public void afterCompletion(HttpServletRequest request, HttpServletResponse response,
Object handler, Exception ex) throws Exception {
        System.out.println("请求响应已完成.在此处进行任何清理或日志记录");
    }
}
```

在上述代码中，preHandle()方法在请求处理之前被调用，postHandle()在请求处理之后但在视图渲染之前被调用，afterCompletion()在请求结束之后被调用。

然后，需要在 Spring MVC 配置中注册这个拦截器。如果使用 Java 配置，那么可以在配置类中添加以下代码。

```
@Configuration
public class WebConfig implements WebMvcConfigurer {
    @Override
    public void addInterceptors(InterceptorRegistry registry) {
        registry.addInterceptor(new MyInterceptor());
    }
}
```

在这个配置中，通过实现 WebMvcConfigurer 接口并重写 addInterceptors()方法来注册拦截器。

8. HandlerAdapter

这是一个接口，用于将 Controller 方法映射到 HTTP 请求。在 Spring MVC 中，存在多个 HandlerAdapter 实现，以支持不同类型的 HTTP 请求(如 GET、POST 等)。以下是一个简单的 HandlerAdapter 的使用案例代码。

首先定义一个处理类，实现 Handler 接口，并实现其方法。

```
public class MyHandler implements Handler {
    @Override
    public String handle(HttpServletRequest request) throws Exception {
        //处理请求的逻辑
        System.out.println("在 MyHandler 中处理请求");
        return "success";
    }
}
```

然后，定义一个 HandlerAdapter 的实现类，并实现其方法。

```
public class MyHandlerAdapter implements HandlerAdapter {
    @Override
    public boolean supports(Object handler) {
        //判断 handler 是否是 MyHandler 的实例
        return handler instanceof MyHandler;
    }
    @Override
    public ModelAndView handle (HttpServletRequest request, HttpServletResponse response,
Object handler) throws Exception {
        MyHandler myHandler = (MyHandler) handler;
        //调用 MyHandler 的 handle 方法处理请求
        String result = myHandler.handle(request);
        //返回处理结果
        ModelAndView modelAndView = new ModelAndView("result");
        modelAndView.addObject("message", result);
        return modelAndView;
    }
}
```

最后，在 Spring MVC 的配置中，添加对 MyHandlerAdapter 的支持。

```
@Configuration
public class WebConfig extends WebMvcConfigurerAdapter {
    @Override
    public void configureHandlerAdapters(List<HandlerAdapter> handlerAdapters) {
        handlerAdapters.add(new MyHandlerAdapter());
    }
}
```

在这个例子中,创建了一个自定义的 HandlerAdapter 的实现类 MyHandlerAdapter,并在 Spring MVC 的配置中添加了对这个 HandlerAdapter 的支持。这样,当请求到来时,Spring MVC 就会使用自定义的 MyHandlerAdapter 来处理请求。

9. MessageConverter

这是一个接口,用于将 HTTP 请求和响应的数据类型转换为 Java 类型。Spring MVC 提供了多个 MessageConverter 实现,以支持不同的数据类型(如 JSON、XML 等)。下面是一个使用 StringHttpMessageConverter 的示例代码,该转换器将 HTTP 请求中的字符串数据转换为 Java 对象。

首先,需要创建一个 Java 类来表示 HTTP 请求中的数据。

```
public class Person {
    private String name;
    private int age;
    //getter and setter 方法
}
```

接下来,创建一个 StringHttpMessageConverter 的子类,用于将 HTTP 请求中的字符串数据转换为 Person 对象。

```
public class PersonHttpMessageConverter extends StringHttpMessageConverter {
  @Override
  public Object read(Class<?> clazz, HttpInputMessage inputMessage) throws IOException,
HttpMessageNotReadableException {
        String content = super.read(String.class, inputMessage).toString();
        //将字符串转换为 Person 对象并返回
        return new Gson().fromJson(content, clazz);
    }
    @Override
    public boolean canRead(Class<?> aClass, Class<?> aClass1) {
        return aClass == Person.class;
    }
}
```

最后,需要在 Spring MVC 的配置中注册自定义 PersonHttpMessageConverter。

```
@Configuration
public class WebConfig extends WebMvcConfigurerAdapter {
  @Override
  public void configureMessageConverters(List<HttpMessageConverter<?>> converters) {
        converters.add(new PersonHttpMessageConverter());
    }
}
```

在这个例子中,创建了一个自定义的 PersonHttpMessageConverter,它继承了

StringHttpMessageConverter 并覆盖了 read()方法，用于将 HTTP 请求中的字符串数据转换为 Person 对象。还覆盖了 canRead()方法，以指示该转换器只能处理 Person 类型的请求数据。最后，在 Spring MVC 的配置中注册了自定义转换器，以便它可以在 HTTP 请求和响应中处理数据。

学习情境 3：Spring MVC 数据绑定

1. 类型转换与格式化

1）数据格式化

数据格式化是将数据从一种格式转换为另一种格式的过程。在 Spring MVC 中，数据格式化通常用于日期类型的转换，例如，将日期转换为特定的字符串格式。

在 Spring MVC 中，可以使用 StringEscapeUtils 类和 DateTimeFormatter 类来实现数据格式化。下面是一个简单的例子，演示如何将日期类型转换为特定的字符串格式。

```
import org.springframework.beans.factory.annotation.Autowired;
import org.springframework.format.Formatter;
import org.springframework.stereotype.Component;
import java.text.ParseException;
import java.text.SimpleDateFormat;
import java.util.Date;
import java.util.Locale;
@Component
public class CustomDateFormatter implements Formatter<Date> {
    private final SimpleDateFormat dateFormat = new SimpleDateFormat("yyyy-MM-dd HH:mm:ss", Locale.US);

    @Override
    public Date parse(String text, Locale locale) throws ParseException {
        return dateFormat.parse(text);
    }

    @Override
    public String print(Date date, Locale locale) {
        return dateFormat.format(date);
    }
}
```

在上面的代码中，定义了一个 CustomDateFormatter 类，实现了 Formatter 接口，并重写了 parse()和 print()方法。在 parse()方法中，使用 SimpleDateFormat 类将字符串转换为 Date 类型。在 print()方法中，使用 SimpleDateFormat 类将 Date 类型转换为字符串。最后，将 CustomDateFormatter 类注入 Spring MVC 的配置类中。

```
import org.springframework.context.annotation.Configuration;
import org.springframework.format.FormatterRegistry;
import org.springframework.web.servlet.config.annotation.WebMvcConfigurer;
@Configuration
public class WebConfig implements WebMvcConfigurer {
    @Autowired
    private CustomDateFormatter dateFormatter;
    @Override
```

```
    public void addFormatters(FormatterRegistry registry) {
        registry.addFormatter(dateFormatter);
    }
}
```

在上面的代码中,使用 Autowired 注解将 CustomDateFormatter 实例注入 WebConfig 类中,并将其添加到 FormatterRegistry 中。现在,可以在控制器中使用 CustomDateFormatter 进行数据格式化。

```
@Controller
public class MyController {
    @Autowired
    private CustomDateFormatter dateFormatter;
    @RequestMapping("/date")
    public String getFormattedDate() {
        Date now = new Date();
        String formattedDate = dateFormatter.print(now, Locale.US);
        return formattedDate;
    }
}
```

在上面的代码中,使用 Autowired 注解将 CustomDateFormatter 实例注入 MyController 类中,并使用它来格式化日期。在 getFormattedDate()方法中,获取当前日期,使用 CustomDateFormatter 将其格式化为特定格式的字符串,并将其作为响应返回给客户端。

2) 类型转换

类型转换是数据转换的一种,它指的是将数据从一种类型转换为另一种类型的过程。在 Spring MVC 中,类型转换通常用于将请求参数转换为控制器方法参数的指定类型。例如,将字符串类型的请求参数转换为整数类型的控制器方法参数。

在 Spring MVC 中,类型转换通常由 Converter 接口实现。以下是一个简单的例子,其中将字符串转换为整数。

```
import org.springframework.core.convert.converter.Converter;
public class StringToIntegerConverter implements Converter<String, Integer> {
    @Override
    public Integer convert(String source) {
        try {
            return Integer.valueOf(source);
        } catch (NumberFormatException e) {
            throw new IllegalArgumentException("无法将字符串[" + source + "]转换为整
数");
        }
    }
}
```

然后,需要在 Spring 配置中注册这个转换器。如果使用 Java 配置,那么可以在配置类中添加以下代码。

```
@Configuration
public class WebConfig implements WebMvcConfigurer {
```

```
    @Override
    public void addFormatters(FormatterRegistry registry) {
        DefaultConversionService service = new DefaultConversionService();
        service.addConverter(new StringToIntegerConverter());
    registry.addFormatterForFieldType(String.class, Integer.class, new StringToIntegerConverter());
    }
}
```

在上述代码中，首先创建了一个 DefaultConversionService 实例，并向其添加了自定义的类型转换器。然后，将此转换服务注册到 FormatterRegistry 中，以便 Spring MVC 可以在需要时使用它。

注意，这个例子只处理了从 String 到 Integer 的类型转换。如果需要进行更复杂的类型转换（例如，从一个复杂的对象转换到另一个复杂的对象），可能需要实现 Converter < T, R >接口，其中，T 是源类型，R 是目标类型。

2. 数据验证

在 Spring MVC 中，数据验证是确保用户输入的数据符合预期格式和规范的重要步骤。Spring MVC 提供了多种方式来进行数据验证，包括使用注解和自定义验证规则。

1）使用 JSR-303/JSR-380 注解

Spring MVC 支持 JSR-303（Java Specification Requests 303，即 Bean Validation）和 JSR-380 规范，在使用之前需要导入相关 jar 包。

```
hibernate-validator-4.3.2.Final.jar
jboss-logging-3.1.0.CR2.jar
validation-api-1.0.0.GA.jar
```

之后可以在控制器方法的参数上使用这些注解来验证请求数据。例如：

```
@PostMapping("/user")
public String createUser(@RequestBody @NotNull @Size(min = 1, max = 20) String name, @
NotNull @Size(min = 1, max = 10) int age) {
    //处理创建用户逻辑
    return "user created";
}
```

在上述代码中，@NotNull 和@Size 是 JSR-303/JSR-380 定义的注解，用于验证请求体的数据。@NotNull 表示该字段不能为 null，@Size(min = 1，max = 20)表示该字段的长度必须为 1～20 个字符。如果请求的数据不符合这些约束条件，Spring MVC 将返回 400 Bad Request 错误。

2）使用 Spring 的 Validator 接口

除了使用 JSR-303/JSR-380 注解外，Spring 还提供了 Validator 接口，可以自定义验证规则。通过实现该接口，可以编写自己的验证逻辑。以下是一个使用 Validator 接口的示例。

```
@Component
public class UserValidator implements Validator {
    @Override
    public boolean supports(Class<?> aClass) {
        return User.class.equals(aClass);
```

```
    }
    @Override
    public void validate(Object o, Errors errors) {
        User user = (User) o;
        String name = user.getName();
        if (name == null || name.trim().isEmpty()) {
            errors.rejectValue("name", "姓名不能为空!");
        }
        int age = user.getAge();
        if (age < 1 || age > 10) {
            errors.rejectValue("age", "年龄在 1 - 10 之间");
        }
    }
}
```

在上述代码中，定义了一个 UserValidator 类，实现了 Validator 接口。supports()方法用于指定该验证器适用于哪些类型的对象，validate()方法用于实际的验证逻辑。在 validate()方法中，检查用户名和年龄是否符合预期规范，如果不符合，使用 errors.rejectValue()方法添加错误信息。

要将自定义验证器与 Spring MVC 的控制器关联起来，可以在控制器类中使用@Valid 注解。

```
@Controller
public class UserController {
    @Autowired
    private UserValidator userValidator;
    //其他代码…
    @PostMapping("/user")
    public String createUser(@Valid @RequestBody User user) {
        //其他代码…
    }
}
```

在上述代码中，将自定义验证器 UserValidator 注入控制器类中，并在控制器方法的参数上使用@Valid 注解来指示需要进行数据验证。Spring MVC 将自动调用相应的验证器进行数据验证。如果验证失败，将返回 400 Bad Request 错误。

3. Spring MVC 的国际化

Spring MVC 的国际化是建立在 Java 国际化的基础之上的，Spring MVC 框架的底层国际化与 Java 国际化是一致的，作为一个良好的 MVC 框架，Spring MVC 将 Java 国际化的功能进行了封装和简化，开发者使用起来会更加简单、快捷。

国际化和本地化应用程序时需要具备以下两个条件。

(1) 将文本信息放到资源属性文件中。

(2) 选择和读取正确位置的资源属性文件。

下面讲解第二个条件的实现。

1) Spring MVC 加载资源属性文件

在 Spring MVC 中不能直接使用 ResourceBundle 加载资源属性文件，而是利用 bean (messageSource)告知 Spring MVC 框架要将资源属性文件放到哪里。示例代码如下。

```
<bean id = "messageSource"
class = "org.springframework.context.support.ReloadableResourceBundleM essageSource">
<!-- <property name = "basename" value = "classpath:messages" /> -->
<property name = "basename" value = "/WEB - INF/resource/messages" />
</bean>
```

上述 Bean 配置的是国际化资源文件的路径，classpath：messages 指的是 classpath 路径下的 messages_zh_CN. properties 文件和 messages_en_US. properties 文件。当然也可以将国际化资源文件放在其他的路径下，例如/WEB-INF/resource/messages。

另外，“messageSource”Bean 是由 ReloadableResourceBundleMessageSource 类实现的，它是不能重新加载的，如果修改了国际化资源文件，需要重启 JVM。

最后还需要注意，如果有一组属性文件，则用 basenames 替换 basename，示例代码如下。

```
<bean id = "messageSource"
class = "org.springframework.context.support.ReloadableResourceBundleM essageSource">
    <property name = "basenames">
    <list>
          <value>/WEB - INF/resource/messages</value>
          <value>/WEB - INF/resource/labels</value>
    </list>
    </property>
</bean>
```

2）语言区域的选择

在 Spring MVC 中可以使用语言区域解析器 Bean 选择语言区域，该 Bean 有三个常见实现，即 AcceptHeaderLocaleResolver、SessionLocaleResolver 和 CookieLocaleResolver。

（1）AcceptHeaderLocaleResolver。

根据浏览器 Http Header 中的 accept-language 域设定（accept-language 域中一般包含当前操作系统的语言设定，可通过 HttpServletRequest. getLocale 方法获得此域的内容）。改变 Locale 是不支持的，即不能调用 LocaleResolver 接口的 setLocale（HttpServletRequest request，HttpServletResponse response，Locale locale）方法设置 Locale。

（2）SessionLocaleResolver。

根据用户本次会话过程中的语言设定选定语言区域（例如，用户进入首页时选择语言种类，则此次会话周期内统一使用该语言设定）。

（3）CookieLocaleResolver。

根据 Cookie 判定用户的语言设定（Cookie 中保存着用户前一次的语言设定参数）。由上述分析可知，SessionLocaleResolver 实现比较方便用户选择喜欢的语言种类，本章使用该方法进行国际化实现。

下面是使用 SessionLocaleResolver 实现的 Bean 定义。

```
<bean id = "localeResolver"
class = "org.springframework.web.servlet.i18n. SessionLocaleResolver">
    <property name = "defaultLocale" value = "zh_CN"></property>
</bean>
```

如果采用基于 SessionLocaleResolver 和 CookieLocaleResolver 的国际化实现，必须配

置 LocaleChangeInterceptor 拦截器，示例代码如下。

```
<mvc:interceptors>
    <bean class = "org.springframework.web.servlet.i18n,LocaleChangeInterceptor"/>
</mvc:interceptors>
```

3）使用 message 标签显示国际化信息

在 Spring MVC 框架中可以使用 Spring 的 message 标签在 JSP 页面中显示国际化消息。在使用 message 标签时需要在 JSP 页面的最前面使用 taglib 指令声明 spring 标签，代码如下。

```
<%etaglib prefix = "spring" uri = "http://www.springframework.org/tags" %>
```

message 标签有以下常用属性。

（1）code：获得国际化消息的 key。

（2）arguments：代表该标签的参数。如果替换消息中的占位符，示例代码为"<spring:message code="third" arguments="888,999"/>"，third 对应的消息有两个占位符{0}和{1}。

（3）argumentSeparator：用来分隔该标签参数的字符，默认为逗号。

（4）text:code 属性不存在，或指定的 key 无法获取消息时所显示的默认文本信息。

4. 异常处理

在 Spring MVC 中，可以通过实现控制器中的方法来处理异常。这通常被称为全局异常处理，但是也可以进行局部异常处理。

1）局部异常

局部异常仅能处理指定 Controller 控制器中指定抛出的异常，一般使用@ExceptionHandler 注解来处理，示例代码如下。

```
@ExceptionHandler(value = {RuntimeException.class})
public String handlerException(RuntimeException e,HttpServletRequest req){
    req.setAttribute("e", e);
    return "error";
}
```

在上述代码中，@ExceptionHandler 注解指定捕捉的异常类型为 RuntimeException，当控制器的其他方法抛出此类型异常时，就会被 handlerException 方法捕捉，把捕捉的信息存入 HttpServletRequest，然后跳转到 error 逻辑视图名匹配的 JSP 页面显示错误信息，JSP 示例代码如下。

```
<body>
    <h1>
        ${e.message }
    </h1>
</body>
```

2）全局异常

SimpleMappingExceptionResolver 是 Spring MVC 中的一个异常处理器，用于将控制器中抛出的异常映射到特定的错误页面或错误信息。

在 Spring MVC 中，当控制器方法抛出异常时，如果没有显式处理该异常，将会调用

SimpleMappingExceptionResolver 来处理异常。SimpleMappingExceptionResolver 根据异常的类型和消息，将其映射到一个指定的错误页面或错误信息。

要使用 SimpleMappingExceptionResolver，可以将其添加到 Spring MVC 的配置中。可以通过在 Spring 配置文件中添加以下代码来实现。

```
<bean class = "org.springframework.web.servlet.handler.SimpleMappingExceptionResolver">
    <property name = "defaultErrorView" value = "error" />
    <property name = "exceptionMappings">
        <props>
            <prop key = "Exception1"> ErrorView1 </prop>
            <prop key = "Exception2"> ErrorView2 </prop>
        </props>
    </property>
</bean>
```

在上述示例中，创建了一个 SimpleMappingExceptionResolver 的实例，并指定了默认的错误页面为 error。exceptionMappings 属性用于指定异常与错误页面的映射关系。例如，当控制器方法抛出 Exception1 类型的异常时，将映射到名为 ErrorView1 的错误页面；当抛出 Exception2 类型的异常时，将映射到名为 ErrorView2 的错误页面。

除了使用默认的错误页面外，还可以通过在 exceptionMappings 中指定自定义的错误页面或返回一个包含错误信息的模型对象。例如，可以返回一个包含自定义错误信息的 ModelAndView 对象：

```
ModelAndView mv = new ModelAndView();
mv.addObject("errorMsg", "Something went wrong!");
return mv;
```

在上述示例中，创建了一个包含自定义错误信息的 ModelAndView 对象，并将其作为异常处理的结果返回给客户端。

总之，SimpleMappingExceptionResolver 是 Spring MVC 中一个非常有用的工具，用于全局处理控制器中抛出的异常，并将其映射到特定的错误页面或返回自定义的错误信息。通过合理配置 SimpleMappingExceptionResolver，可以增强 Spring MVC 应用程序的健壮性和可维护性。

5. 文件上传与下载

Spring MVC 框架的文件上传是基于 commons-fileupload 组件的文件上传，只不过 Spring MVC 框架在原有文件上传组件上做了进一步封装，简化了文件上传的代码实现，取消了不同上传组件上的编程差异。

1）commons-fileup load 组件

由于 Spring MVC 框架的文件上传是基于 commons-fileupload 组件的文件上传。因此，需要将 commons-fileupload 组件相关的 jar（commons-fileupload-1.3.1.jar 和 commons-io-2.4.jar）复制到 Spring MVC 应用的 WEB-INF\lib 目录下。下面讲解一下如何下载相关 jar 包。

commons-fileupload 组件可以从 http://commons.apache.org/proper/commons-fileupload/上下载，本书采用的版本是 1.3.1。下载它的 Binaries 压缩包（commons-fileupload-1.3.1-bin.zip），解压后的目录中有两个子目录，分别是 lib 和 site。

lib 目录下有个 JAR 文件 commons-fileupload-1. 3. 1. jar，该文件是 commons-fileupload 组件的类库。site 目录中是 commons-fileupload 组件的文档，也包括 API 文档。commons-fileupload 组件依赖于 Apache 的另外一个项目 commons-io，该组件可以从 http://commons. apache. org/proper/commons-io/上下载，本书采用的版本是 2. 4。下载它的 Binaries 压缩包（commons-io-2. 4-bin. zip），解压缩后的目录中有 4 个 JAR 文件，其中有一个 commons-io-2. 4. jar 文件，该文件是 commons-io 的类库。

2）基于表单的文件上传

基于表单的文件上传，不要忘记使用 enctype 属性，并将它的值设置为 multipart/form-data。同时，表单的提交方式设置为 post。为什么需要这样呢？下面从 enctype 属性说起。

表单的 enctype 属性指定的是表单数据的编码方式，该属性有如下三个值。

（1）application/x-www-form-urlencoded：这是默认的编码方式，它只处理表单域里的 value 属性值。

（2）multipart/form-data：该编码方式以二进制流的方式来处理表单数据，并将文件域指定文件的内容封装到请求参数里。

（3）text/plain：该编码方式当表单的 action 属性为 mailto：URL 的形式时才使用，主要适用于直接通过表单发送邮件的方式。

由上面三个属性的解释可知，基于表单上传文件时，enctype 的属性值应为 multipart/form-data。

（1）单文件上传。

① 导入相关 jar 包。

创建项目，将 Spring MVC 相关 jar 包、commons-fileupload 组件相关 jar 包以及 JSTL 相关 jar 包导入应用的 lib 中，如图 5.17 所示。

名称	修改日期	类型	大小
aopalliance-1.0.jar	2016/6/29 17:53	Executable Jar File	5 KB
aspectjweaver-1.6.9.jar	2016/6/29 17:53	Executable Jar File	1,625 KB
commons-fileupload-1.2.2.jar	2016/7/5 11:45	Executable Jar File	59 KB
commons-io-2.4.jar	2016/7/5 11:45	Executable Jar File	181 KB
commons-lang-2.6.jar	2013/10/20 20:50	Executable Jar File	278 KB
commons-logging-1.1.1.jar	2016/6/29 17:53	Executable Jar File	60 KB
hibernate-validator-4.3.2.Final.jar	2016/6/30 20:22	Executable Jar File	474 KB
jboss-logging-3.1.0.CR2.jar	2016/6/30 20:22	Executable Jar File	60 KB
jstl.jar	2016/6/29 17:53	Executable Jar File	21 KB
log4j-1.2.17.jar	2016/6/29 17:53	Executable Jar File	479 KB
mysql-connector-java-5.1.0-bin.jar	2016/6/29 17:53	Executable Jar File	554 KB
spring-aop-3.2.13.RELEASE.jar	2016/6/29 17:53	Executable Jar File	331 KB
spring-beans-3.2.13.RELEASE.jar	2016/6/29 17:53	Executable Jar File	601 KB
spring-context-3.2.13.RELEASE.jar	2016/6/29 17:53	Executable Jar File	848 KB
spring-core-3.2.13.RELEASE.jar	2016/6/29 17:53	Executable Jar File	865 KB
spring-expression-3.2.13.RELEASE.jar	2016/6/29 17:53	Executable Jar File	192 KB
spring-web-3.2.13.RELEASE.jar	2016/6/29 17:53	Executable Jar File	617 KB
spring-webmvc-3.2.13.RELEASE.jar	2016/6/29 17:53	Executable Jar File	626 KB
standard.jar	2016/6/29 17:53	Executable Jar File	385 KB
validation-api-1.0.0.GA.jar	2016/6/30 20:22	Executable Jar File	47 KB

图 5.17 jar 包

② 创建 POJO 类。

在 src 目录下，创建包 pojo，在该包中创建 POJO 类 FileDomain。在该 POJO 类中声明一个 MultipartFile 类型的属性，封装被上传的文件信息，属性名与文件选择页面 oneFile.jsp 中的 file 类型的表单参数名 myfile 相同。具体代码如下。

```
package pojo;
import org.springframework.web.multipart.MultipartFile;
public class FileDomain {
    private String description;
    private MultipartFile myfile;
    //省略 setter 和 getter 方法
}
```

③ 创建控制器类。

在 src 目录下，创建 controller 包，并在该包中创建 FileUploadController 控制器类。

```
@controller
public class FileUploadController{
Private static final Log logger = LogFactory.getLog(FileUploadController.class);
//单文件上传
@RequestMapping("/onefile")
public String oneFileUpload(@ModelAttribute FileDomain fileDomain,
HttpServletRequest request){
    String realpath = request.getServletContext().getRealPath("uploadfiles");  String
fileName = fileDomain.getMyfile().getOriginalFilename(); File targetFile = new File
(realpath, fileName);
if(!targetFile.exists()){
targetFile.mkdirs();
}
  //上传
try {
    fileDomain.getMyfile().transferTo(targetFile);
logger.info("成功");
} catch (Exception e) {
    e.printStackTrace();
}
return "showOne";
}
}
```

④ 创建 Spring MVC 的配置文件。

上传文件时，需要在配置文件中使用 Spring 的 CommonsMultipartResolver 类配置 MultipartResolver 用于文件上传。

```
<!-- 使用 Spring 的 CommonsMultipartResolver，配置 MultipartResolver 用于文件上传 -->
<bean id = "multipartResolver"
class = "org.springframework.web.multipart.commons.CommonsMultipartResolver"
p:defaultEncoding = "UTF-8"
p:maxUploadSize = "5400000"
p:uploadTempDir = "fileUpload/temp"
>
</bean>
```

⑤ 创建成功显示页面。

在 WEB-INF 目录下创建 JSP 文件夹，并在该文件夹中创建单文件上传成功显示页面，具体代码如下。

```
<body>
    ${fileDomain.description}<br>
    <!-- fileDomain.getMyfile().getOriginalFilename() -->
    ${fileDomain.myfile.originalFilename}
</body>
```

最后运行测试，测试结果如图 5.18 所示。

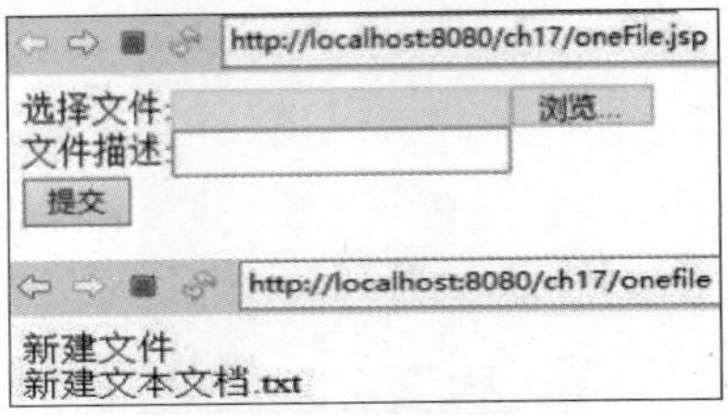

图 5.18 测试结果

(2) 多文件上传。

① 创建多文件选择页面。

在 jsp 文件夹下创建 multiFiles.jsp 页面，在该页面中使用表单上传多个文件，具体代码如下。

```
<form action="${pageContext.request.contextPath}/multifile" method="post"
                        enctype="multipart/form-data">
选择文件 1:<input type="file" name="myfile">  <br>
文件描述 1:<input type="text" name="description"><br>
选择文件 2:<input type="file" name="myfile">  <br>
文件描述 2:<input type="text" name="description"><br>
选择文件 3:<input type="file" name="myfile">  <br>
文件描述 3:<input type="text" name="description"><br>
<input type="submit" value="提交">
</form>
```

② 创建 POJO 类。

上传多文件时，需要 POJO 类 MultiFileDomain 封装文件信息，MultiFileDomain 类的具体代码如下。

```
public class MultiFileDomain {
    private List<String> description;
    private List<MultipartFile> myfile;
    //省略 setter 和 getter 方法
}
```

③ 添加多文件上传处理方法。

在控制器类 FileUploadController 中添加多个文件上传的处理方法 multiFileUpload()，具体代码如下。

```
@RequestMapping("/multifile")
public String multiFileUpload(@ModelAttribute MultiFileDomain multiFileDomain,
                  HttpServletRequest request){
    String realpath = request.getServletContext().getRealPath("uploadfiles");
//String realpath = "D:/spring mvc workspace/ch7/WebContent/uploadfiles";
    File targetDir = new File(realpath);
if(!targetDir.exists()){
    targetDir.mkd irs();
}
List<MultipartFile> files = multiFileDomain.getMyfile();
for (int i = 0; i<files.size(); i++) {
MultipartFile file = files.get(i);
String fileName = file.getOriginalFilename();
File targetFile = new File(realpath,fileName);
//上传
try {
    file.transferTo(targetFile);
} catch (Exception e) {
    e.printStackTrace();
}
}
logger.info("成功");
return "showMulti";
}
```

④ 创建显示成功页面。

在 jsp 文件夹中创建多个文件上传成功显示页面 showMulti.jsp，具体代码如下。

```
<body>
    <table>
        <tr>
            <td>详情</td>
            <td>文件名</td>
        </tr>
        <!-- 同时取两个数组的元素 -->
        <c:forEach items="${multiFileDomain.description}" var="description"
            varStatus="loop">
            <tr>
                <td>${description}</td>
                <td>${multiFileDomain.myfile[loop.count - 1].originalFilename}</td>
            </tr>
        </c:forEach>
        <!-- fileDomain.getMyfile().getOriginalFilename() -->
    </table>
</body>
```

⑤ 运行测试，显示效果如图 5.19 所示。

(3) 文件下载。

利用程序实现下载需要设置以下两个报头。

① Web 服务器需要告诉浏览器其所输出内容的类型不是普通文本文件或 HTML 文件，而是一个要保存到本地的下载文件。设置 Content-Type 的值为 app lication/x-msdownload。

图 5.19 显示效果

② Web 服务器希望浏览器不直接处理相应的实体内容，而是由用户选择将相应的实体内容保存到一个文件中，这需要设置 Content-Disposition 报头。该报头指定了接收程序处理数据内容的方式，在 HTTP 应用中只有 attachment 是标准方式，attachment 表示要求用户干预。在 attachment 后面还可以指定 filename 参数，该参数是服务器建议浏览器将实体内容保存到文件中的文件名称。

设置报头的示例如下。

```
response.setHeader("Content - Type", "app lication/x - msdownload" );
response.setHeader("Content - Disposition", "attachment; filename = " + filename);
```

下面通过一个案例来讲解文件下载。

① 编写控制器类。

首先编写控制器类 FileDownController，该类中有三个方法：show()、down()和 toUTF8String()。show()方法获取被下载的文件名称；down()方法执行下载功能；toUTF8String()方法是下载保存时中文文件名字符编码转换方法。具体代码如下。

```
@Controller
public class FileDownController {
    //得到一个用来记录日志的对象，在打印时标记打印的是哪个类的信息
    private static final Log logger = LogFactory.getLog(FileDownController.class);

    //显示要下载的文件
    @RequestMapping("showDownFiles")
    public String show(HttpServletRequest request, Model model){
    String realpath = request.getServletContext().getRealPath("uploadfiles");
    File dir = new File (realpath);
    File files[] = dir.listFiles();
    //获取该目录下的所有文件名
    ArrayList < String > fileName = new ArrayList < String >();
    for (int i = 0; i < files.length; i++) {
    fileName.add(files[i] .getName());
    model.addAttribute("files", fileName);
     return "showDownFiles";
    }
    //执行下载
```

```
@RequestMapping ("down")
public String down (@RequestParam String filename, HttpServletRequest request,
HttpServletResponse response) {
String aFilePath = null; //要下载的文件路径
FileInputStream in - null; //输入流
ServletOutputstream out = null; //输出流
try {
aFilePath = request.getServletContext().getRealPath("uploadfiles");
//设置下载文件使用的报头
response.setHeader("Content - Type","application/x - msdownload");
response.setHeader("Content - Disposition", "attachment; filename = "
+ toUTF8String (filename));  //读入文件
in = new FileInputstream(aFilePath + "\\" + filename);
//得到响应对象的输出流,用于向客户端输出二进制数据
out = response.getOutputStream() ; out.flush () ; int aRead = 0;
byte b[ ] = new byte[1024];
while ((aRead = in.read(b)) != - 1 & in!= null) {
out.write (b,0,aRead);
}
out.flush () ;
in.close () ;
out.close () ;
}catch (Throwable e) {
e.printStackTrace();}
}
logger.info("下载成功");
return null;
}

//下载保存时中文文件名的字符编码转换方法
public String toUTF8String(String str) {
    StringBuffer sb = new StringBuffer();
    int len = str.length();
    for (int i = 0; i < len; i++) {
        //取出字符中的每个字符
        char c = str.charAt(i);
        // Unicode 码值为 0~255 时,不做处理
        if (c >= 0 && c <= 255) {
            sb.append(c);
        } else {
            //转换 UTF - 8 编码
            byte b[];
            try {
                b = Character.tostring(c).getBytes("UTF - 8");
            } catch (UnsupportedEncodingException e) {
                e.printStackTrace();
                b = null;
            }
            //转换为 % HH 的字符串形式
            for (int j = 0; j < b.length; j++) {
                int k = b[j];
                if (k < 0) {
                    k &= 255;
```

```
                    }
                    sb.append(" % " + Integer.toHexString(k).toupperCase());
                }
            }
        }
        return sb.toString();
    }

}
```

② 创建文件列表页面。

下载文件实际需要一个显示被下载文件的 JSP 页面 showDownFile.jsp，代码如下。

```
<body>
    <table>
        <tr>
            <td>被下载的文件名</td>
        </tr>
        <!-- 遍历 model 中的 files -->
        <c:forEach items = "${files}" var = "filename">
            <tr>
                <td><a
                    href = "${pageContext.request.contextPath}/down?
filename = ${filename}">${filename}</a>
                </td>
            </tr>
        </c:forEach>
    </table>
</body>
```

③ 测试功能。

发布项目应用到 Tomcat 服务器，并启动 Tomcat 服务器，运行结果如图 5.20 所示。

单击图中的超链接下载文件，需要注意的是，使用浏览器演示该案例，不能在 Eclipse 中演示下载案例。

图 5.20 运行结果

6. 拦截器

1）拦截器的定义

Spring MVC 的拦截器（Interceptor）与 Java Servlet 的过滤器（Filter）类似，它主要用于拦截用户的请求并做相应的处理，通常应用在权限验证、记录请求信息的日志、判断用户是否登录等功能上。

在 Spring MVC 框架中定义一个拦截器需要对拦截器进行定义和配置，定义一个拦截器可以通过两种方式：一种是通过实现 HandlerInterceptor 接口或继承 HandlerInterceptor 接口的实现类来定义；另一种是通过实现 WebRequestInterceptor 接口或继承 WebRequestInterceptor 接口的实现类来定义。本节以实现 HandlerInterceptor 接口的定义方式为例讲解自定义拦截器的使用方法。示例代码如下。

```
package interceptor;
import javax.servlet.http.HttpServletRequest;
import javax.servlet.http.HttpServletResponse;
```

```
import org.springframework.web.servlet.HandlerInterceptor;
import org.springframework.web.servlet .ModelAndView;

public class TestInterceptor implements HandlerInterceptor{
@Override
public boolean preHandle(HttpServletRequest request, HttpServlet Response response, Object
handler)throws Exception {
System.out.println("preHandle 方法在控制器的处理请求方法前执行");
/** 返回 true 表示继续向下执行,返回 false 表示中断后续操作 */
return true;
}
@override
public void postHandle (HttpServletRequest request, HttpServletResponse response, Object
handler,ModelAndView modelAndView) throws Exception {
System.out.println("postHandle 在控制器的处理请求方法调用之后,解析视图之前执行");
@override
public void afterCompletion(HttpServletRequest request,HttpServlet Response response, Object
handler,Exception ex)throws Exception {
System.out.println("afterCompletion 方法在控制器的处理请求方法执行完成后执行,即视图渲染
结束之后执行");
}
}
```

在上述拦截器的定义中实现了 HandlerInterceptor 接口,并实现了接口中的三个方法。有关这三个方法的描述如下。

preHandle 方法：该方法在控制器的处理请求方法前执行,其返回值表示是否中断后续操作,返回 true 表示继续向下执行,返回 false 表示中断后续操作。

postHandle 方法：该方法在控制器的处理请求方法调用之后、解析视图之前执行,可以通过此方法对请求域中的模型和视图做进一步的修改。

afterCompletion 方法：该方法在控制器的处理请求方法执行完成后执行,即视图渲染结束后执行,可以通过此方法实现一些资源清理、记录日志信息等工作。

2）拦截器的配置

让自定义的拦截器生效需要在 Spring MVC 的配置文件中进行配置,配置示例代码如下。

```
<!-- 配置拦截器 -->
<mvc:interceptors>
    <!-- 配置一个全局拦截器,拦截所有请求 -->
    <bean class="interceptor.TestInterceptor"/>
    <mvc:interceptor>
        <!-- 配置拦截器作用的路径 -->
        <mvc:mapping path="/**"/>
        <!-- 配置不需要拦截作用的路径 -->
        <mvc:exclude-mapping path=""/>
        <!-- 定义在<mvc:interceptor>中,表示匹配指定路径的请求才进行拦截 -->
        <bean class="interceptor.Interceptor1"/>
    </mvc:interceptor>
    <mvc:interceptor>
        <!-- 配置拦截器作用的路径 -->
        <mvc:mapping path="/gotoTest"/>
```

```
            <!-- 定义在<mvc:interceptor>中,表示匹配指定路径的请求才进行拦截 -->
            <bean class="interceptor.Interceptor2"/>
        </mvc:interceptor>
    </mvc:interceptors>
```

在上述示例代码中,<mvc:interceptors>元素用于配置一组拦截器,其子元素<bean>定义的是全局拦截器,即拦截所有的请求。<mvc:interceptor>元素中定义的是指定路径的拦截器,其子元素<mvc:mapping>用于配置拦截器作用的路径,该路径在其属性 path 中定义。如上述示例代码中,path 的属性值"/ ** "表示拦截所有路径,"/gotoTest"表示拦截所有以"/gotoTest"结尾的路径。如果在请求路径中包含不需要拦截的内容,可以通过<mvc:exclude-mapping>子元素进行配置。

需要注意的是,<mvc:interceptor>元素的子元素必须按照<mvc:mapping…/>、<mvc:exclude-mapping …/>、<bean …/>的顺序配置。

应用实例 SSM 超市管理系统

实例目的:本案例主要目的是使用 SSM 框架开发超市管理系统,通过本案例的训练,学生将掌握 SSM 框架的基础知识与应用,如 Spring IOC、MyBatis 动态 SQL、Spring MVC 数据绑定等。

实例内容:搭建"超市管理系统"来完成 MyBatis+Spring+Spring MVC 框架的整合。

实例步骤:

1. 新建 Web Project 项目,导入相关 jar 文件

创建 Web 项目,并导入相关 jar 包,jar 包主要在之前所学的基础上,加上 MyBatis 的 jar 包,MyBatis 和 Spring 整合的 jar 包等,如图 5.21 所示。

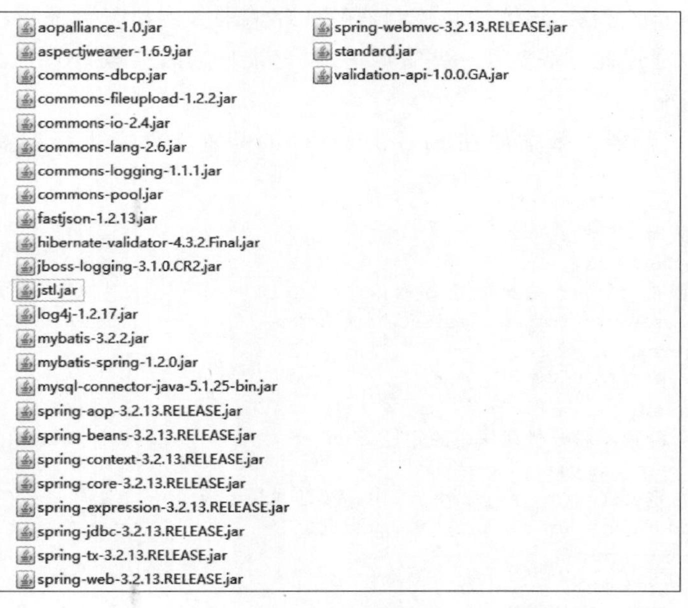

图 5.21 jar 包

2. 配置 web. xml 文件

```
<display-name>springMVC</display-name>
  <welcome-file-list>
    <welcome-file>/WEB-INF/jsp/login.jsp</welcome-file>
  </welcome-file-list>
  <context-param>
    <param-name>contextConfigLocation</param-name>
    <param-value>classpath:applicationContext-*.xml</param-value>
  </context-param>
  <filter>
    <filter-name>encodingFilter</filter-name>
    <filter-class>
          org.springframework.web.filter.CharacterEncodingFilter
      </filter-class>
    <init-param>
      <param-name>encoding</param-name>
      <param-value>UTF-8</param-value>
    </init-param>
    <init-param>
      <param-name>forceEncoding</param-name>
      <param-value>true</param-value>
    </init-param>
  </filter>
  <filter-mapping>
    <filter-name>encodingFilter</filter-name>
    <url-pattern>/*</url-pattern>
  </filter-mapping>
  <servlet>
    <servlet-name>spring</servlet-name>
    <servlet-class>org.springframework.web.servlet.DispatcherServlet</servlet-class>
    <init-param>
      <param-name>contextConfigLocation</param-name>
      <param-value>classpath:springmvc-servlet.xml</param-value>
    </init-param>
    <load-on-startup>1</load-on-startup>
  </servlet>
  <servlet-mapping>
    <servlet-name>spring</servlet-name>
    <url-pattern>/</url-pattern>
  </servlet-mapping>
  <listener>
   <listener-class>org.springframework.web.context.ContextLoaderListener</listener-
class>
  </listener>
  <context-param>
    <param-name>log4jConfigLocation</param-name>
    <param-value>classpath:log4j.properties</param-value>
  </context-param>
  <listener>
    <listener-class>
          org.springframework.web.util.Log4jConfigListener
      </listener-class>
```

```
    </listener>
</web-app>
```

3. 配置 Spring 的配置文件 applicationContext.xml

在配置之前，先建立 resources 包，并导入数据库的属性文件 database.properties 和日志的属性文件 log4j.properties。

```
<beans 省略 beans 命名空间
<context:component-scan base-package="cn.ssm.service"/>
    <context:component-scan base-package="cn.ssm.dao"/>
    <!-- 读取数据库配置文件 -->
    <context:property-placeholder location="classpath:database.properties"/>
    <!-- JNDI 获取数据源(使用 dbcp 连接池) -->
    <bean id="dataSource" class="org.apache.commons.dbcp.BasicDataSource"
  scope="singleton">
        <property name="driverClassName" value="${driver}" />
            <property name="url" value="${url}" />
            <property name="username" value="${user}" />
            <property name="password" value="${password}" />
            <property name="initialSize" value="${initialSize}"/>
            <property name="maxActive" value="${maxActive}"/>
            <property name="maxIdle" value="${maxIdle}"/>
            <property name="minIdle" value="${minIdle}"/>
            <property name="maxWait" value="${maxWait}"/>
            <property name="removeAbandonedTimeout"
                        value="${removeAbandonedTimeout}"/>
            <property name="removeAbandoned" value="${removeAbandoned}"/>
            <!-- sql 心跳 -->
            <property name= "testWhileIdle" value="true"/>
            <property name= "testOnBorrow" value="false"/>
            <property name= "testOnReturn" value="false"/>
            <property name= "validationQuery" value="select 1"/>
            <property name= "timeBetweenEvictionRunsMillis" value="60000"/>
            <property name= "numTestsPerEvictionRun" value="${maxActive}"/>
    </bean>
    <!-- 事务管理 -->
    <bean id="transactionManager"
            class="org.springframework.jdbc.datasource.DataSourceTransactionManager">
       <property name="dataSource" ref="dataSource"/>
    </bean>
    <!-- 配置 mybitas SqlSessionFactoryBean -->
    <bean id="sqlSessionFactory" class="org.mybatis.spring.SqlSessionFactoryBean">
      <property name="dataSource" ref="dataSource"/>
      <property name="configLocation" value="classpath:mybatis-config.xml"/>
    </bean>
    <!-- AOP 事务处理开始 -->
    <aop:aspectj-autoproxy />
    <aop:config  proxy-target-class="true">
    <aop:pointcut expression="execution( *  * cn.ssm.service..*(..))" id="transService"/>
        <aop:advisor pointcut-ref="transService" advice-ref="txAdvice" />
    </aop:config>
    <tx:advice id="txAdvice" transaction-manager="transactionManager">
```

```
        <tx:attributes>
    <tx:method name="smbms*"  propagation="REQUIRED" rollback-for="Exception" />
        </tx:attributes>
    </tx:advice>
    <!-- AOP 事务处理结束 -->
    <bean class="org.mybatis.spring.mapper.MapperScannerConfigurer">
            <property name="basePackage" value="cn.ssm.dao" />
    </bean>
</beans>
```

4. 配置 Spring MVC 的配置文件 springmvc-servlet.xml

在 resources 包里创建 Spring MVC 配置文件。

```
http://www.springframework.org/schema/mvc/spring-mvc.xsd">
    <context:component-scan base-package="cn.ssm.controller"/>
    <mvc:annotation-driven>
        <mvc:message-converters>
          <bean class="org.springframework.http.converter.StringHttpMessageConverter">
            <property name="supportedMediaTypes">
              <list>
                <value>application/json;charset=UTF-8</value>
              </list>
            </property>
          </bean>
          <bean class="com.alibaba.fastjson.support.spring.FastJsonHttpMessageConverter">
            <property name="supportedMediaTypes">
              <list>
                <value>text/html;charset=UTF-8</value>
                <value>application/json</value>
              </list>
            </property>
            <property name="features">
              <list>
                <!-- Date 的日期转换器 -->
                        <value>WriteDateUseDateFormat</value>
                      </list>
                   </property>
            </bean>
        </mvc:message-converters>
    </mvc:annotation-driven>
    <mvc:resources location="/statics/" mapping="/statics/**"></mvc:resources>
    <!-- 配置多视图解析器:允许同样的内容数据呈现不同的 view -->
    <bean class="org.springframework.web.servlet.view.ContentNegotiatingViewResolver">
        <property name="favorParameter" value="true"/>
        <property name="defaultContentType" value="text/html"/>
        <property name="mediaTypes">
            <map>
                <entry key="html" value="text/html;charset=UTF-8"/>
                <entry key="json" value="application/json;charset=UTF-8"/>
                <entry key="xml" value="application/xml;charset=UTF-8"/>
            </map>
        </property>
        <property name="viewResolvers">
```

```
            <list>
                                   <bean class = " org. springframework. web. servlet. view.
InternalResourceViewResolver">
                              <property name = "prefix" value = "/WEB - INF/jsp/"/>
                              <property name = "suffix" value = ".jsp"/>
                          </bean>
                      </list>
              </property>
          </bean>
          <!-- 配置 interceptors -->
          <mvc:interceptors>
              <mvc:interceptor>
                  <mvc:mapping path = "/sys/ ** "/>
                  <bean class = "cn.ssm.interceptor.SysInterceptor"/>
              </mvc:interceptor>
          </mvc:interceptors>
          <!-- 配置 MultipartResolver,用于上传文件 -->
          <bean id = "multipartResolver"
            class = "org.springframework.web.multipart.commons.CommonsMultipartResolver">
                <property name = "maxUploadSize" value = "5000000"/>
                <property name = "defaultEncoding" value = "UTF - 8"/>
          </bean>
      </beans>
```

5. 创建 MyBatis 的配置文件 MyBatis-config. xml

```
<?xml version = "1.0" encoding = "UTF - 8"?>
    <!DOCTYPE configuration
        PUBLIC " - //mybatis.org//DTD Config 3.0//EN"
        "http://mybatis.org/dtd/mybatis - 3 - config.dtd">
<configuration>
      <settings>
          <!-- changes from the defaults -->
          <setting name = "lazyLoadingEnabled" value = "false" />
      </settings>
      <typeAliases>
          <!-- 这里给实体类取别名,方便在 Mapper 配置文件中使用 -->
          <package name = "cn.ssm.pojo"/>
      </typeAliases>
</configuration>
```

6. 创建 User 实体类

```
public class User {
    private Integer id;                 //id
    private String userCode;            //用户编码
    private String userName;            //用户名称
    private String userPassword;        //用户密码
    private Date birthday;              //出生日期
    private Integer gender;             //性别
    private String phone;               //电话
    private String address;             //地址
    private Integer userRole;           //用户角色
    private Integer createdBy;          //创建者
```

```
    private Date creationDate;          //创建时间
    private Integer modifyBy;           //更新者
    private Date modifyDate;            //更新时间
    private Integer age;                //年龄
}
//省略 getter 和 setter 方法
```

7. 创建 DAO 层接口和映射文件

创建 cn. ssm. dao 包，在包下创建 UserMapper 接口和 UserMapper. xml 文件。

```
public interface UserMapper {
    public User getLoginUser(@Param("userCode")String userCode)throws Exception;
}
//SQL 映射文件
<mapper namespace = "cn.smbms.dao.user.UserMapper">
    <select id = "getLoginUser" resultType = "User">
        select * from  user u
        <trim prefix = "where" prefixOverrides = "and | or">
            <if test = "userCode != null">
                and u.userCode = #{userCode}
            </if>
        </trim>
    </select>
</mapper>
```

8. 创建 Service 层接口和实现类

创建 cn. ssm. service 包，在包下创建 UserService 接口和 UserServiceImpl 实现类。

```
public interface UserService {
    public User login(String userCode,String userPassword) throws Exception;
}
```

实现类：

```
@Service
public class UserServiceImpl implements UserService {
    @Resource
    private UserMapper userMapper;
    public User login(String userCode, String userPassword) throws Exception {
        // TODO Auto-generated method stub
        User user = null;
        user = userMapper.getLoginUser(userCode);
        //匹配密码
        if(null != user){
            if(!user.getUserPassword().equals(userPassword))
                user = null;
        }
        return user;
    }
}
```

9. 编写控制器

创建 cn. ssm. controller 包，在包中创建 LoginController 控制器。

```
@Controller
public class LoginController {
```

```
    @Resource
    private UserService userService;

    @RequestMapping(value = "/login.html")
    public String login(){
        return "login";
    }

    @RequestMapping(value = "/dologin.html",method = RequestMethod.POST)
     public String doLogin (@ RequestParam String userCode, @ RequestParam String
userPassword,HttpServletRequest request,HttpSession session) throws Exception{
        //调用 service 方法,进行用户匹配
        User user  =  userService.login(userCode,userPassword);
        if(null != user){//登录成功
            //放入 session
            session.setAttribute(Constants.USER_SESSION, user);
            //页面跳转(frame.jsp)
            return "redirect:/sys/main.html";
        }else{
            //页面跳转(login.jsp)带出提示信息——转发
            request.setAttribute("error", "用户名或密码不正确");
            return "login";
        }
    }
    @RequestMapping(value = "/logout.html")
    public String logout(HttpSession session){
        //清除 session
        session.removeAttribute(Constants.USER_SESSION);
        return "login";
    }
    @RequestMapping(value = "/sys/main.html")
    public String main(){
        return "frame";
    }
}
```

10. 创建登录页面

```
<form class = "loginForm" action = "/dologin.html" method = "post" >
            <div class = "info">$ {error }</div>
            <div class = "inputbox">
            <label for = "user">用户名:</label>
                <input type = "text" id = "userCode" name = "userCode" placeholder = "
            请输入用户名" required/>
            </div>
            <div class = "inputbox">
                <label for = "mima">密码:</label>
                <input type = "password" id = "userPassword" name = "userPassword"
                placeholder = "请输入密码" required/>
            </div>
            <div class = "subBtn">
                <input type = "submit" value = "登录"/>
                <input type = "reset" value = "重置"/>
            </div>
    </form>
```

11. 创建登录成功显示页面

```
<div>
    <h2>${userSession.userName}</h2>
    <p>欢迎来到超市管理系统!</p>
</div>
```

习题

1. 简述 MyBatis 的工作原理。
2. 实现动态 SQL 的元素有哪些？说出其适用场合。
3. 简述如何处理 MyBatis 级联查询。
4. MyBatis 如何给 SQL 语句传递参数？
5. Spring 的核心容器由哪些模块组成？
6. 举例说明 IoC 容器的实现方式有哪些。
7. Bean 的实例化有哪几种常见方法？
8. 简述声明式事务管理的处理方式。
9. 简述 Spring MVC 的工作流程。
10. 控制器接收请求参数的常见方式有哪几种？
11. 在 Spring MVC 框架中如何定义自定义拦截器？如何配置自定义拦截器？
12. 单文件上传与多文件上传有什么区别？

图书资源支持

感谢您一直以来对清华版图书的支持和爱护。为了配合本书的使用，本书提供配套的资源，有需求的读者请扫描下方的"书圈"微信公众号二维码，在图书专区下载，也可以拨打电话或发送电子邮件咨询。

如果您在使用本书的过程中遇到了什么问题，或者有相关图书出版计划，也请您发邮件告诉我们，以便我们更好地为您服务。

我们的联系方式：

清华大学出版社计算机与信息分社网站：https://www.shuimushuhui.com/

地　　址：北京市海淀区双清路学研大厦 A 座 714

邮　　编：100084

电　　话：010-83470236　010-83470237

客服邮箱：2301891038@qq.com

QQ：2301891038（请写明您的单位和姓名）

资源下载：关注公众号"书圈"下载配套资源。

资源下载、样书申请

书圈

图书案例

清华计算机学堂

观看课程直播